핀란드
5학년
수학 교과서

_____ 초등학교 _____ 학년 _____ 반

이름 _____

Star Maths 5A : ISBN 978-951-1-32193-4

©2018 Päivi Kiviluoma, Kimmo Nyrhinen, Pirita Perälä, Pekka Rokka, Maria Salminen, Timo Tapiainen, Katarina Asikainen, Päivi Vehmas and Otava Publishing Company Ltd., Helsinki, Finland

Korean Translation Copyright ©2022 Mind Bridge Publishing Company

QR코드를 스캔하면 놀이 수학
동영상을 보실 수 있습니다.

핀란드 5학년 수학 교과서 5-1 1권

초판 2쇄 발행 2024년 1월 20일

지은이 파이비 키빌루오마, 킴모 뉘리넨, 피리타 페랄라, 페카 록카, 마리아 살미넨, 티모 타피아이넨
그린이 미리야미 만니넨　**옮긴이** 박문선　**감수** 이경희, 핀란드수학교육연구회
펴낸이 정혜숙　**펴낸곳** 마음이음

책임편집 이금정　**디자인** 디자인서가
등록 2016년 4월 5일(제2018-000037호)
주소 03925 서울시 마포구 월드컵북로 402, 9층 917A호(상암동, KGIT센터)
전화 070-7570-8869 **팩스** 0505-333-8869
전자우편 ieum2016@hanmail.net
블로그 https://blog.naver.com/ieum2018

ISBN 979-11-92183-14-5　64410
　　　979-11-92183-12-1　(세트)

이 책의 내용은 저작권법의 보호를 받는 저작물이므로 무단전재와 복제를 금합니다.
책값은 뒤표지에 있습니다.

어린이제품안전특별법에 의한 제품표시
제조자명 마음이음　**제조국명** 대한민국　**사용연령** 11세 이상 어린이 제품
KC마크는 이 제품이 공통안전기준에 적합하였음을 의미합니다.

핀란드 5학년 수학 교과서

5-1 1권

글   파이비 키빌루오마, 킴모 뉘리넨, 피리타 페랄라,
        페카 록카, 마리아 살미넨, 티모 타피아이넨
그림   미리야미 만니넨
옮김   박문선
감수   이경희(전 수학 교과서 집필진), 핀란드수학교육연구회

마음이음

핀란드 학생들이 수학을 잘하고
수학 흥미도도 높은 비결은?

우리나라 학생들이 수학 학업 성취도가 세계적으로 높은 것은 자랑거리이지만 수학을 공부하는 시간이 다른 나라에 비해 많은 데다 사교육에 의존하고, 흥미도가 낮은 건 숨기고 싶은 불편한 진실입니다. 이러한 측면에서 사교육 없이 공교육만으로 국제학업성취도평가(PISA)에서 상위권을 놓치지 않는 핀란드의 교육 비결이 궁금하지 않을 수가 없습니다. 더군다나 핀란드에서는 숙제도, 순위를 매기는 시험도 없어 학교에서 배우는 수학 교과서 하나만으로 수학을 온전히 이해해야 하지요. 과연 어떤 점이 수학 교과서 하나만으로 수학 성적과 흥미도 두 마리 토끼를 잡게 한 걸까요?

– 핀란드 수학 교과서는 수학과 생활이 동떨어진 것이 아닌 친밀한 것으로 인식하게 합니다. 그래서 시간, 측정, 돈 등 학생들은 다양한 방식으로 수학을 사용하고 응용하면서 소비, 교통, 환경 등 자신의 생활과 관련지으며 수학을 어려워하지 않습니다.

– 교과서 국제 비교 연구에서도 교과서의 삽화가 학생들의 흥미도를 결정하는 데 중요한 역할을 한다고 했습니다. 핀란드 수학 교과서의 삽화는 수학적 개념과 문제를 직관적으로 쉽게 이해하도록 구성하여 학생들의 흥미를 자극하는 데 큰 역할을 하고 있습니다.

– 핀란드 수학 교과서는 또래 학습을 통해 서로 가르쳐 주고 배울 수 있도록 합니다. 교구를 활용한 놀이 수학, 조사하고 토론하는 탐구 과제는 수학적 의사소통 능력을 향상시키고 자기 주도적인 학습 능력을 길러 줍니다.

– 핀란드 수학 교과서는 창의성을 자극하는 문제를 풀게 합니다. 답이 여러 가지 형태로 나올 수 있는 문제, 스스로 문제 만들고 풀기를 통해 짧은 시간에 많은 문제를 푸는 것이 아닌 시간이 걸리더라도 사고하며 수학을 하도록 합니다.

– 핀란드 수학 교과서는 코딩 교육을 수학과 연계하여 컴퓨팅 사고와 문제 해결을 돕는 다양한 활동을 담고 있습니다. 코딩의 기초는 수학에서 가장 중요한 논리와 일맥상통하기 때문입니다.

핀란드는 국정 교과서가 아닌 자율 발행제로 학교마다 교과서를 자유롭게 선정합니다. 마음이음에서 출판한 『핀란드 수학 교과서』는 핀란드 초등학교 2190개 중 1320곳에서 채택하여 수학 교과서로 사용하고 있습니다. 또한 이웃한 나라 스웨덴에서도 출판되어 교과서 시장을 선도하고 있지요.

코로나로 인한 온라인 수업으로 학습 격차가 커지고 있습니다. 다행히 『핀란드 수학 교과서』는 우리나라 수학 교육 과정을 다 담고 있으며 부모님 가이드도 있어 가정 학습용으로 좋습니다. 자기 주도적인 학습이 가능한 『핀란드 수학 교과서』는 학업 성취와 흥미를 잡는 해결책이 될 수 있을 것으로 기대합니다.

이경희(전 수학 교과서 집필진)

수학은 흥미를 끄는 다양한 경험과 스스로 공부하려는 학습 동기가 있어야 좋은 결과를 얻을 수 있습니다. 국내에 많은 문제집이 있지만 대부분 유형을 익히고 숙달하는 데 초점을 두고 있으며, 세분화된 단계로 복잡하고 심화된 문제들을 다룹니다. 이는 학생들이 수학에 흥미나 성취감을 갖는 데 도움이 되지 않습니다.

공부에 대한 스트레스 없이도 국제학업성취도평가에서 높은 성과를 내는 핀란드의 교육 제도는 국제 사회에서 큰 주목을 받아 왔습니다. 이번에 국내에 소개되는 『핀란드 수학 교과서』는 스스로 공부하는 학생을 위한 최적의 학습서입니다. 다양한 실생활 소재와 풍부한 삽화, 배운 내용을 반복하여 충분히 익힐 수 있도록 구성되어 학생이 흥미를 갖고 스스로 탐구하며 수학에 대한 재미를 느낄 수 있을 것으로 기대합니다.

전국수학교사모임

수학 학습을 접하는 시기는 점점 어려지고, 학습의 양과 속도는 점점 많아지고 빨라지는 추세지만 학생들을 지도하는 현장에서 경험하는 아이들의 수학 문제 해결력은 점점 하향화되는 추세입니다. 이는 학생들이 흥미와 호기심을 유지하며 수학 개념을 주도적으로 익히고 사고하는 경험과 습관을 형성하여 수학적 문제 해결력과 사고력을 신장하여야 할 중요한 시기에, 빠른 진도와 학습량을 늘리기 위해 수동적으로 설명을 듣고 유형 중심의 반복적 문제 해결에만 집중한 결과라고 생각합니다.

『핀란드 수학 교과서』를 통해 흥미와 호기심을 유지하며 수학 개념을 스스로 즐겁게 내재화하고, 이를 창의적으로 적용하고 활용하는 수학 학습 태도와 습관이 형성된다면 학생들이 수학에 쏟는 노력과 시간이 높은 수준의 창의적 문제 해결력이라는 성취로 이어질 것입니다.

손재호(KAGE영재교육학술원 동탄본원장)

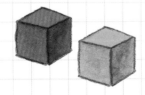

「핀란드 수학 교과서(Star Maths)」 시리즈를 펴낸 오타바(Otava) 출판사는 교재 전문 출판사로 120년이 넘는 역사를 지닌 명실상부한 핀란드의 대표 출판사입니다. 특히 「Star Maths」 시리즈는 핀란드 학교 현장의 수학 전문가들이 최신 핀란드 국립교육과정을 반영하여 함께 개발한 핀란드의 대표 수학 교과서입니다.

수 개념과 십진법을 이해하기 위한 탄탄한 기반을 제공하여 연산 능력을 키우고, 기본, 응용, 심화 문제 등 학생 개개인의 학습 차이를 다각도에서 고려하여 다양한 평가 문제를 실었습니다. 또한 친구 또는 부모님과 함께 놀이를 통해 문제 해결을 하며 수학적 즐거움을 발견하여 수학에 대한 긍정적인 태도를 갖도록 합니다.

한국의 학생들이 이 책과 함께 즐거운 수학 세계로 여행을 떠나길 바랍니다.

파이비 키빌루오마, 킴모 뉘리넨, 피리타 페랄라, 페카 록카,
마리아 살미넨, 티모 타피아이넨(STAR MATHS 공동 저자)

핀란드 수학 교과서, 왜 특별할까?

🧑‍🏫 수학과 연계하여 컴퓨팅 사고와 문제 해결력을 키워 줘요.

🧑‍🏫 교구를 활용한 놀이를 통해 수학 개념을 이해시켜요.

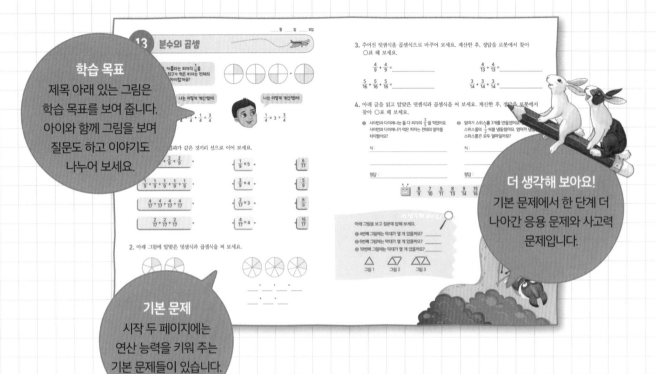

학습 목표
제목 아래 있는 그림은 학습 목표를 보여 줍니다. 아이와 함께 그림을 보며 질문도 하고 이야기도 나누어 보세요.

기본 문제
시작 두 페이지에는 연산 능력을 키워 주는 기본 문제들이 있습니다.

더 생각해 보아요!
기본 문제에서 한 단계 더 나아간 응용 문제와 사고력 문제입니다.

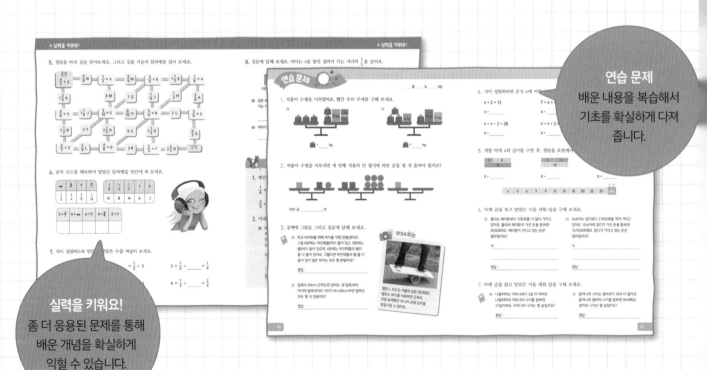

실력을 키워요!
좀 더 응용된 문제를 통해 배운 개념을 확실하게 익힐 수 있습니다.

연습 문제
배운 내용을 복습해서 기초를 확실하게 다져 줍니다.

- 수학적 이야기가 풍부한 그림으로 수학 학습에 영감을 불어넣어요.
- 수학적 구조를 발견하고 이해하게 하여 수학 공식을 암기할 필요가 없어요.
- 연산, 서술형, 응용과 심화, 사고력 문제가 한 권에 모두 들어 있어요.

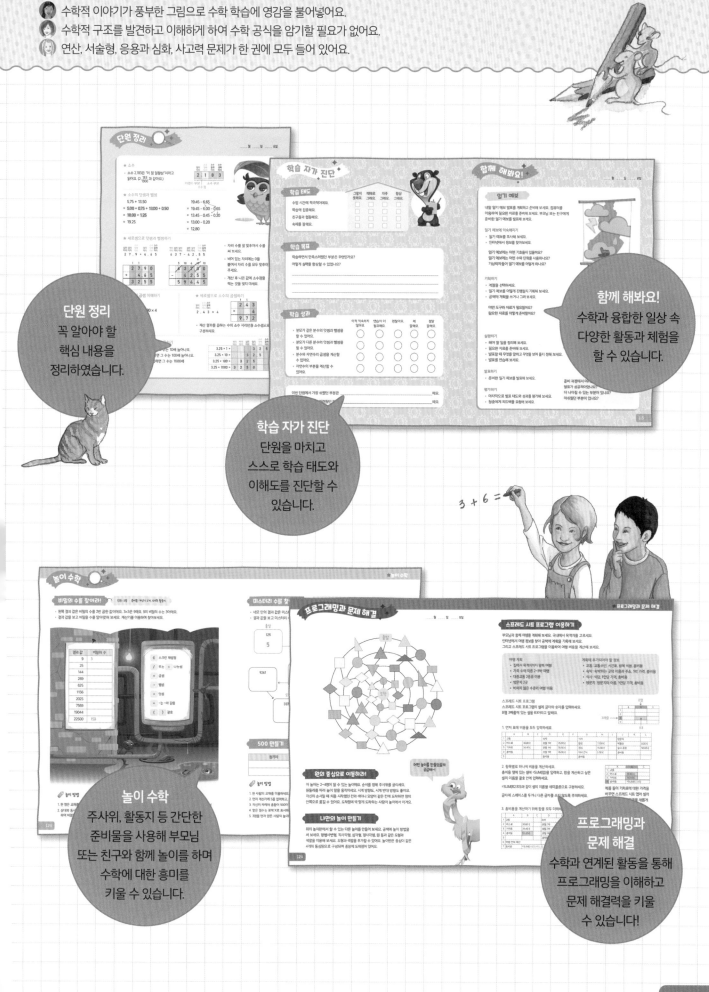

단원 정리
꼭 알아야 할 핵심 내용을 정리하였습니다.

학습 자가 진단
단원을 마치고 스스로 학습 태도와 이해도를 진단할 수 있습니다.

함께 해봐요!
수학과 융합한 일상 속 다양한 활동과 체험을 할 수 있습니다.

놀이 수학
주사위, 활동지 등 간단한 준비물을 사용해 부모님 또는 친구와 함께 놀이를 하며 수학에 대한 흥미를 키울 수 있습니다.

프로그래밍과 문제 해결
수학과 연계된 활동을 통해 프로그래밍을 이해하고 문제 해결력을 키울 수 있습니다!

차례

 놀이 수학

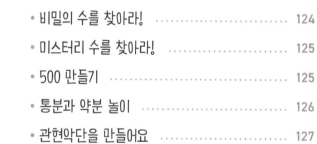

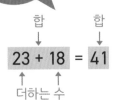

덧셈과 뺄셈

합   합
↓   ↓

$$23 + 18 = 41$$

↑   ↑
더하는 수

차   차
↓   ↓

$$41 - 23 = 18$$

↑   ↑
빼어지는 수   빼는 수

- 덧셈의 결과를 합이라고 해요. 더하는 수의 순서는
  바뀌어도 괜찮아요. 결과는 같으니까요.

  23 + 18 = 41

  18 + 23 = 41

- 뺄셈의 결과를 차라고 해요.

<혼합 계산의 순서>

1. 먼저 괄호 안의 식을 계산해요.
2. 그다음 곱셈과 나눗셈을 왼쪽에서 오른쪽으로 차례로 계산해요.
3. 마지막으로 덧셈과 뺄셈을 왼쪽에서 오른쪽으로 차례로 계산해요.

예

15 + 22 − 8	45 − (17 + 11)	(6 + 33) − (14 + 13)
= 37 − 8	= 45 − 28	= 39 − 27
= 29	= 17	= 12

1. 계산한 후, 정답을 로봇에서 찾아 ○표 해 보세요.

14 + 25 = _____   36 − 14 = _____   15 + 13 + 24 = _____

36 + 20 = _____   50 − 26 = _____   25 − (8 + 7) = _____

45 + 65 = _____   78 − 19 = _____   (7 + 5) − (2 + 6) = _____

2. 알맞은 식을 세워 답을 구한 후, 정답을 로봇에서 찾아 ○표 해 보세요.

❶ 더하는 수는 34와 57이에요.

식 : _____

정답 : _____

❷ 빼어지는 수는 93이고, 빼는 수는 58이에요.

식 : _____

정답 : _____

❸ 44와 38의 합은 얼마일까요?

식 : _____

정답 : _____

❹ 62와 45의 차는 얼마일까요?

식 : _____

정답 : _____

4   10   17   22   24   35   39   52   56   59   78   82   91   98   110

3. 계산한 후, 정답을 로봇에서 찾아 ○표 해 보세요.

100 + (81 − 53)

= _____

= _____

(85 − 43) − (56 − 23)

= _____

= _____

(55 − 27) + (80 − 42)

= _____

= _____

4. 아래 글을 읽고 알맞은 식을 세워 답을 구한 후, 정답을 로봇에서 찾아 ○표 해 보세요.

❶ 링가는 자전거를 첫날에 23km, 둘째 날에 15km, 셋째 날에 9km만큼 탔어요. 링가가 3일 동안 자전거를 탄 거리는 모두 몇 km일까요?

식 : _____

_____

정답 : _____

❷ 바구니 안에 공이 64개 있어요. 그중 처음에 12개를 가져갔고, 다시 27개를 가져갔어요. 바구니에 남은 공은 몇 개일까요?

식 : _____

_____

정답 : _____

❸ 요나는 3일 동안 총 35km를 달릴 목표를 세웠어요. 첫날에 13km, 둘째 날에 9km를 달렸어요. 요나가 목표를 달성하려면 셋째 날에 몇 km를 달려야 할까요?

식 : _____

_____

정답 : _____

❹ 5학년은 남학생이 48명, 여학생이 54명이에요. 6학년은 남학생이 39명, 여학생이 43명이에요. 5학년 학생 수는 6학년 학생 수보다 몇 명 더 많을까요?

식 : _____

_____

정답 : _____

| 9 | 20 | 25 | 66 | 108 | 128 | 13km | 21km | 47km |

더 생각해 보아요!

합해서 93이 되는 연속된 홀수 3개는 무엇일까요?

_____, _____, _____

★ 실력을 키워요!

5. 알렉이 여행을 가요. 출발 칸에 있는 식을 계산하여 답이 있는 칸을 찾아 계속 이동하세요. 마지막으로 도착한 곳은 어디일까요?

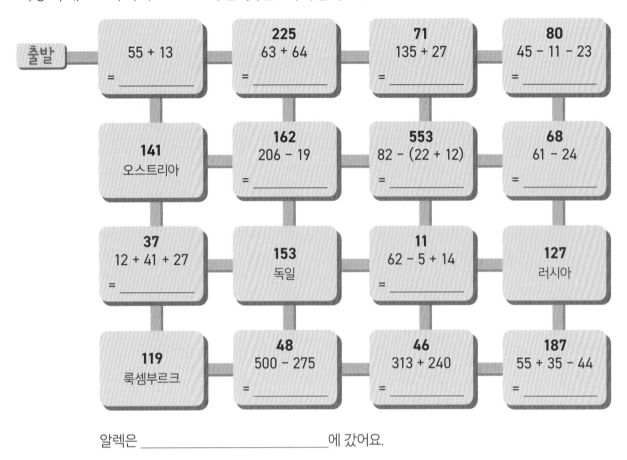

알렉은 _____ 에 갔어요.

6. 빈칸에 알맞은 수를 써넣어 보세요.

___ + 32 = 80	___ − 21 = 90	70 − ___ = 45
___ + 15 = 105	___ − 17 = 55	18 + ___ = 141
___ + 46 = 61	___ − 52 = 48	82 − ___ = 6

7. 아래 단서들을 읽고 모든 단서에 해당하는 수를 찾아보세요.

(15)　(82)　(45)　(71)　(65)

❶ 이 수의 일의 자리에 홀수를 더하면 10이 돼요.
❷ 이 수의 각 자리 숫자끼리 더하면 10보다 작아요.
❸ 이 수를 이루는 2개의 숫자를 이용하여 또 다른 두 자리 수를 만들었을 때,
　두 수 중 큰 수에서 작은 수를 빼면 여전히 두 자리 수가 나와요.
❹ 이 수는 3으로 나누어떨어져요.

어떤 수가 정답일지 궁금하네~!

14

8. 그림이 들어간 식을 보고 그림의 값을 구해 보세요.

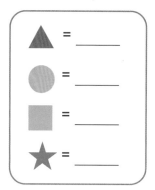

9. 완성된 식을 참고하여 문제의 답을 구해 보세요.

899 + 3474 + 2208 = 6581

899 + 2474 + 2207 = _____

1899 + 3474 + 2228 = _____

1000 + 3474 + 2208 = _____

5587 + 666 − 1009 = 5244

5987 + 666 − 2009 = _____

5587 + 3669 − 1109 = _____

5087 + 1666 − 999 = _____

 한 번 더 연습해요!

1. 계산해 보세요.

27 + 32 = _____

44 + 19 = _____

65 + 26 = _____

55 − 35 = _____

72 − 43 = _____

91 − 52 = _____

27 + 31 + 16 = _____

39 − (9 + 5) = _____

(9 + 7) − (8 + 3) = _____

2. 아래 글을 읽고 알맞은 식을 세워 답을 구해 보세요.

❶ 엘리아스는 월요일에 12km, 화요일에 9km, 목요일에 13km를 달렸어요. 엘리아스가 달린 거리는 모두 몇 km일까요?

식 : _____

_____

정답 : _____

❷ 도나는 자전거를 18km 타고 잠시 쉬었어요. 그 후 다시 19km를 탔어요. 총 55km를 타려면 도나는 자전거를 몇 km 더 타야 할까요?

식 : _____

_____

정답 : _____

2 곱셈

곱   곱
↓   ↓
5 × 9 = 45
↑   ↑
곱해지는 수 곱하는 수

- 곱셈의 결과를 곱이라고 해요.
- 곱셈에서 곱해지는 수와 곱하는 수를 바꾸어도 결과는 같아요. 이를 교환 법칙이라고 해요.

<혼합 계산의 순서>
1. 먼저 괄호 안의 식을 계산해요.
2. 그다음 곱셈과 나눗셈을 왼쪽에서 오른쪽으로 차례로 계산해요.
3. 마지막으로 덧셈과 뺄셈을 왼쪽에서 오른쪽으로 차례로 계산해요.

×	1	2	3	4	5	6	7	8	9	10
1	1	2	3	4	5	6	7	8	9	10
2	2	4	6	8	10	12	14	16	18	20
3	3	6	9	12	15	18	21	24	27	30
4	4	8	12	16	20	24	28	32	36	40
5	5	10	15	20	25	30	35	40	45	50
6	6	12	18	24	30	36	42	48	54	60
7	7	14	21	28	35	42	49	56	63	70
8	8	16	24	32	40	48	56	64	72	80
9	9	18	27	36	45	54	63	72	81	90
10	10	20	30	40	50	60	70	80	90	100

예

(3 + 7) × 5 = 10 × 5 = 50	12 + 4 × 6 = 12 + 24 = 36	40 − 5 × 5 = 40 − 25 = 15	3 × 9 + 8 × 7 = 27 + 56 = 83

1. 계산해 보세요.

4 × 5 = _____	5 × 5 = _____	3 × 9 = _____	2 × 8 = _____
3 × 6 = _____	8 × 3 = _____	7 × 6 = _____	3 × 5 = _____
6 × 5 = _____	6 × 4 = _____	7 × 3 = _____	6 × 9 = _____
5 × 10 = _____	0 × 4 = _____	6 × 6 = _____	8 × 8 = _____
3 × 7 = _____	4 × 3 = _____	7 × 9 = _____	2 × 12 = _____
6 × 8 = _____	6 × 6 = _____	7 × 8 = _____	4 × 11 = _____
5 × 8 = _____	2 × 9 = _____	9 × 8 = _____	3 × 13 = _____
9 × 0 = _____	9 × 5 = _____	7 × 4 = _____	2 × 14 = _____

2. 아래 글을 읽고 알맞은 식을 세워 답을 구해 보세요.

❶ 8과 10의 곱은 얼마일까요?

식 : _____

정답 : _____

❷ 7과 4의 곱은 얼마일까요?

식 : _____

정답 : _____

❸ 곱해지는 수는 5이고, 곱하는 수는 6이에요.

식 : _____

정답 : _____

❹ 곱해지는 수는 9이고, 곱하는 수는 4예요.

식 : _____

정답 : _____

3. 계산한 후, 정답을 로봇에서 찾아 ○표 해 보세요.

$7 + 2 × 4$

= _____

= _____

$20 - 3 × 5$

= _____

= _____

$3 × (7 + 2)$

= _____

= _____

4. 아래 글을 읽고 알맞은 식을 세워 답을 구한 후, 정답을 로봇에서 찾아 ○표 해 보세요.

❶ 미사는 1권에 8유로인 책 5권과 1권에 6유로인 잡지를 3권 샀어요. 미사가 내야 하는 돈은 모두 얼마일까요?

식 : _____

_____

정답 : _____

❷ 타일러에게 50유로가 있는데 12유로짜리 밀키트 3개를 샀어요. 타일러에게 남은 돈은 얼마일까요?

식 : _____

_____

정답 : _____

| 5 | 15 | 27 | 51 | 14 € | 28 € | 58 € |

더 생각해 보아요!

아래 단서를 읽고 아이들의 나이를 알아맞혀 보세요.
• 레오와 앤서니의 나이를 합하면 17살이에요.
• 앤서니와 에바의 나이를 합하면 18살이에요.
• 에바와 레오의 나이를 합하면 15살이에요.

레오 _____ , 앤서니 _____ , 에바 _____

5. 정답을 따라가며 길을 찾아보세요.

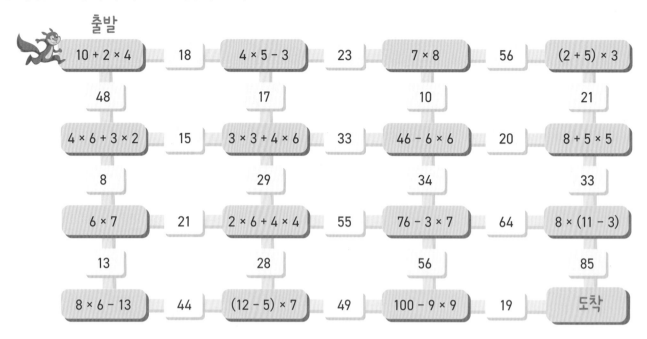

6. 음식의 가격을 각각 알아맞혀 보세요.

- 음식값은 모두 40유로예요.
- 아이스바 3개의 가격은 4.50유로예요.
- 포도셰이크 2개의 가격은 3.50유로예요.
- 아이스바 8개의 가격은 조각 피자 1개의 가격과 같아요.

_____

_____

_____

 = _____   = _____   = _____   = _____

7. 그림이 들어간 식을 보고 그림의 값을 구해 보세요.

5 × 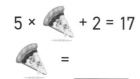 + 2 = 17

 = _____

24 - 4 × 🥤 = 8

🥤 = _____

13 + 🍦 × 6 = 55

🍦 = _____

68 - 9 × 🧃 = 32

🧃 = _____

5 × 🍓 - 7 = 23

🍓 = _____

102 - 🫐 × 7 = 39

🫐 = _____

8. 바른 순서로 모든 버튼을 한 번씩 누르면 금고가 열려요. 각 버튼에 쓰여 있는 숫자와 문자는 다음에 어떤 버튼을 눌러야 할지를 알려 줘요. 예를 들어 2D는 2칸 아래에 있는 버튼을 눌러야 해요. R은 오른쪽, L은 왼쪽, U는 위쪽, D는 아래쪽을 의미해요. 가장 먼저 눌러야 하는 버튼을 찾아 ○표 해 보세요.

3 D	2 D	2 L	2 L
1 D	1 L	1 R	1 U
2 R	2 R	1 U	1 D
1 R	2 U	OPEN	1 L

한 번 더 연습해요!

1. 계산해 보세요.

4 × 4 = _____   6 × 9 = _____   7 × 9 = _____   7 × 7 = _____

6 × 2 = _____   7 × 5 = _____   5 × 6 = _____   3 × 5 = _____

2. 아래 글을 읽고 알맞은 식을 세워 답을 구해 보세요.

❶ 엠마는 1개에 12유로인 점심 세트 2개와 1잔에 4유로인 커피 3잔을 샀어요. 엠마가 내야 하는 돈은 모두 얼마일까요?

식 : _____

정답 : _____

❷ 폴에게 40유로가 있는데 1개에 9유로인 스포츠 테이프 3개를 샀어요. 폴에게 남은 돈은 얼마일까요?

식 : _____

정답 : _____

3 나눗셈

• 나눗셈은 2가지 방법으로 쓸 수 있어요.

나누어지는 수 나누는 수

$$42 \div 6 = 7 \longleftarrow 몫$$

$$\frac{42}{6} = 7 \longleftarrow 몫$$

나누어지는 수

나누는 수

검산은 곱셈을 이용해요.
$6 \times 7 = 42$
몫을 찾을 때 오른쪽에 있는 곱셈표를 이용해도 좋아요.
1. 파란 줄에서 나누는 수 6을 찾아요.
2. 6행에서 나누어지는 수 42를 찾아요.
3. 42에서 노란 줄까지 쭉 올라가요. 노란 줄의 7이
   몫이에요.

×	1	2	3	4	5	6	7	8	9	10
1	1	2	3	4	5	6	7	8	9	10
2	2	4	6	8	10	12	14	16	18	20
3	3	6	9	12	15	18	21	24	27	30
4	4	8	12	16	20	24	28	32	36	40
5	5	10	15	20	25	30	35	40	45	50
6	6	12	18	24	30	36	42	48	54	60
7	7	14	21	28	35	42	49	56	63	70
8	8	16	24	32	40	48	56	64	72	80
9	9	18	27	36	45	54	63	72	81	90
10	10	20	30	40	50	60	70	80	90	100

<혼합 계산의 순서>
1. 먼저 괄호 안의 식을 계산해요.
2. 그다음 곱셈과 나눗셈을 왼쪽에서 오른쪽으로 차례로
   계산해요.
3. 마지막으로 덧셈과 뺄셈을 왼쪽에서 오른쪽으로
   차례로 계산해요.

예
$64 \div 8 - 3 \times 2$
$= 8 - 6$
$= 2$

$(22 + 41) \div 7 + 15$
$= 63 \div 7 + 15$
$= 9 + 15$
$= 24$

1. 계산해 보세요. 위의 곱셈표를 이용해도 좋아요.

$\dfrac{15}{3} = $ _____ $\dfrac{24}{4} = $ _____ $\dfrac{21}{7} = $ _____ $\dfrac{48}{8} = $ _____

$\dfrac{54}{6} = $ _____ $\dfrac{49}{7} = $ _____ $\dfrac{18}{2} = $ _____ $\dfrac{28}{4} = $ _____

$\dfrac{72}{9} = $ _____ $\dfrac{60}{10} = $ _____ $\dfrac{30}{6} = $ _____ $\dfrac{16}{2} = $ _____

$\dfrac{50}{5} = $ _____ $\dfrac{42}{7} = $ _____ $\dfrac{81}{9} = $ _____ $\dfrac{56}{8} = $ _____

2. 식이 성립하도록 빈칸에 알맞은 수를 써넣어 보세요.

12 ÷ _____ = 6   _____ ÷ 5 = 5   28 ÷ _____ = 7   _____ ÷ 8 = 5

27 ÷ _____ = 9   48 ÷ _____ = 6   _____ ÷ 6 = 6   42 ÷ _____ = 6

3. 계산한 후, 정답을 로봇에서 찾아 ○표 해 보세요.

$8 \times 5 - 63 \div 9$	$3 \times 8 + 40 \div 5$	$28 \div 4 + 36 \div 4$
= _____	= _____	= _____
= _____	= _____	= _____
$(41 + 15) \div 8$	$48 \div (22 - 16)$	$(17 + 19) \div (34 - 28)$
= _____	= _____	= _____
= _____	= _____	= _____

4. 아래 글을 읽고 알맞은 식을 세워 답을 구한 후, 정답을 로봇에서 찾아 ○표 해 보세요.

❶ 상자에 색연필이 49자루 있어요. 색연필을 학생 7명에게 똑같이 나누어 주려고 해요. 학생 1명당 색연필을 몇 자루씩 받을까요?

식 : _____

정답 : _____

❷ 문구점에 공책이 54권 있어요. 공책을 학생 9명에게 똑같이 나누어 주려고 해요. 학생 1명당 공책을 몇 권씩 받을까요?

식 : _____

정답 : _____

❸ 선생님에게 사탕이 100개 있어요. 그중 68개를 학생들에게 나누어 줬고, 남은 사탕을 선생님의 4자녀에게 똑같이 나누어 주려고 해요. 한 아이당 사탕을 몇 개씩 받을까요?

식 : _____

_____

정답 : _____

❹ 파란 공 18개, 빨간 공 42개를 학생 6명에게 똑같이 나누어 주려고 해요. 학생 1명당 공을 몇 개씩 받을까요?

식 : _____

_____

정답 : _____

6   6   7   7   8   8   9   10   16   32   33   56

5. 정답을 따라가며 길을 찾아보세요. 다람쥐 칩은 무엇을 샀을까요?

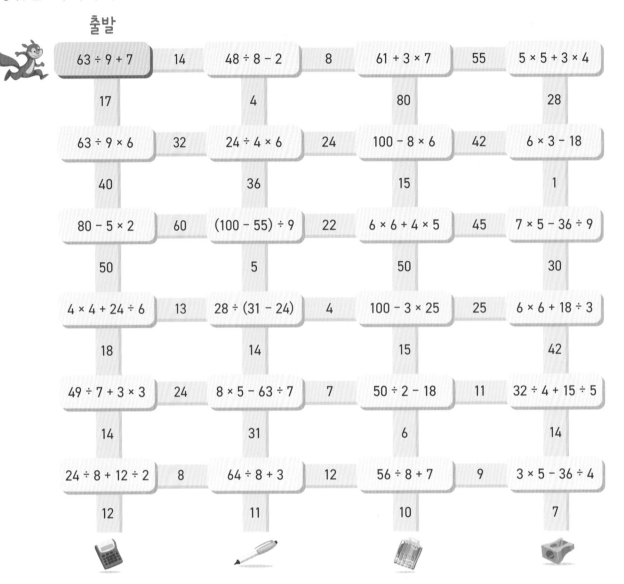

6. 각 지갑 속의 금액이 같아지도록 동전을 그려 보세요.

*1유로(€)는 100센트(c)와 같아요.

7. 아래 설명대로 오른쪽 칸을 파란색, 빨간색, 노란색, 회색으로 칠해 보세요.

- 5칸은 빨간색이에요. 빨간색 칸끼리는 모서리나 꼭짓점이 닿지 않아야 해요.
- 2칸은 파란색이에요. 파란색 칸은 2개의 빨간색 칸 사이에 있어요.
- 4칸은 노란색이에요. 노란색 칸은 서로 닿지 않아요.
- 4칸은 회색이에요. 회색 칸은 2개의 노란색 칸 사이에 있어요.

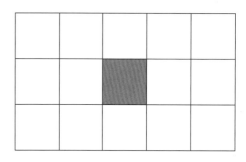

8. 계산식이 성립하도록 아래 식에 괄호를 넣어 보세요.

$36 \div 9 - 3 + 5 \times 3 - 2 = 19$　　　　$36 \div 9 - 3 + 5 \times 3 - 2 = 6$

$36 \div 9 - 3 + 5 \times 3 - 2 = 11$　　　　$36 \div 9 - 3 + 5 \times 3 - 2 = -16$

한 번 더 연습해요!

1. 계산해 보세요.

$\dfrac{30}{10} =$ _____　　　$\dfrac{35}{5} =$ _____　　　$\dfrac{14}{2} =$ _____　　　$\dfrac{48}{8} =$ _____

$63 \div 7 =$ _____　　　$36 \div 4 =$ _____　　　$24 \div 6 =$ _____　　　$27 \div 9 =$ _____

2. 계산해 보세요.

❶ 허버트는 7주 동안 용돈을 저축해서 42유로를 모았어요. 허버트가 1주에 받는 용돈은 얼마일까요?

식 : _____

_____

정답 : _____

❷ 지갑 3개에 12유로가 각각 들어 있어요. 이 돈을 아이들 4명에게 똑같이 나누어 주려고 해요. 아이 1명이 받는 돈은 얼마일까요?

식 : _____

_____

정답 : _____

_____ 월 _____ 일 _____ 요일

4 그림을 이용한 문제 해결

> 파이 8개를 구웠어요. 그중 5개는 블루베리, 4개는 라즈베리가 들어 있으며 3개는 블루베리와 라즈베리 둘 다 들어 있어요. 그렇다면 블루베리와 라즈베리 둘 다 들어 있지 않은 파이는 몇 개일까요?

- 먼저 파이 8개를 그리세요.

◯ ◯ ◯ ◯ ◯ ◯ ◯ ◯

- 파이 5개에 블루베리를 나타내는 B를 쓰세요.

Ⓑ Ⓑ Ⓑ Ⓑ Ⓑ ◯ ◯ ◯

- 파이 4개에 라즈베리를 나타내는 R을 쓰세요. 이때 파이 3개는 블루베리와 라즈베리가 둘 다 들어가므로 함께 표시하세요.

Ⓑ Ⓑ (B R) (B R) (B R) Ⓡ ◯ ◯

- 이제 파이 5개에 블루베리가 있고, 파이 4개에 라즈베리가 있어요. 그리고 파이 3개에는 블루베리와 라즈베리가 둘 다 있어요.

Ⓑ Ⓑ (B R) (B R) (B R) Ⓡ ◯ ◯

- 그림을 보면 블루베리와 라즈베리가 둘 다 들어 있지 않은 파이는 2개임을 알 수 있어요.

정답 : 블루베리와 라즈베리가 둘 다 들어 있지 않은 파이는 2개예요.

1. 공책에 그림을 그리고 질문에 답해 보세요.

 책꽂이에 책이 7권 있어요. 그중 3권은 동물에 관한 책(A)이고, 4권은 식물에 관한 책(P)이며, 2권은 동물과 식물 둘 다 관련된 책이에요. 그렇다면 동물과 식물에 관한 책이 아닌 건 모두 몇 권일까요? _____

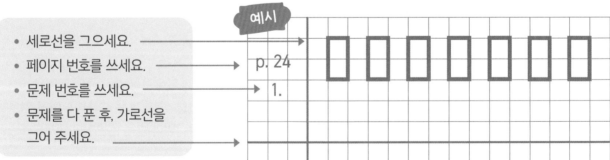

예시

- 세로선을 그으세요.
- 페이지 번호를 쓰세요. → p. 24
- 문제 번호를 쓰세요. → 1.
- 문제를 다 푼 후, 가로선을 그어 주세요.

- 책 7권을 그리세요.
- 책 3권에 동물을 나타내는 A를 쓰세요.
- 책 4권에 식물을 나타내는 P를 쓰세요. 이때 책 2권은 동물과 식물 둘 다 관련된 책임을 기억하세요.
- 그림을 보고 동물과 식물에 관한 책이 아닌 건 몇 권인지 알아보세요.
- 정답을 쓰세요.

2. 공책에 그림을 그리고 질문에 답해 보세요.

❶ 학생 6명이 가로로 한 줄로 서요. 각 학생은 옆 학생과 3m 길이의 줄로 분리된다면 줄은 몇 m
필요할까요? _____

- 학생 사이사이에 공간을 두고
  6명을 한 줄로 그리세요.
- 각 학생 사이에 3m 길이의
  줄을 그리세요.
- 줄의 총 길이를 계산하세요.
- 공책에 정답을 쓰세요.

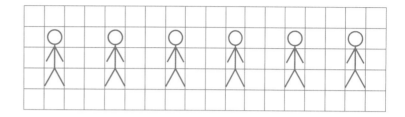

❷ 교실에 학생 11명이 있어요. 그중 7명은 독서(R)를 하고, 4명은 운동(S)을 하며, 3명은 독서와 운동을
모두 하고 있어요. 독서와 운동 둘 다 하지 않는 학생은 몇 명일까요?

_____

❸ 포레스트타운과 비치타운 사이 고속 도로에 상점이 3개 있어요. 포레스트타운과 비치타운 사이의 거리는
60km예요. 각 상점 사이의 거리가 같다면 상점은 몇 km를 사이에 두고 떨어져 있을까요?

_____

❹ 학생들이 가로로 한 줄로 섰어요. 전체 줄은 6m이고 각 학생 사이의 거리는 50cm예요. 줄을 선 학생은
모두 몇 명일까요?

_____

❺ 샘의 집에서 학교까지 거리는 750m예요. 샘이 학교까지 거리의 절반 정도 갔을 때 신발주머니를 집에
두고 온 것을 깨달았어요. 그래서 다시 집으로 돌아가 신발주머니를 가지고 학교로 뛰어갔어요. 이날 샘이
이동한 거리는 모두 몇 m일까요?

_____

❻ 베아는 23.80유로를, 린다는 7.40유로를 가지고 있어요. 두 사람이 가진 돈이 같아지려면 베아가 린다에게
얼마를 주어야 할까요?

_____

더 생각해 보아요!

니코 아빠의 나이는 니코보다 32살 더 많아요.
5년 후 니코와 아빠의 나이를 합하면 58살이에요.
니코는 현재 몇 살일까요?

_____

3. 달팽이 에이노와 엘리 사이의 거리는 28m예요. 1시간에 에이노는 2m씩, 엘리는 5m씩 앞으로 나아가요. 두 달팽이가 만나려면 몇 시간이 걸릴까요? _____

4. 아이슬랜드 아이들 이름의 성을 알아맞혀 보세요.

아이슬랜드에서는 아버지의 이름 뒤에 dottir(딸) 또는 son(아들)을 붙여서 아이들의 성을 만들어요. 예를 들어 아버지의 이름이 Erik이라면 딸의 성은 Eriksdottir(Erik의 딸)이 되며, 아들의 성은 Eriksson(Erik의 아들)이 되어요.

- 요한(Johan)의 누나는 크리스티나(Kristina)예요.
- 헨릭(Henrik)에게는 아이가 2명(딸 1명, 아들 1명) 있어요.
- 에릭(Erik)의 딸 이름은 크리스티나예요.

- 울라(Ulla)의 아빠는 헨릭이에요.
- 빅토르(Viktor)에게는 아들이 1명 있어요.
- 퍼(Per)에게는 딸이 1명 있어요.
- 한스(Hans)에게는 누나가 없어요.

Johan

Ulla

Kristina

_____

Anna

Hans

Tom

_____

5. 그림을 그리고 질문에 답해 보세요.

교실에 있는 학생 13명 중에서 8명은 농구를 하고, 7명은 야구를 해요. 3명은 농구와 야구 둘 다 하지 않아요.

❶ 농구와 야구를 모두 하는 학생은 몇 명일까요?

_____

❷ 야구는 하지 않고 농구만 하는 학생은 몇 명일까요?

_____

6. 세로와 가로줄에 있는 5개의 수의 합은 각 줄의 오른쪽과 아래쪽에 적혀 있어요. 1~25까지의 수를 한 번만 사용하여 오른쪽 칸에 써넣어 보세요. 이미 사용한 수는 ○표 되어 있어요.

		17			= 72
1	9			20	= 64
7	8	5	18		= 52
19		12	2	11	= 67
	16			25	= 70
=	=	=	=	=	
54	71	59	65	76	

```
  ①   ②   3    4   ⑤
6   ⑦   ⑧   ⑨   10
  ⑪   ⑫   13   14   15
⑯   ⑰   ⑱   ⑲   ⑳
  21   22   23   24   ㉕
```

7. 축구 캠프에서 선수 50명이 줄을 섰어요. 선수들은 2명마다 파란색 셔츠를 입었고, 5명마다 야구 모자를 썼어요. 파란색 셔츠도 입고 야구 모자도 쓴 선수는 모두 몇 명일까요?

정답 : _____

한 번 더 연습해요!

1. 그림을 그리고 질문에 답해 보세요.

❶ 상자에 공이 9개 있어요. 그중 4개에는 빨간색(R)이 있고, 6개에는 파란색(B)이 있으며, 3개에는 빨간색과 파란색이 둘 다 있어요. 빨간색도 파란색도 없는 공은 몇 개일까요?

정답 : _____

❷ 축구장에 7명의 선수가 일렬로 서 있어요. 각 선수 사이의 거리는 15m예요. 첫 번째 선수와 마지막 선수 사이의 거리는 몇 m일까요?

정답 : _____

5 등식을 이용한 문제 해결

- 양쪽의 무게가 같을 때 저울은 수평을 이루어요.
- 같은 무게의 추를 똑같이 더하거나 빼어도 저울은 수평을 이루어요.

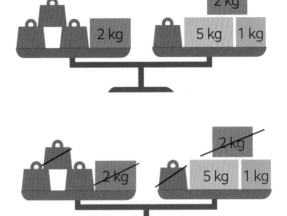

> 저울이 수평을 이루었어요.
> 빨간 추 1개의 무게는 얼마일까요?

2kg짜리 상자와 빨간 추 1개를 저울 양쪽에서 똑같이 빼면
저울은 수평을 이루어요.
빨간 추 2개의 무게는 6kg과 같아요. 즉, 빨간 추 1개의 무게는
3kg임을 알 수 있어요.

정답 : 빨간 추 1개의 무게는 3kg이에요.

1. 저울이 수평을 이루었어요. 빨간 추 1개의 무게가 얼마인지 알아맞혀 보세요.

❶
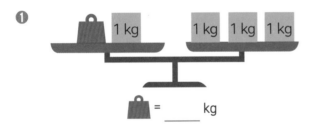

= _____ kg

❷
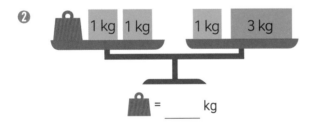

= _____ kg

❸
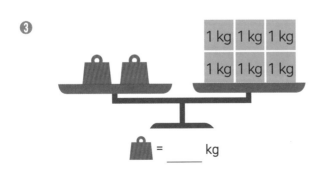

= _____ kg

❹
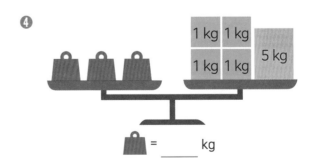

= _____ kg

2. 저울이 수평을 이루었어요. 빨간 추 1개의 무게가 얼마인지 알아맞혀 보세요.

❶

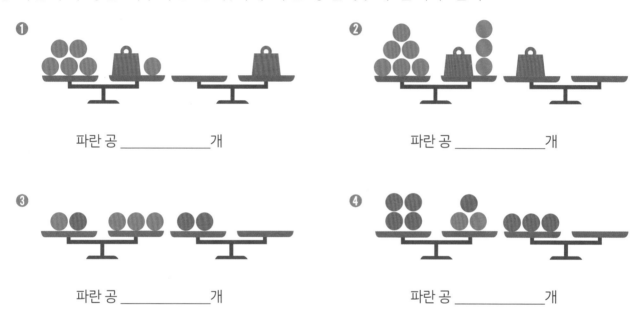

❷

3. 저울이 수평을 이루려면 빈 접시에 파란 공을 몇 개 올려야 할까요?

❶

파란 공 _____개

❷

파란 공 _____개

❸

파란 공 _____개

❹

파란 공 _____개

4. 저울이 수평을 이루려면 빈 접시에 빨간 공을 몇 개 올려야 할까요?

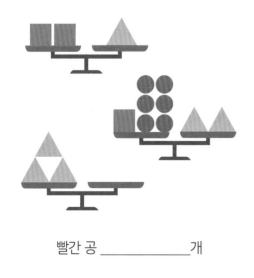

빨간 공 _____개

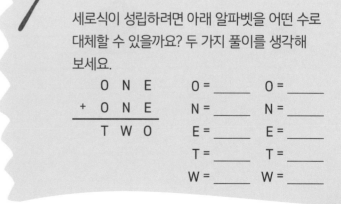

더 생각해 보아요!

세로식이 성립하려면 아래 알파벳을 어떤 수로 대체할 수 있을까요? 두 가지 풀이를 생각해 보세요.

O N E	O = ____ O = ____
+ O N E	N = ____ N = ____
T W O	E = ____ E = ____
	T = ____ T = ____
	W = ____ W = ____

5. 코드에 따라 메시지를 읽어 보세요. +는 해당 알파벳으로부터 코드의 숫자만큼 시계 방향으로, -는 반시계 방향으로 움직이세요. 풀이한 메시지를 반대 방향으로 읽어 보세요.

❶ K V Y F Q I B Y P   코드 -4

_____

❷ G V B P O M J K   코드 +5

_____

❸ HOW ARE YOU를 코드 -2를 이용해서 완성해 보세요.

_____

❹ 자신만의 코드를 만들고 친구에게 암호화된 메시지를 써 보세요.

_____

_____

_____

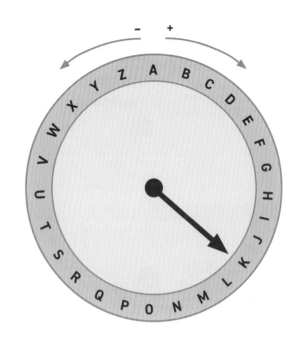

6. 아래 글을 읽고 물건의 무게가 얼마인지 알아맞혀 보세요.

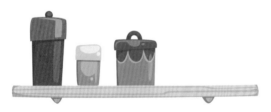
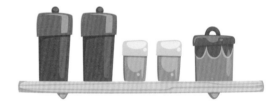

- 두 선반 위에 있는 물건은 모두 합쳐 8kg이에요.
- 같은 색깔의 물건은 무게가 같아요.
- 연두색 물건을 모두 합친 무게는 빨간색 물건 1개의 무게와 같아요.
- 왼쪽 선반에 있는 물건들의 무게는 오른쪽 선반에 있는 물건들의 무게보다 2kg 가벼워요.

 = _____ kg    = _____ kg    = _____ kg

7. 질문에 답해 보세요.

❶ 합해서 54가 되는 4개의 연속된 수는 무엇일까요?

_____ + _____ + _____ + _____ = 54

❷ 합해서 118이 되는 4개의 연속된 수는 무엇일까요?

_____ + _____ + _____ + _____ = 118

8. 초록색, 노란색, 빨간색 추의 무게는 각각 얼마일까요?

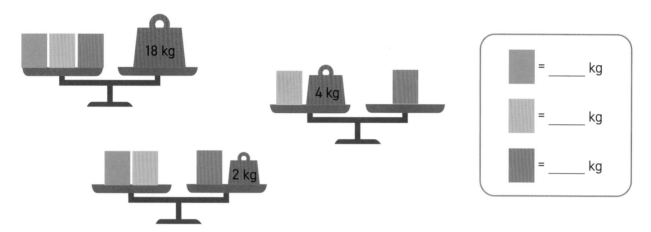

한 번 더 연습해요!

1. 저울이 수평을 이루었어요. 빨간 추 1개의 무게는 얼마일까요?

❶

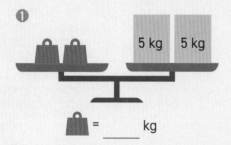

❷

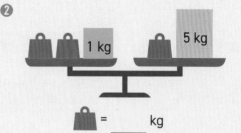

2. 저울이 수평을 이루려면 빈 접시에 파란 공을 몇 개 올려야 할까요?

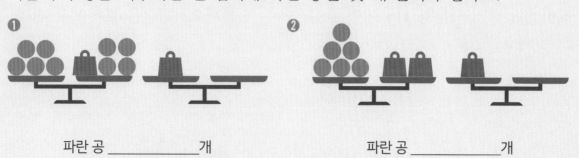

❶ 파란 공 _____개

❷ 파란 공 _____개

6 문자가 1개 있는 문제

□ 대신에 x라는 문자를 쓰고 x를 구해 볼까요?

$x + 2 = 5$
$x = 3$
3 + 2 = 5이니까요.

$x - 3 = 4$
$x = 7$
7 - 3 = 4이니까요.

파란색 막대의 길이는 얼마일까요?

x	x	6
16		

알맞은 식을 세워 보세요.
- 색깔 막대의 윗부분 총 길이는 $x + x + 6$이에요.
- 색깔 막대의 아랫부분 총 길이는 16이에요.
- 윗부분 막대의 총 길이는 아랫부분 막대 총 길이와 같아요.
- 색깔 막대의 길이를 알아보는 식을 아래와 같이 세울 수 있어요.
  $x + x + 6 = 16$

파란색 막대의 길이 x를 계산해요.
$x + x + 6 = 16$
$x + x = 10$, 10 + 6 = 16이니까요.
따라서 $x = 5$, 5 + 5 = 10이니까요.

정답 : 파란색 막대의 길이는 5예요.

왜 $x + x$가 10이지?

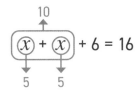

1. 식이 성립하려면 문자 x에 어떤 수를 쓸 수 있을까요? 정답에 ◯표 해 보세요.

$x + 4 = 5$ 1 2 3 4 5 $x + 1 = 6$ 3 4 5 6 7

$x - 3 = 4$ 5 6 7 8 9 $x - 6 = 1$ 5 6 7 8 9

$x + x + 3 = 15$ 3 4 5 6 7 $x + x - 4 = 10$ 3 4 5 6 7

2. 식이 성립하려면 문자 x에 어떤 수를 쓸 수 있을까요? 정답을 로봇에서 찾아 ◯표 해 보세요.

$x + 5 = 8$ $x + 6 = 10$ $x - 8 = 2$ $30 - x = 18$

$x =$ _____ $x =$ _____ $x =$ _____ $x =$ _____

3   4   8   10   12   20

3. 색깔 막대 x의 길이를 구한 후, 정답을 로봇에서 찾아 ○표 해 보세요.

x	4
7	

$x =$ _____

x	7
10	

$x =$ _____

x	x
12	

$x =$ _____

x	x	x
15		

$x =$ _____

x	2	2	2
13			

$x =$ _____

x	x	8
16		

$x =$ _____

4. 식이 성립하려면 문자 x에 어떤 수를 쓸 수 있을까요? 정답을 로봇에서 찾아 ○표 해 보세요.

$x + x + 2 = 22$

$x =$ _____

$x + x + 8 = 18$

$x =$ _____

$x + x - 3 = 13$

$x =$ _____

$50 - x - x = 20$

$x =$ _____

$2 \times x = 18$

$x =$ _____

$4 + 2 \times x = 26$

$x =$ _____

3   3   4   5   5   6   7   8   9   10   11   12   13   15

5. 식이 성립하려면 아래 알파벳을 어떤 수로 대체할 수 있을까요?

$2 \times A + B = 20$

$C \div B = 8$

$A \times 2 + 1 = 15$

A = _____

B = _____

C = _____

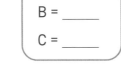

더 생각해 보아요!

모든 길을 살필 수 있도록 교차로에 감시 카메라 3대를 설치해 보세요.
각 카메라의 위치에
X표 해 보세요.

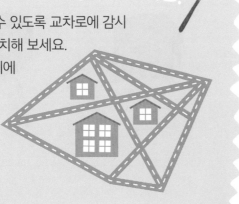

6. 어떤 수일까요?

❶ 이 수에 6을 곱한 값에 5를 더하면 29가 나와요.

_____

❷ 이 수를 2로 나눈 몫에 3을 더하면 8이 나와요.

_____

❸ 이 수에 5를 곱한 값에서 7을 빼면 53이 나와요.

_____

❹ 이 수에서 12를 뺀 값에 13을 곱하면 52가 나와요.

_____

7. 아래 스도쿠 퍼즐을 완성해 보세요. 가로줄, 세로줄, 그리고 각각의 작은 사각형 안에 1~9까지의 수를 한 번씩 쓸 수 있어요.

❶

			4	1			5	
7		2	9		5			
		1			8			
	5		3	9	4			2
9			7			8		1
				8			9	
								5
	2			6	7		8	4
4					3		1	

❷

3					2	6		
	4	3	6					2
	1			8	7			
	8		2	1			6	
	3		8	7		5		
	2	1				8		
6			3	4	2			
	3	2						4

8. 아래 단서를 읽은 후, 순서에 맞게 아이들의 이름을 쓰고 티셔츠를 색칠해 보세요.

- 타라와 머시는 헤일리 옆에 앉았고, 타라는 파란색 티셔츠를 입었어요.
- 튤립과 머시 사이에 2명이 있고, 머시는 노란색 티셔츠를 입었어요.
- 초록색 티셔츠를 입은 아이는 가장 왼쪽에 있으며, 헤일리는 빨간색 티셔츠를 입었어요.

_____   _____   _____   _____

9. 식이 성립하도록 4~9까지의 수를 빈칸에 알맞게 써 보세요. 수는 한 번씩만 쓸 수 있어요.

❶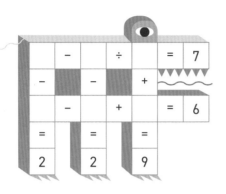

❷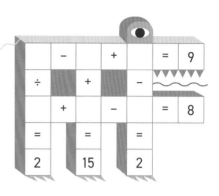

 한 번 더 연습해요!

1. 식이 성립하려면 문자 x에 어떤 수를 쓸 수 있을까요? 정답에 ○표 해 보세요.

$x + 3 = 5$ 1 2 3 4 5 $x - 2 = 4$ 3 4 5 6 7

$x + x + 4 = 16$ 3 4 5 6 7 $x + x - 2 = 10$ 3 4 5 6 7

2. 식이 성립하려면 문자 x에 어떤 수를 쓸 수 있을까요?

$x + 5 = 20$ $x + 1 = 9$ $32 - x = 20$ $x - 14 = 30$

$x =$ _____ $x =$ _____ $x =$ _____ $x =$ _____

3. 색깔 막대 x의 길이를 구해 보세요.

x	9
12	

x	x	x
21		

x	x	3
17		

$x =$ _____ $x =$ _____ $x =$ _____

7 서술형 문제

리사는 루이스보다 4살 더 많아요. 리사와 루이스의 나이를 합하면 30살이에요. 루이스는 몇 살일까요?

x $x + 4$

알맞은 식을 세워 보세요.

- 루이스의 나이를 묻는 문제이므로 루이스의 나이를 x로 나타내요.
- 리사는 루이스보다 4살 더 많으므로 리사의 나이는 $x + 4$로 나타내요.
- 리사와 루이스의 나이를 합하면 $x + x + 4 = 30$이라는 식을 세울 수 있어요.

이제 루이스의 나이 x를 계산해요.

$x + x + 4 = 30$

$x + x = 26$이에요. 26 + 4 = 30이니까요.

$x = 13$이에요. 13 + 13 = 26이니까요.

즉, 루이스는 13살이에요.

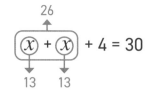

정답 : 루이스는 13살이에요.

1. 아드리안은 벨라보다 2살 더 많아요. 아드리안과 벨라의 나이를 합하면 24살이에요. 벨라는 몇 살일까요?

- 벨라의 나이를 모르기 때문에 x로 나타내요. x
  _____

- 아드리안은 벨라보다 2살 많아요.
  아드리안의 나이는 x를 이용하여 나타내요. _____

- 벨라와 아드리안의 나이를 합하면 24살인 것을
  식으로 나타내요.

  _____

- 식을 계산하여 벨라의 나이를 구해요.

  _____

  _____

  _____

  정답 : _____

2. 레이븐은 헬가보다 1.50유로 적게 가지고 있어요. 레이븐과 헬가가 가진 돈을 합하면 13.50유로예요. 헬가가 가진 돈은 얼마일까요?

- 헬가가 가진 돈을 x로 나타내요.

- 레이븐은 헬가보다 1.50유로 적게 가지고 있어요.
  레이븐이 가진 돈을 식으로 나타내요.

- 헬가와 레이븐이 가진 돈을 합하면 13.50유로예요.
  헬가와 레이븐이 가진 돈의 합을 식으로 나타내요.

- 식을 계산하여 헬가가 가진 돈 x를 구해요.

_____

_____

_____

정답 : _____

3. 아래 글을 읽고 알맞은 식을 세워 답을 구해 보세요.

❶ 알리는 에반보다 3살 더 많아요. 알리와 에반의
나이를 합하면 21살이에요. 에반의 나이는 몇
살일까요?

식 : _____

_____

정답 : _____

❷ 시리는 모나보다 2살 더 어려요. 시리와 모나의
나이를 합하면 26살이에요. 모나의 나이는 몇
살일까요?

식 : _____

_____

정답 : _____

4. 아래 글을 읽고 공책에 알맞은 식을 세워 답을 구해 보세요.

❶ 할아버지는 할머니보다 5살 더 많아요.
할아버지와 할머니의 연세를 합하면
131살이에요. 할머니는 몇 살일까요?

_____

❷ 로라는 믹보다 3살 더 어려요. 로라와 믹의
나이를 합하면 35살이에요. 믹의 나이는
몇 살일까요?

_____

❸ 피아는 에시보다 4.50유로로 더 가지고 있어요.
피아와 에시가 가진 돈을 합하면 46.50유로예요.
피아가 가지고 있는 돈은 얼마일까요?

_____

❹ 이나는 책 2권을 모두 38유로를 주고 샀어요.
사전은 동화책보다 12유로 더 비쌌어요. 동화책의
가격은 얼마일까요?

_____

5. 아래 단서를 잘 읽고 아이들의 이름을 알아맞혀 보세요.

- 울리카의 왼쪽에 네아가 있어요.
- 울리카는 리네아 옆에 서 있어요.
- 울리카와 키아 사이에 2명이 있어요.
- 키아 옆에는 1명만 서 있어요.
- 옆에 있는 사람의 손을 잡으면 키아의 오른손은 비올레타의 왼손을 잡게 돼요.

6. 같은 색깔끼리 우물과 집을 연결하는 수도관을 그려 보세요. 단, 수도관이 서로 교차하지 않고 가장자리 경계선을 넘지 않아야 해요.

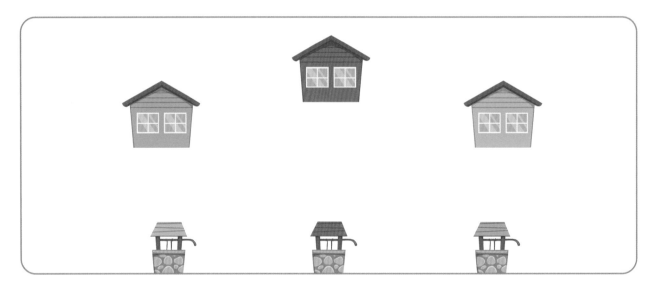

7. 삼촌은 정각 12시에 운전을 시작해서 시속 60km로 주행하고 있어요. 아빠는 오후 1시에 같은 도로를 운전하기 시작해서 시속 80km로 주행하고 있어요. 두 사람이 멈추지 않고 계속 운전한다면 아빠는 몇 시쯤에 삼촌을 따라잡을 수 있을까요?

정답 : _____

8. 5A 버스는 9시에 역을 처음 출발하고 그 이후 25분마다 출발해요. 5B 버스는 9시 10분에 역을 처음 출발하고 그 이후 20분마다 출발해요. 5A 버스와 5B 버스는 오후 2시 이전까지 몇 번을 동시에 출발하게 될까요?

9. 가능한 한 많은 칸을 빨간색으로 색칠해 보세요. 단, 모서리나 꼭짓점이 파란색 칸과 닿지 않고 다른 빨간색 칸과도 닿지 않아야 해요.

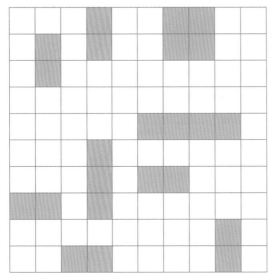

한 번 더 연습해요!

1. 아래 글을 읽고 알맞은 식을 세워 답을 구해 보세요.

❶ 빅토르는 아모스보다 3.50유로를 더 가지고 있어요. 빅토르와 아모스가 가진 돈을 합하면 27.50유로예요. 아모스가 가지고 있는 돈은 얼마일까요?

식 : _____

_____

정답 : _____

❷ 엄마는 아빠보다 2살 더 많아요. 엄마와 아빠의 나이를 합하면 68살이에요. 아빠의 나이는 몇 살일까요?

식 : _____

_____

정답 : _____

1. 저울이 수평을 이루었어요. 빨간 추의 무게를 구해 보세요.

❶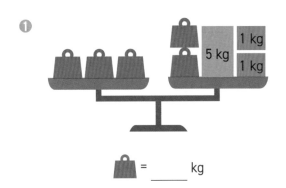

🏋 = _____ kg

❷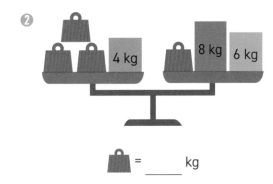

🏋 = _____ kg

2. 저울이 수평을 이루려면 세 번째 저울의 빈 접시에 파란 공을 몇 개 올려야 할까요?

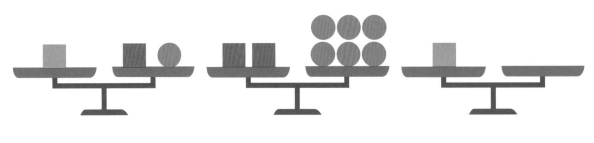

파란 공 _____개

3. 공책에 그림을 그리고 질문에 답해 보세요.

❶ 학교 바자회를 위해 피자를 12판 만들었어요. 그중 8판에는 파인애플(P)이 들어 있고, 6판에는 햄(H)이 들어 있으며, 4판에는 파인애플과 햄이 둘 다 들어 있어요. 그렇다면 파인애플과 햄 둘 다 들어 있지 않은 피자는 모두 몇 판일까요?

정답 : _____

❷ 말뚝이 60cm 간격으로 있어요. 첫 말뚝부터 마지막 말뚝까지의 거리가 6m 60cm라면 말뚝은 모두 몇 개 있을까요?

정답 : _____

여기서 잠깐!

밸런스 보드도 저울과 같은 원리예요. 밸런스 보드를 이용하면 근육과 조정 능력뿐만 아니라 균형 감각을 발달시킬 수 있어요.

4. 식이 성립하려면 문자 x에 어떤 수를 쓸 수 있을까요? 정답에 ○표 해 보세요.

$x + 2 = 13$

$x =$ _____

$7 + x = 11$

$x =$ _____

$x - 9 = 20$

$x =$ _____

$x + x - 2 = 28$

$x =$ _____

$x + x + 2 = 42$

$x =$ _____

$3 \times x + 1 = 28$

$x =$ _____

5. 색깔 막대 x의 길이를 구한 후, 정답을 로봇에서 찾아 ○표 해 보세요.

x	8
14	

x	x
10	

x	x	13
27		

$x =$ _____

$x =$ _____

$x =$ _____

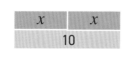

4   5   6   7   9   11   15   18   20   22   29

6. 아래 글을 읽고 알맞은 식을 세워 답을 구해 보세요.

❶ 폴라는 페이튼보다 12유로를 더 많이 가지고 있어요. 폴라와 페이튼이 가진 돈을 합하면 56유로예요. 페이튼이 가지고 있는 돈은 얼마일까요?

식 : _____

_____

정답 : _____

❷ 조슈아는 압디보다 2.50유로를 적게 가지고 있어요. 조슈아와 압디가 가진 돈을 합하면 10.50유로예요. 압디가 가지고 있는 돈은 얼마일까요?

식 : _____

_____

정답 : _____

7. 아래 글을 읽고 알맞은 식을 세워 답을 구해 보세요.

❶ 나탈리아는 이리나보다 3살 더 어려요. 나탈리아와 이리나의 나이를 합하면 37살이에요. 이리나의 나이는 몇 살일까요?

정답 : _____

❷ 할머니의 나이는 엄마보다 26살 더 많아요. 할머니와 엄마의 나이를 합하면 96살이에요. 엄마의 나이는 몇 살일까요?

정답 : _____

8. 직선 3개를 이용하여 아래 사각형을 나누어 보세요.

❶ 6부분

❷ 5부분

❸ 7부분

9. 질문에 답해 보세요.

펄은 매일 공책에 날짜를 기록해요. 그리고 각 자리의 숫자를 모두 더해요.
예를 들어 9월 20일일 경우 날짜의 각 자리 숫자를 모두 더하면 9 + 2 + 0 = 11이에요.

❶ 펄이 계산한 합 중에서 가장 작은 값은 무엇일까요? _____

❷ 합이 가장 작은 날짜 중 하나를 써 보세요. _____

❸ 펄이 계산한 합 중에서 가장 큰 값은 무엇일까요? _____

❹ 합이 가장 큰 날짜 중 하나를 써 보세요. _____

10. 아래 문장을 읽고 참 또는 거짓을 써 보세요.

❶ 짝수 2개를 더하면 항상 짝수가 돼요. _____

❷ 홀수 2개를 곱하면 항상 홀수가 돼요. _____

❸ 연속한 두 수를 더하면 항상 짝수가 돼요. _____

❹ 연속한 세 수를 더하면 항상 홀수가 돼요. _____

11. 1부터 6까지의 수를 빈칸에 배열해 보세요. 단, 선으로 연결된 칸에 연속된 수를
쓰면 안 돼요.

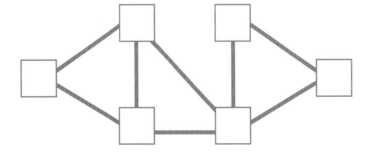

12. 아래 칸에 1~16까지의 수를 써넣어 보세요. 단, 가로줄, 세로줄, 대각선으로 4칸에 있는 수의 합은 각각 34가 되어야 해요. 이미 써넣은 수는 ○표 했어요.

❶

		3	1
4	2	15	
		6	8
7	5		

①②③④
⑤⑥⑦⑧
9 10 11
12 13 14
⑮ 16

❷

13	6		
	10		5
			16
8		14	

1 2 3 4
⑤⑥ 7 ⑧
9 ⑩ 11
12 ⑬ ⑭
15 ⑯

한 번 더 연습해요!

1. 식이 성립하려면 문자 x에 어떤 수를 쓸 수 있을까요?

$25 - x = 22$ $x + 4 = 23$ $x - 31 = 69$

$x = $ _____ $x = $ _____ $x = $ _____

2. 색깔 막대 x의 길이를 구해 보세요.

x	7
13	

x	x	x
24		

x	x	9
23		

$x = $ _____ $x = $ _____ $x = $ _____

3. 아래 글을 읽고 알맞은 식을 세워 답을 구해 보세요.

❶ 조크는 마이크보다 5.50유로를 더 많이 가지고 있어요. 조크와 마이크가 가진 돈을 합하면 30.50유로예요. 조크가 가지고 있는 돈은 얼마일까요?

식 :

_____

정답 :

❷ 릴리는 줄리아나보다 13유로를 더 많이 가지고 있어요. 릴리와 줄리아나가 가진 돈을 합하면 63유로예요. 줄리아나가 가지고 있는 돈은 얼마일까요?

식 :

_____

정답 :

8 규칙 찾기

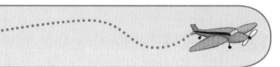

- 규칙성이 있는 순서 수를 보고 어떤 규칙이 있는지 알아맞혀 보세요.

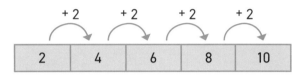

| 2 | 4 | 6 | 8 | 10 |

규칙:이전 수에 2를 더하면 다음 수를 알 수 있어요.

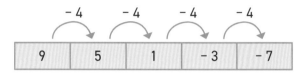

| 9 | 5 | 1 | - 3 | - 7 |

규칙:이전 수에서 4를 빼면 다음 수를 알 수 있어요.

> **처음 주어진 수와 계산 결과 사이의 관계성을 살펴보세요.**

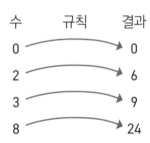

수	규칙	결과
0	→	0
2	→	6
3	→	9
8	→	24

규칙:주어진 수에 3을 곱하는 규칙

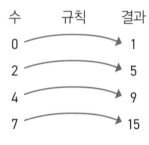

수	규칙	결과
0	→	1
2	→	5
4	→	9
7	→	15

규칙:주어진 수에 2를 곱한 후, 1을 더하는 규칙

- 규칙은 1개 혹은 여러 개로 이루어질 수 있어요.

1. 규칙에 따라 빈칸에 알맞은 수를 써넣어 보세요.

❶ | 5 | 30 | 55 | | | |

❷ | 200 | 500 | 800 | | | |

❸ | 3 | 6 | 12 | | | |

❹ | 16 | 9 | 2 | | | |

❺ | 55 | 66 | 77 | | | |

❻ | 64 | 32 | 16 | | | |

2. 규칙에 따라 빈칸에 알맞은 수를 써넣어 보세요.

| 20 | 15 | 10 | | | -5 | |

| | | 50 | 65 | 80 | | | 125 |

| 256 | 128 | 64 | | | | | 2 |

| 25 | 10 | -5 | | -35 | | |

3. 규칙에 따라 4번째 칸을 색칠해 보세요.

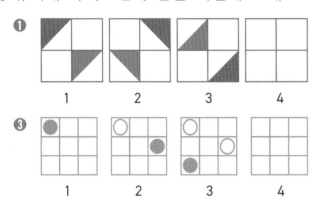

❶   1   2   3   4

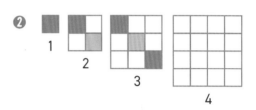

❷   1   2   3   4

❸

| 1 | 2 | 3 | 4 |

4. 노란색 별이 몇 개 있을지 알아맞혀 보세요.

❶ 5번째 칸   _____

❷ 8번째 칸   _____

❸ 9번째 칸   _____

1   2   3

5. 규칙을 찾아보세요.

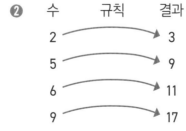

❶ 수	규칙	결과
0	→	2
1	→	3
3	→	5
6	→	8

규칙: _____

_____

❷ 수	규칙	결과
2	→	3
5	→	9
6	→	11
9	→	17

규칙: _____

_____

6. 규칙에 따라 시곗바늘을 그려 보세요.

❶

❷

❸

7. 규칙에 따라 빈칸에 알맞은 수를 써넣어 보세요.

❶

2			8
7		11	
12		16	

❷

3			12
9		27	36

❸

256			32
	32		8
16		4	2

8. 규칙에 따라 빈칸을 채워 보세요.

❶

1	a	2	a	a	3	a	a	a												

❷

a	1	b	b	2	c	c	c	3												

❸

a	3	c	6	e	9											

❹

a	1	2	b	3	4	c												

9. 규칙에 따라 삼각형의 빈칸에 알맞은 수를 써넣어 보세요.

❶

3 2
9
4

11 5
24
8

21 □ 6
7

❷

1 1
1
1

2 2
8
2

3 □ 3
3

❸

21 8
4
9

11 7
-2
6

31 11
□
10

❹
4 1
2
2

2 10
4
5

1 6
□
2

10. 질문에 답해 보세요.

마법의 꽃 줄기가 매일 2배로 자라요. 현재 길이는 50cm예요.

❶ 3일 후에는 길이가 얼마일까요? _____

❷ 5일 후에는 길이가 얼마일까요? _____

❸ 1일 전에는 길이가 얼마였을까요? _____

한 번 더 연습해요!

1. 규칙에 따라 빈칸에 알맞은 수를 써넣어 보세요.

❶

40	36	32				

❷

34	45	56			89	

2. 규칙을 찾아보세요.

❶
수	규칙	결과
10	→	7
9	→	6
5	→	2
3	→	0

규칙: _____
_____

❷
수	규칙	결과
2	→	22
4	→	42
7	→	72
10	→	102

규칙: _____
_____

9 경우의 수

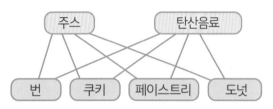

엠마는 카페에서 음료 1잔과 빵 1개를 샀어요. 음료 1개와 빵 1개를 선택할 수 있는 경우의 수는 몇 가지일까요?

음료		빵류	
주스	2.00 €	번	2.00 €
탄산음료	4.00 €	쿠키	1.00 €
		페이스트리	3.00 €
		도넛	2.00 €

2가지 음료와 4가지 빵 종류가 있어요. 2가지 방법으로 모든 경우의 수를 구할 수 있어요.

① 수형도 그리기

주스   탄산음료

번   쿠키   페이스트리   도넛

② 나열하기

주스와 번　　　　　탄산음료와 번
주스와 쿠키　　　　탄산음료와 쿠키
주스와 페이스트리　탄산음료와 페이스트리
주스와 도넛　　　　탄산음료와 도넛

정답 : 엠마가 고를 수 있는 경우의 수는 모두 8가지예요.

1. 제나가 윗옷과 바지를 선택할 수 있는 경우의 수를 수형도로 나타냈어요.

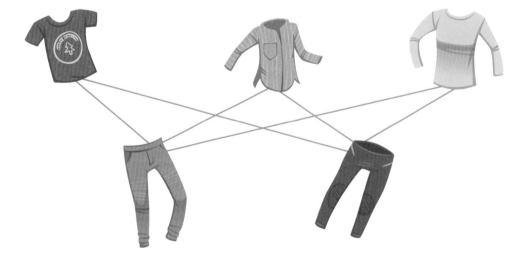

❶ 제나의 윗옷은 몇 가지일까요?　　　　　　　　　　　　_____

❷ 제나의 바지는 몇 가지일까요?　　　　　　　　　　　　_____

❸ 제나가 윗옷과 바지를 선택할 수 있는 경우의 수는 모두 몇 가지일까요?　_____

2. 서로 다른 경우의 수를 선으로 이어 수형도를 완성해 보세요.

비비안은 점심시간에 물이나 우유를 음료로 선택할 수 있어요. 식사는 수프, 샐러드, 라자냐가 있어요.

음료

식사

비비안이 음료와 식사를 선택할 수 있는 경우의 수는 모두 몇 가지일까요? _____

3. 저드는 반바지(S)와 청바지(J)가 있어요. 신발로 운동화(T)와 조깅화(R)가 있어요. 수형도를 그린 후, 저드가 바지와 신발을 선택할 수 있는 모든 경우를 나열해 보세요.

_____

_____

경우의 수는 모두 몇 가지일까요? _____

4. 공책에 수형도를 그리거나 경우의 수를 나열해 질문에 답해 보세요.

❶ 알레나는 빨간색과 파란색 셔츠가 있어요. 그리고 빨간색, 파란색, 초록색 3가지 종류의 바지가 있어요. 알레나가 셔츠와 바지를 선택할 수 있는 경우의 수는 모두 몇 가지일까요?

_____

❷ 아빠는 회색, 검은색, 빨간색, 파란색 뜨개 모자와 갈색과 검은색 장갑이 있어요. 아빠가 뜨개 모자와 장갑을 선택할 수 있는 경우의 수는 모두 몇 가지일까요?

_____

5. 아래 메뉴를 보고 문제에 답해 보세요.

알렉은 메뉴에서 음료 1개, 피자 1조각, 디저트 1개를 골랐어요. 알렉이 음료, 피자, 디저트를 선택할 수 있는 경우의 수는 모두 몇 가지일까요?

음료	피자	디저트
탄산음료	야채	아이스크림
우유	햄	페이스트리

_____

6. 안나가 윗옷과 목도리를 선택할 수 있는 경우의 수는 모두 12가지예요. 안나의 목도리가 2가지라면 윗옷은 모두 몇 가지일까요? 수형도를 그려 문제를 풀어 보세요.

정답 : 안나의 윗옷은 _____가지예요.

7. 표에서 아래 숫자 타일을 찾아보세요. 찾으면 아래 표에 X표 해 보세요. 단, 숫자 타일이 서로 겹치면 안 돼요.

			1	1					
		6	1	3	3				
		3	3	2	0				
	6	4	6	3	2	0	5	2	
1	6	4	6	5	2	4	2	6	5
0	5	4	2	6	2	3	0	4	0
	0	2	5	0	1	3	4	1	
			1	5	5	1			
			3	0	5	4			
				6	4				

<예시>

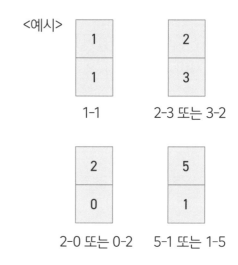

1-1   2-3 또는 3-2

2-0 또는 0-2   5-1 또는 1-5

0-0	0-1	0-2	0-3	0-4	0-5	0-6
X		X				

1-1	1-2	1-3	1-4	1-5	1-6	2-2
X				X		

2-3	2-4	2-5	2-6	3-3	3-4	3-5
X						

3-6	4-4	4-5	4-6	5-5	5-6	6-6
						X

8. 원 안에 1~9까지의 수를 한 번씩 써넣어 보세요. 단, 삼각형 각 변에 있는 수의 합이 17이 되어야 해요.

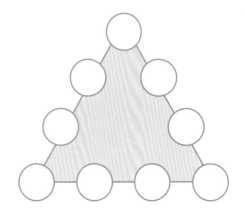

 한 번 더 연습해요!

1. 아래 수형도는 캐리가 바지와 부츠를 선택할 수 있는 경우의 수를 나타내요.

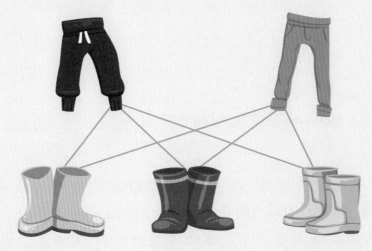

❶ 캐리의 바지는 몇 가지일까요?

_____

❷ 캐리의 부츠는 몇 가지일까요?

_____

❸ 캐리가 바지와 부츠를 선택할 수 있는 경우의 수는 모두 몇 가지일까요?

_____

2. 엄마는 체크무늬, 줄무늬, 점박이 무늬의 스카프 3장과 빨간색, 초록색 팔찌가 2개 있어요. 엄마가 스카프 1장과 팔찌 1개를 선택할 수 있는 경우의 수는 모두 몇 가지일까요?

_____가지

3. 앤은 디저트로 토핑 1가지를 얹은 아이스크림을 골랐어요. 아이스크림은 딸기 맛, 초콜릿 맛, 라즈베리 맛, 체리 맛, 오렌지 맛이 있고, 토핑으로는 스프링클과 초콜릿이 있어요. 아이스크림 맛과 토핑을 각각 1가지씩 선택할 수 있는 경우의 수는 모두 몇 가지일까요?

_____가지

1. 아래 그림은 알렉의 모자와 목도리예요.

❶ 알렉의 모자는 몇 가지일까요? _____

❷ 알렉의 목도리는 몇 가지일까요? _____

❸ 수형도를 그려 보세요.

❹ 알렉이 모자와 목도리를 선택할 수 있는 경우의 수는 모두 몇 가지일까요? _____

2. 학생들이 공작 시간에 필통을 만들고 있어요. 파란색이나 주황색 천을 이용할 수 있으며, 초록색, 빨간색, 노란색 중에서 지퍼 1개를 고를 수 있어요. 단, 필통 1개를 만들 때 1가지 색의 천과 지퍼를 써야 해요. 서로 다른 색깔의 천과 지퍼를 고를 수 있는 경우의 수를 모두 구하기 위해 수형도를 그려 보세요.

여기서 잠깐!

수형도는 가지를 뻗으며 자라는 나무 모습에서 그 이름이 유래되었어요.

3. 엠마는 주황색과 보라색 헤드폰을 가지고 있어요. 엠마는
휴대 전화, 태블릿 또는 스테레오로 음악을 들어요.
엠마가 음악을 들을 때 선택할 수 있는 기기와 헤드폰의
조합을 공책에 모두 나열해 보세요. 기기와 헤드폰을
선택할 수 있는 경우의 수는 모두 몇 가지일까요?

정답 : _____

4. 규칙에 따라 4번째 칸을 완성해 보세요.

5. 규칙을 찾아보세요.

❶
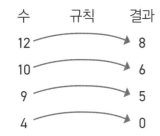

규칙 : _____

_____

❷
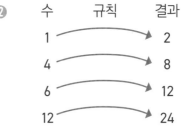

규칙 : _____

_____

6. 규칙에 따라 삼각형 안의 빈칸에 알맞은 수를 써넣어 보세요.

❶

더 생각해 보아요!

 7, 4, 1, –2…에서 8번째에 오는 수는
무엇일까요?

_____

❷

7. 툴리아의 가방에는 빨간색 공 5개와 파란색 공 5개가 있어요. 눈을 감고 가방에서
공을 꺼내요. 아래와 같은 조건을 만족하려면 적어도 몇 번까지 공을 꺼내야 할까요?

❶ 같은 색 공 2개가 나오려면 _____

❷ 같은 색 공 3개가 나오려면 _____

❸ 서로 다른 색 공 2개가 나오려면 _____

8. 다니엘이 던진 다트가 모두 다트판에 꽂혔어요. 점수는 정확히 100점이에요.
다니엘의 다트는 몇 점 구간에 꽂혔을까요?

❶ 9개를 던졌어요.

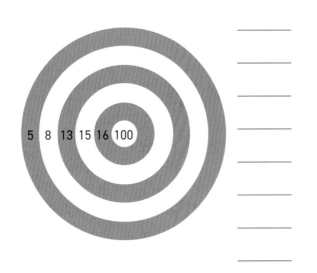

❷ 5개를 던졌어요.

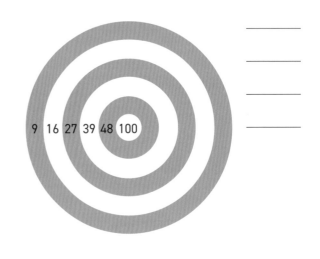

9. 아래 스도쿠 퍼즐을 완성해 보세요. 가로줄, 세로줄, 그리고 각각의 작은 사각형
안에 1~9까지의 수를 한 번씩 쓸 수 있어요.

❶

1	7	5					6	
3					6			
		4	1					2
7						6	5	3
				9				
2	8	6						9
5					1	3		
			8					1
	1					4	8	5

❷

				5				
						7	1	9
		1				8		
	5		3	7				6
	4	6			5			
1	3		8		6			
9								
8	2		7				5	
	1				8			3

10. 아래와 같이 출발점과 도착점이 주어진다면 하이디가 갈 수 있는 경우의 수는 몇 가지일까요?

❶ 마트에서 집까지 _____

❷ 수영장에서 마트까지 _____

❸ 도서관에서 집까지 _____

마트   집   수영장   도서관

11. 오른쪽 칸을 완성해 보세요. 단, 각각의 가로줄과 세로줄에 숫자 1, 2, 3, 4와 4가지 모양이 겹치지 않고 한 번씩 모두 들어가야 해요.

			△1
△2		◇4	
○3		□1	

한 번 더 연습해요!

1. 일로나에게는 구두 3켤레와 드레스 2벌이 있어요. 일로나가 구두와 드레스를 각각 1가지씩 선택할 수 있는 경우의 수는 모두 몇 가지일까요? 수형도를 그려 구해 보세요. _____

12. 계산기를 사용하여 답을 구하세요. 그리고 계산기의 위쪽이 아래로 오도록 돌린 후 답을 읽어 보세요. 숫자를 영어 알파벳 모양으로 생각하고 힌트를 참고하여 정답을 적어 보세요.

힌트	계산식	정답
인사	0.5752 + 0.1982	
발에 신는 것	203 × 3 × 5	
혼자	(2.84 + 4.21) ÷ 10	
여자아이의 이름	4006 × 9 - 881	
경사진 길, 언덕	(10186 + 12956) ÷ 3	
꿀을 만드는 곤충	7953 - 4519 - 3096	
더 적은	642 × 8 + 401	
종	85 × 93 - 167	
관악기 종류 중 하나	8 × (908 - 523)	
남자아이의 이름	1.11 × 2 ÷ 6	

13. 계산기를 사용하여 질문에 답해 보세요.

연속하는 수 3개를 더해 보세요.
아래 조건을 만족하는 가장 작은 수를 구해 보세요.

❶ 합이 48이면?

연속하는 세 수 중 가장 작은 수는 _____

❷ 합이 177이면?

연속하는 세 수 중 가장 작은 수는 _____

❸ 합이 438이면?

연속하는 세 수 중 가장 작은 수는 _____

14. 계산식이 성립하도록 아래 식에 괄호를 넣어 보세요.

7 + 12 × 13 = 247

4 × 42 − 19 + 3 × 7 = 14

9 + 9 − 5 × 6 − 12 ÷ 4 = 30

458 − 121 + 214 = 123

40 ÷ 4 + 6 × 8 + 3 = 35

7 + 3 × 8 − 6 ÷ 10 = 2

15. 어떤 수인지 알아맞혀 보세요. 계산기를 이용해도 좋아요.

- 이 수의 각 자리 수의 합은 2로 나누어떨어져요.
- 이 수는 어떤 수를 두 번 곱한 값과 같아요.
- 이 수는 짝수예요.

정답 : _____

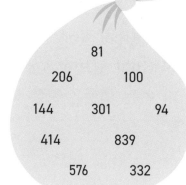

81
206   100
144   301   94
414   839
576   332

 한 번 더 연습해요!

1. 규칙에 따라 4번째 칸을 색칠해 보세요.

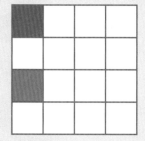 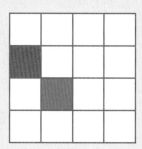 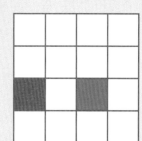 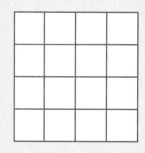

2. 저울이 수평을 이루려면 마지막 저울의 빈 접시에 파란 공을 몇 개 올려야 할까요?

파란 공 _____ 개

1. 저울이 수평을 이루려면 빨간 추 1개의 무게는 얼마일까요?

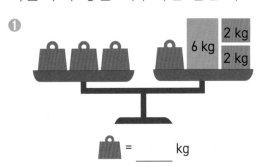

❶ 🏋 = _____ kg

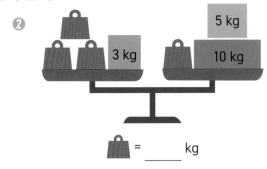

❷ 🏋 = _____ kg

2. 선반에 헬멧이 10개 진열되어 있어요. 그중 6개에는 빨간색(R)이 있고, 5개에는 파란색(B)이 있으며, 3개에는 빨간색과 파란색이 모두 있어요. 빨간색과 파란색 둘 다 없는 헬멧은 모두 몇 개일까요? 그림을 그려 답을 구해 보세요. _____

3. 식이 성립하려면 x에 어떤 수를 쓸 수 있을까요?

$x + x + 5 = 17$ $14 + x + x = 34$ $x + x - 6 = 10$

$x =$ _____ $x =$ _____ $x =$ _____

$4 \times x = 28$ $3 \times x + 1 = 16$ $17 - 3 \times x = 2$

$x =$ _____ $x =$ _____ $x =$ _____

4. 아래 글을 읽고 알맞은 식을 세워 답을 구해 보세요.

❶ 매트는 카밀리아보다 3살 더 많아요. 매트와 카밀리아의 나이를 합하면 31살이에요. 카밀리아는 몇 살일까요?

식 : _____

_____

정답 : _____

❷ 아서는 소피아보다 4유로 적게 가지고 있어요. 아서와 소피아가 가진 돈을 합하면 14유로예요. 소피아가 가지고 있는 돈은 얼마일까요?

식 : _____

_____

정답 : _____

5. 규칙을 찾아보세요.

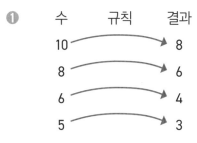

수	규칙	결과
10	→	8
8	→	6
6	→	4
5	→	3

규칙: _____

_____

수	규칙	결과
2	→	7
3	→	10
5	→	16
9	→	28

규칙: _____

_____

6. 사이먼은 간식으로 귀리빵이나 호밀빵을 고를 수 있어요. 그리고
빵 안에 들어가는 재료로 햄이나 치즈 중 1가지를 고를 수 있어요.
수형도를 그려 모든 경우의 수를 구해 보세요. _____

7. 캐스퍼에게는 검은색, 파란색, 흰색 운동화가 있어요. 그리고 빨간색, 노란색, 검은색
운동화 끈이 있어요. 가능한 경우의 수를 모두 나열해 보세요.

_____

_____

_____

_____

**얼마나
잘했나요?**

실력이 자란 만큼 별을 색칠하세요.

 정말 잘했어요.

 꽤 잘했어요.

앞으로 더 노력할게요.

1. 식이 성립하려면 x에 어떤 수를 쓸 수 있을까요? 정답에 ○표 해 보세요.

$9 + x = 13$ $x - 4 = 7$ $x + x + 6 = 20$ $4 \times x = 24$

3 4 5   9 10 11   7 8 9   5 6 7

2. 장대가 한 줄로 늘어서 있어요. 첫 장대부터 마지막 장대까지의 길이는 5m이고, 장대와 장대 사이는 1m의 간격이 있어요. 장대는 모두 몇 개일까요? 그림을 그려 답을 구해 보세요.

정답 : _____

3. 아래 글을 읽고 알맞은 식을 세워 답을 구해 보세요.

❶ 티아와 에바가 가진 돈은 모두 15유로예요. 에바는 티아보다 5유로 더 많이 가지고 있어요. 에바가 가지고 있는 돈은 얼마일까요?

식 : _____

정답 : _____

❷ 마리아는 하이디보다 6살 더 많아요. 마리아와 하이디의 나이를 합하면 24살이에요. 하이디의 나이는 몇 살일까요?

식 : _____

정답 : _____

4. 규칙에 따라 빈칸에 알맞은 수를 써넣어 보세요.

❶
| 7 | 11 | | | 23 | 27 | | |

❷
| 36 | 30 | 24 | | | 6 | | -6 |

❸
| | 66 | 77 | | 99 | | 121 | |

5. 저울이 수평을 이루려면 빨간 추 1개의 무게는 얼마일까요?

❶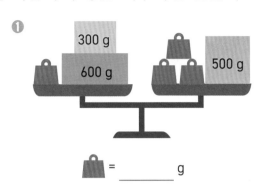

❷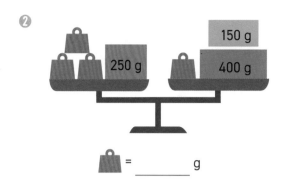

🪨 = _____ g

🪨 = _____ g

6. 아래 글을 읽고 그림을 그려 질문에 답해 보세요.

가방 안에 공이 11개 들어 있어요. 그중 4개에는 초록색이 있고, 6개에는 파란색이 있으며, 3개에는 초록색과 파란색이 둘 다 없어요. 초록색과 파란색이 둘 다 있는 공은 모두 몇 개일까요?

정답 : _____

7. 규칙을 찾아보세요.

❶

수	규칙	결과
18	→	6
12	→	4
6	→	2
3	→	1

규칙: _____

_____

❷

수	규칙	결과
1	→	6
3	→	14
5	→	22
7	→	30

규칙: _____

_____

8. 일기장에 자물쇠가 걸려 있어요. 이 자물쇠는 0, 1, 2로 구성된 비밀번호로만 열려요. 비밀번호가 될 수 있는 경우의 수는 모두 몇 가지일까요?

정답 : _____

9. 저울이 수평을 이루려면 마지막 저울의 빈 접시에 파란 공을 몇 개 올려야 할까요?

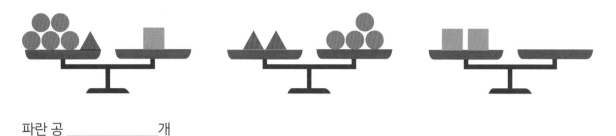

파란 공 _____개

10. 앤은 친구 2명에게 메시지를 보냈어요.
1시간 후에 두 친구는 받은 메시지를
또 다른 친구 2명에게 전송했어요.
1시간 후에 두 친구는 받은 메시지를 또
다른 친구 2명에게 전송했어요. 이렇게
계속된다면 5시간 후에 앤의 메시지를
받은 사람은 모두 몇 명일까요? 단,
친구들은 메시지를 한 번만 받았어요.

11. 규칙을 찾아보세요.

❶
수	규칙	결과
1	→	1
3	→	7
5	→	13
6	→	16

규칙: _____
_____

❷
수	규칙	결과
2	→	5
3	→	10
5	→	26
7	→	50

규칙: _____
_____

12. 타일러에게는 자전거 자물쇠가 있어요.
이 자물쇠는 0에서 9까지 수 가운데 3개의
수로 구성된 비밀번호로만 열려요. 타일러가
비밀번호로 사용할 수 있는 경우의 수는
모두 몇 가지일까요?   정답 : _____

★ 그림을 이용해요

- 문제를 해결하기 위해 그림을 이용할 수 있어요.
- 문제를 해결하기 위해 필요한 정보를 모두 그림에 표시하세요.

★ 등식을 이용해요

- 등식을 이해하기 위해 저울을 이용할 수 있어요.
- 양쪽의 무게가 같을 때 저울은 수평을 이루어요.
- 같은 무게의 추를 똑같이 더하거나 빼도 저울은 수평을 이루어요.

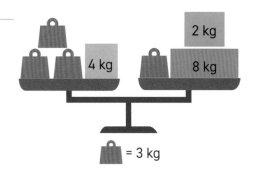

★ x가 1개 있는 문제

식이 성립하려면 x에 어떤 수를 쓸 수 있을까요?

$x + 4 = 9$
$x = 5$예요. $5 + 4 = 9$이니까요.

$x - 5 = 8$
$x = 13$, $13 - 5 = 8$이니까요.

색깔 막대 x의 길이를 구해 보세요.

x	x	4
14		

$x + x + 4 = 14$
$x + x = 10$이에요. $10 + 4 = 14$이니까요.
$x = 5$예요. $5 + 5 = 10$이니까요.

★ 규칙 찾기

- 1, 4, 7, 10, 13, 16은 앞의 수에 3을 더하는 규칙이에요.

- 20, 16, 12, 8, 4는 앞의 수에서 4를 빼는 규칙이에요.

★ 경우의 수

경우의 수를 구하는 방법은 2가지가 있어요.
첫 번째 방법은 수형도를 이용하는 것이고, 두 번째 방법은 모든 경우의 수를 하나씩 나열해 보는 것이에요.

수형도

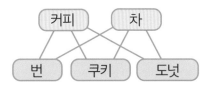

나열하기

가능한 경우의 수는 커피와 번, 커피와 쿠키, 커피와 도넛, 차와 번, 차와 쿠키, 차와 도넛 이렇게 6가지예요.

학습 자가 진단

학습 태도

	그렇지 못해요.	때때로 그래요.	자주 그래요.	항상 그래요.
수업 시간에 적극적이에요.	☐	☐	☐	☐
학습에 집중해요.	☐	☐	☐	☐
친구들과 협동해요.	☐	☐	☐	☐
숙제를 잘해요.	☐	☐	☐	☐

학습 목표

학습하면서 만족스러웠던 부분은 무엇인가요?

어떻게 실력을 향상할 수 있었나요?

_____

_____

_____

학습 성과

	아직 익숙하지 않아요.	연습이 더 필요해요.	괜찮아요.	꽤 잘해요.	정말 잘해요.
• 그림을 그려 문제의 답을 구할 수 있어요.	◯	◯	◯	◯	◯
• x를 이용하여 문제의 답을 구할 수 있어요.	◯	◯	◯	◯	◯
• 규칙을 찾을 수 있어요.	◯	◯	◯	◯	◯
• 수형도를 이용하여 경우의 수를 구할 수 있어요.	◯	◯	◯	◯	◯

이번 단원에서 가장 쉬웠던 부분은 _____예요.

이번 단원에서 가장 어려웠던 부분은 _____예요.

로마 숫자

로마 숫자에는 7개의 기본 기호가 있어요. 이 기호는 서로
결합하여 다른 수를 만들어요. 0에 해당하는 로마 숫자는 없어요.

기호	I	V	X	L	C	D	M
값	1	5	10	50	100	500	1000

6을 나타내기 위해 5와 1을 연속으로 써요.
즉, VI = 6 = 5 + 1이에요.

XI = 11 = 10 + 1
CX = 110 = 100 + 10
DCL = 650 = 500 + 100 + 50

숫자 4는 뺄셈으로 나타내요. 5에서 1을 빼는데,
1을 5의 왼쪽에 써요. 즉, IV = 4 = 5 − 1이에요.

같은 기호는 연속으로 3번까지만 쓸 수 있어요.
예를 들면 III = 3 = 1 + 1 + 1

XXX = 30
CCC = 300
MMM = 3000

IX = 9 = 10 − 1
XL = 40 = 50 − 10
XC = 90 = 100 − 10
CD = 400 = 500 − 100
CM = 900 = 1000 − 100
MCM = 1900 = 1000 + (1000 − 100)

1. 아래 로마 숫자를 아라비아 숫자로 나타내어 보세요.

XXII   XIV   LVIII   XCV

_____   _____   _____   _____

CDXXI   CMLIX   MCDLXXXI   CCCXL

_____   _____   _____   _____

2. 아래 아라비아 숫자를 로마 숫자로 나타내어 보세요.

17   34   44   98

_____   _____   _____   _____

3. MMMCMXCIX는 로마 숫자로 나타낼 수 있는 가장 큰 수예요. 이 수는 어떤
수일까요? _____

10 진분수와 대분수

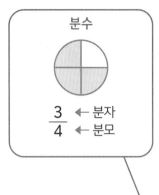

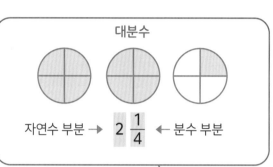

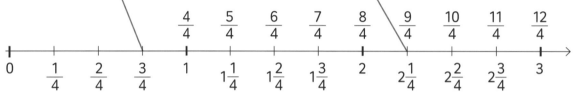

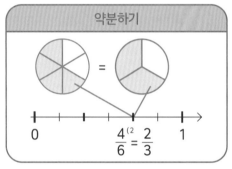

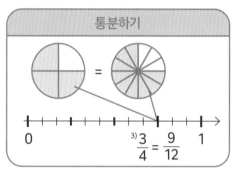

- **약분**은 분자와 분모를 공약수로 나누어 간단하게 하는 것을 말해요.
- **통분**은 분모가 다른 두 개 이상의 분수에서 분모를 같게 만드는 것을 말해요.
- 약분과 통분을 하더라도 분수의 크기는 같아요.

1. 주어진 분수와 분수를 나타낸 그림을 선으로 이어 보세요.

$2\frac{1}{3}$

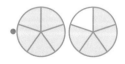

2. 아래 가분수를 대분수로 바꾸어 보세요.

$\dfrac{5}{2} =$ _____ $\dfrac{10}{3} =$ _____ $\dfrac{12}{5} =$ _____

$\dfrac{11}{6} =$ _____ $\dfrac{13}{4} =$ _____ $\dfrac{13}{7} =$ _____

3. 약분한 후, 정답을 로봇에서 찾아 ○표 해 보세요.

$\dfrac{5}{10}^{(5} =$ _____ $\dfrac{10}{15}^{(5} =$ _____ $\dfrac{6}{8}^{(2} =$ _____ $\dfrac{8}{24}^{(8} =$ _____

4. 분모와 분자에 같은 수를 곱한 후, 정답을 로봇에서 찾아 ○표 해 보세요.

$\overset{2)}{\dfrac{1}{4}} =$ _____ $\overset{3)}{\dfrac{3}{4}} =$ _____ $\overset{4)}{\dfrac{3}{5}} =$ _____ $\overset{3)}{\dfrac{5}{7}} =$ _____

 $\dfrac{1}{2}$ $\dfrac{1}{3}$ $\dfrac{2}{3}$ $\dfrac{3}{4}$ $\dfrac{2}{8}$ $\dfrac{9}{12}$ $\dfrac{8}{15}$ $\dfrac{12}{20}$ $\dfrac{15}{21}$ $\dfrac{18}{21}$

5. 빈칸에 알맞은 수를 써넣어 보세요.

$\dfrac{6}{12} = \dfrac{\square}{2}$ $\dfrac{2}{5} = \dfrac{\square}{10}$ $\dfrac{9}{12} = \dfrac{\square}{4}$ $\dfrac{3}{5} = \dfrac{9}{\square}$

6. 아래 문장을 읽고 참 또는 거짓을 써 보세요.

❶ 대분수의 자연수 부분이 1인 분수가 있어요.   _____

❷ 약분하면 분수의 크기가 변해요.   _____

❸ 약분은 분자와 분모를 같은 수로 나누는 것이에요.   _____

❹ 통분은 분자와 분모에 같은 수를 나누는 것이에요.   _____

 더 생각해 보아요!

$1, 1\dfrac{1}{2}, 2\cdots$와 같이 규칙에 따라 수가 나온다면 7번째 수는 무엇일까요?

_____

7. 3으로 약분할 수 있는 분수를 따라 길을 찾아보세요.

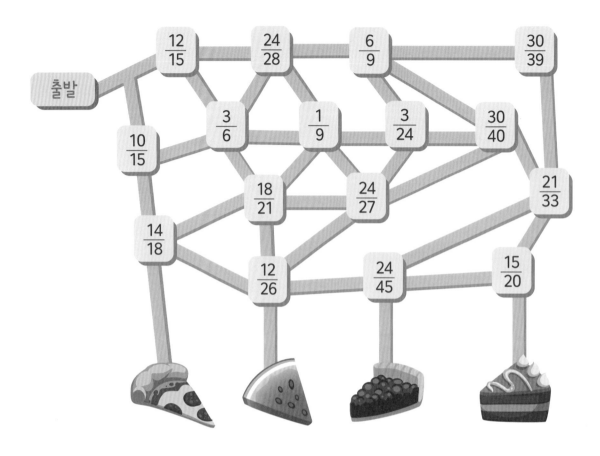

8. 아래 단서를 읽고 누가 어떤 그림을 그렸는지 알아맞혀 보세요.

- 힐다는 그림의 절반을 파란색으로 색칠했어요.

- 미아는 그림의 $\frac{1}{4}$을 노란색으로 색칠했어요.

- 요나는 그림의 $\frac{1}{2}$을 빨간색으로 색칠했어요.

- 저드는 그림의 $\frac{7}{12}$을 파란색으로 색칠했어요.

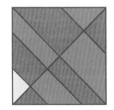   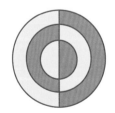      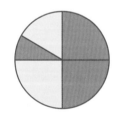

_____   _____   _____   _____

9. 빈칸에 알맞은 수를 써넣어 보세요.

❶

분모, 분자에 8 곱하기	분모, 분자를 2로 나누기	분모, 분자에 3 곱하기	분모, 분자를 6으로 나누기	분모, 분자에 5 곱하기	분모, 분자를 10으로 나누기

❷

분모, 분자에 10 곱하기	분모, 분자를 5로 나누기	분모, 분자에 3 곱하기	분모, 분자를 2로 나누기	분모, 분자에 4 곱하기	분모, 분자를 12로 나누기

10. 마지막 상자에 들어갈 분수는 무엇일까요? 단, 모든 저울은 수평을 이루어요.

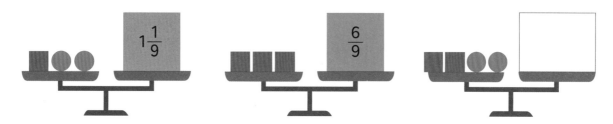

한 번 더 연습해요!

1. 아래 가분수를 대분수로 바꾸어 보세요.

$\frac{5}{3}$ = _____ $\frac{9}{5}$ = _____ $\frac{7}{2}$ = _____

$\frac{9}{4}$ = _____ $\frac{14}{9}$ = _____ $\frac{13}{6}$ = _____

2. 분모와 분자를 같은 수로 나눠 약분해 보세요.

$\frac{2^{(2}}{4}$ = _____ $\frac{9^{(9}}{18}$ = _____ $\frac{9^{(3}}{12}$ = _____ $\frac{6^{(6}}{24}$ = _____

3. 분모와 분자에 같은 수를 곱해 보세요.

$^{4)}\frac{1}{2}$ = _____ $^{2)}\frac{3}{5}$ = _____ $^{4)}\frac{2}{7}$ = _____ $^{4)}\frac{2}{3}$ = _____

11 분모가 다른 분수의 덧셈

분모가 같은 분수의 덧셈
$\dfrac{5}{8} + \dfrac{1}{8}$
$= \dfrac{6^{(2}}{8}$
$= \dfrac{3}{4}$

분모가 다른 분수의 덧셈
$^{3)}\dfrac{1}{2} + \dfrac{4}{6}$
$= \dfrac{3}{6} + \dfrac{4}{6}$
$= \dfrac{7}{6} = 1\dfrac{1}{6}$

- 두 분수의 분모가 같으면 그 분수들을 '분모가 같은 분수'라고 해요.

- 분모가 같은 분수를 더할 때 분모는 그대로 두고 분자끼리 더해요.

- 분모가 다른 분수를 더할 때는 분모가 같게 통분을 먼저 해요.

- 계산 결과를 약분하고, 바꿀 수 있다면 자연수나 대분수로 바꾸어요.

1. 계산한 후, 정답을 로봇에서 찾아 ○표 해 보세요.

$\dfrac{1}{3} + \dfrac{1}{3} = $ _____

$\dfrac{2}{6} + \dfrac{3}{6} = $ _____

$\dfrac{5}{10} + \dfrac{4}{10} = $ _____

$\dfrac{2}{7} + \dfrac{3}{7} = $ _____

$\dfrac{4}{8} + \dfrac{3}{8} = $ _____

$\dfrac{4}{15} + \dfrac{7}{15} = $ _____

$\dfrac{2}{3}$ $\dfrac{5}{6}$ $\dfrac{5}{7}$ $\dfrac{7}{8}$ $\dfrac{1}{10}$ $\dfrac{9}{10}$ $\dfrac{11}{15}$ $\dfrac{13}{15}$

2. 계산한 후, 정답을 로봇에서 찾아 ○표 해 보세요.

$\dfrac{5}{7} + \dfrac{2}{7} = $ _____

$\dfrac{5}{4} + \dfrac{3}{4} = $ _____

$\dfrac{5}{6} + \dfrac{2}{6} = $ _____

$\dfrac{5}{3} + \dfrac{2}{3} = $ _____

1 $\quad 1\dfrac{1}{2}$ $\quad 1\dfrac{1}{6}$ $\quad 2$ $\quad 2\dfrac{1}{3}$ $\quad 2\dfrac{2}{3}$

3. 계산한 후, 정답을 로봇에서 찾아 ○표 해 보세요.

$\dfrac{1}{3} + \dfrac{3}{6}$

= _____

= _____

$\dfrac{4}{15} + \dfrac{1}{3}$

= _____

= _____

$\dfrac{1}{2} + \dfrac{1}{12}$

= _____

= _____

4. 계산한 후, 정답을 로봇에서 찾아 ○표 해 보세요.

$\dfrac{5}{6} + \dfrac{2}{18}$

= _____

= _____

$\dfrac{7}{20} + \dfrac{4}{10}$

= _____

= _____

$\dfrac{1}{4} + \dfrac{9}{16}$

= _____

= _____

5. 아래 글을 읽고 공책에 알맞은 식을 세워 답을 구한 후, 정답을 로봇에서 찾아 ○표 해 보세요.

❶ 루이스는 $\dfrac{1}{3}$ 시간 동안 기타를 연습했어요. 휴식 후에 $\dfrac{1}{6}$ 시간 더 연습했어요. 루이스가 기타를 연습한 시간은 모두 얼마일까요?

식 : _____

정답 : _____

❷ 콘서트에 출연한 가수의 절반이 파란색 셔츠를 입었고, $\dfrac{3}{10}$ 은 빨간색 셔츠를 입었어요. 파란색 셔츠나 빨간색 셔츠 둘 중 하나를 입은 가수가 전체에서 차지하는 부분은 얼마일까요?

식 : _____

정답 : _____

 $\dfrac{1}{2}$ $\dfrac{3}{4}$ $\dfrac{3}{5}$ $\dfrac{4}{5}$ $\dfrac{5}{6}$ $\dfrac{7}{12}$ $\dfrac{9}{15}$ $\dfrac{13}{16}$ $\dfrac{15}{16}$ $\dfrac{17}{18}$

더 생각해 보아요!

수직선에서 8과 -2로부터 같은 거리에 있는 수는 어떤 수일까요?

_____

6. 아래 설명에 따라 색칠해 보세요.

🔵 3과 4로 모두 나누어떨어지는 수

🔘 3으로 나누어떨어지지만 4로 나누어떨어지지 않는 수

⚫ 4로 나누어떨어지지만 3으로 나누어떨어지지 않는 수

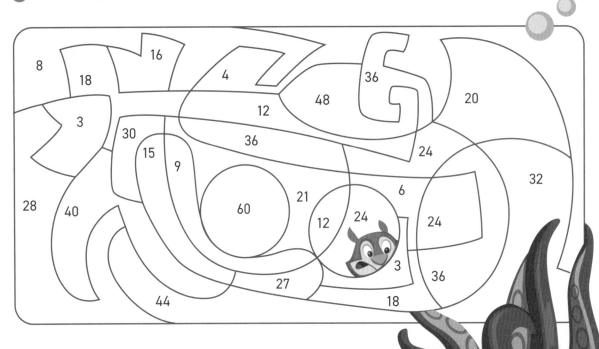

7. 식이 성립하도록 빈칸에 알맞은 수를 써넣어 보세요.

$$\frac{1}{4} + \underline{\quad\quad} = \frac{1}{2} \qquad \frac{3}{8} + \underline{\quad\quad} = \frac{1}{2}$$

$$\frac{1}{6} + \underline{\quad\quad} = \frac{2}{3} \qquad \frac{1}{3} + \underline{\quad\quad} = \frac{1}{2}$$

8. 가로줄과 세로줄에 있는 수의 합이 1이 되도록 알맞은 수를 아래 칸에 써넣어 보세요.

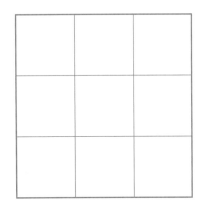

$$0 \qquad \frac{1}{2} \qquad \frac{1}{4} \qquad \frac{2}{8} \qquad \frac{4}{8}$$

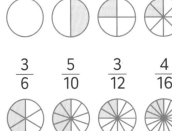

$$\frac{3}{6} \qquad \frac{5}{10} \qquad \frac{3}{12} \qquad \frac{4}{16}$$

9. 아래 글을 읽고 집주인의 이름과 반려동물, 그리고 악기를 알아맞혀 보세요. 그리고 집을 알맞게 색칠해 보세요.

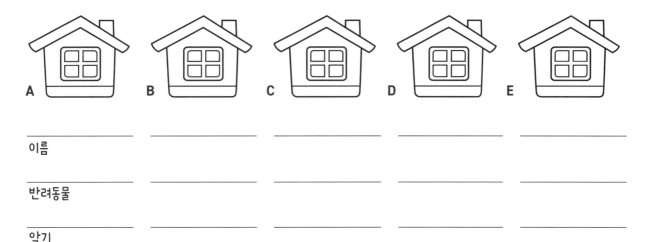

이름 _____ _____ _____ _____ _____

반려동물 _____ _____ _____ _____ _____

악기 _____ _____ _____ _____ _____

- 메리의 이웃은 아이노뿐이에요.
- 초록색 집의 주인은 기타를 연주해요.
- 피트의 이웃은 드럼을 쳐요.
- 개가 파란색 집에서 짖어요.
- 고양이가 B 집에서 울어요.
- 윌리의 이웃은 1명이고 고양이를 키워요.
- C 집은 하얀색이에요.
- 피트는 윌리의 이웃이 아니에요.

- 제이크의 이웃은 빨간색 집에 살아요.
- 메리는 플루트를 연주해요.
- 빨간색 집에는 토끼가 살아요.
- 앵무새는 하프 소리를 좋아해요.
- 초록색 집의 이웃은 피아노를 연주해요.
- 플루트를 연주하는 사람의 이웃은 개를 키워요.
- 뱀은 노란색 집에 살아요.

 한 번 더 연습해요!

1. 아래 글을 읽고 알맞은 식을 세워 답을 구해 보세요.

❶ 콘서트에 출연한 음악가의 $\frac{2}{5}$ 는 바이올린을 연주했고, $\frac{1}{10}$ 은 플루트를 연주했어요. 바이올린이나 플루트 둘 중 하나를 연주한 음악가는 전체에서 얼마를 차지할까요?

식 : _____

_____

정답 : _____

❷ 엠마는 $\frac{2}{3}$ 시간 동안 피아노를 연주한 후, $\frac{1}{6}$ 시간 동안 노래를 연습했어요. 엠마의 연습 시간은 모두 얼마일까요?

식 : _____

_____

정답 : _____

12 분모가 다른 분수의 뺄셈

분모가 같은 분수의 뺄셈

$$\frac{8}{9} - \frac{2}{9}$$

$$= \frac{6^{(3}}{9}$$

$$= \frac{2}{3}$$

$$1 - \frac{2}{7}$$

$$= \frac{7}{7} - \frac{2}{7}$$

$$= \frac{5}{7}$$

분모가 다른 분수의 뺄셈

$$^{2)}\frac{5}{4} - \frac{1}{8}$$

$$= \frac{10}{8} - \frac{1}{8}$$

$$= \frac{9}{8} = 1\frac{1}{8}$$

- 두 분수의 분모가 같으면 그 분수들을 '분모가 같은 분수'라고 해요.

- 분모가 같은 분수를 뺄 때 분모는 그대로 두고 분자끼리 빼요.

- 분모가 다른 분수를 뺄 때는 분모가 같게 통분을 먼저 해요.

- 계산 결과를 약분하고 바꿀 수 있다면 자연수나 대분수로 바꾸어요.

1. 계산한 후, 정답을 로봇에서 찾아 ○표 해 보세요.

$$\frac{7}{8} - \frac{2}{8} = \underline{\qquad}$$

$$\frac{5}{6} - \frac{4}{6} = \underline{\qquad}$$

$$\frac{11}{12} - \frac{6}{12} = \underline{\qquad}$$

$$\frac{11}{7} - \frac{5}{7} = \underline{\qquad}$$

$$1 - \frac{4}{9} = \underline{\qquad}$$

$$\frac{11}{15} - \frac{7}{15} = \underline{\qquad}$$

 $\dfrac{1}{6}$ $\dfrac{6}{7}$ $\dfrac{3}{8}$ $\dfrac{5}{8}$ $\dfrac{4}{9}$ $\dfrac{5}{9}$ $\dfrac{5}{12}$ $\dfrac{4}{15}$

2. 계산한 후, 정답을 로봇에서 찾아 ○표 해 보세요.

$$\frac{11}{5} - \frac{4}{5} = \underline{\qquad}$$

$$\frac{13}{7} - \frac{6}{7} = \underline{\qquad}$$

$$\frac{14}{3} - \frac{5}{3} = \underline{\qquad}$$

$$\frac{20}{8} - \frac{3}{8} = \underline{\qquad}$$

 1 $1\dfrac{2}{5}$ $2\dfrac{2}{5}$ $2\dfrac{1}{8}$ 3 $3\dfrac{1}{8}$

3. 계산한 후, 정답을 로봇에서 찾아 ○표 해 보세요.

$$\frac{4}{5} - \frac{7}{10}$$

= _____

= _____

$$\frac{11}{12} - \frac{1}{6}$$

= _____

= _____

$$\frac{2}{3} - \frac{2}{9}$$

= _____

= _____

$$\frac{13}{15} - \frac{2}{3}$$

= _____

= _____

$$\frac{7}{8} - \frac{1}{2}$$

= _____

= _____

$$\frac{17}{24} - \frac{5}{8}$$

= _____

= _____

4. 아래 글을 읽고 알맞은 식을 세워 답을 구한 후, 정답을 로봇에서 찾아 ○표 해
보세요.

❶ 악기 중 $\frac{3}{8}$은 현악기이고 나머지는 목관악기예요.
목관악기가 전체에서 차지하는 부분은
얼마일까요?

식 : _____

정답 : _____

❷ 악기 중 $\frac{1}{5}$은 새 것이고, $\frac{8}{10}$은 낡은 것이에요.
낡은 악기가 차지하는 부분은 새 악기가 차지하는
부분보다 얼마나 더 클까요?

식 : _____

정답 : _____

 $\frac{3}{4}$ $\frac{1}{5}$ $\frac{3}{5}$ $\frac{5}{6}$ $\frac{3}{8}$ $\frac{5}{8}$ $\frac{4}{9}$ $\frac{1}{10}$ $\frac{1}{12}$ $\frac{7}{12}$

5. 색칠한 부분은 전체에서 얼마를 차지할까요? 정답을 약분하여 빈칸에 써 보세요.

❶ 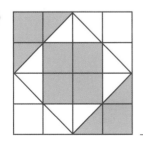 _____

❷ 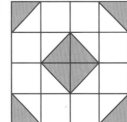 _____

6. 1보다 크고 2보다 작은 분수에 색칠해 보세요.

7. 값이 다른 분수를 찾아 ◯표 해 보세요.

❶ $\dfrac{6}{10}$ $\dfrac{12}{20}$ $\dfrac{3}{5}$ $\dfrac{18}{30}$ $\dfrac{26}{40}$ $\dfrac{30}{50}$

❷ $\dfrac{16}{24}$ $\dfrac{4}{6}$ $\dfrac{32}{48}$ $\dfrac{2}{3}$ $\dfrac{8}{12}$ $\dfrac{2}{6}$

8. 계산해 보세요.

$1 - \dfrac{1}{3} = $ _____ $1 - \dfrac{6}{6} = $ _____ $1 - \dfrac{1}{9} - \dfrac{1}{9} = $ _____

$2 - \dfrac{1}{6} = $ _____ $2 - \dfrac{5}{5} = $ _____ $1 - \dfrac{1}{9} - \dfrac{1}{3} = $ _____

9. 식이 성립하도록 빈칸에 알맞은 분수를 써넣으세요. 그리고 아래 표에서 답에 해당하는 알파벳을 찾아 ☐ 안에 써넣으세요.

❶ $\dfrac{11}{7}$ - _____ = $\dfrac{6}{7}$ ☐

❷ $\dfrac{5}{2}$ - _____ = 2   ☐

❸ $\dfrac{1}{2}$ - _____ = $\dfrac{5}{12}$ ☐

❹ 1 - _____ = $\dfrac{3}{4}$ ☐

U	N	A	P	J	W	C	M	O	H
$\dfrac{1}{2}$	$\dfrac{1}{3}$	$\dfrac{2}{3}$	$\dfrac{1}{4}$	$\dfrac{5}{7}$	$\dfrac{3}{8}$	$\dfrac{1}{10}$	$\dfrac{1}{12}$	$1\dfrac{1}{9}$	3

알파벳을 순서대로 읽어 보세요. 어떤 단어가 만들어졌나요? _____

한 번 더 연습해요!

1. 계산해 보세요.

$\dfrac{13}{5} - \dfrac{3}{5}$

= _____

= _____

$\dfrac{11}{8} - \dfrac{5}{8}$

= _____

= _____

2. 아래 글을 읽고 알맞은 식을 세워 답을 구해 보세요.

❶ 가수 중에서 $\dfrac{6}{7}$은 서브 보컬이고, 나머지는 솔로예요. 솔로가 전체 가수에서 차지하는 부분은 얼마일까요?

식 : _____

_____

정답 : _____

❷ 성악가 중에서 $\dfrac{3}{10}$은 알토, $\dfrac{1}{10}$은 테너, 나머지는 베이스예요. 베이스가 전체 성악가에서 차지하는 부분은 얼마일까요?

식 : _____

_____

정답 : _____

_____월 _____일 _____요일

1. 약분한 후, 정답을 로봇에서 찾아 ○표 해 보세요.

$\frac{5^{(}}{20}$ = _____ $\frac{6^{(}}{15}$ = _____ $\frac{5^{(}}{25}$ = _____ $\frac{7^{(}}{21}$ = _____

2. 분모와 분자에 같은 수를 곱한 후, 정답을 로봇에서 찾아 ○표 해 보세요.

$^{3)}\frac{1}{9}$ = _____ $^{5)}\frac{2}{5}$ = _____ $^{6)}\frac{3}{4}$ = _____ $^{4)}\frac{4}{5}$ = _____

 $\frac{1}{3}$ $\frac{1}{4}$ $\frac{1}{5}$ $\frac{2}{5}$ $\frac{3}{5}$ $\frac{16}{20}$ $\frac{18}{24}$ $\frac{10}{25}$ $\frac{3}{27}$ $\frac{3}{28}$

3. 주어진 분수를 대분수로 바꾸고, 정답을 로봇에서 찾아 ○표 해 보세요.

$\frac{3}{2}$ = _____ $\frac{6}{5}$ = _____ $\frac{11}{3}$ = _____

$\frac{9}{2}$ = _____ $\frac{9}{4}$ = _____ $\frac{13}{5}$ = _____

$1\frac{1}{2}$ $1\frac{1}{5}$ $2\frac{1}{4}$ $2\frac{3}{4}$ $2\frac{3}{5}$ $3\frac{2}{3}$ $3\frac{3}{4}$ $4\frac{1}{2}$

4. 저울이 수평을 이루었어요. 빨간 추의 무게를 구해 보세요.

❶
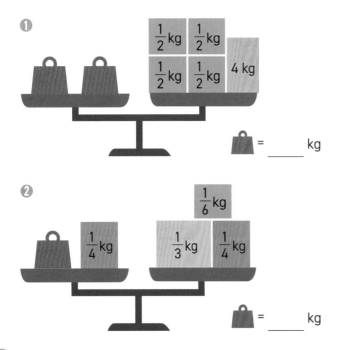

= _____ kg

❷

= _____ kg

여기서 잠깐!

영어에서 쿼터(quarter)는 $\frac{1}{4}$을 의미해요. 따라서 한 시간의 쿼터는 한 시간의 $\frac{1}{4}$, 즉 15분을 나타내요.

5. 계산하여 정답에 해당하는 알파벳을 수직선에서 찾아 빈칸에 써넣어 보세요.

$\frac{1}{2} + \frac{2}{4} =$ _____ ☐ $\frac{1}{2} + \frac{3}{4} =$ _____ ☐

$1 + \frac{3}{2} =$ _____ ☐ $\frac{3}{4} - \frac{1}{2} =$ _____ ☐

$\frac{9}{4} - \frac{2}{4} =$ _____ ☐ $\frac{7}{4} + \frac{1}{2} =$ _____ ☐

$\frac{12}{12} - \frac{3}{3} =$ _____ ☐ $1 - \frac{3}{6} =$ _____ ☐

```
     G  C  L     E  K     A     O  M
  ───┼──┼──┼──┼──┼──┼──┼──┼──┼──┼──→
     0           1           2
```

$1 - \frac{3}{4} =$ _____ ☐

6. 아래 글을 읽고 알맞은 식을 세워 답을 구해 보세요.

❶ 콘서트에서 연주된 곡 중에서 $\frac{2}{5}$ 는 클래식 음악이고, $\frac{5}{10}$ 는 영화 음악이에요. 콘서트에서 연주된 클래식 음악이나 영화 음악이 전체에서 차지하는 부분은 얼마일까요?

식 : _____

_____

_____

정답 : _____

❷ 합창단원 중에서 $\frac{3}{8}$ 은 소프라노, $\frac{1}{4}$ 은 알토, 나머지는 테너나 베이스예요. 테너나 베이스가 전체 합창단원에서 차지하는 부분은 얼마일까요?

식 : _____

_____

_____

정답 : _____

더 생각해 보아요!

성냥개비 4개를 옮겨서 같은 크기의 정사각형 3개를 만들어 보세요. 옮겨야 할 성냥개비를 X로 표시해 보세요.

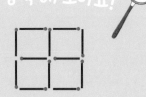

7. 알파벳 O가 다음 단어에서 차지하는 부분은 얼마인지 빈칸에 써 보세요.

COMPOSITION ____ ORATORIO ____ MEZZO-SOPRANO ____

ACCORDION ____ ORCHESTRA ____ BARITONE ____

8. 값이 $\frac{3}{4}$인 곳을 따라 길을 찾아보세요.

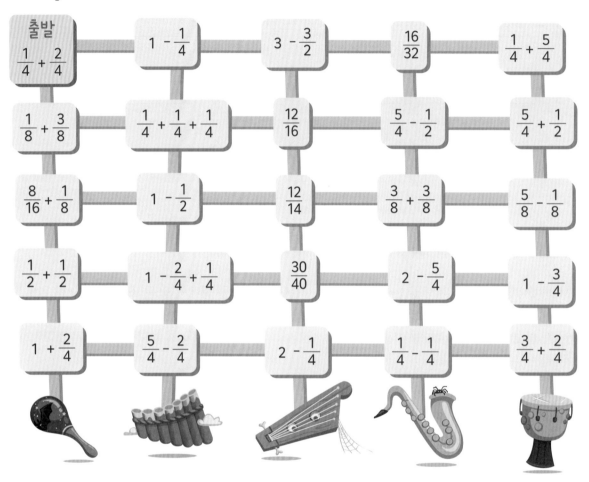

9. 분수 $\frac{4}{5}$, $\frac{2}{10}$, $\frac{1}{10}$이 있어요.

❶ 세 분수의 합을 구해 보세요.

❷ 세 분수의 차를 구해 보세요.

_____

= _____

= _____

_____

= _____

= _____

10. 모든 숫자 카드를 한 번씩 써서 아래 조건에 맞는 수를 만들어 보세요.

❶ 가장 큰 수   _____

❷ 가장 작은 수   _____

❸ 가장 작은 분수   _____

❹ 가장 작은 대분수 _____

5 2 6

11. 숫자 1, 2, 3, 4를 모두 한 번씩 써서 아래 조건에 맞는 분수를 3개 만들어 보세요.
단, 분수는 모두 1보다 작아요.

$\dfrac{\square}{\square} > \dfrac{\square}{\square}$

조건 1

$\dfrac{\square}{\square} > \dfrac{\square}{\square}$

조건 2

$\dfrac{\square}{\square} > \dfrac{\square}{\square}$

조건 3

한 번 더 연습해요!

1. 아래 글을 읽고 알맞은 식을 세워 답을 구해 보세요.

❶ 오라는 음악 수업을 시작하기 전에 $\dfrac{1}{6}$ 시간 동안 연습했어요. 수업을 마친 후에는 $\dfrac{7}{12}$ 시간 동안 연습했어요. 오라의 연습 시간은 모두 얼마일까요?

식 : _____

_____

_____

정답 : _____

❷ 관현악단 단원 중 $\dfrac{5}{8}$ 는 바이올린을 연주해요. 그리고 바이올린을 연주하는 사람 중 $\dfrac{1}{4}$ 은 여자예요. 바이올린 연주자 중 남자가 차지하는 부분은 얼마일까요?

식 : _____

_____

_____

정답 : _____

13 분수의 곱셈

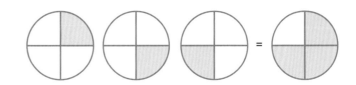

엠마, 알렉, 카롤라는 피자의 $\frac{1}{4}$을 각자 먹었어요. 세 친구가 먹은 피자는 전체의 얼마를 차지할까요?

나는 이렇게 계산했어!

$$\frac{1}{4} + \frac{1}{4} + \frac{1}{4} = \frac{3}{4}$$

나는 이렇게 계산했어!

$$\frac{1}{4} \times 3 = \frac{3}{4}$$

1. 덧셈과 곱셈의 결과가 같은 것끼리 선으로 이어 보세요.

$\frac{2}{9} + \frac{2}{9} + \frac{2}{9} + \frac{2}{9}$ •   • $\frac{1}{9} \times 5$ •   • $\frac{6}{17}$

$\frac{1}{9} + \frac{1}{9} + \frac{1}{9} + \frac{1}{9} + \frac{1}{9}$ •   • $\frac{2}{9} \times 4$ •   • $\frac{5}{9}$

$\frac{4}{17} + \frac{4}{17} + \frac{4}{17} + \frac{4}{17}$ •   • $\frac{2}{17} \times 3$ •   • $\frac{8}{9}$

$\frac{2}{17} + \frac{2}{17} + \frac{2}{17}$ •   • $\frac{4}{17} \times 4$ •   • $\frac{16}{17}$

2. 아래 그림에 알맞은 덧셈식과 곱셈식을 써 보세요.

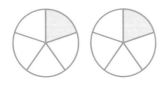

_____ + _____ = _____

_____ × _____ = _____

_____ + _____ + _____ = _____

_____ × _____ = _____

3. 주어진 덧셈식을 곱셈식으로 바꾸어 보세요. 계산한 후, 정답을 로봇에서 찾아 ○표 해 보세요.

$\frac{4}{9} + \frac{4}{9} = \frac{4}{9} \times 2 = $ _____

$\frac{4}{13} + \frac{4}{13} = $ _____

$\frac{5}{16} + \frac{5}{16} + \frac{5}{16} = $ _____

$\frac{3}{14} + \frac{3}{14} + \frac{3}{14} = $ _____

4. 아래 글을 읽고 알맞은 덧셈식과 곱셈식을 써 보세요. 계산한 후, 정답을 로봇에서 찾아 ○표 해 보세요.

❶ 사이먼과 다이애나는 둘 다 피자의 $\frac{3}{5}$을 먹었어요. 사이먼과 다이애나가 먹은 피자는 전체의 얼마를 차지할까요?

식 : _____

_____

정답 : _____

❷ 엄마가 스위스롤 3개를 만들었어요. 엄마는 각 스위스롤의 $\frac{1}{2}$씩을 냉동했어요. 엄마가 냉동한 스위스롤은 모두 얼마일까요?

식 : _____

_____

정답 : _____

 $\quad \frac{8}{9} \quad \frac{7}{10} \quad \frac{5}{11} \quad \frac{8}{13} \quad \frac{9}{14} \quad \frac{15}{16} \quad 1\frac{1}{2} \quad 1\frac{1}{5}$

더 생각해 보아요!

아래 그림을 보고 질문에 답해 보세요.

❶ 4번째 그림에는 막대가 몇 개 있을까요? _____

❷ 6번째 그림에는 막대가 몇 개 있을까요? _____

❸ 10번째 그림에는 막대가 몇 개 있을까요? _____

그림 1   그림 2   그림 3

5. 덧셈식과 곱셈식, 그리고 계산값을 알맞게 써 보세요.

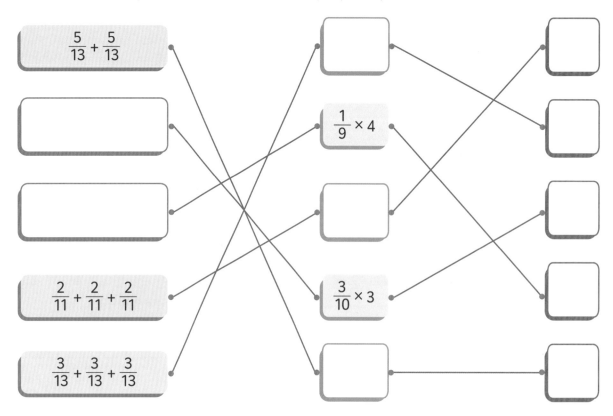

$\dfrac{5}{13} + \dfrac{5}{13}$

$\dfrac{1}{9} \times 4$

$\dfrac{2}{11} + \dfrac{2}{11} + \dfrac{2}{11}$

$\dfrac{3}{10} \times 3$

$\dfrac{3}{13} + \dfrac{3}{13} + \dfrac{3}{13}$

6. 아래 글을 읽고 공책에 수형도를 그려 답을 구해 보세요.

 제니카에게 4종류의 티셔츠(T), 3종류의 바지(P),
2종류의 신발(S)이 있어요. 제니카가 티셔츠, 바지,
신발을 선택할 수 있는 경우의 수는 모두
몇 가지일까요? _____

7. 아래 문장을 읽고 참 또는 거짓을 써 보세요.

로즈에게 3명의 형제가 있어요. 형제 중 $\dfrac{2}{3}$ 는 눈이 갈색이고, 로즈네 아이들의 $\dfrac{1}{2}$ 은 눈이 파란색이에요.

❶ 로즈네 집에는 눈이 초록색인 아이가 있어요. _____

❷ 눈이 갈색인 아이와 파란색인 아이의 수가 같아요. _____

❸ 로즈는 눈이 갈색이에요. _____

8. 누가 어떤 악기를 연주하는지 알아맞혀 보세요.

> 기타　바이올린　드럼　첼로　플루트　베이스

- 베이스 연주자는 맨 끝에 있어요.
- 플루트 연주자는 드럼 연주자와 바이올린 연주자 사이에 있어요.
- 드럼 연주자는 맨 끝에 있지 않아요.
- 플루트 연주자의 왼쪽에는 3명보다 적은 연주자가 있어요.

- 기타 연주자와 베이스 연주자는 서로 옆에 있지 않아요.
- 바이올린 연주자는 기타 연주자 옆에 있어요.
- 첼로 연주자와 플루트 연주자 사이에는 다른 연주자가 1명 있어요.
- 첼로 연주자는 베이스 연주자 옆에 있어요.

_____　_____　_____　_____　_____　_____

 한 번 더 연습해요!

1. 아래 그림에 알맞은 덧셈식과 곱셈식을 쓰고 계산해 보세요.

___ + ___ = ___　　　___ + ___ + ___ + ___ + ___ = ___

___ × ___ = ___　　　___ × ___ = ___

2. 주어진 덧셈식을 곱셈식으로 바꾸어 계산해 보세요.

$\frac{3}{11} + \frac{3}{11} =$ _____　　　$\frac{5}{13} + \frac{5}{13} =$ _____

$\frac{5}{17} + \frac{5}{17} + \frac{5}{17} =$ _____　　　$\frac{6}{19} + \frac{6}{19} + \frac{6}{19} =$ _____

14 분수와 자연수의 곱셈

 |

$$\frac{1}{6} \times 3$$

$$= \frac{1 \times 3}{6}$$

$$= \frac{3^{(3}}{6}$$

$$= \frac{1}{2}$$

$$\frac{1}{2} \times 5$$

$$= \frac{1 \times 5}{2}$$

$$= \frac{5}{2}$$

$$= 2\frac{1}{2}$$

- 자연수 부분을 분자에만 곱해요. 분모는 그대로 두고요.
- 계산 결과를 약분하고 바꿀 수 있다면 자연수나 대분수로 바꾸어요.

1. 계산한 후, 정답을 로봇에서 찾아 ○표 해 보세요.

$$\frac{1}{5} \times 2 = \frac{1 \times 2}{5} = \underline{\hspace{4cm}}$$

$$\frac{1}{9} \times 8 = \underline{\hspace{4cm}}$$

$$\frac{2}{13} \times 6 = \underline{\hspace{4cm}}$$

$$\frac{1}{4} \times 3 = \underline{\hspace{4cm}}$$

$$\frac{1}{7} \times 4 = \underline{\hspace{4cm}}$$

$$\frac{1}{10} \times 9 = \underline{\hspace{4cm}}$$

2. 계산한 후, 정답을 로봇에서 찾아 ○표 해 보세요.

$$\frac{1}{6} \times 2 = \underline{\hspace{4cm}}$$

$$\frac{7}{20} \times 2 = \underline{\hspace{4cm}}$$

$$\frac{3}{20} \times 2 = \underline{\hspace{4cm}}$$

$$\frac{5}{12} \times 2 = \underline{\hspace{4cm}}$$

$$\frac{4}{15} \times 3 = \underline{\hspace{4cm}}$$

$$\frac{2}{15} \times 5 = \underline{\hspace{4cm}}$$

$\frac{1}{3}$ $\frac{2}{3}$ $\frac{3}{4}$ $\frac{2}{5}$ $\frac{3}{5}$ $\frac{4}{5}$ $\frac{5}{6}$ $\frac{2}{7}$ $\frac{4}{7}$ $\frac{8}{9}$ $\frac{3}{10}$ $\frac{7}{10}$ $\frac{9}{10}$ $\frac{12}{13}$

3. 계산한 후, 자연수나 대분수로 바꾸어 보세요. 그리고 정답을 로봇에서 찾아 ◯표
해 보세요.

$\dfrac{1}{3} \times 5 =$ _____

$\dfrac{2}{5} \times 3 =$ _____

$\dfrac{2}{3} \times 4 =$ _____

$\dfrac{1}{4} \times 4 =$ _____

$\dfrac{2}{7} \times 7 =$ _____

$\dfrac{2}{9} \times 6 =$ _____

$1 \quad 1\dfrac{1}{3} \quad 1\dfrac{2}{3} \quad 1\dfrac{1}{5} \quad 2 \quad 2\dfrac{1}{3} \quad 2\dfrac{2}{3} \quad 2\dfrac{1}{7}$

4. 아래 글을 읽고 알맞은 곱셈식을 세워 답을 구한 후, 정답을 로봇에서 찾아 ◯표
해 보세요.

❶ 어빙은 $\dfrac{1}{2}$ 시간씩 사이클을 6번 탔어요. 어빙이
사이클을 탄 시간은 모두 얼마일까요?

식 : _____

_____

정답 : _____

❷ 엘리사는 $\dfrac{1}{4}$ 시간씩 개를 4번 산책시켰어요.
엘리사가 개를 산책시킨 시간은 모두 얼마일까요?

식 : _____

_____

정답 : _____

❸ 아이스하키 경기는 3피리어드로 이루어져 있어요.
1피리어드는 $\dfrac{1}{3}$ 시간이에요. 3피리어드는 모두 몇
시간일까요?

식 : _____

_____

정답 : _____

❹ 축구 경기는 전반전과 후반전으로 이루어져 있고
각각 $\dfrac{3}{4}$ 시간씩이에요. 전반전과 후반전을 합하면
모두 몇 시간일까요?

식 : _____

_____

정답 : _____

더 생각해 보아요!

오른쪽 그림에서 작은
정육면체는 모두 몇 개일까요?

_____

$\dfrac{1}{2} \quad 1 \quad 1 \quad 1\dfrac{1}{2} \quad 1\dfrac{1}{3} \quad 3$

5. 정답을 따라 길을 찾아보세요. 그리고 길을 거슬러 알파벳을 읽어 보세요.

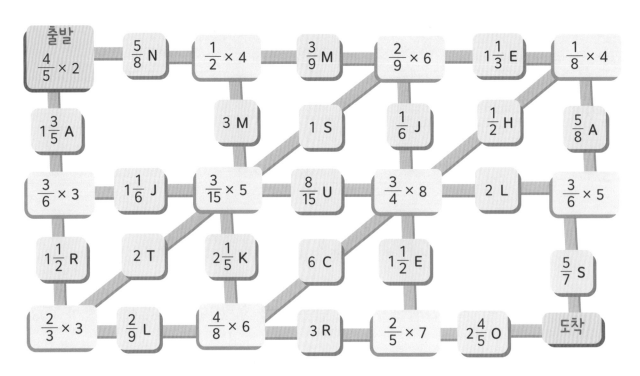

6. 음악 코드를 해독하여 알맞은 알파벳을 빈칸에 써 보세요.

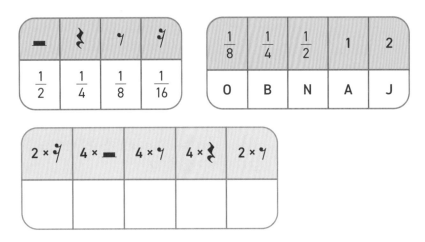

7. 식이 성립하도록 빈칸에 알맞은 수를 써넣어 보세요.

$4 \times \rule{2cm}{0.4pt} = \dfrac{4}{5}$ $\rule{2cm}{0.4pt} \times \dfrac{1}{2} = 5$ $5 \times \dfrac{1}{2} = \rule{2cm}{0.4pt} \times \dfrac{1}{4}$

$3 \times \rule{2cm}{0.4pt} = 1$ $\rule{2cm}{0.4pt} \times \dfrac{2}{3} = 4$ $6 \times \dfrac{1}{3} = \rule{2cm}{0.4pt} \times \dfrac{2}{4}$

8. 질문에 답해 보세요. 미아는 4분 동안 집까지 가는 거리의 $\frac{1}{3}$ 을 갔어요.

미아의 학교   미아네 집

❶ 같은 속도로 걷는다면 미아는 12분 동안 집까지 가는 거리의 얼마까지 갈 수 있을까요?

❷ 미아가 집까지 가는 거리의 $\frac{6}{9}$ 에 이르려면 시간이 얼마나 걸릴까요?

_____

_____

❸ 미아가 집까지 가는 거리의 절반에 다다랐을 때 시간이 얼마나 걸렸을까요?

_____

 한 번 더 연습해요!

1. 계산해 보세요.

$\frac{1}{6} \times 4 =$ _____

$\frac{3}{5} \times 2 =$ _____

$\frac{2}{3} \times 8 =$ _____

$\frac{3}{2} \times 2 =$ _____

2. 아래 글을 읽고 알맞은 곱셈식을 세워 답을 구해 보세요.

❶ 베이스 연주자는 하루에 3번 개를 산책시켜요. 1번 산책할 때마다 $\frac{1}{2}$ 시간이 걸려요. 베이스 연주자가 하루 동안 개를 산책시키는 시간은 모두 얼마일까요?

식 : _____

_____

정답 : _____

❷ 이다의 아빠는 일주일에 10번 버스를 타고 출근하는데, 1번 탈 때 $\frac{3}{4}$ 시간이 걸려요. 아빠가 일주일 동안 버스 타는 데 걸리는 시간은 모두 얼마일까요?

식 : _____

_____

정답 : _____

15 분수가 있는 혼합 계산

$$5 \times \left(\frac{2}{7} + \frac{1}{7} \right)$$

$$= 5 \times \frac{3}{7}$$

$$= \frac{15}{7} = 2\frac{1}{7}$$

$$\frac{11}{12} - 3 \times \frac{1}{4}$$

$$= \frac{11}{12} - \frac{{}^{3)}3}{4}$$

$$= \frac{11}{12} - \frac{9}{12}$$

$$= \frac{2^{(2}}{12} = \frac{1}{6}$$

> 분수를 계산할 때도 혼합 계산의 순서에 따라 계산해요.

<혼합 계산의 순서>
1. 먼저 괄호 안의 식을 계산해요.
2. 그다음 곱셈과 나눗셈을 왼쪽에서 오른쪽으로 차례로 계산해요.
3. 마지막으로 덧셈과 뺄셈을 왼쪽에서 오른쪽으로 차례로 계산해요.

1. 계산한 후, 정답을 로봇에서 찾아 ◯표 해 보세요.

$$\frac{3}{4} - 2 \times \frac{1}{4}$$

= _____

= _____

$$4 \times \frac{2}{5} - \frac{4}{5}$$

= _____

= _____

$$1 + 4 \times \frac{1}{2}$$

= _____

= _____

$$4 \times \frac{4}{5} - 3 \times \frac{3}{5}$$

= _____

= _____

$$2 \times \frac{3}{16} + 4 \times \frac{1}{16}$$

= _____

= _____

$$3 \times \left(\frac{1}{9} + \frac{1}{9} \right)$$

= _____

= _____

   $\dfrac{2}{3}$ $\dfrac{1}{4}$ $\dfrac{3}{4}$ $\dfrac{3}{5}$ $\dfrac{4}{5}$ $\dfrac{5}{8}$ $1\dfrac{2}{5}$ 3

2. 계산한 후, 정답을 로봇에서 찾아 ○표 해 보세요.

$\dfrac{1}{2} + 3 \times \dfrac{1}{8}$ ↓ ↓

= _____

= _____

= _____

$3 \times \dfrac{2}{5} - 4 \times \dfrac{1}{10}$ ↓ ↓

= _____

= _____

= _____

$4 \times \left(\dfrac{2}{3} - \dfrac{1}{9} \right)$ ↓ ↓

= _____

= _____

= _____

$\dfrac{3}{5}$ $\dfrac{4}{5}$ $\dfrac{7}{8}$ $2\dfrac{1}{9}$ $2\dfrac{2}{9}$

3. 아래 글을 읽고 공책에 알맞은 식을 세워 답을 구한 후, 정답을 로봇에서 찾아 ○표 해 보세요.

 에바가 아래 취미 생활을 하는 데 쓰는 시간은 얼마일까요?

❶ 합창단 연습과 음악 수업 3회 _____

❷ 밴드 예행연습 2회와 음악 수업 4회 _____

 $1\dfrac{1}{2}$ $1\dfrac{1}{4}$ 2 $2\dfrac{1}{4}$

에바의 취미 생활

• 음악 수업 $\dfrac{1}{4}$ 시간

• 합창단 연습 $\dfrac{3}{4}$ 시간

• 밴드 예행연습 $\dfrac{1}{2}$ 시간

4. 식이 성립하도록 아래 식에 괄호를 넣어 보세요.

❶ $4 \times \dfrac{2}{5} + \dfrac{3}{5} + 1 = 5$

❷ $7 + 3 \times \dfrac{1}{7} = 1\dfrac{3}{7}$

더 생각해 보아요!

어떤 수일까요? 이 수에 6을 곱한 값에서 7을 빼면 47이 나와요.

_____

5. 값이 같은 것끼리 선으로 이어 보세요.

2와 $\frac{1}{2}$의 곱에 3을 더한 값 •	• $3 \times 2 - \frac{1}{2}$ •	• $2\frac{1}{2}$
3과 2의 차에 $\frac{1}{2}$을 곱한 값 •	• $(3 - 2) \times \frac{1}{2}$ •	• 4
3과 2의 곱에서 $\frac{1}{2}$을 뺀 값 •	• $3 + 2 \times \frac{1}{2}$ •	• $5\frac{1}{2}$
3과 2의 합에 $\frac{1}{2}$을 곱한 값 •	• $(3 + 2) \times \frac{1}{2}$ •	• $\frac{1}{2}$

6. 마지막 상자에 들어갈 수는 얼마일까요? 단, 모든 저울은 수평을 이루어요.

7. 식이 성립하도록 빈칸에 알맞은 수를 써넣어 보세요. 단, 수를 한 번씩만 쓸 수 있어요.

❶ $\frac{1}{9}$ $\frac{2}{9}$ $\frac{4}{9}$ $\frac{5}{9}$ 2 6

_____ × _____ + _____ = 1

_____ × _____ - _____ = $\frac{2}{9}$

❷ $\frac{1}{5}$ $\frac{2}{5}$ $\frac{4}{5}$ $\frac{1}{10}$ 3 5

_____ × (_____ + _____) = $\frac{9}{10}$

_____ × (_____ - _____) = 2

8. 그림을 선으로 이어 보세요. 그림 안의 숫자는 그 그림으로부터 다른 그림으로 이어지는 선의 개수를 나타내요. 그림 2개는 1개의 선으로만 이을 수 있으며, 가로, 세로, 대각선으로 연결할 수 있어요. 단, 선이 서로 교차해서는 안 돼요.

❶

❷

한 번 더 연습해요!

1. 계산해 보세요.

$\frac{1}{10} + 2 \times \frac{3}{10}$
↓　　↓

= _____

= _____

$4 \times \frac{2}{9} - \frac{5}{9}$
↓　　↓

= _____

= _____

$4 - 5 \times \frac{2}{5}$
↓　　↓

= _____

= _____

$3 \times \frac{1}{2} - \frac{5}{6}$

= _____

= _____

= _____

$3 \times \left(\frac{1}{2} + \frac{1}{4} \right)$

= _____

= _____

= _____

$7 \times \frac{2}{15} - 4 \times \frac{1}{5}$

= _____

= _____

= _____

16 자연수와 분수의 관계

12의 $\frac{1}{6}$을 계산해 보세요.

12의 $\frac{1}{6}$을 계산하려면 먼저 12를 6으로 나누어요.

$\frac{12}{6} = 2$

6으로 나누면 나눈 부분 하나가 2예요. 즉, 12의 $\frac{1}{6}$은 2와 같아요.

답 : 12의 $\frac{1}{6}$은 2예요.

15의 $\frac{4}{5}$를 계산해 보세요.

먼저 15의 $\frac{1}{5}$을 계산하기 위해 15를 5로 나누어요.

$\frac{15}{5} = 3$

5로 나누면 나눈 부분 하나가 3이에요. 즉, 15의 $\frac{1}{5}$은 3과 같아요.

15의 $\frac{4}{5}$를 계산하려면 3에 그 부분의 개수 즉, 분자 4를 곱해요.

$3 \times 4 = 12$

정답 : 15의 $\frac{4}{5}$는 12예요.

- 먼저 나눈 부분 하나의 크기를 계산해요.
- 그다음 나눈 부분 하나에 분자를 곱해요.

1. 계산한 후, 정답만큼 동그라미를 색칠해 보세요.

12의 $\frac{1}{3}$ _____

12의 $\frac{1}{4}$ _____

10의 $\frac{1}{5}$ _____

12의 $\frac{2}{3}$ _____

12의 $\frac{3}{4}$ _____

10의 $\frac{3}{5}$ _____

2. 계산한 후, 정답을 로봇에서 찾아 ◯표 해 보세요.

10의 $\frac{1}{2}$

$\frac{10}{2} =$

_____

30의 $\frac{1}{3}$

_____

24의 $\frac{1}{4}$

_____

40의 $\frac{1}{10}$

_____

16의 $\frac{1}{8}$

_____

100의 $\frac{1}{10}$

_____

 2 4 5 6 7 8 10 10

3. 계산한 후, 정답을 로봇에서 찾아 ◯표 해 보세요.

20의 $\frac{2}{5}$

_____

50의 $\frac{3}{10}$

_____

16의 $\frac{3}{8}$

_____

18의 $\frac{5}{6}$

_____

14의 $\frac{5}{7}$

_____

45의 $\frac{4}{15}$

_____

6 8 9 10 12 15 15 18

더 생각해 보아요!

$\frac{1}{2}$의 $\frac{1}{3}$은 얼마일까요?

_____

4. 공책에 알맞은 식을 세워 계산한 후, 정답을 로봇에서 찾아 ◯표 해 보세요.

❶ 엠마는 태블릿에 노래 100곡을 가지고 있어요. 그중 $\frac{1}{4}$을 들었다면 엠마가 들은 노래는 모두 몇 곡일까요?

_____

❷ 알렉은 노래 15곡을 연주할 수 있어요. 그중 $\frac{1}{3}$을 연주했다면 알렉이 연주한 노래는 모두 몇 곡일까요?

_____

❸ 관현악단 단원 15명 중에서 $\frac{3}{5}$은 첼로 연주자예요. 관현악단에 첼로 연주자는 몇 명일까요?

_____

❹ 합창단원 20명 중에서 $\frac{7}{10}$은 여자아이예요. 합창단에 남자아이는 몇 명일까요?

_____

  5 6 9 12 20 25

5. 주어진 분수만큼 도형을 색칠해 보세요.

$\frac{1}{2}$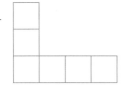

$\frac{2}{3}$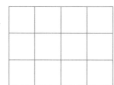

$\frac{1}{2}$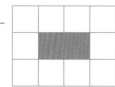

$\frac{1}{3}$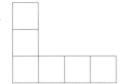

$\frac{5}{6}$

$\frac{4}{10}$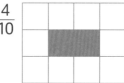

$\frac{1}{6}$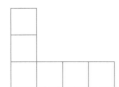

$\frac{3}{4}$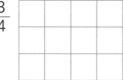

$\frac{3}{5}$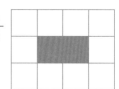

6. 합창단원의 $\frac{2}{9}$는 4명이고 베이스를 담당하고 있어요. 합창단원은 모두 몇 명일까요?

_____

7. 아래 표는 학생들이 듣는 노래의 비율을 보여 줘요. 각 학생이 듣는 노래는 모두 몇 곡일까요?

❶ 전체 노래 수가 64곡일 때

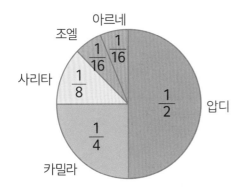

압디 _____ 사리타 _____ 아르네 _____

카밀라 _____ 조엘 _____

❷ 전체 노래 수가 36곡일 때

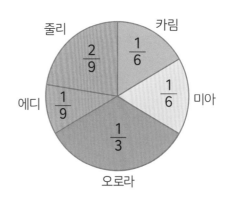

카림 _____ 오로라 _____ 줄리 _____

미아 _____ 에디 _____

한 번 더 연습해요!

1. 계산해 보세요.

20의 $\frac{1}{4}$ 50의 $\frac{1}{10}$ 25의 $\frac{1}{5}$

_____   _____   _____

2. 아래 글을 읽고 알맞은 식을 세워 답을 구해 보세요.

❶ 비비는 노래 목록에 75곡을 가지고 있어요. 그중 $\frac{1}{3}$ 을 들었다면 비비가 들은 노래는 모두 몇 곡일까요?

식 : _____

_____

정답 : _____

❷ 학교 합창단에 30명이 있는데, 그중 $\frac{3}{5}$ 은 남자아이예요. 합창단에 남자아이는 몇 명일까요?

식 : _____

_____

정답 : _____

17 길이와 거리 문제 해결하기

헬싱키와 베를린 사이의 거리는 1600km인데, $\frac{5}{8}$만큼 갔어요. 지금까지 간 거리는 몇 km일까요?

1600km의 $\frac{5}{8}$를 계산해요.

$\frac{1600km}{8} = 200km$

$200km \times 5 = 1000km$

정답 : 지금까지 간 거리는 1000km예요.

남은 거리는
1600km - 1000km = 600km예요.

오울루와 카야니 사이의 거리는 180km인데, $\frac{4}{9}$만큼 갔어요. 남은 거리는 몇 km일까요?

남은 거리는 $1 - \frac{4}{9} = \frac{5}{9}$예요.

180km의 $\frac{5}{9}$를 계산해요.

$\frac{180km}{9} = 20km$

$20km \times 5 = 100km$

정답 : 남은 거리는 100km예요.

1. 값이 같은 것끼리 선으로 이어 보세요.

500 m •	• $\frac{1}{5}$ km	400 m •	• $1\frac{1}{2}$ km
250 m •	• $\frac{1}{2}$ km	1500 m •	• $\frac{2}{5}$ km
200 m •	• $\frac{1}{4}$ km	100 m •	• $\frac{1}{10}$ km

2. 계산한 후, 정답을 로봇에서 찾아 ○표 해 보세요.

60m의 $\frac{1}{2}$

60m의 $\frac{1}{3}$

60m의 $\frac{1}{4}$

_____

60m의 $\frac{2}{3}$

60m의 $\frac{3}{5}$

60m의 $\frac{3}{4}$

_____

_____

 15 m   20 m   25 m   30 m   32 m   36 m   40 m   45 m

3. 아래 글을 읽고 알맞은 식을 세워 답을 구한 후, 정답을 로봇에서 찾아 ○표 해 보세요.

❶ 음악 학원은 키티네 집에서 900m 거리에 있어요. 키티는 그중 $\frac{2}{3}$를 걸어갔어요. 키티가 걸은 거리는 몇 m일까요?

식 : _____

_____

정답 : _____

❷ 밴드가 공연을 위해 오울루에서 템페레로 이동해요. 오울루에서 템페레까지의 거리는 550km인데, 밴드는 그중 $\frac{3}{5}$을 갔어요. 밴드가 지금까지 이동한 거리는 몇 km일까요?

식 : _____

_____

정답 : _____

❸ 학교에서 악기점까지의 거리는 2400m예요. 선생님은 그중 $\frac{1}{8}$을 걸어갔어요. 선생님이 더 걸어야 할 거리는 몇 m일까요?

식 : _____

_____

정답 : _____

❹ 지휘자는 450km를 운전해야 해요. 그중 $\frac{4}{9}$를 운전했어요. 남은 거리는 몇 km일까요?

식 : _____

_____

정답 : _____

4. 공책에 알맞은 식을 세워 답을 구한 후, 정답을 로봇에서 찾아 ○표 해 보세요.

❶ 벤은 1200m 트랙을 3번 돌았어요. 총 거리의 $\frac{1}{6}$은 달렸고, 나머지는 걸었어요. 벤이 걸은 거리는 몇 m일까요?

❷ 미아는 4800m 거리의 $\frac{3}{4}$을 달렸어요. 다음 날 미아는 2800m를 더 달렸어요. 미아가 달린 거리는 모두 몇 m일까요?

_____

| 600 m | 2100 m | 3000 m | 3200 m |

| 6400 m | 220 km | 250 km | 330 km |

더 생각해 보아요!

수직선에서 5와 555 사이의 거리만큼 5로부터 떨어져 있는 수는 무엇일까요?

_____

5. 아래 설명을 읽고 아이들을 꾸며 보세요.

❶ $\frac{4}{12}$는 빨간색 셔츠

❷ $\frac{1}{3}$은 갈색 머리

❸ $\frac{1}{6}$은 안경

❹ $\frac{2}{3}$는 파란색 셔츠

❺ $\frac{1}{2}$은 검은색 머리

❻ $\frac{2}{12}$는 빨간색 머리

6. 직선상에 있는 4개 수의 합이 주어진 수가 되도록 1, 4, 5, 10, 12를 한 번씩 써서 빈칸을 채워 보세요.

❶ 수의 합 28

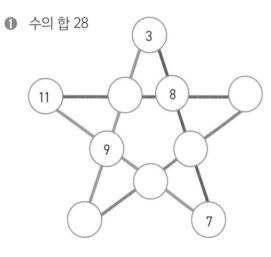

❷ 수의 합 24

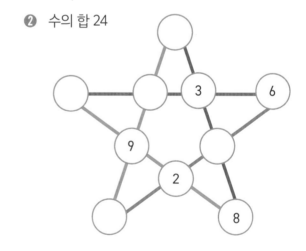

7. 어떤 수일까요?

❶ 이 수의 $\frac{1}{3}$에 이 수를 더하면 합이 1000이 돼요.

❷ 이 수에서 이 수의 $\frac{1}{4}$을 빼면 차가 900이 돼요.

_____   _____

8. 주어진 조각으로 모양을 완성해
보세요. 거울에 비친 모양을
사용해도 좋아요. 사용한 조각은
X표 하세요.

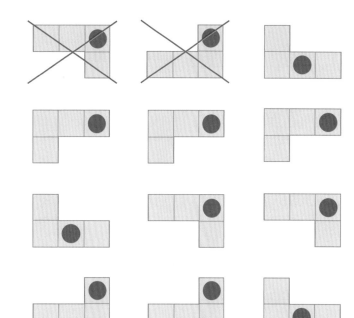

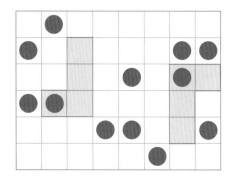

 한 번 더 연습해요!

1. 아래 글을 읽고 알맞은 식을 세워 답을 구해 보세요.

❶ 오울루와 지바스킬라 사이의 거리는 350km인데, 그중 $\frac{4}{5}$를 갔어요. 지금까지 운전한 거리는 몇 km일까요?

식 : _____

_____

정답 : _____

❷ 알리나는 자전거를 24km 타려고 했는데, 이 거리의 $\frac{5}{8}$를 탄 후에 휴식을 취했어요. 휴식 전에 알리나가 탄 거리는 몇 km일까요?

식 : _____

_____

정답 : _____

❸ 운전해야 할 거리는 360km인데, 그중 $\frac{1}{4}$을 운전했어요. 이제 남은 거리는 몇 km일까요?

식 : _____

_____

정답 : _____

❹ 가브리엘은 4200m를 걸어야 하는데 그중 $\frac{2}{7}$를 걸었어요. 이제 남은 거리는 몇 m일까요?

식 : _____

_____

정답 : _____

1. 계산한 후, 정답을 로봇에서 찾아 ○표 해 보세요.

15의 $\frac{1}{5}$

40의 $\frac{1}{8}$

200의 $\frac{1}{10}$

_____

_____

_____

36의 $\frac{5}{6}$

24의 $\frac{3}{8}$

50의 $\frac{7}{10}$

_____

_____

_____

| 3 | 5 | 9 | 12 | 15 | 20 | 30 | 35 |

2. 계산해 보세요.

❶ 800m의 $\frac{3}{8}$

식 : _____

_____

정답 : _____

❷ 500m의 $\frac{2}{5}$

식 : _____

_____

정답 : _____

❸ 1200m의 $\frac{3}{4}$

식 : _____

_____

정답 : _____

❹ 2100m의 $\frac{2}{3}$

식 : _____

_____

정답 : _____

여기서 잠깐!

지구에서 달까지의 거리는
지구에서 태양까지의 거리의
약 $\frac{1}{400}$ 이에요.

3. 아래 글을 읽고 알맞은 식을 세워 답을 구해 보세요.

❶ 로렌스는 120유로를 가지고 있는데,
새 운동화를 사느라 가진 돈의 $\frac{5}{6}$를 썼어요.
운동화의 가격은 얼마일까요?

식 : _____

_____

정답 : _____

❷ 베르타는 72유로를 가지고 있는데, 가진
돈의 $\frac{2}{9}$를 썼어요. 이제 베르타에게 남은
돈은 얼마일까요?

식 : _____

_____

정답 : _____

4. 계산한 후, 정답을 로봇에서 찾아 ○표 해 보세요.

$$\frac{4}{5} - 3 \times \frac{3}{15}$$

= _____

= _____

= _____

$$2 \times \frac{1}{3} + 4 \times \frac{2}{9}$$

= _____

= _____

= _____

$$6 \times \left(\frac{7}{12} - \frac{1}{2} \right)$$

= _____

= _____

= _____

  $\frac{1}{2}$ $\frac{1}{5}$ $\frac{1}{6}$ $1\frac{5}{9}$ $1\frac{7}{9}$

더 생각해 보아요!

계산식이 성립하도록 알파벳 A, B를 대체할 수
있는 수를 찾아보세요. 2가지 답이 있어요.

A B
\+ A B
―――
B 4

A = _____   or   A = _____

B = _____   B = _____

5. 아래 설명에 따라 색칠해 보세요.

- 우체통의 $\frac{1}{4}$ 은 초록색
- 나머지 우체통의 $\frac{1}{3}$ 은 갈색
- 문의 절반은 파란색

- 나머지 문의 $\frac{3}{4}$ 은 검은색
- 벽의 $\frac{6}{8}$ 은 노란색
- 남은 벽의 $\frac{1}{4}$ 은 빨간색

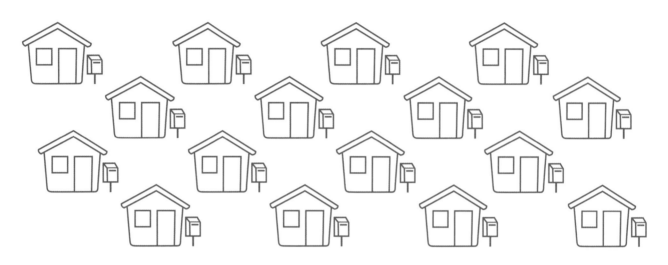

6. 아래 글을 읽고 악기 종류와 주당 연습 횟수를 알아맞혀 보세요.

- 바이올린 연주자 옆에 있는 사람은 1주에 3회 연습해요.
- 스카티 옆에 있는 사람은 피아노를 연주해요.
- 첼로 연주자는 1주에 5회 연습해요.
- 바이올린 연주자와 기타 연주자는 팀 옆에 있어요.

- 베이스 연주자와 바이올린 연주자는 1주에 2회 연습해요.
- 기타 연주자는 1주에 4회 연습해요.
- 줄스는 첼로 연주자 옆에 있어요.
- 피아노 연주자 양옆에 있는 사람들은 1주에 2회 연습해요.

줄스   팀   스카티   조엘   마일로

_____ _____ _____ _____ _____

악기

_____ _____ _____ _____ _____

주당 연습 횟수

7. 그림을 선으로 이어 보세요. 그림
   안의 숫자는 그 그림으로부터 다른
   그림으로 이어지는 선의 개수를
   나타내요. 그림 2개는 1개의
   선으로만 이을 수 있으며 가로, 세로,
   대각선으로 연결할 수 있어요. 단,
   선이 서로 교차해서는 안 돼요.

한 번 더 연습해요!

1. 계산해 보세요.

18의 $\frac{1}{3}$ 90의 $\frac{1}{10}$ 28의 $\frac{1}{7}$

_____   _____   _____

25의 $\frac{3}{5}$ 81의 $\frac{2}{9}$ 80의 $\frac{9}{10}$

_____   _____   _____

2. 아래 글을 읽고 알맞은 식을 세워 답을 구해 보세요.

❶ 앤디는 음악 공책을 사는 데 75유로의 $\frac{2}{5}$ 를
   썼어요. 공책의 가격은 얼마일까요?

식 : _____

_____

정답 : _____

❷ 버스 운행 거리는 총 160km인데, 그중 $\frac{3}{4}$ 을
   갔어요. 남은 거리는 몇 km일까요?

식 : _____

_____

정답 : _____

8. 아래 그림을 주어진 분수만큼 색칠하세요.

❶ $\dfrac{13}{20}$

❷ $\dfrac{2}{5}$

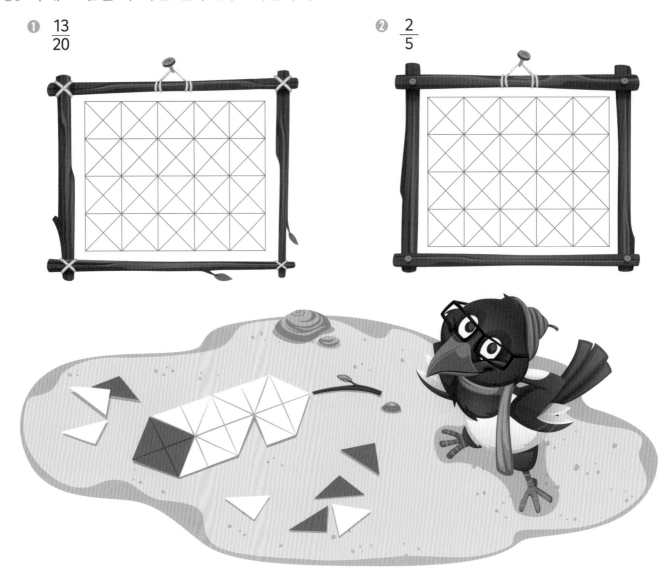

9. 그림이 들어간 식을 보고 그림의 값을 구해 보세요.

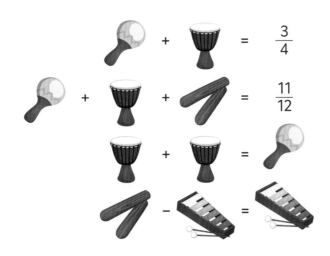

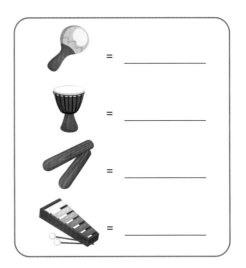

10. 아래 활동을 하는 데 걸린 시간을 분수로 나타내어 보세요. 약분한 후, 정답을
로봇에서 찾아 ○표 해 보세요.

1시간 = 60분

❶ 음악 수업은 30분이에요.

_____

❷ 노래 공연은 6분 동안 진행돼요.

_____

❸ 중간에 20분 휴식이 있어요.

_____

❹ 합창 공연은 15분 동안 진행돼요.

_____

❺ 콘서트는 45분 동안 진행돼요.

_____

❻ 4중주 공연은 5분 동안 진행돼요.

_____

$\dfrac{1}{2}$ $\dfrac{1}{3}$ $\dfrac{2}{3}$ $\dfrac{1}{4}$ $\dfrac{3}{4}$ $\dfrac{3}{5}$ $\dfrac{1}{10}$ $\dfrac{1}{12}$

한 번 더 연습해요!

1. 계산해 보세요.

$\dfrac{1}{8} \times 6 =$ _____ $\dfrac{4}{9} \times 4 =$ _____

2. 아래 글을 읽고 알맞은 식을 세워 답을 구해 보세요.

❶ 에반은 새 휴대 전화를 사는 데 180유로의
$\dfrac{8}{9}$ 을 썼어요. 휴대 전화 가격은 얼마일까요?

❷ 카밀라가 사고 싶은 가방은 48유로예요.
카밀라는 가방 가격의 $\dfrac{1}{6}$ 을 저축했어요.
가방을 사기 위해 카밀라가 더 저축해야 하는
돈은 얼마일까요?

식 : _____

식 : _____

_____

_____

정답 : _____

정답 : _____

_____ 월 _____ 일 _____ 요일

1. 계산해 보세요.

$\dfrac{5}{7} + \dfrac{4}{7}$

$\dfrac{7}{8} - \dfrac{5}{8}$

$\dfrac{11}{5} + \dfrac{4}{5}$

= _____

= _____

= _____

2. 계산해 보세요.

$\dfrac{3}{4} - \dfrac{1}{2}$

$\dfrac{2}{3} + \dfrac{1}{12}$

$\dfrac{8}{15} + \dfrac{1}{3}$

= _____

= _____

= _____

= _____

= _____

= _____

3. 계산해 보세요.

$\dfrac{3}{10} \times 3 =$ _____

$\dfrac{1}{5} \times 5 =$ _____

$\dfrac{2}{3} \times 4 =$ _____

$\dfrac{5}{6} \times 3 =$ _____

4. 계산해 보세요.

$10 - \dfrac{1}{3} \times 6$

$\dfrac{2}{7} \times 2 + \dfrac{3}{7} \times 3$

= _____

= _____

= _____

= _____

= _____

= _____

5. 계산해 보세요.

$$2 \times \left(\frac{1}{15} + \frac{4}{15} \right)$$

= _____

= _____

= _____

$$4 \times \left(\frac{3}{7} - \frac{4}{21} \right)$$

= _____

= _____

= _____

6. 계산해 보세요.

24의 $\frac{1}{8}$

_____

_____

36의 $\frac{5}{6}$

_____

_____

45의 $\frac{2}{3}$

_____

_____

7. 아래 글을 읽고 알맞은 식을 세워 답을 구해 보세요.

❶ 자동차를 타고 240km를 이동해야 해요.
그중 $\frac{2}{3}$ 를 갔어요. 지금까지 이동한 거리는
몇 km일까요?

식 : _____

_____

정답 : _____

❷ 비행기를 타고 4200km를 가야 해요. 그중
$\frac{2}{7}$ 를 갔어요. 남은 거리는 몇 km일까요?

식 : _____

_____

정답 : _____

얼마나
잘했나요?

실력이 자란 만큼 별을 색칠하세요.

★★★ 정말 잘했어요.
★★☆ 꽤 잘했어요.
★☆☆ 앞으로 더 노력할게요.

_____월 _____일 _____요일

1. 계산해 보세요.

$$\frac{5}{6} - \frac{1}{3}$$

= _____

= _____

$$2 \times \frac{5}{6} =$$ _____

$$\frac{7}{15} + \frac{3}{5}$$

= _____

= _____

$$\frac{3}{5} - \frac{1}{10}$$

= _____

= _____

$$10 \times \frac{1}{5} =$$ _____

2. 계산해 보세요.

$$5 \times \left(\frac{9}{10} - \frac{7}{10} \right)$$

= _____

= _____

= _____

$$\frac{1}{3} + 5 \times \frac{1}{6}$$

= _____

= _____

= _____

3. 계산해 보세요.

12의 $\frac{1}{4}$

_____

_____

32의 $\frac{3}{4}$

_____

_____

50의 $\frac{4}{5}$

_____

_____

4. 식이 성립하도록 빈칸에 알맞은 수를 써넣어 보세요.

$5 \times$ _____ $+ 2 = 3$

_____ $+ 5 \times \frac{1}{2} = 6\frac{1}{2}$

$10 -$ _____ $\times \frac{1}{2} = 8$

5. 계산해 보세요.

$\dfrac{1}{4} + 3 \times \dfrac{1}{8}$

= _____

= _____

= _____

$5 \times \left(\dfrac{7}{15} - \dfrac{2}{5} \right)$

= _____

= _____

= _____

6. 아래 글을 읽고 알맞은 식을 세워 답을 구해 보세요.

❶ 크로스컨트리 트랙이 3900m예요. 팔머는 그중 $\dfrac{1}{3}$을 달렸어요. 남은 거리는 몇 m일까요?

식 : _____

_____

정답 : _____

❷ 운전해서 560km를 이동해야 해요. 그중 $\dfrac{5}{8}$를 갔어요. 지금까지 운전한 거리는 몇 km일까요?

식 : _____

_____

정답 : _____

7. 아래 글을 읽고 지갑의 주인을 알아맞혀 보세요. 지갑에는 24유로가 들어 있어요.

나는 가진 돈의 $\dfrac{1}{4}$을 써서 아이스크림을 샀어. 또 롤빵을 사는 데 8유로를 썼고, 남은 4유로로 사탕을 샀어.

나는 가진 돈의 $\dfrac{1}{3}$을 써서 책을 샀어. 그리고 남은 8유로로 간식을 샀어.

나는 가진 돈의 $\dfrac{1}{2}$을 써서 영화표를 샀어. 또 가진 돈의 $\dfrac{1}{4}$로 음료수를 샀고, 남은 6유로로는 사탕을 샀어.

마틴

윌버트

노버트

24 € 지갑의 주인은 _____ 예요.

8. 계산해 보세요.

$$\frac{1}{7} \times 4 + \frac{3}{14} \times 3 \qquad\qquad 4 \times \left(\frac{5}{12} + \frac{1}{2} - \frac{8}{12} \right)$$

= _____   = _____

= _____   = _____

= _____   = _____

9. 자동차 연료 탱크에 휘발유가 최대 56L 들어가요. 아래 눈금을 살펴보고 현재 연료 탱크에 있는 휘발유의 양을 계산해 보세요.

_____   _____   _____

_____   _____   _____

정답 : _____   정답 : _____   정답 : _____

10. 아래 글을 읽고 알맞은 식을 세워 답을 구해 보세요.

❶ 제시카는 가진 돈의 $\frac{3}{7}$ 을 써서 6유로짜리 물건을 샀어요. 제시카가 처음에 가진 돈은 얼마였을까요?   _____

❷ 베르나는 월요일에 가진 돈의 $\frac{1}{5}$ 을, 화요일에 $\frac{2}{5}$ 를, 그리고 금요일에 남은 10유로를 썼어요. 베르나가 처음에 가진 돈은 얼마였을까요?   _____

❸ 닉은 목요일에 가진 돈의 $\frac{2}{6}$ 를, 금요일에 $\frac{1}{3}$ 을 썼어요. 그리고 남은 6유로를 토요일에 썼어요. 닉이 처음에 가진 돈은 얼마였을까요?   _____

★ 대분수

• 대분수 $2\frac{1}{4}$은 "이와 사분의 일"이라고 읽어요.

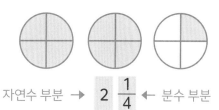

자연수 부분 → 2　$\frac{1}{4}$ ← 분수 부분

★ 분수를
　자연수로 바꾸기　$\frac{6}{3} = 2$

★ 분수를
　대분수로 바꾸기　$\frac{7}{3} = 2\frac{1}{3}$

★ 분수의 약분

분자와 분모를 공약수로
나누어요.　　$\frac{6^{(3}}{9} = \frac{2}{3}$

★ 분수의 통분

분모가 다른 두 개 이상의
분수에서 분모를 같게
만드는 것을 말해요.

$\frac{3}{5}$, $\frac{1}{10}$

$\frac{3}{5}$을 분모가 10으로 같게
통분하면 $^{2)}\frac{3}{5} = \frac{6}{10}$이 돼요.

★ 분모가 다른 분수의 덧셈과 뺄셈

• 분모가 다른 분수를 더하거나 뺄 때
　먼저 분모가 같게 통분부터 해요.

• 계산 결과를 약분하고 바꿀 수 있다면
　자연수나 대분수로 바꾸어요.

$\frac{6}{10} + {}^{2)}\frac{2}{5} = \frac{6}{10} + \frac{4}{10} = \frac{10}{10} = 1$

$\frac{5}{8} + {}^{2)}\frac{3}{4} = \frac{5}{8} + \frac{6}{8} = \frac{11}{8} = 1\frac{3}{8}$

$^{3)}\frac{3}{5} - \frac{4}{15} = \frac{9}{15} - \frac{4}{15} = \frac{5^{(5}}{15} = \frac{1}{3}$

★ 분수와 자연수의 곱셈

• 분수의 자연수 부분을 분자에만 곱해요.
　분모는 그대로 두고요.

• 계산 결과를 약분하고 바꿀 수 있다면
　자연수나 대분수로 바꾸어요.

$\frac{1}{6} \times 3 = \frac{1 \times 3}{6} = \frac{3^{(3}}{6} = \frac{1}{2}$

$\frac{1}{4} \times 8 = \frac{1 \times 8}{4} = \frac{8}{4} = 2$

$\frac{1}{2} \times 5 = \frac{1 \times 5}{2} = \frac{5}{2} = 2\frac{1}{2}$

★ 자연수의 부분을 계산하기

• 먼저 3으로 나눈 부분 하나의
　크기를 계산해요.

• 그다음 나눈 부분 하나에
　분자를 곱해요.

12의 $\frac{1}{3}$을 계산해요.

$\frac{12}{3} = 4$

• 15의 $\frac{2}{5}$를 계산해요.

$\frac{15}{5} = 3$

$3 \times 2 = 6$

학습 자가 진단

학습 태도

	그렇지 못해요.	때때로 그래요.	자주 그래요.	항상 그래요.
수업 시간에 적극적이에요.	☐	☐	☐	☐
학습에 집중해요.	☐	☐	☐	☐
친구들과 협동해요.	☐	☐	☐	☐
숙제를 잘해요.	☐	☐	☐	☐

학습 목표

학습하면서 만족스러웠던 부분은 무엇인가요?

어떻게 실력을 향상할 수 있었나요?

_____

_____

_____

학습 성과

	아직 익숙하지 않아요.	연습이 더 필요해요.	괜찮아요.	꽤 잘해요.	정말 잘해요.
• 분모가 같은 분수의 덧셈과 뺄셈을 할 수 있어요.	◯	◯	◯	◯	◯
• 분모가 다른 분수의 덧셈과 뺄셈을 할 수 있어요.	◯	◯	◯	◯	◯
• 분수와 자연수의 곱셈을 계산할 수 있어요.	◯	◯	◯	◯	◯
• 자연수의 부분을 계산할 수 있어요.	◯	◯	◯	◯	◯

이번 단원에서 가장 쉬웠던 부분은 _____예요.

이번 단원에서 가장 어려웠던 부분은 _____예요.

일기 예보

내일 일기 예보 발표를 계획하고 준비해 보세요. 컴퓨터를
이용하여 필요한 자료를 준비해 보세요. 부모님 또는 친구에게
준비한 일기 예보를 발표해 보세요.

일기 예보에 익숙해지기

- 일기 예보를 조사해 보세요.
- 인터넷에서 정보를 찾아보세요.

  일기 예보에는 어떤 기호들이 있을까요?
  일기 예보에는 어떤 수와 단위를 사용하나요?
  기상학자들이 일기 예보를 어떻게 하나요?

계획하기

- 계절을 선택하세요.
- 일기 예보를 어떻게 진행할지 계획해 보세요.
- 공책에 계획을 쓰거나 그려 보세요.

  어떤 도구와 자료가 필요할까요?
  필요한 자료를 어떻게 준비할까요?

실행하기

- 해야 할 일을 정리해 보세요.
- 필요한 자료를 준비해 보세요.
- 발표할 때 무엇을 말하고 무엇을 보여 줄지 정해 보세요.
- 발표를 연습해 보세요.

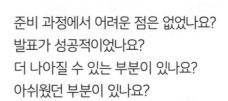

발표하기

- 준비한 일기 예보를 발표해 보세요.

평가하기

- 마지막으로 발표 태도와 성과를 평가해 보세요.
- 청중에게 피드백을 요청해 보세요.

준비 과정에서 어려운 점은 없었나요?
발표가 성공적이었나요?
더 나아질 수 있는 부분이 있나요?
아쉬웠던 부분이 있나요?

1. 그림을 그리고 질문에 답해 보세요.

선수들이 아이스크림을 12개 샀어요. 그중 7개에는 딸기(S)가 들어 있고, 6개에는 초콜릿(C)이 들어 있어요. 3개에는 딸기와 초콜릿이 모두 들어 있어요.

❶ 딸기도 초콜릿도 들어 있지 않은 아이스크림은 모두 몇 개일까요? _____

❷ 딸기만 들어 있고 초콜릿은 들어 있지 않은 아이스크림은 모두 몇 개일까요? _____

2. 그림을 그리고 질문에 답해 보세요.

학생 15명이 줄을 서 있어요. 2명마다 반바지(S)를 입었고, 3명마다 테니스 운동화(T)를 신었어요. 반바지를 입고 테니스 운동화를 신은 학생은 모두 몇 명일까요?

정답 : _____

3. 저울이 수평을 이루었어요. 빨간 추의 무게를 구해 보세요.

❶

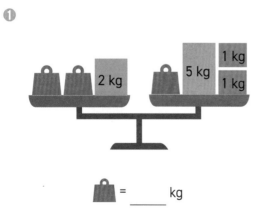

🏋 = _____ kg

❷

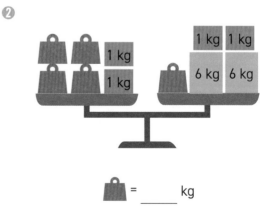

🏋 = _____ kg

4. 아래 글을 읽고 알맞은 식을 세워 답을 구해 보세요.

❶ 울라는 알마보다 8유로를 더 가지고 있어요. 울라와 알마가 가진 돈을 합하면 40유로예요. 알마가 가지고 있는 돈은 얼마일까요?

식 : _____

_____

정답 : _____

❷ 니나가 가진 돈은 에디가 가진 돈보다 3.50유로 적어요. 니나와 에디가 가진 돈을 합하면 12.50유로예요. 에디가 가지고 있는 돈은 얼마일까요?

식 : _____

_____

정답 : _____

5. 식이 성립하려면 문자 x에 어떤 수를 쓸 수 있을까요? 정답을 로봇에서 찾아 ○표 해 보세요.

$x + 7 = 22$

$x = $ _____

$x + x + 10 = 28$

$x = $ _____

$x + x - 6 = 44$

$x = $ _____

$4 \times x = 32$

$x = $ _____

$8 \times x + 14 = 30$

$x = $ _____

$24 - 2 \times x = 2$

$x = $ _____

2　4　8　9

10　11　15　25

6. 규칙에 따라 빈칸에 알맞은 시각을 써넣어 보세요.

❶ | 10:40 | 10:55 | 11:10 | | | |

❷ | 14:30 | | | 16:30 | 17:10 | |

7. 아래 글을 읽고 공책에 답을 구해 보세요.

아빠의 가방에는 티셔츠, 와이셔츠, 그리고 맨투맨 티가 있어요. 그리고 검은 바지와 빨간 바지도 있어요. 아빠가 셔츠와 바지를 입을 수 있는 경우의 수를 모두 나열해 보세요. 몇 가지일까요?

정답 : _____

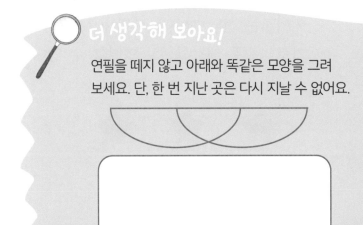

더 생각해 보아요!

연필을 떼지 않고 아래와 똑같은 모양을 그려 보세요. 단, 한 번 지난 곳은 다시 지날 수 없어요.

8. 저울이 수평을 이루려면 오른쪽 저울의 빈 접시에 빨간 추를 몇 개 더 올려야 할까요?
빨간 추 1개의 무게는 6kg이에요.

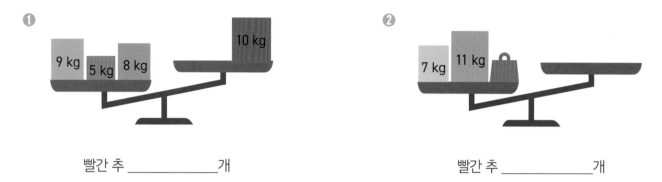

❶   ❷

빨간 추 _____개   빨간 추 _____개

9. 규칙을 찾아보세요.

❶

수	규칙	결과
2	→	4
5	→	25
10	→	100
11	→	121

규칙: _____

_____

❷

수	규칙	결과
120	→	241
230	→	461
310	→	621
440	→	881

규칙: _____

_____

10. 그림을 선으로 이어 보세요. 그림 안의 숫자는 그 그림으로부터 다른 그림으로
이어지는 선의 개수를 나타내요. 그림 2개는 1개의 선으로만 이을 수 있으며
가로, 세로, 대각선으로 연결할 수 있어요. 단, 선이 서로 교차해서는 안 돼요.

❶

3	2	3
1	4	4
2	3	2

❷

2	3	2
4	5	3
2	1	2

11. 각각의 가로줄과 세로줄에 숫자 1, 2, 3, 4와
서로 다른 모양이 한 번씩 들어가도록 빈칸을
채워 보세요.

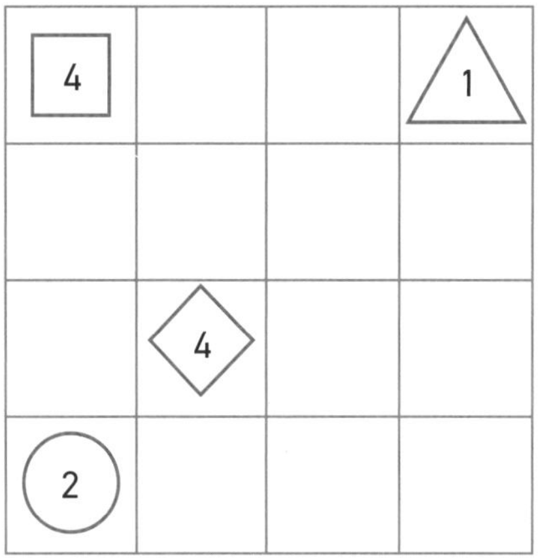

4️			1△
		4◇	
2○			

한 번 더 연습해요!

1. 제과점에 케이크가 11개 있어요. 그중 5개에는 딸기(S)가 들어 있고, 4개에는
라즈베리(R)가 들어 있어요. 3개에는 딸기도 라즈베리도 들어 있지 않아요.
딸기와 라즈베리가 모두 들어 있는 케이크는 몇 개일까요?

정답 : _____

2. 아래 글을 읽고 알맞은 식을 세워 답을 구해 보세요.

❶ 밀라는 에리카보다 17유로를 더 가지고
있어요. 밀라와 에리카가 가진 돈을 합하면
49유로예요. 에리카가 가지고 있는 돈은
얼마일까요?

식 : _____

_____

정답 : _____

❷ 바딤이 가진 돈은 조슈아가 가진 돈보다
6.50유로 적어요. 바딤과 조슈아가 가진 돈을
합하면 11.50유로예요. 조슈아가 가지고 있는
돈은 얼마일까요?

식 : _____

_____

정답 : _____

_____월 _____일 _____요일

1. 계산한 후, 정답을 로봇에서 찾아 ○표 해 보세요.

$\dfrac{3}{10} + \dfrac{\,)1}{2}$

= _____

= _____

$\dfrac{\,)1}{3} + \dfrac{1}{6}$

= _____

= _____

$\dfrac{\,)3}{4} + \dfrac{7}{8}$

= _____

= _____

답을 구한 후 가능하다면 약분하세요.

2. 계산한 후, 정답을 로봇에서 찾아 ○표 해 보세요.

$\dfrac{\,)4}{5} - \dfrac{3}{10}$

= _____

= _____

$\dfrac{15}{8} - \dfrac{\,)1}{2}$

= _____

= _____

$\dfrac{\,)5}{6} - \dfrac{7}{12}$

= _____

= _____

 $\quad \dfrac{1}{2} \quad \dfrac{1}{2} \quad \dfrac{1}{4} \quad \dfrac{4}{5} \quad \dfrac{3}{8} \quad 1\dfrac{3}{8} \quad 1\dfrac{5}{8} \quad 1\dfrac{7}{8}$

3. 계산한 후, 정답을 로봇에서 찾아 ○표 해 보세요.

$\dfrac{1}{6} \times 4 = $ _____

$\dfrac{3}{16} \times 4 = $ _____

$\dfrac{3}{18} \times 3 = $ _____

$\dfrac{2}{10} \times 3 = $ _____

$\dfrac{7}{20} \times 2 = $ _____

$\dfrac{2}{15} \times 6 = $ _____

 $\quad \dfrac{1}{2} \quad \dfrac{2}{3} \quad \dfrac{3}{4} \quad \dfrac{3}{5} \quad \dfrac{4}{5} \quad \dfrac{5}{6} \quad \dfrac{7}{10} \quad \dfrac{9}{10}$

4. 계산한 후, 정답을 로봇에서 찾아 ○표 해 보세요.

24의 $\dfrac{1}{8}$ 30의 $\dfrac{4}{5}$ 42의 $\dfrac{5}{7}$

_____   _____   _____

_____   _____   _____

 3   5   8   24   30

5. 공책에 계산한 후, 정답을 로봇에서 찾아 ○표 해 보세요.

❶ 마누의 집은 운동장에서 800m 거리인데, 그중 $\dfrac{3}{4}$을 걸었어요. 마누가 걸은 거리는 몇 m일까요?

정답 : _____

❷ 할머니 댁까지 가려면 550km를 운전해야 해요. 그중 $\dfrac{3}{5}$을 갔어요. 지금까지 운전한 거리는 몇 km일까요?

정답 : _____

❸ 휴가를 위해 2800km를 비행해야 해요. 비행기는 그중 $\dfrac{2}{7}$를 갔어요. 남은 거리는 몇 km일까요?

정답 : _____

❹ 가족 여행을 위해 350km를 운전해야 해요. 그중 $\dfrac{3}{5}$을 운전했어요. 남은 거리는 몇 km일까요?

정답 : _____

400 m   600 m   140 km   330 km   800 km   2000 km

6. 혼합 계산의 순서에 따라 계산한 후, 약분해 보세요.

$\dfrac{3}{10} + 2 \times \dfrac{1}{10}$ $3 \times \dfrac{3}{10} - \dfrac{7}{10}$ $2 \times \dfrac{4}{10} - 4 \times \dfrac{1}{10}$

= _____   = _____   = _____

= _____   = _____   = _____

= _____   = _____   = _____

더 생각해 보아요!

 알렉은 디지털시계가 거울에 비친 모습을 보았어요. 지금 몇 시일까요? _____

7. 주어진 분수만큼 색칠해 보세요.

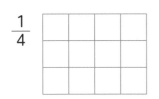 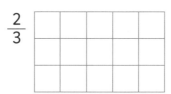 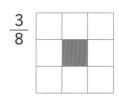

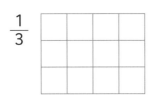 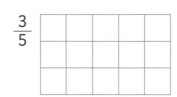 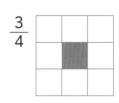

8. 9A 버스는 8시 10분에 역을 처음 출발하고 그 이후 15분마다 출발해요. 9B 버스는 8시 25분에 역을 처음 출발하고 그 이후 20분마다 출발해요. 9A 버스와 9B 버스는 오후 1시 30분 이전에 몇 번 동시에 출발하게 될까요?

정답 : _____

9. 저울이 수평을 이루려면 오른쪽 저울의 빈 접시에 빨간 추를 몇 개 더 올려야 할까요? 빨간 추 1개의 무게는 $\frac{1}{4}$kg이에요.

❶

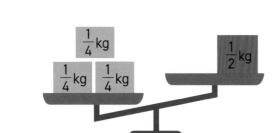

빨간 추 _____개

❷

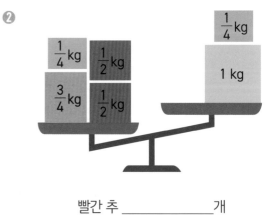

빨간 추 _____개

10. 자전거의 $\frac{2}{7}$가 산악자전거예요. 총 6대의 산악자전거가 있어요. 자전거는 모두 몇 대일까요?

_____

한 번 더 연습해요!

1. 계산해 보세요.

$\frac{11}{15} - \frac{2}{3}$ $\frac{1}{3} + \frac{5}{12}$ $\frac{17}{20} - \frac{3}{5}$

= _____   = _____   = _____

= _____   = _____   = _____

18의 $\frac{5}{6}$ 64의 $\frac{3}{8}$ 90의 $\frac{7}{10}$

_____   _____   _____

_____   _____   _____

2. 아래 글을 읽고 알맞은 식을 세워 답을 구해 보세요.

❶ 헬싱키에서 투르쿠까지의 거리는 160km예요. 그중 $\frac{3}{8}$을 갔어요. 지금까지 운전한 거리는 몇 km일까요?

식 : _____

_____

정답 : _____

❷ 320km를 운전해야 해요. 그중 $\frac{3}{4}$을 갔어요. 남은 거리는 몇 km일까요?

식 : _____

_____

정답 : _____

비밀의 수를 찾아라!

인원 : 2명   준비물 : 계산기 2개, 129쪽 활동지

- 왼쪽 결괏값은 비밀의 수를 2번 곱한 값이에요. 3×3은 9에요. 9의 비밀의 수는 3이에요.
- 결괏값을 보고 비밀의 수를 알아맞혀 보세요. 계산기를 이용하여 찾아보세요.

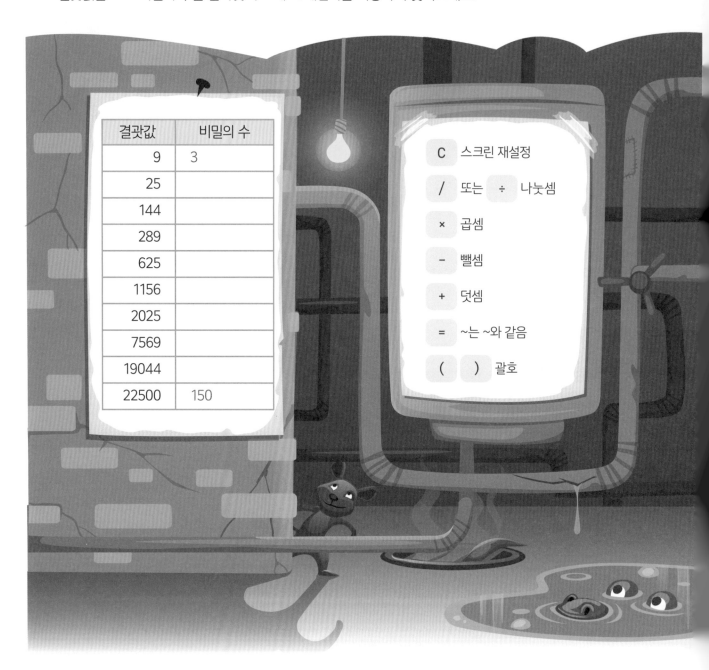

결괏값	비밀의 수
9	3
25	
144	
289	
625	
1156	
2025	
7569	
19044	
22500	150

C	스크린 재설정
/ 또는 ÷	나눗셈
×	곱셈
−	뺄셈
+	덧셈
=	~는 ~와 같음
( )	괄호

놀이 방법

1. 한 명은 교재를, 다른 한 명은 활동지를 이용하세요.

2. 상대와 동시에 놀이를 시작하세요. 계산기를 이용하여 비밀의 수를 찾아서 표에 기록하세요.

3. 모든 비밀의 수를 먼저 찾는 사람이 놀이에서 이겨요.

미스터리 수를 찾아라!

인원 : 2명   준비물 : 계산기 2개

- 네모 안의 결괏값은 미스터리 수를 3번 곱한 값이에요. 5×5×5=125예요. 125의 미스터리 수는 5예요.
- 결괏값을 보고 미스터리 수를 알아맞혀 보세요. 계산기를 이용하여 찾아보세요.

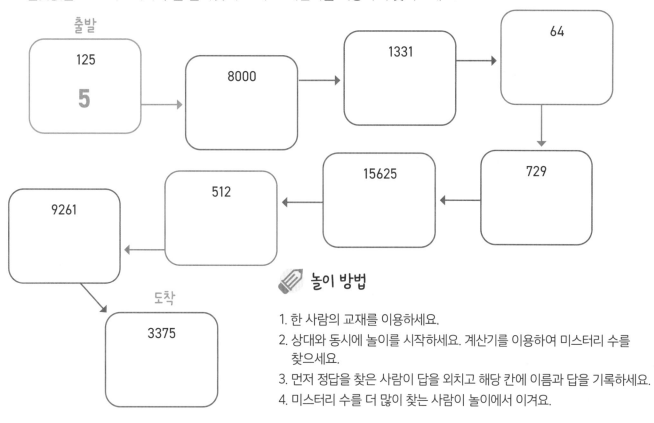

출발

125
5

8000

1331

64

729

15625

512

9261

도착

3375

🖊 놀이 방법

1. 한 사람의 교재를 이용하세요.
2. 상대와 동시에 놀이를 시작하세요. 계산기를 이용하여 미스터리 수를 찾으세요.
3. 먼저 정답을 찾은 사람이 답을 외치고 해당 칸에 이름과 답을 기록하세요.
4. 미스터리 수를 더 많이 찾는 사람이 놀이에서 이겨요.

500 만들기

인원 : 2명   준비물 : 계산기 2개

참가자	점수		

놀이 방법

1. 한 사람의 교재를 이용하세요.
2. 먼저 계산기에 5를 입력하고 차례를 정해 10~99에 이르는 두 자리 수를 더하세요.
3. 자신의 차례에 총합이 500이 되거나, 또는 상대의 차례에 총합이 500을 넘게 만들면 점수를 얻어요.
4. 얻은 점수는 표에 X로 표시하세요.
5. 3점을 먼저 얻은 사람이 놀이에서 이겨요.

놀이 수학

통분과 약분 놀이

★130쪽 활동지로 한 번 더 놀이해요!

인원 : 2명   준비물 : 놀이 말, 주사위 1개

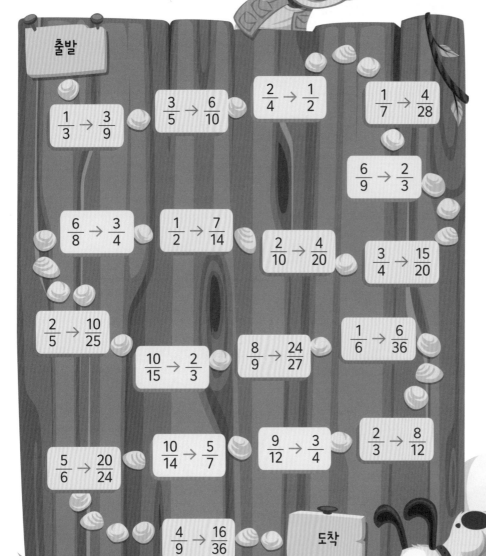

참가자 1	참가자2
10	10

출발

$\frac{1}{3} \rightarrow \frac{3}{9}$

$\frac{3}{5} \rightarrow \frac{6}{10}$

$\frac{2}{4} \rightarrow \frac{1}{2}$

$\frac{1}{7} \rightarrow \frac{4}{28}$

$\frac{6}{9} \rightarrow \frac{2}{3}$

$\frac{6}{8} \rightarrow \frac{3}{4}$

$\frac{1}{2} \rightarrow \frac{7}{14}$

$\frac{2}{10} \rightarrow \frac{4}{20}$

$\frac{3}{4} \rightarrow \frac{15}{20}$

$\frac{2}{5} \rightarrow \frac{10}{25}$

$\frac{10}{15} \rightarrow \frac{2}{3}$

$\frac{8}{9} \rightarrow \frac{24}{27}$

$\frac{1}{6} \rightarrow \frac{6}{36}$

$\frac{5}{6} \rightarrow \frac{20}{24}$

$\frac{10}{14} \rightarrow \frac{5}{7}$

$\frac{9}{12} \rightarrow \frac{3}{4}$

$\frac{2}{3} \rightarrow \frac{8}{12}$

$\frac{4}{9} \rightarrow \frac{16}{36}$

도착

🖊 놀이 방법

1. 한 사람의 교재를 놀이판으로 이용하세요.

2. 두 사람 모두 10점을 가지고 놀이를 시작해요.

3. 순서를 정해 주사위를 굴리세요. 나온 주사위 눈만큼 놀이 말을 움직이세요.

4. 빨간색 사각형에 도착하면 어떤 수를 곱해 통분하였는지 알아맞혀 보세요. 그 수만큼 점수를 얻어요. 파란

색 사각형에 도착하면 어떤 수로 나누어 약분하였는지 알아맞혀 보세요. 그 수만큼 점수를 잃어요.

5. 오른쪽 표에 각자의 점수를 기록하세요.

6. 도착점에 도착하는 사람이 있을 때까지 놀이를 계속해요. 놀이가 끝날 때 더 많은 점수를 얻은 사람이 이겨요.

관현악단을 만들어요

인원 : 2명   준비물 : 주사위 1개, 다른 색깔의 색연필 2개

⚀	$\dfrac{1}{5} + \dfrac{3}{5}$	$\dfrac{7}{2} - \dfrac{1}{2}$	$\dfrac{1}{3} + \dfrac{1}{9}$
⚁	$\dfrac{5}{3} - \dfrac{1}{3}$	$\dfrac{5}{8} + \dfrac{1}{4}$	$\dfrac{3}{7} + \dfrac{4}{7}$
⚂	$\dfrac{7}{12} - \dfrac{1}{12}$	$\dfrac{13}{7} - \dfrac{5}{7}$	$\dfrac{7}{8} - \dfrac{1}{2}$
⚃	$\dfrac{1}{5} + \dfrac{7}{15}$	$\dfrac{7}{4} + \dfrac{1}{4}$	$\dfrac{5}{3} + \dfrac{2}{3}$
⚄	$\dfrac{6}{5} + \dfrac{6}{5}$	$\dfrac{7}{3} + \dfrac{5}{3}$	$\dfrac{11}{15} - \dfrac{6}{15}$
⚅	$\dfrac{3}{11} + \dfrac{7}{11}$	$\dfrac{9}{5} - \dfrac{1}{5}$	$\dfrac{11}{3} - \dfrac{1}{3}$

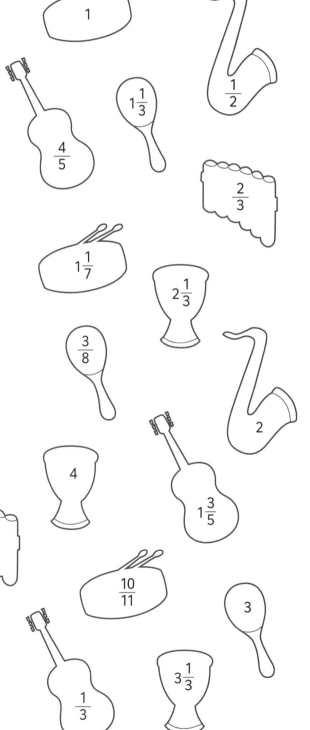

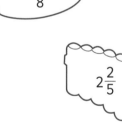

✏️ 놀이 방법

1. 한 사람의 교재를 놀이판으로 이용하세요.

2. 순서를 정해 주사위를 굴리세요. 나온 주사위 눈에 해당하는 계산식 중 1개를 선택하여 V표 하고 계산 값에 해당하는 악기에 색칠하세요.

3. 답이 틀렸거나 해당하는 계산식이 이미 색칠되었다면 순서가 다음 사람에게 넘어가요.

4. 악기 9개를 먼저 색칠하는 사람이 놀이에서 이겨요.

★131쪽 활동지로 한 번 더 놀이해요!

결괏값	비밀의 수
9	3
25	
144	
289	
625	
1156	
2025	
7569	
19044	
22500	150

C	스크린 재설정
/ 또는 ÷	나눗셈
×	곱셈
−	뺄셈
+	덧셈
=	~는 ~와 같음
( )	괄호

출발

$\dfrac{1}{3} \rightarrow \dfrac{3}{9}$

$\dfrac{3}{5} \rightarrow \dfrac{6}{10}$

$\dfrac{2}{4} \rightarrow \dfrac{1}{2}$

$\dfrac{1}{7} \rightarrow \dfrac{4}{28}$

$\dfrac{6}{9} \rightarrow \dfrac{2}{3}$

$\dfrac{6}{8} \rightarrow \dfrac{3}{4}$

$\dfrac{1}{2} \rightarrow \dfrac{7}{14}$

$\dfrac{2}{10} \rightarrow \dfrac{4}{20}$

$\dfrac{3}{4} \rightarrow \dfrac{15}{20}$

$\dfrac{2}{5} \rightarrow \dfrac{10}{25}$

$\dfrac{10}{15} \rightarrow \dfrac{2}{3}$

$\dfrac{8}{9} \rightarrow \dfrac{24}{27}$

$\dfrac{1}{6} \rightarrow \dfrac{6}{36}$

$\dfrac{5}{6} \rightarrow \dfrac{20}{24}$

$\dfrac{10}{14} \rightarrow \dfrac{5}{7}$

$\dfrac{9}{12} \rightarrow \dfrac{3}{4}$

$\dfrac{2}{3} \rightarrow \dfrac{8}{12}$

$\dfrac{4}{9} \rightarrow \dfrac{16}{36}$

도착

참가자 1	참가자2
10	10

⚀	$\dfrac{1}{5} + \dfrac{3}{5}$	$\dfrac{7}{2} - \dfrac{1}{2}$	$\dfrac{1}{3} + \dfrac{1}{9}$
⚁	$\dfrac{5}{3} - \dfrac{1}{3}$	$\dfrac{5}{8} + \dfrac{1}{4}$	$\dfrac{3}{7} + \dfrac{4}{7}$
⚂	$\dfrac{7}{12} - \dfrac{1}{12}$	$\dfrac{13}{7} - \dfrac{5}{7}$	$\dfrac{7}{8} - \dfrac{1}{2}$
⚃	$\dfrac{1}{5} + \dfrac{7}{15}$	$\dfrac{7}{4} + \dfrac{1}{4}$	$\dfrac{5}{3} + \dfrac{2}{3}$
⚄	$\dfrac{6}{5} + \dfrac{6}{5}$	$\dfrac{7}{3} + \dfrac{5}{3}$	$\dfrac{11}{15} - \dfrac{6}{15}$
⚅	$\dfrac{3}{11} + \dfrac{7}{11}$	$\dfrac{9}{5} - \dfrac{1}{5}$	$\dfrac{11}{3} - \dfrac{1}{3}$

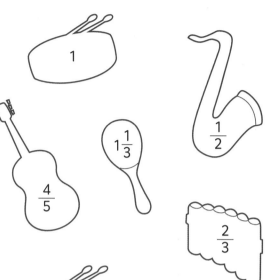

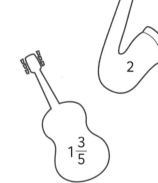

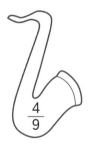

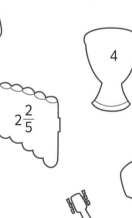

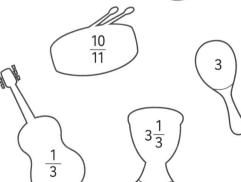

교육 경쟁력 1위 핀란드 초등학교에서 가장 많이 보는
핀란드 수학 교과서 로 집에서도 신나게 공부해요!

핀란드 수학 교과서 시리즈

**...란드 1학년
...학 교과서**

❶ 1부터 10까지의 수 |
수의 크기 비교 | 덧셈과
뺄셈 | 세 수의 덧셈과 뺄셈

❷ 100까지의 수 | 짝수와 홀수 |
시계 보기 | 여러 가지
모양 | 길이 재기

**핀란드 2학년
수학 교과서**

2-1 두 자리 수의 덧셈과
뺄셈 | 곱셈 구구 |
혼합 계산 | 도형

2-2 곱셈과 나눗셈 | 측정 |
시각과 시간 | 세 자리
수의 덧셈과 뺄셈

**핀란드 3학년
수학 교과서**

3-1 세 수의 덧셈과 뺄셈 |
시간 계산 | 받아 올림이
있는 곱셈하기

3-2 나눗셈 | 분수 | 측정(mm,
cm, m, km) | 도형의
둘레와 넓이

**핀란드 4학년
수학 교과서**

4-1 괄호가 있는 혼합
계산 | 곱셈 | 분수와
나눗셈 | 대칭

4-2 분수와 소수의 덧셈과
뺄셈 | 측정 | 음수 |
그래프

**핀란드 5학년
수학 교과서**

5-1 분수의 곱셈 | 분수의
혼합 계산 | 소수의 곱셈 |
각 | 원

5-2 소수의 나눗셈 | 단위 환산 |
백분율 | 평균 | 그래프 |
도형의 닮음 | 비율

**핀란드 6학년
수학 교과서**

6-1 분수와 소수의 나눗셈 |
약수와 공배수 | 넓이와
부피 | 직육면체의 겉넓이

6-2 시간과 날짜 | 평균 속력 |
확률 | 방정식과 부등식 |
도형의 이동, 둘레와 넓이

☑ **스스로 공부하는 학생을 위한 최적의 학습서**
전국수학교사모임

☑ **학생들이 수학에 쏟는 노력과 시간이 높은 수준의 창의적 문제 해결력이라는 성취로 이어지게 하는 교재**
손재호(KAGE영재교육학술원 동탄본원장)

☑ **다양한 수학적 활동을 통하여 수학 개념을 자연스럽게 깨닫게 하고, 논리적 사고를 유도하는 문제들로 가득한 책**
하동우(민족사관고등학교 수학 교사)

☑ **배운 개념이 거미줄처럼 수평으로 확장, 반복되고, 아이들은 넓고 깊게 스며들 듯이 개념을 이해**
정유숙(쑥샘TV 운영자)

☑ **놀이와 탐구를 통해 수학에 대한 흥미를 높이고 문제를 스스로 이해하고 터득하는 데 도움을 주는 교재**
김재련(사월이네 공부방 원장)

1~6학년까지
초등 수학은 핀란드
수학 교과서와 함께!

글

파이비 키빌루오마 | Päivi Kiviluoma
탐페레에서 초등학교 교사로 일하고 있습니다. 학생들마다 문제 해결 도출 방식이 다르므로 수학 교수법에 있어서도 어떻게 접근해야 할지 늘 고민하고 도전합니다.

킴모 뉘리넨 | Kimmo Nyrhinen
두루구에서 수학과 과학을 가르치고 있습니다. 「핀란드 수학 교과서」 외에도 화학, 물리학 교재를 집필했습니다. 낚시와 버섯 채집을 즐겨하며, 체력과 인내심은 자연에서 얻을 수 있는 놀라운 선물이라 생각합니다.

피리타 페랄라 | Pirita Perälä
탐페레에서 초등학교 교사로 일하고 있습니다. 수학을 제일 좋아하지만 정보통신기술을 활용한 수업에도 관심이 많습니다. 「핀란드 수학 교과서」를 집필하면서 다양한 수준의 학생들이 즐겁게 도전하며 배울 수 있는 교재를 만드는 데 중점을 두었습니다.

페카 록카 | Pekka Rokka
교사이자 교장으로 30년 이상 재직하며 1~6학년 모든 과정을 가르쳤습니다. 학생들이 수학 학습에서 영감을 얻고 자신만의 강점을 더 발전시킬 수 있는 교재를 만드는 게 목표입니다.

마리아 살미넨 | Maria Salminen
오울루에서 초등학교 교사로 일하고 있습니다. 체험과 실습을 통한 배움, 협동, 유연한 사고를 중요하게 생각합니다. 수학 교육에 있어서도 이를 적용하여 똑같은 결과를 도출하기 위해 얼마나 다양한 방식으로 접근할 수 있는지 토론하는 것을 좋아합니다.

티모 타피아이넨 | Timo Tapiainen
오울루에 있는 고등학교에서 수학 교사로 있습니다. 다양한 교구를 활용하여 수학을 가르치고, 학습 성취가 뛰어난 학생들에게 적절한 도전 과제를 제공하는 것을 중요하게 생각합니다.

옮김 **박문선**
연세대학교 불어불문학과를 졸업하고 한국외국어대학교 통역번역대학원 영어과를 전공하였습니다. 졸업 후 부동산 투자 회사 세빌스코리아(Savills Korea)에서 5년간 에디터로 근무하면서 다양한 프로젝트 통번역과 사내 영어 교육을 담당했습니다. 현재 프리랜서로 번역 활동 중입니다.

감수 **이경희**
서울교육대학교와 동 대학원에서 초등교육방법을 전공했으며, 2009 개정 교육과정에 따른 초등학교 수학 교과서 집필진으로 활동했습니다. ICME12(세계 수학교육자대회)에서 한국 수학 교과서 발표, 2012년 경기도 연구년 교사로 덴마크에서 덴마크 수학을 공부했습니다. 현재 학교를 은퇴하고 외국인들에게 한국어를 가르쳐 주며 봉사활동을 하고 있습니다. 집필한 책으로는 『외우지 않고 구구단이 술술술』『예비 초등학생을 위한 든든한 수학 짝꿍』『한 권으로 끝내는 초등 수학사전』 등이 있습니다.

핀란드수학교육연구회
학생들이 수학을 사랑할 수 있도록 그 방법을 고민하며 찾아가는 선생님들이 모였습니다. 강주연(위성초), 김영훈(위성초), 김태영(서하초), 김현지(서상초), 박성수(위성초), 심지원(위성초), 이은철(위성초), 장세정(서상초), 정원상(함양초) 선생님이 참여하였습니다.

핀란드
5학년
수학 교과서

______ 초등학교 ____ 학년 ____ 반

이름 ______

Star Maths 5A : ISBN 978-951-1-32193-4

©2018 Päivi Kiviluoma, Kimmo Nyrhinen, Pirita Perälä, Pekka Rokka, Maria Salminen, Timo Tapiainen, Katarina Asikainen, Päivi Vehmas and Otava Publishing Company Ltd., Helsinki, Finland

Korean Translation Copyright ©2022 Mind Bridge Publishing Company

QR코드를 스캔하면 놀이 수학
동영상을 보실 수 있습니다.

핀란드 5학년 수학 교과서 5-1 2권

초판 2쇄 발행 2024년 1월 20일

지은이 파이비 키빌루오마, 킴모 뉘리넨, 피리타 페랄라, 페카 록카, 마리아 살미넨, 티모 타피아이넨
그린이 미리야미 만니넨 **옮긴이** 박문선 **감수** 이경희, 핀란드수학교육연구회
펴낸이 정혜숙 **펴낸곳** 마음이음

책임편집 이금정 **디자인** 디자인서가
등록 2016년 4월 5일(제2018-000037호)
주소 03925 서울시 마포구 월드컵북로 402, 9층 917A호(상암동, KGIT센터)
전화 070-7570-8869 **팩스** 0505-333-8869
전자우편 ieum2016@hanmail.net
블로그 https://blog.naver.com/ieum2018

ISBN 979-11-92183-15-2 64410
      979-11-92183-12-1 (세트)

이 책의 내용은 저작권법의 보호를 받는 저작물이므로 무단전재와 복제를 금합니다.
책값은 뒤표지에 있습니다.

어린이제품안전특별법에 의한 제품표시
제조자명 마음이음 **제조국명** 대한민국 **사용연령** 11세 이상 어린이 제품
KC마크는 이 제품이 공통안전기준에 적합하였음을 의미합니다.

핀란드 5학년 수학 교과서

5-1 2권

글 파이비 키빌루오마, 킴모 뉘리넨, 피리타 페랄라,
페카 록카, 마리아 살미넨, 티모 타피아이넨

그림 미리야미 만니넨

옮김 박문선

감수 이경희(전 수학 교과서 집필진), 핀란드수학교육연구회

마음이음

아이들이 수학을 공부해야 하는 이유는 수학 지식을 위한 단순 암기도 아니며, 많은 문제를 빠르게 푸는 것도 아닙니다. 시행착오를 통해 정답을 유추해 가면서 스스로 사고하는 힘을 키우기 위함입니다.

핀란드의 수학 교육은 다양한 수학적 활동을 통하여 수학 개념을 자연스럽게 깨닫게 하고, 논리적 사고를 유도하는 문제들로 학생들이 수학에 흥미를 갖도록 하는 데 성공했습니다. 이러한 자기 주도적인 수학 교과서가 우리나라에 번역되어 출판하게 된 것을 두 팔 벌려 환영하며, 학생들이 수학을 즐겁게 공부하게 될 것이라 생각하여 감히 추천하는 바입니다.

하동우(민족사관고등학교 수학 교사)

수학은 언어, 그림, 색깔, 그래프, 방정식 등으로 다양하게 표현하는 의사소통의 한 형태입니다. 이들 사이의 관계를 파악하면서 수학적 사고력도 높아지는데, 안타깝게도 우리나라 교육 환경에서는 수학이 의사소통임을 인지하기 어렵습니다. 수학 교육 과정이 수직적으로 배열되어 있기 때문입니다. 그런데 『핀란드 수학 교과서』는 배운 개념이 거미줄처럼 수평으로 확장, 반복되고, 아이들은 넓고 깊게 스며들 듯이 개념을 이해할 수 있습니다.

정유숙(쑥샘TV 운영자)

『핀란드 수학 교과서』를 보는 순간 다양한 문제들을 보고 놀랐습니다. 다양한 형태의 문제를 풀면서 생각의 폭을 넓히고, 생각의 힘을 기르고, 수학 실력을 보다 안정적으로 만들 수 있습니다. 또한 놀이와 탐구로 학습하면서 수학에 대한 흥미가 높아져 문제를 스스로 이해하고 터득하는 데 도움이 됩니다.

숫자가 바탕이 되는 수학은 세계적인 유일한 공통 과목입니다. 21세기를 이끌어 갈 아이들에게 4차산업혁명을 넘어 인공지능 시대에 맞는 창의적인 사고를 길러 주는 바람직한 수학 교육이 이 책을 통해 이루어지길 바랍니다.

김재련(사월이네 공부방 원장)

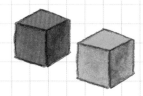

「핀란드 수학 교과서(Star Maths)」 시리즈를 펴낸 오타바(Otava) 출판사는 교재 전문 출판사로 120년이 넘는 역사를 지닌 명실상부한 핀란드의 대표 출판사입니다. 특히 「Star Maths」 시리즈는 핀란드 학교 현장의 수학 전문가들이 최신 핀란드 국립교육과정을 반영하여 함께 개발한 핀란드의 대표 수학 교과서입니다.

수 개념과 십진법을 이해하기 위한 탄탄한 기반을 제공하여 연산 능력을 키우고, 기본, 응용, 심화 문제 등 학생 개개인의 학습 차이를 다각도에서 고려하여 다양한 평가 문제를 실었습니다. 또한 친구 또는 부모님과 함께 놀이를 통해 문제 해결을 하며 수학적 즐거움을 발견하여 수학에 대한 긍정적인 태도를 갖도록 합니다.

한국의 학생들이 이 책과 함께 즐거운 수학 세계로 여행을 떠나길 바랍니다.

파이비 키빌루오마, 킴모 뉘리넨, 피리타 페랄라, 페카 록카,
마리아 살미넨, 티모 타피아이넨(STAR MATHS 공동 저자)

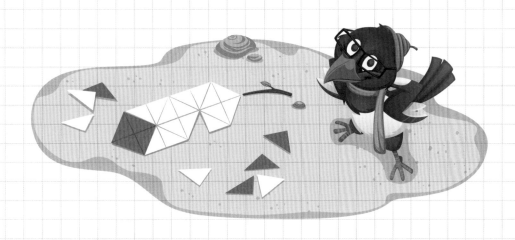

1 소수

일의 자리, 소수 첫째 자리, 소수 둘째 자리, 소수 셋째 자리는 자릿수를 나타내요.

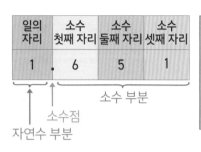

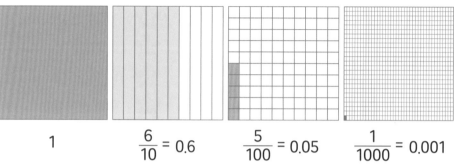

1 $\frac{6}{10} = 0.6$ $\frac{5}{100} = 0.05$ $\frac{1}{1000} = 0.001$

저울을 보니 무게가 1.2kg, 즉 1kg 200g이에요. 정확도를 위해 100g, 즉 1kg의 $\frac{1}{10}$ 단위까지 측정했어요.

저울을 보니 무게가 1.24kg, 즉 1kg 240g이에요. 정확도를 위해 10g, 즉 1kg의 $\frac{1}{100}$ 단위까지 측정했어요.

저울을 보니 무게가 1.247kg, 즉 1kg 247g이에요. 정확도를 위해 1g, 즉 1kg의 $\frac{1}{1000}$ 단위까지 측정했어요.

소수의 크기 비교
- 먼저 자연수의 크기를 비교해요.
- 자연수의 크기가 같다면 소수 첫째 자리의 크기를 비교해요.
- 소수 첫째 자리의 크기가 같다면 소수 둘째 자리의 크기를 비교해요.
- 소수 둘째 자리의 크기가 같다면 소수 셋째 자리의 크기를 비교해요.
- 소수 끝에 있는 0은 수의 크기에 아무 영향을 주지 않아요.

$203.8 < 213.2$
$177.51 > 177.32$
$511.33 < 511.36$
$160.229 > 160.227$
$464.5 = 464.50$

1. 소수를 써 보세요.

❶ 자연수 3과 소수 자리 1000분의 125   _____

❷ 자연수 1013과 소수 자리 10분의 5   _____

❸ 자연수 130과 소수 자리 100분의 25   _____

❹ 자연수 30과 소수 자리 1000분의 5   _____

2. 소수 85.213을 보고 질문에 답해 보세요.

❶ 십의 자리 숫자는?   _____   ❷ 소수 첫째 자리 숫자는?   _____

❸ 소수 둘째 자리 숫자는?   _____   ❹ 소수 셋째 자리 숫자는?   _____

3. 과일의 무게가 어느 단위까지 표시되어 있는지 V표 해 보세요.

1.03 kg

➊ 소수 첫째 자리 ☐
　 소수 둘째 자리 ☐
　 소수 셋째 자리 ☐

0.755 kg

➋ 소수 첫째 자리 ☐
　 소수 둘째 자리 ☐
　 소수 셋째 자리 ☐

1.2 kg

➌ 소수 첫째 자리 ☐
　 소수 둘째 자리 ☐
　 소수 셋째 자리 ☐

4. >, =, < 중 알맞은 부호를 빈칸에 써넣어 보세요.

105.5 ☐ 150.5	55.72 ☐ 55.70	20 ☐ 19.999
45.7 ☐ 47.4	808.69 ☐ 808.70	4.011 ☐ 4.101
1217.26 ☐ 1217.62	7.123 ☐ 7.122	275 ☐ 274.5
380.91 ☐ 380.19	1001.402 ☐ 1001.403	99.99 ☐ 99.09

5. F1 자동차의 주행 시간표를 보고 질문에 답해 보세요.

➊ 주행 기록이 가장 빠른 팀은 어느 팀일까요?

_____

➋ 주행 기록이 가장 느린 팀은 어느 팀일까요?

_____

➌ 주행 기록이 0.003초 차이 나는 두 팀은 어느 팀일까요?

_____

➍ 주행 기록이 0.2초 차이 나는 두 팀은 어느 팀일까요?

_____

팀	주행 시간
슈퍼카 팀	58.966초
허리케인 팀	59.745초
번개 팀	58.969초
날쌘돌이 팀	59.545초
스피디 팀	58.931초

더 생각해 보아요! 🔍

수직선에서 7.0과 6.99로부터 같은
거리에 있는 수는 어떤 수일까요?

_____

6. 빈칸에 알맞은 수를 써넣어 보세요.

❶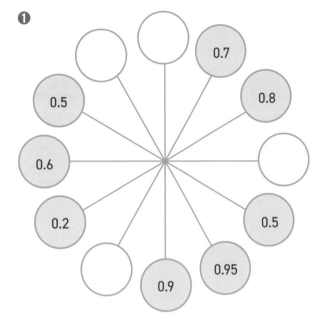

❷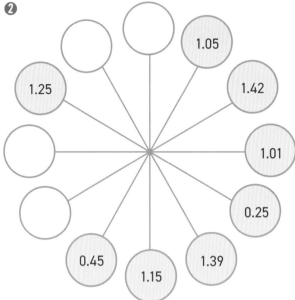

7. 규칙을 찾아 4번째 원을 색칠해 보세요.

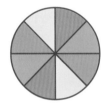 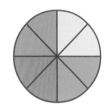 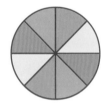 

8. 조건에 맞지 않는 소수를 찾아 X표 해 보세요.

| 35.741 | 37.415 | 57.143 | 7.423 | 2.918 | 14.532 | 1.946 |

- 각 자리의 숫자를 모두 더하면 20이 돼요.
- 소수 첫째 자리의 숫자는 2보다 커요.
- 소수 첫째 자리의 숫자가 일의 자리의 숫자보다 커요.
- 소수 둘째 자리의 숫자는 4예요.
- 소수 셋째 자리의 숫자는 5보다 작아요.

모든 조건을 만족하는 수는 어떤 수일까요? _____

9. 아래 설명을 읽고 보물이 있는 곳까지 길을 찾아 그려 보세요.

- 다이아몬드 6개를 색깔별로 모으세요.
- 같은 색깔의 다이아몬드가 있으면 안 돼요.
- 지나온 길을 또 갈 수 없어요.
- 가로나 세로로만 움직일 수 있어요.

출발

한 번 더 연습해요!

1. 소수 49.681을 보고 질문에 답해 보세요.

❶ 십의 자리 숫자는? _____   ❷ 소수 첫째 자리 숫자는? _____

❸ 소수 둘째 자리 숫자는? _____   ❹ 소수 셋째 자리 숫자는? _____

2. 과일의 무게가 어느 단위까지 표시되어 있는지 V표 해 보세요.

0.833 kg   1.2 kg   1.15 kg

❶ 소수 첫째 자리 ☐   ❷ 소수 첫째 자리 ☐   ❸ 소수 첫째 자리 ☐
　 소수 둘째 자리 ☐   　 소수 둘째 자리 ☐   　 소수 둘째 자리 ☐
　 소수 셋째 자리 ☐   　 소수 셋째 자리 ☐   　 소수 셋째 자리 ☐

2 소수의 덧셈

엠마는 두께가 6.5cm인 책과 4.8cm인 책을 탁자 위에 쌓아 두었어요. 쌓여 있는 책의 총 두께는 몇 cm일까요?

6.5 cm + 4.8 cm
= 6.0 cm + 0.5 cm + 4.0 cm + 0.8 cm
= 10.0 cm + 1.3 cm
= 11.3 cm

정답 : 11.3 cm

- 소수는 위의 단계에 따라 차례로 더하면 좋아요.
- 소수를 자연수와 소수 부분으로 나누어 계산하면 좀더 쉬워요.

알렉에게 12.75유로가 있는데 2.35유로를 더 가지게 되었어요. 알렉이 가진 돈은 모두 얼마일까요?

12.75 € + 2.35 €
= 12.00 € + 0.75 € + 2.00 € + 0.35 €
= 14.00 € + 1.10 €
= 15.10 €

정답 : 15.10 €

1유로는 100센트임을 기억하세요.

1. 자연수와 소수 부분으로 나누어 계산해 보세요.

11.3 + 7.3
= 11.0 + 0.3 + 7.0 + 0.3
= _____
= _____

9.5 + 10.7
= _____
= _____

5.50 + 15.25
= _____
= _____

12.65 + 6.55
= _____
= _____

2. 계산해 보세요.

1.7 + 0.3 = _____
1.7 + 0.4 = _____
1.7 + 0.5 = _____
1.95 + 0.05 = _____
1.95 + 0.10 = _____
1.95 + 0.15 = _____

9.7 + 0.2 = _____
9.7 + 0.3 = _____
9.7 + 0.4 = _____
2.75 + 0.15 = _____
2.75 + 0.25 = _____
2.75 + 0.35 = _____

3. 계산한 후, 정답을 로봇에서 찾아 ○표 해 보세요.

1.4 + 5.2 = _____

12.0 + 4.2 = _____

5.25 + 5.25 = _____

3.00 + 12.25 = _____

5.8 + 2.2 = _____

14.6 + 0.6 = _____

8.65 + 12.35 = _____

12.55 + 0.50 = _____

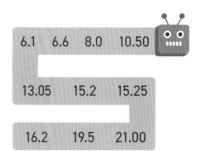

6.1	6.6	8.0	10.50
	13.05	15.2	15.25
	16.2	19.5	21.00

4. 아래 글을 읽고 알맞은 식을 세워 답을 구한 후, 정답을 로봇에서 찾아 ○표 해 보세요.

❶ 엄마는 5.1cm 두께의 책과 3.6cm인 책을 탁자 위에 쌓아 두었어요. 쌓여 있는 책의 총 두께는 몇 cm일까요?

_____

❷ 학교의 노트북은 두께가 2.6cm예요. 똑같은 노트북 2개가 쌓여 있어요. 쌓여 있는 노트북의 총 두께는 몇 cm일까요?

_____

❸ 일로나는 2.50유로짜리 일기 예보 앱과 3.45유로짜리 음악 앱을 내려받았어요. 앱은 모두 얼마일까요?

_____

❹ 에이브는 3.75유로짜리 수학 앱과 2.60유로짜리 계산기 앱을 내려받았어요. 앱은 모두 얼마일까요?

_____

| 5.2 cm | 7.4 cm | 8.7 cm | 4.85 € | 5.95 € | 6.35 € |

5. 계산해 보세요. 책 두께는 5.9cm예요.

❶ 49cm 너비 책장에 책을 최대한 몇 권까지 꽂을 수 있을까요?

_____

❷ 32cm 높이 상자에 책을 최대한 몇 권까지 쌓을 수 있을까요?

_____

🔍 **더 생각해 보아요!**

바둑판을 똑같은 크기와 모양의 두 부분으로 나누어 보세요. 단, 각 부분에 다른 색깔의 원이 3개씩 들어가야 해요.

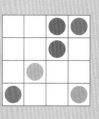

6. 가로줄과 세로줄의 합이 각각 주어진 수가 되도록 아래 표를 완성해 보세요.

❶ 2.0

0.1	1.5	
1.0		0.7

❷ 3.5

	0.5	2.0
	1.5	
1.2		

7. 아래 설명대로 〈보기〉와 같이 색칠해 보세요.

- 빨간색과 파란색을 번갈아 색칠하되, 빨간색부터 먼저 시작하세요.
  주어진 수만큼 사각형을 색칠해 보세요.

<보기>

1, 2

0, 1, 1, 1

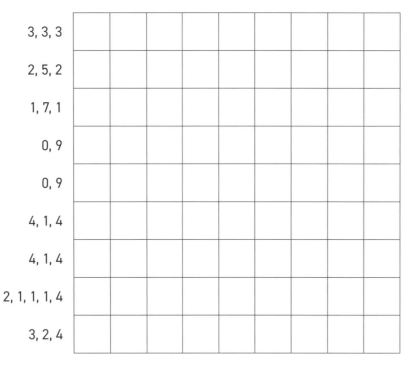

3, 3, 3
2, 5, 2
1, 7, 1
0, 9
0, 9
4, 1, 4
4, 1, 4
2, 1, 1, 1, 4
3, 2, 4

8. 아래 카드를 이용하여 가장 큰 수와 가장 작은 수를 만들어 보세요. 단, 모든 카드를 한 번씩 이용해야 해요.

❶ `4` `2` `0` `5` `.`　　**❷** `7` `5` `3` `7` `.`　　**❸** `5` `0` `0` `5` `.`

가장 큰 수 _____　　_____　　_____

가장 작은 수 _____　　_____　　_____

9. 모든 카드를 한 번씩 이용하여 아래 부등식을 만족하는 수를 만들어 보세요.

`0` `4` `7` `8` `.`

48.07 < _____ < 70.48　　　　7.840 < _____ < 8.074

0.478 < _____ < 0.748　　　　807.4 < _____ < 847.0

한 번 더 연습해요!

1. 계산해 보세요.

2.3 + 2.3 = _____

4.1 + 3.4 = _____

13.0 + 4.7 = _____

11.9 + 0.5 = _____

3.30 + 4.45 = _____

2.15 + 3.15 = _____

3.25 + 15.0 = _____

12.80 + 0.25 = _____

14.8 + 2.2 = _____

5.8 + 13.4 = _____

2. 아래 글을 읽고 알맞은 식을 세워 답을 구해 보세요.

❶ 교장 선생님은 두께가 13.4cm인 서류철과 2.6cm인 종이 뭉치를 책상에 쌓아 두었어요. 총 두께는 얼마일까요?

식 : _____

_____

정답 : _____

❷ 선생님의 한쪽 주머니에 7.80유로가 있고, 다른 주머니에 2.45유로가 있어요. 선생님이 가지고 있는 돈은 모두 얼마일까요?

식 : _____

_____

정답 : _____

3 소수의 뺄셈

알렉의 연필 길이는 14.2cm예요.
연필을 깎아서 길이가 1.5cm만큼 줄었어요.
연필의 길이는 몇 cm일까요?

14.2 cm – 1.5 cm

= 14.2 cm – 1.0 cm – 0.5 cm

= 13.2 cm – 0.2 cm – 0.3 cm

= 13.0 cm – 0.3 cm

= 12.7 cm

정답 : 12.7 cm

엠마는 16.45유로를 가지고 있는데
2.90유로짜리 사탕 1봉지를 샀어요.
이제 엠마에게 남은 돈은 얼마일까요?

16.45 € – 2.90 €

= 16.45 € – 2.00 € – 0.90 €

= 14.45 € – 0.45 € – 0.45 €

= 14.00 € – 0.45 €

= 13.55 €

정답 : 13.55 €

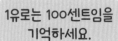

1유로는 100센트임을
기억하세요.

- 소수는 위의 단계에 따라 차례로 빼면 좋아요.
- 소수를 자연수와 소수 부분으로 나누어 계산하면 더 편해요.

1. 소수를 자연수와 소수 부분으로 나누어 계산해 보세요.

15.7 – 2.5

= __15.7 – 2.0 – 0.5__

= _____

14.55 – 3.45

= _____

= _____

28.6 – 3.8

= _____

= _____

26.45 – 4.65

= _____

= _____

2. 계산해 보세요.

2.3 – 0.3 = _____

2.3 – 0.4 = _____

2.3 – 0.5 = _____

4.25 – 0.25 = _____

4.25 – 0.30 = _____

4.25 – 0.35 = _____

5.0 – 0.5 = _____

5.0 – 0.6 = _____

5.0 – 0.7 = _____

6.00 – 0.65 = _____

6.00 – 0.75 = _____

6.00 – 0.85 = _____

3. 계산한 후, 정답을 로봇에서 찾아 ○표 해 보세요.

4.9 – 3.3 = _____

15.0 – 3.2 = _____

6.45 – 2.25 = _____

18.15 – 3.10 = _____

17.4 – 2.4 = _____

19.3 – 4.4 = _____

14.25 – 3.25 = _____

12.35 – 0.65 = _____

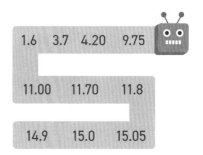

| 1.6 | 3.7 | 4.20 | 9.75 |

| 11.00 | 11.70 | 11.8 |

| 14.9 | 15.0 | 15.05 |

4. 공책에 알맞은 식을 세워 답을 구한 후, 정답을 로봇에서 찾아 ○표 해 보세요.

❶ 운토의 휴대 전화는 너비가 7.1cm이고, 아스타의 휴대 전화는 너비가 5.6cm예요. 운토의 휴대 전화는 아스타의 휴대 전화보다 몇 cm 더 넓을까요?

_____

❷ 바딤의 연필 길이는 13.3cm이고, 페이튼의 연필 길이는 11.7cm예요. 바딤의 연필은 페이튼의 연필보다 몇 cm 더 길까요?

_____

❸ 카일라는 10.85유로를 가지고 있는데, 3.60유로짜리 게임을 스마트폰에 내려받았어요. 이제 카일라에게 남은 돈은 얼마일까요?

_____

❹ 아만다는 5.50유로를 가지고 있는데, 2.75유로짜리 앱을 스마트폰에 내려받았어요. 이제 아만다에게 남은 돈은 얼마일까요?

_____

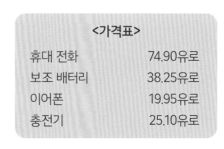

| 1.10 € | 2.75 € | 7.25 € | 1.5 cm | 1.6 cm | 4.9 cm |

5. 계산한 후, 살 수 있는 것에 V표 해 보세요.

올리버에게 90유로가 있어요. 올리버는 아래 물건을 살 만큼 충분한 돈을 가지고 있을까요?

	예	아니오
❶ 휴대 전화와 이어폰	☐	☐
❷ 보조 배터리와 충전기	☐	☐
❸ 보조 배터리와 충전기 2개	☐	☐
❹ 보조 배터리, 이어폰, 충전기	☐	☐

<가격표>

휴대 전화	74.90유로
보조 배터리	38.25유로
이어폰	19.95유로
충전기	25.10유로

더 생각해 보아요!

빈은 14.75유로를 가지고 있고, 베라는 21.45유로를 가지고 있어요. 두 아이가 같은 금액을 가지려면 베라가 빈에게 얼마를 주어야 할까요?

_____

6. 그림을 보고 노버트가 구입한 물건 2가지를 알아맞혀 보세요.

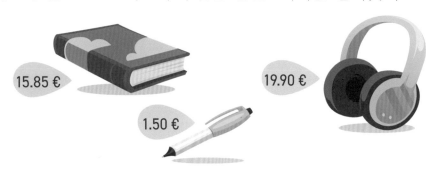

15.85 €

1.50 €

19.90 €

2.40 €

5.25 €

❶ 22.30 € = _____ + _____

구입한 물건 : _____ 과 _____

❷ 21.10 € = _____ + _____

구입한 물건 : _____ 과 _____

❸ 25.15 € = _____ + _____

구입한 물건 : _____ 과 _____

❹ 17.35 € = _____ + _____

구입한 물건 : _____ 과 _____

7. 아래 설명을 읽고 조건을 만족하는 소수를 구해 보세요.

❶ • 세 자리 소수예요.
 • 각 자리의 숫자는 다 달라요.
 • 각 자리 숫자의 합은 7이에요.
 • 각 자리의 숫자는 오른쪽으로 갈수록 점점 작아져요.
 • 이 소수는 10보다 작아요.
 • 이 소수에는 0이 없어요.

_____

❷ • 다섯 자리 소수예요.
 • 각 자리의 숫자는 다 달라요.
 • 각 자리 숫자의 합은 10이에요.
 • 이 소수는 4000보다 커요.
 • 1은 홀수 옆에 위치해요.
 • 바로 옆에 연속된 수가 오지 않아요.

_____

8. 그림이 들어 있는 식을 보고 그림의 값을 구해 보세요.

▲ + ■ = 0.9

● - ★ = 1.95

▲ + ▲ = 1.5

● - 0.4 = 1.8

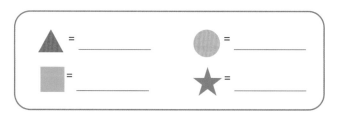

▲ = _____   ● = _____

■ = _____   ★ = _____

9. 아래 설명을 읽고 보물이 있는 곳까지 길을 찾아 그려 보세요.

- 정확히 5점이 되도록 다이아몬드를 모으세요.
- 가로나 세로로만 움직일 수 있어요.
- 지나온 길을 또 갈 수 없어요.

색깔별 다이아몬드의 점수

◆ = 1.0　　◆ = 0.25

◆ = 0.75　◆ = 0.2

◆ = 0.5　　◆ = 0.1

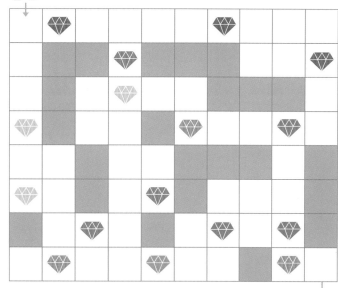

한 번 더 연습해요!

1. 계산해 보세요.

4.7 − 1.6 = _____

8.5 − 2.3 = _____

14.4 − 4.0 = _____

17.0 − 0.3 = _____

5.40 − 2.25 = _____

9.30 − 3.15 = _____

16.65 − 6.00 = _____

13.00 − 0.25 = _____

17.4 − 4.4 = _____

15.5 − 2.7 = _____

2. 아래 글을 읽고 알맞은 식을 세워 답을 구해 보세요.

❶ 베라는 20.2cm 길이의 자를 가지고 있어요. 그런데 자가 부러져 5.4cm만큼 조각이 떨어졌어요. 현재 자의 길이는 몇 cm일까요?

식 : _____

정답 : _____

❷ 칼은 10.50유로를 가지고 있는데 3.65유로짜리 게임을 샀어요. 이제 칼에게 남은 돈은 얼마일까요?

식 : _____

정답 : _____

4 세로셈을 이용한 소수의 덧셈과 뺄셈

소수 91.52는 소수 자리가 두 자리예요.

덧셈

일의 자리	소수 첫째 자리	소수 둘째 자리	십의 자리	일의 자리	소수 첫째 자리	소수 둘째 자리	십의 자리	일의 자리	소수 첫째 자리	소수 둘째 자리

4 . 4 1 + 1 6 . 7 7 + 2 5

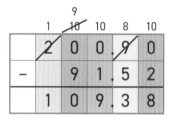

		1		1
		4 .	4	1
	1	6 .	7	7
+	2	5 .	0	0
	4	6 .	1	8

정답 : 46.18

뺄셈

백의 자리	십의 자리	일의 자리	소수 첫째 자리	십의 자리	일의 자리	소수 첫째 자리	소수 둘째 자리

2 0 0 . 9 - 9 1 . 5 2

	1	<s>10</s>	⁹<s>10</s>	10	8	10
	<s>2</s>	0	0 .	<s>9</s>	0	
−		9	1 .	5	2	
	1	0	9 .	3	8	

정답 : 109.38

- 소수점과 자릿수를 잘 맞추어서 칸에 수를 써 보세요.
- 자릿수를 맞추기 위해 자릿수가 맞지 않는 수의 뒤에는 0을 붙여 주세요.
- 자릿수별로 세로로 계산하세요.
- 계산을 마친 후, 소수점을 찍는 것을 잊지 마세요.

1. 세로셈으로 계산한 후, 정답을 로봇에서 찾아 ○표 해 보세요.

162.52 + 36.4

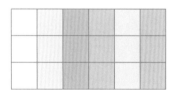

247.24 − 125.03

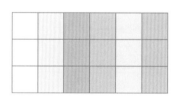

65.42 + 341.77

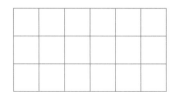

180.41 − 69.62

 110.79   122.21   156.05   198.92   320.41   407.19

2. 아래 글을 읽고 세로셈으로 답을 구한 후, 정답을 로봇에서 찾아 ○표 해 보세요.

❶ 악셀은 259.90유로짜리 스마트폰과 35.95유로짜리 컴퓨터 게임을 구매했어요. 악셀이 산 물건은 모두 얼마일까요?

_____

❷ 컴퓨터의 원래 가격은 1289.85유로인데, 290.50유로를 할인받았어요. 할인받은 컴퓨터 가격은 얼마일까요?

_____

❸ 바딤은 275.45유로짜리 탁자와 27.90유로짜리 탁자 보를 샀어요. 바딤이 산 물건은 모두 얼마일까요?

_____

❹ 줄리는 600유로를 가지고 있는데, 스마트폰을 사는 데 279.55유로를 썼어요. 이제 줄리에게 남은 돈은 얼마일까요?

_____

❺ 아빠는 1249.90유로인 컴퓨터와 109유로인 마우스, 82.95유로인 이어폰을 구매했어요. 아빠가 구매한 물건은 모두 얼마일까요?

_____

❻ 바네사는 스마트폰과 케이스를 사는 데 303.90유로를 썼어요. 케이스가 27.05유로라면 스마트폰의 가격은 얼마일까요?

_____

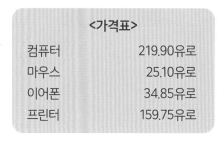

276.85 €   295.85 €   303.35 €   320.45 €

999.35 €   1 244.90 €   1 441.85 €

3. 계산한 후, 살 수 있는 것에 V표 해 보세요.

월트에게 250유로가 있어요. 월트는 아래 물건을 살 만큼 충분한 돈을 가지고 있을까요?

	예	아니오
❶ 컴퓨터와 마우스	☐	☐
❷ 프린터, 마우스, 이어폰	☐	☐
❸ 프린터와 마우스 3개	☐	☐
❹ 컴퓨터와 이어폰	☐	☐

<가격표>

컴퓨터	219.90유로
마우스	25.10유로
이어폰	34.85유로
프린터	159.75유로

더 생각해 보아요!

구슬의 순서가 잘못되었어요. 서로 다른 자리 2곳에서 이웃하는 구슬 2개의 자리가 각각 바뀌었어요. 자리가 바뀐 구슬 4개를 원래 구슬 팔찌에 표시해 보세요.

원래 구슬 팔찌

4. 규칙에 따라 빈칸에 알맞은 수를 써넣어 보세요.

❶

55.30	55.41						56.18

❷

371.95	361.90	351.85					291.55

5. 규칙에 따라 4번째 칸을 색칠해 보세요.

❶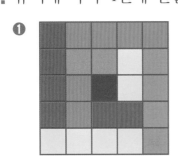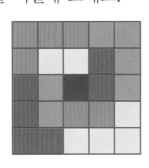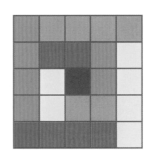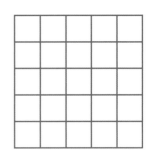

❷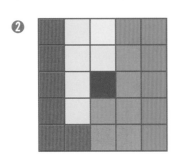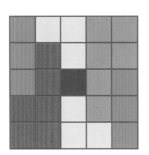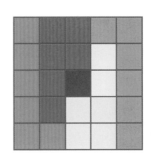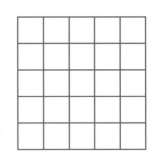

6. 식이 성립하도록 빈칸에 알맞은 수를 써넣어 보세요.

❶
```
    □ . 1   3   □
 +  4 . □   □   3
 ─────────────────
  1 2 . 3   8   7
```

❷
```
          1   1
    2 . □  9   □
 +  □ . 1  □   4
 ─────────────────
    2 . 2  5   1
```

❸
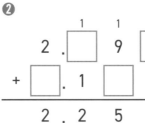
```
        8  10
    □ . 9̸  □   6
 -  1 . 2  4   □
 ─────────────────
    2 . 6  6   3
```

7. 키보드를 보고 암호를 해독해 보세요.

Esc	F1	F2	F3	F4	F5	F6	F7	F8	F9	F10	F11	F12	Prt Sc
§	1	2	3	4	5	6	7	8	9	0	? +	\	←
→|	Q	W	E	R	T	Y	U	I	O	P	A	^	↵
Caps Lock	A	S	D	F	G	H	J	K	L	O	A	*	
Shift	> <	Z	X	C	V	B	N	M	;	:	-	Shift	
Ctrl	Fn	¤	Alt						Alt Gr	Ctrl	◄ ▲ ▼ ►		

<보기>

M	O	D	E	L
E 9	C 10	D 4	C 4	D 10

D 4	C 10			

C 7	C 10	C 8

D 9	E 8	C 10	C 3

D 7	C 10	C 3

C 6	C 10

D 3	C 10	D 10	E 6	C 4

C 6	D 7	C 4

| | | | | ?
|---|---|---|---|
| E 5 | C 10 | D 4 | C 4 |

한 번 더 연습해요!

1. 세로셈으로 계산해 보세요.

207.9 + 46.16

192.66 − 78.19

2. 아래 글을 읽고 세로셈으로 계산하여 답을 구해 보세요.

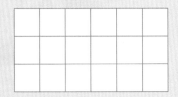 ❶ 앤디는 90.95유로짜리 이어폰과 172.50유로짜리 스마트폰을 샀어요. 앤디가 산 물건은 모두 얼마일까요?

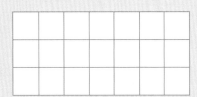 ❷ 컴퓨터의 원래 가격은 1080.75유로인데, 65.90유로를 할인받았어요. 할인받은 컴퓨터의 가격은 얼마일까요?

정답 : _____

정답 : _____

_____ 월 _____ 일 _____ 요일

1. 과일의 무게가 어느 단위까지 표시되어 있는지 V표 해 보세요.

1.1 kg

2.317 kg

1.32 kg

❶ 소수 첫째 자리 ☐

　 소수 둘째 자리 ☐

　 소수 셋째 자리 ☐

❷ 소수 첫째 자리 ☐

　 소수 둘째 자리 ☐

　 소수 셋째 자리 ☐

❸ 소수 첫째 자리 ☐

　 소수 둘째 자리 ☐

　 소수 셋째 자리 ☐

2. 모토크로스 경주(오토바이를 타고 하는 크로스컨트리 경주) 주행 시간표를 보고 질문에 답해 보세요.

❶ 주행 기록이 가장 빠른 팀은 어느 팀일까요?

_____

❷ 주행 기록이 가장 느린 팀은 어느 팀일까요?

_____

❸ 주행 기록이 0.04초 차이 나는 두 팀은 어느 팀일까요?

_____

❹ 주행 기록이 0.006초 차이 나는 두 팀은 어느 팀일까요?

_____

참가 팀	주행 시간
앵그리 버드 팀	29.746초
슈퍼모토 팀	30.504초
불타는 타이어 팀	28.519초
검은 연기 팀	29.712초
스피드 모터 팀	29.706초

3. 계산해 보세요.

3.6 + 0.4 = _____

3.6 + 0.5 = _____

3.6 + 0.6 = _____

3.6 + 0.7 = _____

4.4 − 0.4 = _____

4.4 − 0.5 = _____

12.5 + 1.4 = _____

25.3 + 2.3 = _____

6.6 + 1.6 = _____

4.7 + 2.5 = _____

15.8 − 1.6 = _____

24.5 − 2.5 = _____

여기서 잠깐!

모토크로스 경주에서 주행 시간은 가능한 한 정확하게 측정해야 해요. 그래서 소수 셋째 자리까지 주행 시간을 측정해요.

4. 계산해 보세요.

2.85 + 0.15 = _____   13.35 + 2.30 = _____

2.85 + 0.20 = _____   27.30 − 4.25 = _____

2.85 + 0.25 = _____   16.70 − 4.65 = _____

5. 아래 글을 읽고 알맞은 식을 세워 답을 구한 후, 정답을 로봇에서 찾아 ○표 해 보세요.

❶ 매릴린은 각각 2.55유로짜리 게임 앱 2개를 샀어요. 앱은 모두 얼마일까요?

식 : _____

_____

_____

정답 : _____

❷ 노아는 7.20유로를 가지고 있는데, 6.45유로짜리 앱을 샀어요. 이제 노아에게 남은 돈은 얼마일까요?

식 : _____

_____

_____

정답 : _____

6. 아래 글을 읽고 세로셈으로 계산하여 답을 구한 후, 정답을 로봇에서 찾아 ○표 해 보세요.

❶ 아서는 145.90유로인 스마트폰과 47.55유로인 케이스를 샀어요. 아서가 산 물건은 모두 얼마일까요?

_____

정답 : _____

❷ 재스퍼는 200유로를 가지고 있는데, 119.55유로인 카메라를 샀어요. 이제 재스퍼에게 남은 돈은 얼마일까요?

_____

정답 : _____

0.75 €   3.45 €

5.10 €   80.45 €

155.25 €   193.45 €

 더 생각해 보아요!

문을 한 번씩 통과하도록 길을 찾아 그려 보세요. 단, 같은 문을 한 번 이상 통과할 수 없고, 길이 교차해서는 안 돼요.

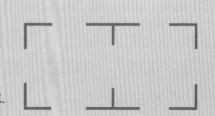

7. 아래 바둑판에서 〈보기〉와 같은 모양을 찾아 X표 해 보세요. 단, 모양을 다른 방향으로 돌릴 수 없어요.

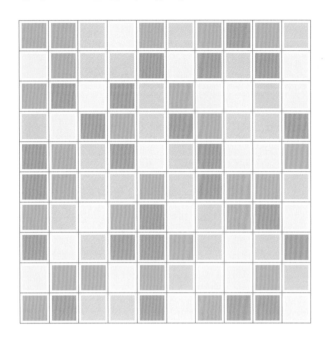

〈보기〉

몇 개를 찾았나요?

_____개

8. 빈칸에 알맞은 수를 써넣어 보세요.

❶

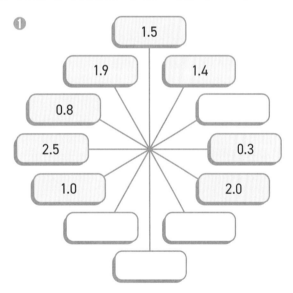

1.5
1.9   1.4
0.8
2.5   0.3
1.0   2.0

❷

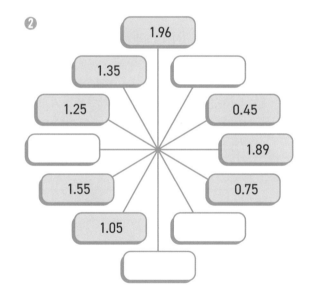

1.96
1.35
1.25   0.45
          1.89
1.55   0.75
1.05

9. >, =, < 중 알맞은 부호를 빈칸에 써넣어 보세요.

190.5 ☐ 180 + 11.5   225.55 ☐ 325.60 - 100.05

433.7 ☐ 403.2 + 30.1   114.40 ☐ 120 - 5.55

515.36 ☐ 505.06 + 10.3   306.45 ☐ 310.50 - 5.05

10. 애니와 밀리가 처음에 가지고 있었던 돈은 얼마일까요? 그림을 그려 답을 구해 보세요.

- 두 사람 다 처음에 같은 금액을 가지고 있었어요.
- 애니는 30유로를 더 얻었고, 밀리는 20유로를 썼어요.
- 애니가 밀리에게 10유로를 주었어요.
- 마지막에는 애니가 밀리보다 2배 많은 돈을 가지게 되었어요.

정답 : _____

애니	밀리

한 번 더 연습해요!

1. 계산해 보세요.

12.4 + 2.2 = _____

25.1 + 3.4 = _____

21.2 + 4.7 = _____

32.6 + 1.3 = _____

14.5 + 0.6 = _____

0.5 + 33.7 = _____

5.8 + 1.3 = _____

2.5 + 2.6 = _____

2. 아래 글을 읽고 알맞은 식을 세워 답을 구해 보세요.

❶ 제이크는 가격이 각각 3.75유로와 2.50유로인 게임 앱을 샀어요. 앱은 모두 얼마일까요?

식 : _____

_____

_____

정답 : _____

❷ 루사는 8.50유로를 가지고 있는데, 2.65유로짜리 이미지 앱을 샀어요. 루사에게 남은 돈은 얼마일까요?

식 : _____

_____

_____

정답 : _____

5 소수의 곱셈 1

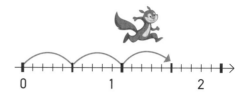

칩이 0.5미터씩 3번 뛰었어요.
칩이 뛴 거리는 모두 몇 m일까요?

나는 이렇게 계산해.

0.5 m + 0.5 m + 0.5 m = 1.5 m

나는 이렇게 계산했어.

0.5 m × 3 = 1.5 m

태블릿에 앱 2개를 내려받았어요. 앱 1개의 가격이
2.60유로라면 앱 2개의 가격은 얼마일까요?

나는 이렇게 계산해.

2.60 € + 2.60 €
= 5.20 €

나는 이렇게 계산했어.

2.60 € × 2
= 5.20 €

1. 값이 같은 것끼리 선으로 이어 보세요.

0.1 + 0.1 + 0.1 + 0.1 •	• 0.3 × 3 •	• 1.2
0.4 + 0.4 + 0.4 •	• 0.1 × 4 •	• 0.9
0.3 + 0.3 + 0.3 •	• 0.4 × 3 •	• 0.4
0.2 + 0.2 + 0.2 + 0.2 •	• 0.6 × 3 •	• 0.8
0.6 + 0.6 + 0.6 •	• 0.2 × 4 •	• 1.8

2. 아래 글을 읽고 알맞은 덧셈식과 곱셈식을 세워 답을 구해 보세요. 수직선을 이용해도 좋아요.

❶ 메리가 0.4m씩 2번 뛰었어요. 메리가 뛴 거리는 모두 몇 m일까요?

_____ + _____ = _____

_____ × _____ = _____

❷ 앤더스는 0.7m씩 3번 뛰었어요. 앤더스가 뛴 거리는 모두 몇 m일까요?

_____ + _____ + _____ = _____

_____ × _____ = _____

3. 아래 글을 읽고 알맞은 덧셈식과 곱셈식을 세워 답을 구해 보세요. 수직선을 이용해도 좋아요.

❶ 테이아는 스마트폰 게임 앱을 2개 샀어요. 앱 1개의 가격이 1.30유로라면 앱 2개의 가격은 얼마일까요?

_____ + _____ = _____

_____ × _____ = _____

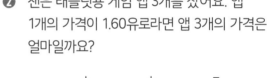

❷ 잰은 태블릿용 게임 앱 3개를 샀어요. 앱 1개의 가격이 1.60유로라면 앱 3개의 가격은 얼마일까요?

_____ + _____ + _____ = _____

_____ × _____ = _____

❸ 어니스트는 스마트폰용 수학 앱 3개를 샀어요. 앱 1개의 가격이 3.15유로라면 앱 3개의 가격은 얼마일까요?

_____ + _____ + _____ = _____

_____ × _____ = _____

더 생각해 보아요!

미니와 알피의 키는 합해서 2.96m이고, 알피는 미니보다 8cm 더 커요. 알피와 미니의 키는 각각 얼마일까요?

미니의 키: _____

알피의 키: _____

4. 빈칸을 완성해 보세요.

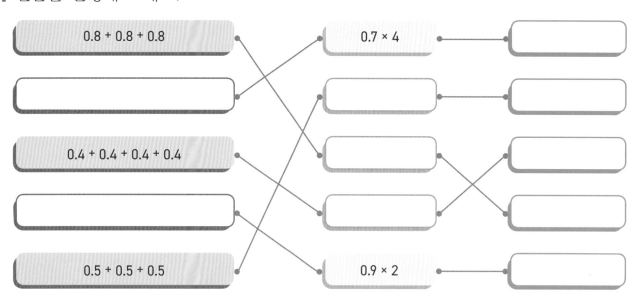

5. 사각형의 꼭짓점에 있는 원 4개의 합이 20이 되고, 두 개의 사각형을 지나는 대각선 위에 있는 원 4개의 합이 20이 되도록 1~4, 6~9까지의 수를 빈칸에 알맞게 써넣어 보세요.

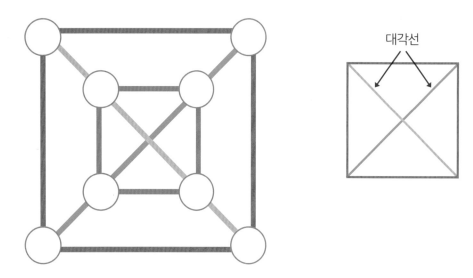

대각선

6. 계주팀에는 마시(M), 이다(I), 케일(K), 버논(V) 이렇게 4명의 주자가 있어요. 남자 선수와 여자 선수가 번갈아 달린다면 4명이 달리는 순서는 모두 몇 가지일까요?

정답 :

* 마시와 이다는 여자이며, 케일과 버논은 남자예요.

7. 아래 글을 읽고 알맞은 덧셈식과 곱셈식을 세워 답을 구해 보세요. 수직선을
이용해도 좋아요.

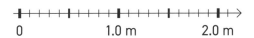

❶ 몰리는 0.4m씩 5번 뛰었어요. 몰리가 뛴 거리는 모두 몇 m일까요?

_____ + _____ + _____ + _____ + _____ = _____

_____ × _____ = _____

❷ 제시는 0.5m씩 4번 뛰었어요. 제시가 뛴 거리는 모두 몇 m일까요?

_____ + _____ + _____ + _____ = _____

_____ × _____ = _____

 한 번 더 연습해요!

1. 아래 글을 읽고 알맞은 덧셈식과 곱셈식을 세워 답을 구해 보세요. 수직선을
이용해도 좋아요.

❶ 마리엘라가 0.8m씩 2번 뛰었어요. 마리엘라가 뛴 거리는 모두 몇 m일까요?

_____ + _____ = _____

_____ × _____ = _____

❷ 호세가 0.3m씩 5번 뛰었어요. 호세가 뛴 거리는 모두 몇 m일까요?

_____ + _____ + _____ + _____ + _____ = _____

_____ × _____ = _____

6 소수의 곱셈 2

> 책 1권의 두께는 2.5cm예요. 같은 두께의 책 3권이 쌓여 있어요. 쌓여 있는 책의 총 두께는 얼마일까요?

2.5 cm × 3

= 2.0 cm × 3 + 0.5 cm × 3

= 6.0 cm + 1.5 cm

= 7.5 cm

정답 : 7.5 cm

> 로렌스는 스마트폰용 게임 앱 3개를 샀어요. 앱 가격이 모두 같고 1개에 1.60유로라면 앱 3개의 가격은 얼마일까요?

1.60 € × 3

= 1.00 € × 3 + 0.60 € × 3

= 3.00 € + 1.80 €

= 4.80 €

정답 : 4.80 €

예

2 × 4 = 8	5 × 5 = 25	0.3 × 3 = 0.9	0.03 × 3 = 0.09
0.2 × 4 = 0.8	0.5 × 5 = 2.5	0.3 × 4 = 1.2	0.03 × 4 = 0.12
0.02 × 4 = 0.08	0.05 × 5 = 0.25	0.3 × 5 = 1.5	0.03 × 5 = 0.15

1. 그림을 보고 알맞은 곱셈식을 세워 총액을 구해 보세요.

1.20€ × 2

= _____

= _____

= _____

_____

= _____

= _____

= _____

_____

= _____

= _____

= _____

_____

= _____

= _____

= _____

2. 계산한 후, 정답을 로봇에서 찾아 ○표 해 보세요.

2.5 × 2 = _____   1.4 × 3 = _____   1.5 × 4 = _____

10.4 × 2 = _____   2.6 × 3 = _____   2.6 × 4 = _____

12.3 × 2 = _____   12.4 × 3 = _____   3.4 × 4 = _____

 4.2   5.0   6.0   7.8   8.2   10.4   11.6   13.6   20.8   24.6   37.2

3. 아래 글을 읽고 공책에 알맞은 식을 세워 답을 구한 후, 정답을 로봇에서 찾아 ○표 해 보세요.

❶ 책 1권의 두께는 3.2cm예요. 같은 두께의 책 4권이 쌓여 있어요. 쌓여 있는 책의 총 두께는 얼마일까요?

❷ 책 1권의 두께는 2.7cm예요. 같은 두께의 책 5권이 쌓여 있어요. 쌓여 있는 책의 총 두께는 얼마일까요?

_____

❸ 테드는 태블릿용 게임 앱 4개를 샀어요. 앱 1개의 가격이 2.20유로라면 앱 4개의 가격은 얼마일까요?

❹ 시드니는 스마트폰용 게임 앱 3개를 샀어요. 앱 1개의 가격이 1.45유로라면 앱 3개의 가격은 얼마일까요?

_____

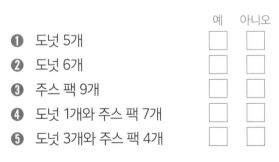 4.35 €   6.35 €   8.80 €   12.8 cm   13.2 cm   13.5 cm

4. 도넛 1개의 가격은 1.90유로이고, 주스 팩 1개의 가격은 1.10유로예요. 10유로로 아래 음식을 살 수 있는지 계산해 보세요.

예   아니오

❶ 도넛 5개 □ □
❷ 도넛 6개 □ □
❸ 주스 팩 9개 □ □
❹ 도넛 1개와 주스 팩 7개 □ □
❺ 도넛 3개와 주스 팩 4개 □ □

더 생각해 보아요!

상자 1개에 메모리 스틱 4개가 있는데, 1개는 파란색이고 3개는 빨간색이에요. 총 20개의 메모리 스틱이 있어요. 파란색 메모리 스틱과 빨간색 메모리 스틱은 각각 몇 개일까요?

파란색 메모리 스틱 _____개, 빨간색 메모리 스틱 _____개

5. 계산한 후, 정답에 해당하는 알파벳을 찾아 빈칸에 써넣어 보세요.

0.4 × 3 = _____ ☐   0.2 × 6 = _____ ☐

0.8 × 2 = _____ ☐   2.3 × 3 = _____ ☐

0.02 × 4 = _____ ☐   0.04 × 2 = _____ ☐

0.2 × 5 = _____ ☐   0.15 × 3 = _____ ☐

0.15 × 3 = _____ ☐   0.5 × 7 = _____ ☐

0.1 × 8 = _____ ☐   0.03 × 5 = _____ ☐

0.5 × 7 = _____ ☐   0.8 × 3 = _____ ☐

0.05 × 9 = _____ ☐

0.08	0.15	0.45	0.8	1.0	1.2	1.6	2.4	2.8	3.5	6.9
T	A	E	L	C	R	O	S	A	F	Y

6. 물건의 가격은 모두 얼마일까요?

❶ 야스민이 초콜릿 바 3개를 샀어요.   _____

❷ 엘리아스가 도넛 5개를 샀어요.   _____

❸ 제이크가 주스 팩 4개를 샀어요.   _____

❹ 리니아가 감자칩 2개를 샀어요.   _____

<가격표>	
초콜릿 바	1.35유로
도넛	2.30유로
주스 팩	0.90 유로
감자칩	3.85유로

7. >, =, < 중 알맞은 부호를 빈칸에 써넣어 보세요.

0.2 × 2 ☐ 0.1 × 3

0.2 × 3 ☐ 0.1 × 6

0.4 × 2 ☐ 0.3 × 3

0.01 × 4 ☐ 0.02 × 2

0.02 × 4 ☐ 0.03 × 3

0.04 × 2 ☐ 0.05 × 5

8. 규칙에 따라 빈칸에 알맞은 수를 써넣어 보세요.

❶

	6
	4
4.5		1.5	1.5
	9

❷

	4.8
7.2		1.2	8	9.6
	2.4

❸

	2.1
1.2	4	0.3		0.3
	1.8

9. 영화표 1장의 가격은 5.80유로이고, 음료수 1개의 가격은 3.50유로예요. 20유로로 살 수 있는지 계산해 보세요.

　　　　　　　　　　　　예　　아니오

❶ 영화표 3장 　　　　　　□　　□
❷ 영화표 4장 　　　　　　□　　□
❸ 영화표 2장과 음료수 1잔 　□　　□
❹ 영화표 3장과 음료수 1잔 　□　　□
❺ 영화표 2장과 음료수 2잔 　□　　□

한 번 더 연습해요!

1. 아래 글을 읽고 알맞은 식을 세워 답을 구해 보세요.

❶ 책 1권의 두께가 4.6cm예요. 같은 두께의 책 3권이 쌓여 있어요. 쌓여 있는 책의 총 두께는 얼마일까요?

식 : _____

_____

_____

정답 : _____

❷ 모리는 태블릿용 게임 앱 2개를 샀어요. 앱 1개의 가격이 1.70유로라면 앱 2개의 가격은 얼마일까요?

식 : _____

_____

_____

정답 : _____

7 세로셈을 이용한 소수의 곱셈

조시는 게임 앱 6개를 샀어요. 앱 1개의 가격이
1.12유로라면 앱 6개의 가격은 얼마일까요?

일의
자리 | 소수 첫째 자리 | 소수 둘째 자리

1 . 1 2 € × 6

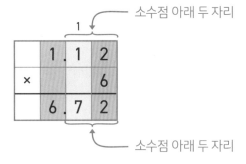

소수점 아래 두 자리

소수점 아래 두 자리

정답 : 6.72유로

● 자릿수별로 곱셈하세요.
● 계산 결과를 곱하는 수의 소수 자리만큼 소수점으로 구분하세요.

1. 세로셈으로 계산한 후, 정답을 로봇에서 찾아 ○표 해 보세요.

2.43 × 2

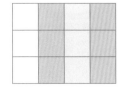

2.03 × 4

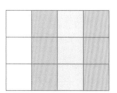

1.80 × 5

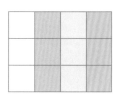

0.38 × 6

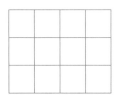

8.29 × 7

6.26 × 9

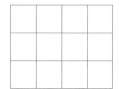

| 2.28 | 4.86 | 8.12 | 8.70 | 9.00 | 54.47 | 56.34 | 58.03 |

2. 세로셈으로 계산하여 답을 구한 후, 정답을 로봇에서 찾아 ○표 해 보세요.
물건값을 더하면 모두 얼마일까요?

 23.45 €

 89.90 €

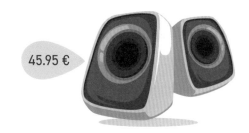 45.95 €

❶ 아드리안은 마우스 2개를 샀어요.

❷ 학교에서 카메라 4대를 구매했어요.

❸ 패니는 헤드폰 3개를 샀어요.

❹ 학교에서 마우스 7개를 구매했어요.

❺ 학교에서 스피커 6개를 구매했어요.

 52.70 €

  46.90 €   76.70 €   120.50 €   164.15 €   210.80 €   269.70 €   275.70 €

3. 100유로로 아래 물건을 살 수 있는지 계산해 보세요.

		예	아니오
❶	태블릿 케이스 3개	☐	☐
❷	프린터 2대	☐	☐
❸	메모리 스틱 9개	☐	☐
❹	태블릿 케이스 2개와 프린터 1대	☐	☐

<가격표>

태블릿 케이스	29.95유로
프린터	59.90유로
메모리 스틱	9.50유로

 더 생각해 보아요!

아래 설명을 읽고 답을 구해 보세요.

• 아이노는 미라의 엄마예요.
• 미라는 에밀리아의 엄마예요.
• 타일러는 케일의 아빠예요.
• 케일은 에밀리아의 오빠예요.

미라는 케일의 _____예요.

아이노는 에밀리아의 _____예요.

4. 색깔 막대 x의 길이를 구해 보세요.

x	x
6.8	

_____

x	x	x
3.9		

_____

x	7.5
11.4	

_____

1.4	1.4	1.4
x		

_____

x	x	x	x
16.8			

_____

x	x	1.4
3.8		

_____

5. 막대 2개의 총 길이가 8.46이에요. 두 막대는 길이가 같아요.

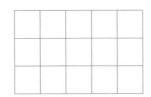

❶ 막대 1개의 길이를 구해 보세요.

_____

❷ 길이가 같은 막대 9개의 총 길이를 세로셈으로
계산해 보세요.

정답 : _____

6. 아래 글을 읽고 아이들이 가진 돈이 얼마인지 계산해 보세요.

❶ 에린과 아이단이 가진 돈을 합하니 10유로예요.
에린이 가진 돈은 아이단이 가진 돈보다 3배 더
많아요.

에린이 가진 돈 : _____

아이단이 가진 돈 : _____

❷ 노버트와 마이클이 가진 돈을 합하니
4.50유로예요. 노버트가 가진 돈은 마이클이
가진 돈보다 2배 더 많아요.

노버트가 가진 돈 : _____

마이클이 가진 돈 : _____

7. 공책에 그림을 그리고 질문에 답해 보세요.

<보기>와 같이 양 울타리를 3곳 만들었어요. 양 울타리는 나란히 위치하고 서로 접해 있어요. 장대 2개 사이의 거리는 1.50m예요.

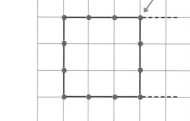

❶ 양 울타리 3곳에 장대가 몇 개 있을까요?

_____

❷ 장대 2개는 나무판자 2개로 연결되어 있어요. 양 울타리 3곳에 나무판자가 모두 몇 m 사용될까요?

_____

8. 공책에 그림을 그리고 질문에 답해 보세요.

기둥 6개가 일렬로 건물 앞에 있어요. 기둥 1개의 두께는 60cm예요. 기둥 2개 사이의 거리가 12m라면 첫 기둥의 바깥쪽 끝부터 마지막 기둥 바깥쪽 끝까지의 거리는 얼마일까요?

60 cm

_____

한 번 더 연습해요!

1. 세로셈으로 계산해 보세요.

3.14 × 3

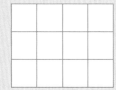

2.54 × 4

5.16 × 5

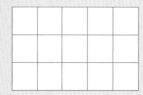

2. 아래 글을 읽고 세로셈으로 계산하여 답을 구해 보세요. 물건의 가격은 37쪽 문제 2번과 같아요.

❶ 학교에서 마우스 6개를 구매했어요. 물건값은 모두 얼마일까요?

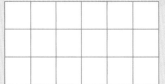

정답 : _____

❷ 학급에서 헤드폰 5개를 구매했어요. 물건값은 모두 얼마일까요?

정답 : _____

8 소수에 10, 100, 1000 곱하기

	천의 자리	백의 자리	십의 자리	일의 자리 .	소수 첫째 자리	소수 둘째 자리	소수 셋째 자리
5 × 1 =				5			
5 × 10 =			5	0			
5 × 100 =		5	0	0			
5 × 1000 =	5	0	0	0			

10, 100, 1000을 곱하는 방법을 기억하나요?

	천의 자리	백의 자리	십의 자리	일의 자리 .	소수 첫째 자리	소수 둘째 자리	소수 셋째 자리
2.75 × 1 =				2	7	5	
2.75 × 10 =			2	7	5		
2.75 × 100 =		2	7	5			
2.75 × 1000 =	2	7	5	0			

	천의 자리	백의 자리	십의 자리	일의 자리 .	소수 첫째 자리	소수 둘째 자리	소수 셋째 자리
0.05 × 1 =				0	0	5	
0.05 × 10 =				0	5		
0.05 × 100 =				5			
0.05 × 1000 =			5	0			

- 어떤 수에 10을 곱하면 그 수는 10배 늘어나요.
- 어떤 수에 100을 곱하면 그 수는 100배 늘어나요.
- 어떤 수에 1000을 곱하면 그 수는 1000배 늘어나요.

1. 계산하여 아래 표의 빈칸을 채워 보세요.

	천의 자리	백의 자리	십의 자리	일의 자리 .	소수 첫째 자리	소수 둘째 자리	소수 셋째 자리
4.635 × 1 =				4.6		3	5
4.635 × 10 =							
4.635 × 100 =							
4.635 × 1000 =							

	천의 자리	백의 자리	십의 자리	일의 자리 .	소수 첫째 자리	소수 둘째 자리	소수 셋째 자리
5.62 × 1 =							
5.62 × 10 =							
5.62 × 100 =							
5.62 × 1000 =							

2. 계산해 보세요.

천의 자리	백의 자리	십의 자리	일의 자리 .	소수 첫째 자리	소수 둘째 자리	소수 셋째 자리

3 × 10 = _____

0.3 × 10 = _____

0.03 × 10 = _____

3 × 100 = _____

0.3 × 100 = _____

0.03 × 100 = _____

3. 계산해 보세요. 표를 이용해도 좋아요.

천의 자리	백의 자리	십의 자리	일의 자리	.	소수 첫째 자리	소수 둘째 자리	소수 셋째 자리

3.72 × 10 = _____

4.07 × 10 = _____

28.1 × 10 = _____

0.035 × 100 = _____

0.489 × 100 = _____

39.8 × 100 = _____

2.653 × 1000 = _____

0.52 × 1000 = _____

7.31 × 1000 = _____

4. 아래 글을 읽고 알맞은 식을 세워 답을 구한 후, 정답을 로봇에서 찾아 ○표 해 보세요.

❶ 태블릿용 사진 앱 1개가 2.78유로예요. 앱 10개의 가격은 얼마일까요?

식 : _____

정답 : _____

❷ 스마트폰용 게임 앱 1개가 3.92유로예요. 앱 10개의 가격은 얼마일까요?

식 : _____

정답 : _____

❸ 컴퓨터용 그림 그리기 앱 1개가 8.99유로예요. 앱 100개의 가격은 얼마일까요?

식 : _____

정답 : _____

❹ 태블릿용 수학 앱 1개가 4.05유로예요. 앱 100개의 가격은 얼마일까요?

식 : _____

정답 : _____

27.80 €　　36.20 €

39.20 €　　405 €

699 €　　899 €

5. 학교에서 아래 물건을 1000유로로 구매할 수 있는지 계산해 보세요.

	예	아니오
❶ 마우스 100개	☐	☐
❷ 펜 1000자루	☐	☐
❸ 계산기 50개	☐	☐
❹ 태블릿 12개	☐	☐

79.00 €

9.95 €

18.90 €

1.05 €

6. 정답을 따라 길을 찾아보세요.

						출발
2.35 × 100	17.8	0.178 × 10	32	0.32 × 10	2.45	24.5 × 10
0.235		1.93		78		245
5.7 × 100	19.3	0.193 × 1000	7.8	0.078 × 100	30	0.3 × 100
57		193		0.56		3
2.5 × 100	5.37	0.537 × 10	1.56	1.56 × 10	750	0.75 × 100
250		53.7		156		7.5
9.35 × 100	935	0.326 × 1000	32.6	9.83 × 10	0.983	0.391 × 100
93.5		326		983		3.91

7. 식이 성립하도록 빈칸에 알맞은 수를 써넣어 보세요.

31.5 × _____ = 315   _____ × 10 = 32.7

2.89 × _____ = 289   _____ × 100 = 29.4

0.75 × _____ = 75   _____ × 1000 = 89

8. >, =, < 중 알맞은 부호를 빈칸에 써넣어 보세요.

2.45 × 10 ☐ 0.245 × 100   0.23 × 10 ☐ 0.23 × 100

7.45 × 100 ☐ 0.745 × 100   0.41 × 100 ☐ 0.041 × 1000

81.45 × 10 ☐ 8.145 × 10   0.06 × 10 ☐ 0.006 × 10

9. 처음 수를 구해 보세요.

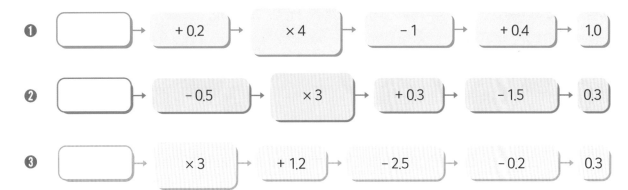

❶ [ ] → [+ 0.2] → [× 4] → [– 1] → [+ 0.4] → [1.0]

❷ [ ] → [– 0.5] → [× 3] → [+ 0.3] → [– 1.5] → [0.3]

❸ [ ] → [× 3] → [+ 1.2] → [– 2.5] → [– 0.2] → [0.3]

10. 선 위에 있는 원 3개의 합이 18이 되도록
1~9까지의 수를 한 번씩만 써서 빈칸에
알맞게 써넣어 보세요. 단, 원 3개를 잇는
선은 일직선이 되어야 해요.

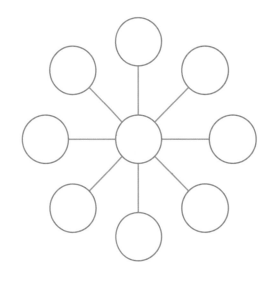

한 번 더 연습해요!

1. 계산해 보세요.

$2.5 \times 10 =$ _____

$0.71 \times 10 =$ _____

$34.9 \times 10 =$ _____

$7.13 \times 100 =$ _____

$6.22 \times 100 =$ _____

$0.02 \times 100 =$ _____

$0.692 \times 1000 =$ _____

$5.291 \times 1000 =$ _____

$2.8 \times 1000 =$ _____

2. 아래 글을 읽고 알맞은 식을 세워 답을
구해 보세요.

❶ 음악 앱 1개의 가격이 3.29유로라면 앱 10개의
가격은 얼마일까요?

식 : _____

정답 : _____

❷ 게임 앱 1개의 가격이 1.89유로라면 앱 100개의
가격은 얼마일까요?

식 : _____

정답 : _____

_____월 _____일 _____요일

1. 그림을 보고 알맞은 곱셈식을 세워 총액을 구해 보세요.

_____

= _____

= _____

= _____

= _____

= _____

= _____

_____

= _____

= _____

= _____

= _____

= _____

= _____

소수 자리를
잘 맞추어서
계산해~!

2. 계산해 보세요.

8 × 2 = _____

0.8 × 2 = _____

0.08 × 2 = _____

1.4 × 2 = _____

1.4 × 3 = _____

1.4 × 4 = _____

4.5 × 2 = _____

5.2 × 3 = _____

12.3 × 3 = _____

3. 세로셈으로 계산한 후, 정답을 로봇에서 찾아 ○표 해 보세요.

3.17 × 2

2.07 × 4

3.92 × 6

| 5.64 | 6.34 | 8.28 | 21.22 | 23.52 |

4. 계산해 보세요.

2.72 × 10 = _____

7.03 × 10 = _____

32.4 × 10 = _____

5.381 × 1000 = _____

0.49 × 1000 = _____

2.40 × 1000 = _____

0.065 × 100 = _____

0.297 × 100 = _____

19.6 × 100 = _____

5. 아래 글을 읽고 세로셈으로 계산하여 답을 구한 후, 정답을 로봇에서 찾아 ○표 해 보세요.

 물건의 가격은 모두 얼마일까요?

❶ 학교에서 프린터 3대를 구매했어요.

❷ 학교에서 카메라 8대를 구매했어요.

❸ 학교에서 메모리 스틱 7개를 구매했어요.

❹ 학교에서 전화기 6대를 구매했어요.

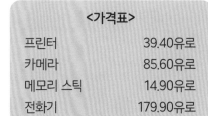

<가격표>

프린터	39.40유로
카메라	85.60유로
메모리 스틱	14.90유로
전화기	179.90유로

| 104.30 € | 118.20 € | 247.30 € | 684.80 € | 1 059.40 € | 1 079.40 € |

더 생각해 보아요!

제나는 말 5마리의 사진을 찍었고 찍은 사진들을 벽에 붙여 놓았어요.
아렌다의 사진이 항상 가운데 있다면 제나가 사진을 붙일 수 있는
순서는 모두 몇 가지일까요?

_____

 치카   엘프리다   아렌다   발레리   지아

6. 정답을 따라 길을 찾아보세요. 길을 찾은 후, 길을 거슬러 알파벳을 읽으면 알렉의 취미가 무엇인지 알 수 있어요.

출발

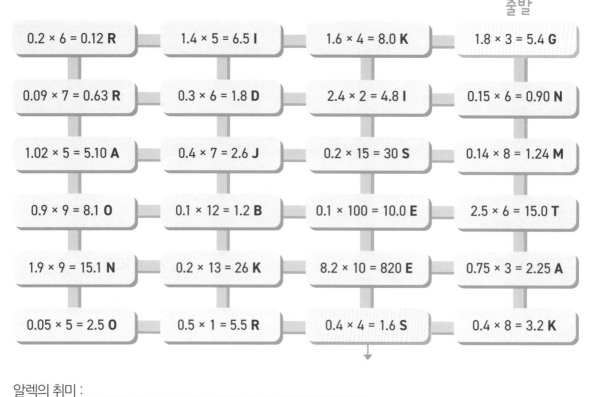

0.2 × 6 = 0.12 R	1.4 × 5 = 6.5 I	1.6 × 4 = 8.0 K	1.8 × 3 = 5.4 G
0.09 × 7 = 0.63 R	0.3 × 6 = 1.8 D	2.4 × 2 = 4.8 I	0.15 × 6 = 0.90 N
1.02 × 5 = 5.10 A	0.4 × 7 = 2.6 J	0.2 × 15 = 30 S	0.14 × 8 = 1.24 M
0.9 × 9 = 8.1 O	0.1 × 12 = 1.2 B	0.1 × 100 = 10.0 E	2.5 × 6 = 15.0 T
1.9 × 9 = 15.1 N	0.2 × 13 = 26 K	8.2 × 10 = 820 E	0.75 × 3 = 2.25 A
0.05 × 5 = 2.5 O	0.5 × 1 = 5.5 R	0.4 × 4 = 1.6 S	0.4 × 8 = 3.2 K

알렉의 취미 : _____

7. 규칙에 따라 빈칸에 알맞은 모양을 그려 보세요.

❶

❷

8. 합이 4.0이 되도록 길을 찾아보세요. 각 사각형에 한 번씩만 갈 수 있어요.

출발

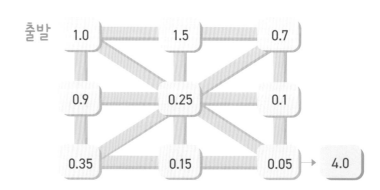

9. 그림이 들어간 식을 보고 그림의 값을 구해 보세요.

3 × 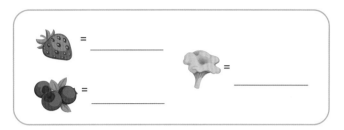 + 0.2 = 7.4

× 2 − = 4.0

− (4 ×) =

= _____

= _____

= _____

10. 계산한 후, 정답에 ○표 해 보세요.

0.99 × 5 | 5.00 4.95 4.99

0.05 × 9 | 0.045 0.54 0.45

9.99 × 9 | 89.91 89.90 89.11

1.5 × 15 | 225.0 22.5 15.5

한 번 더 연습해요!

1. 세로셈으로 계산해 보세요.

2.85 × 4

6.06 × 5

13.9 × 6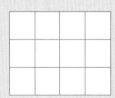

2. 아래 글을 읽고 세로셈으로 계산하여 답을 구해 보세요. 가격은 45쪽 문제 5번과 같아요.

❶ 학교에서 카메라 5대를 구매했어요. 물건값은 모두 얼마일까요?

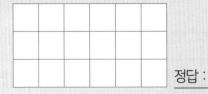

정답 : _____

❷ 학교에서 프린터 8대를 구매했어요. 물건값은 모두 얼마일까요?

정답 : _____

11. 정답을 따라 길을 찾아보세요. 길을 찾은 후, 길을 거슬러 알파벳을 읽으면 다람쥐 칩이 무엇을 외치는지 알 수 있어요.

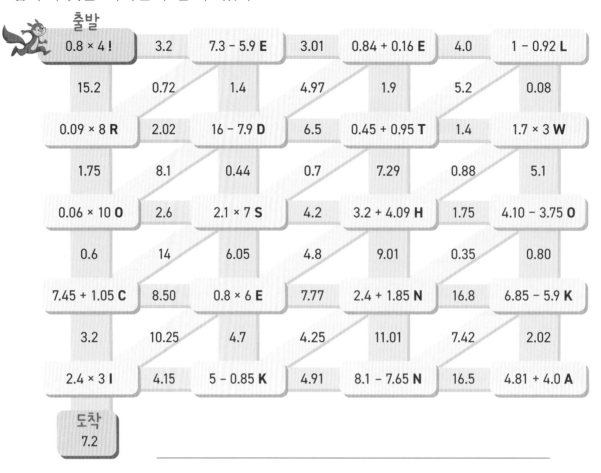

12. 식이 성립하도록 알파벳의 값을 구한 후, 값에 해당하는 알파벳을 표에 써넣어 보세요.

G × 0.2 = 2.0   100 × C = 7   N × 10 = 90

3 × E = 1.5   P × 10 = 2   I × 0.5 = 4.0

100 × H = 40   1000 × I = 130   R × 10 = 7

0.07	0.13	0.2	0.4	0.5	0.7	8	9	10

13. 가로줄과 세로줄의 합이 각각 주어진 소수가 되도록 표를 완성해 보세요.

❶ 1.0

0.2		
	0.6	0.1
	0.3	

❷ 4.80

0.60		
	2.20	0.90
	0.15	

❸ 0.96

0.50		
0.02	0.74	
	0.16	

14. 아래 단서를 읽고 아이들의 취미와 주당 연습 횟수를 알아맞혀 보세요.

릴리   시몬   마커스   미라   매튜

_____ _____ _____ _____ _____
취미

_____ _____ _____ _____ _____
주당 연습 횟수

- 배드민턴을 하는 아이는 1주에 6회 연습해요.
- 구기 종목을 하는 아이들은 시몬 옆에 있어요.
- 핸드볼을 하는 아이 옆에 있는 아이는 1주에 2회 연습해요.
- 마커스 옆에 있는 아이는 레슬링을 해요.
- 시몬은 수영을 1주에 5회 연습해요.
- 조정을 하는 아이와 핸드볼을 하는 아이는 1주에 3회 연습해요.

 한 번 더 연습해요!

1. 계산해 보세요.

1.3 + 3.9 = _____   2.2 × 4 = _____   4.8 × 10 = _____

6.1 – 3.4 = _____   0.7 × 5 = _____   2.7 × 100 = _____

2. 아래 글을 읽고 알맞은 식을 세워 답을 구해 보세요.

❶ 일기 예보 앱 1개의 가격이 2.75유로예요. 일기 예보 앱 10개의 가격은 얼마일까요?

식 : _____

정답 : _____

❷ 음악 앱 1개의 가격이 4.75유로예요. 음악 앱 100개의 가격은 얼마일까요?

식 : _____

정답 : _____

실력을 평가해 봐요!

_____월 _____일 _____요일

1. >, =, < 중 알맞은 부호를 빈칸에 써넣어 보세요.

39.80 ☐ 38.82	46.999 ☐ 47
505.30 ☐ 505.29	6.022 ☐ 6.202
3.117 ☐ 3.116	365.5 ☐ 364 + 1.5
5700.311 ☐ 5700.310	78.99 ☐ 70 + 9.99

2. 계산해 보세요.

7.6 + 1.2 = _____

5.4 + 2.4 = _____

4.5 + 3.5 = _____

3.4 + 3.7 = _____

8.5 − 1.3 = _____

6.6 − 3.3 = _____

12.40 + 3.35 = _____

11.95 + 2.05 = _____

15.50 − 4.25 = _____

13.45 − 2.50 = _____

3. 계산해 보세요.

1.2 × 4 = _____

4.3 × 2 = _____

2.5 × 3 = _____

5.4 × 2 = _____

7.5 × 10 = _____

14.1 × 100 = _____

0.52 × 1000 = _____

1.54 × 100 = _____

5.1 × 3 = _____

2.4 × 4 = _____

1.3 × 5 = _____

2.2 × 6 = _____

4. 세로셈으로 계산해 보세요.

174.6 + 384.55

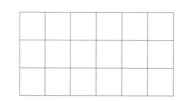

607.33 − 59.05

27.16 × 3

5. 아래 글을 읽고 알맞은 식을 세워 답을 구해 보세요.

❶ 키티는 3.75유로짜리 사진 앱과 1.25유로짜리
계산기 앱을 샀어요. 앱은 모두 얼마일까요?

식 : _____

_____

_____

정답 : _____

❷ 콘스탄틴은 6.40유로를 가지고 있는데, 일기
예보 앱을 사는 데 2.50유로를 썼어요. 이제
콘스탄틴에게 남은 돈은 얼마일까요?

식 : _____

_____

_____

정답 : _____

❸ 선생님은 3.20유로짜리 메모리 스틱을 3개
샀어요. 메모리 스틱은 모두 얼마일까요?

식 : _____

_____

_____

정답 : _____

❹ 선생님은 5.20유로짜리 메모리 카드를 5개
샀어요. 메모리 카드는 모두 얼마일까요?

식 : _____

_____

_____

정답 : _____

❺ 학교에서 태블릿용 게임 앱 10개를 구매했어요.
앱 1개의 가격이 5.75유로라면 앱 10개의 가격은
얼마일까요?

식 : _____

_____

_____

정답 : _____

❻ 학교에서 이어폰 100개를 구매했어요. 이어폰
1개의 가격이 6.55유로라면 이어폰 100개의
가격은 얼마일까요?

식 : _____

_____

_____

정답 : _____

얼마나
잘했나요?

실력이 자란 만큼 별을 색칠하세요.

★★★ 정말 잘했어요.
★★☆ 꽤 잘했어요.
★☆☆ 앞으로 더 노력할게요.

1. 소수 71.682를 보고 질문에 답해 보세요.

❶ 일의 자리 숫자는? _____

❷ 소수 셋째 자리 숫자는? _____

❸ 십의 자리 숫자는? _____

❹ 소수 둘째 자리 숫자는? _____

2. 계산해 보세요.

3.1 + 1.4 = _____

2.5 + 2.2 = _____

6.9 + 1.3 = _____

3.6 + 2.5 = _____

5.5 − 1.3 = _____

7.6 − 2.5 = _____

4.3 − 1.5 = _____

8.5 − 2.6 = _____

3. 계산해 보세요.

5.1 × 10 = _____

16.9 × 10 = _____

0.03 × 10 = _____

7.32 × 100 = _____

4.55 × 100 = _____

16.8 × 100 = _____

4. 계산해 보세요.

1.2 × 4 = _____

2.3 × 3 = _____

5.4 × 2 = _____

2.5 × 4 = _____

3.4 × 3 = _____

2.2 × 5 = _____

2.05 × 4 = _____

3.25 × 3 = _____

6.15 × 2 = _____

5. 아래 글을 읽고 세로셈으로 계산하여 답을 구해 보세요.

❶ 학교에서 전화기 3대를 구매했어요. 전화기 1대의 가격이 217.55유로라면 전화기 3대의 가격은 얼마일까요?

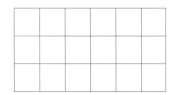

정답 : _____

❷ 머시는 128.50유로를 가지고 있는데, 게임을 사는 데 69.40유로를 썼어요. 이제 머시에게 남은 돈은 얼마일까요?

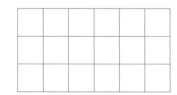

정답 : _____

6. 계산해 보세요.

3.5 + 1.4 = _____　　　7.7 − 0.6 = _____　　　15.9 + 2.5 = _____

22.8 + 0.5 = _____　　　18.1 − 0.6 = _____　　　21.2 − 0.7 = _____

7. 계산해 보세요.

12.3 × 3 = _____

5.5 × 2 = _____

2.4 × 4 = _____

3.6 × 3 = _____

26.71 × 10 = _____　　　　　　2.2 × 6 = _____

3.55 × 100 = _____　　　　　　10.3 × 7 = _____

9.33 × 100 = _____　　　　　　62.1 × 100 = _____

0.82 × 1000 = _____　　　　　　9.55 × 1000 = _____

8. 아래 글을 읽고 알맞은 식을 세워 답을 구해 보세요.

❶ 앨빈은 12.60유로인 지도 앱 1개와 1개에 2.25유로인 게임 앱 2개를 샀어요. 앨빈이 산 앱은 모두 얼마일까요?

식 : _____

_____

정답 : _____

❷ 네아는 20유로를 가지고 있는데, 1개에 5.50유로인 음악 앱 3개를 샀어요. 이제 네아에게 남은 돈은 얼마일까요?

식 : _____

_____

정답 : _____

9. 아빠는 1000유로를 가지고 있는데, 217.55유로인 스마트폰과 555.90유로인 컴퓨터를 샀어요. 이제 아빠에게 남은 돈은 얼마일까요?

정답 : _____

10. 계산해 보세요.

2.6 × 4 = _____

5.7 × 3 = _____

12.25 × 4 = _____

11.15 × 5 = _____

5.5 + 11.79 × 10 = _____

5.615 × 100 + 6.75 = _____

3.87 × 1000 − 10.20 = _____

4.451 × 100 − 9.9 = _____

11. 아래 글을 읽고 알맞은 식을 세워 답을 구해 보세요.

❶ 오스카는 사이클을 15km 타는 것이 목표예요.
그는 먼저 12.48km를 탄 후, 5.35km를 더 탔어요.
오스카는 목표보다 몇 km를 더 탔을까요?

식 : _____

_____

정답 : _____

❷ 사무엘은 사이클을 20km 타는 것이 목표예요.
그는 8.46km를 두 번 탔어요. 사무엘이 목표를
이루려면 몇 km를 더 타야 할까요?

식 : _____

_____

정답 : _____

12. 빈칸에 알맞은 수를 써넣어 보세요.

_____ + 7.7 = 20.0

_____ + 5.5 = 12.2

7.85 + _____ = 10.00

6.75 + _____ = 17.25

13. 처음 수를 구해 보세요.

❶ [ ] → × 3 → + 0.7 → − 0.9 → ÷ 10 → 0.16

❷ [ ] → − 0.6 → + 1.6 → ÷ 2 → × 10 → 12

❸ [ ] → − 0.55 → + 1.5 → ÷ 2 → × 3 → 4.8

★ 소수

- 소수 2.183은 "이 점 일팔삼"이라고
  읽어요. ($2\frac{183}{1000}$ 과 같아요.)

	일의 자리	소수 첫째 자리	소수 둘째 자리	소수 셋째 자리
	2	. 1	8	3

자연수 부분 ─ 소수 부분
소수점

★ 소수의 덧셈과 뺄셈

$5.75 + 13.50$

$= 5.00 + 0.75 + 13.00 + 0.50$

$= 18.00 + 1.25$

$= 19.25$

$19.45 - 6.65$

$= 19.45 - 6.00 - 0.65$

$= 13.45 - 0.45 - 0.20$

$= 13.00 - 0.20$

$= 12.80$

★ 세로셈으로 덧셈과 뺄셈하기

십의 일의 소수 일의 소수 소수
자리 자리 첫째 자리 첫째 둘째
          자리   자리 자리

$2\ 7\ .\ 9\ +\ 4\ .\ 6\ 5$

	1	1			
	2	7	. 9	0	
+			. 4	6	5
	3	2	. 5	5	

백의 십의 일의 십의 일의 소수 소수
자리 자리 자리 자리 자리 첫째 둘째
                        자리 자리

$6\ 3\ 7\ -\ 4\ 2\ .\ 5\ 5$

	5	10	6	10 9	10
	6̸	3	7̸	. 0̸	0
−			4	2 . 5	5
	5	9	4	. 4	5

- 소수점과 자릿값을 맞춰 수를
  써 보세요.

- 비어 있는 자리에는 0을
  붙여서 자릿수를 모두 맞추어
  주세요.

- 계산 후 나온 값에 소수점을
  찍는 것을 잊지 마세요.

★ 소수의 곱셈 이해하기

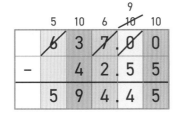

1.30×4

$= 1.00 \times 4 + 0.30 \times 4$

$= 4.00 + 1.20$

$= 5.20$

★ 세로셈으로 소수의 곱셈하기

일의 소수 소수
자리 첫째 둘째
      자리 자리

$2\ .\ 4\ 3\ \times\ 4$

	1	1	
	2	. 4	3
×			4
	9	. 7	2

- 계산 결과를 곱하는 수의 소수 자리만큼 소수점으로
  구분하세요.

★ 소수에 10, 100, 1000 곱하기

- 어떤 수에 10을 곱하면 그 수는 10배 늘어나요.
- 어떤 수에 100을 곱하면 그 수는 100배 늘어나요.
- 어떤 수에 1000을 곱하면 그 수는 1000배
  늘어나요.

	천의 자리	백의 자리	십의 자리	일의 자리	소수 첫째 자리	소수 둘째 자리
3.25 × 1 =				3	2	5
3.25 × 10 =			3	2	5	
3.25 × 100 =		3	2	5		
3.25 × 1000 =	3	2	5	0		

학습 자가 진단

학습 태도

	그렇지 못해요.	때때로 그래요.	자주 그래요.	항상 그래요.
수업 시간에 적극적이에요.	☐	☐	☐	☐
학습에 집중해요.	☐	☐	☐	☐
친구들과 협동해요.	☐	☐	☐	☐
숙제를 잘해요.	☐	☐	☐	☐

학습 목표

학습하면서 만족스러웠던 부분은 무엇인가요?

어떻게 실력을 향상할 수 있었나요?

_____

_____

_____

학습 성과

	아직 익숙하지 않아요.	연습이 더 필요해요.	괜찮아요.	꽤 잘해요.	정말 잘해요.
• 소수의 덧셈과 뺄셈을 이해할 수 있어요.	○	○	○	○	○
• 소수의 덧셈과 뺄셈을 세로셈으로 할 수 있어요.	○	○	○	○	○
• 소수와 자연수의 곱셈을 이해할 수 있어요.	○	○	○	○	○
• 소수의 곱셈을 세로셈으로 할 수 있어요.	○	○	○	○	○

이번 단원에서 가장 쉬웠던 부분은 _____ 예요.

이번 단원에서 가장 어려웠던 부분은 _____ 예요.

여행 계획

부모님과 함께 여행을 계획해 보세요. 어떤 교통수단을 이용할지, 숙소는 어디로 할지, 어떤 활동을 할지 가족 회의를 통해 정해 보세요. 그리고 왕복 여행 경비를 계산해 보세요. 필요한 정보를 인터넷에서 찾아보세요.

- 여행 장소 :
- 인원 :   명
- 교통수단 : 대중교통

- 숙박 :   박
- 예산 범위 : 비싸지 않은 수준

❶ 교통

가는 경로 : _____

_____

_____

1인당 가격 : _____

오는 경로 : _____

_____

1인당 가격 : _____

총 교통비 : _____

❷ 숙박

숙소의 이름과 주소 : _____

_____

1박 가격 : _____

총 숙박비 : _____

❸ 활동

방문 장소 1 : _____

1인당 가격 : _____

방문 장소 2 : _____

1인당 가격 : _____

총 활동비 : _____

총 여행 비용 : _____

9 각의 크기와 종류

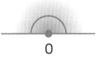

직각 A

- 직각은 90°예요.

평각 O

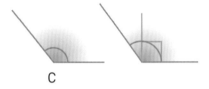

- 평각은 180°예요.

O

예각 B

- 예각은 90°보다
  작은 각이에요.
  B < 90°

B

둔각 C

- 둔각은 90°보다
  큰 각이에요.
  C > 90°

C

- 각은 크기별로 분류해요.
- 각의 크기는 각도로 측정해요. 1도는 1°로 나타내요.
- 각은 꼭짓점을 따라 이름 붙여요.

 예각

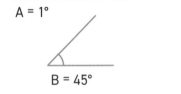

A = 1°

B = 45°

둔각

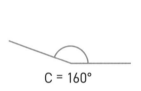

C = 160°　　　D = 100°

1. 같은 것끼리 선으로 이어 보세요.

예각 •		• 120°
직각 •		• 60°
둔각 •		• 90°
평각 •		• 180°

2. 어떤 각이 예각, 직각, 둔각인지 빈칸에 알맞게 써 보세요.

❶ 50° _____

❷ 132° _____

❸ 90° _____

❹ 3° _____

3. 그림에 해당하는 각도를 찾아 빈칸에 써넣어 보세요.

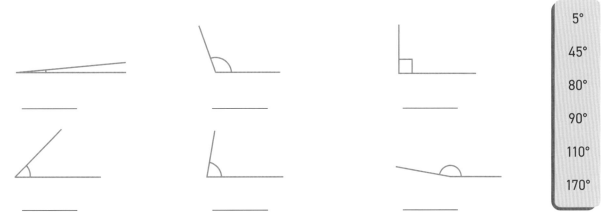

5°
45°
80°
90°
110°
170°

4. 주어진 각도와 합했을 때 90°나 180°를 이루는 각을 찾아 빈칸에 써넣어 보세요.

❶ 90°

❷ 180°

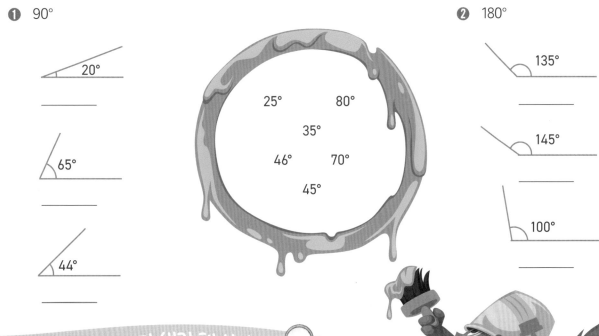

더 생각해 보아요!

일모는 88°인 나무판자를 같은 각으로 자르려고 했는데, 자르고 보니 한쪽의 각도가 6° 더 크게 되었어요. 각이 더 작은 쪽의 각도는 얼마일까요?

_____

5. 아래 도형을 대칭으로 그려 보세요.

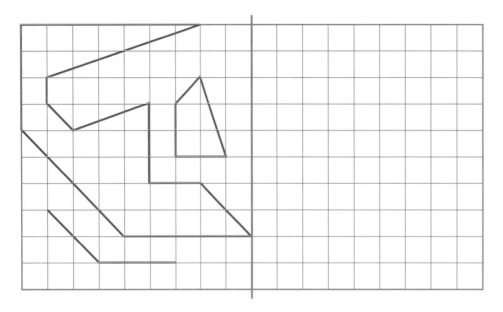

6. 조건을 만족하는 오각형을 그려 보세요.

❶ 직각이 2개이고 둔각이 3개인 오각형

❷ 직각이 3개인 오각형

❸ 둔각이 5개인 오각형

❹ 예각이 4개인 오각형

7. 아래 그림에서 예각, 직각, 둔각은 몇 개일까요?

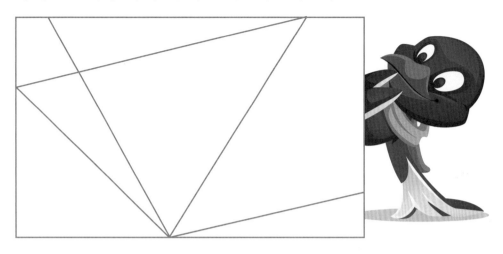

❶ 예각 _____ ❷ 직각 _____ ❸ 둔각 _____

8. 갈퀴의 살 9개는 같은 간격으로 벌어져 있어요. 가장 바깥쪽 살이 이루는 각도는 72°예요. 살 사이사이의 각도는 얼마일까요?

_____

한 번 더 연습해요!

1. 어떤 각이 예각, 직각, 둔각인지 빈칸에 알맞게 써 보세요.

❶ 80° _____   ❷ 165° _____

❸ 90° _____   ❹ 12° _____

2. 각을 그려 보세요.

❶ 예각 A   ❷ 둔각 K   ❸ 직각 N

10 각도 재기 1

각의 크기는 각도기를 이용하여 측정해요.

1. 먼저 측정해야 할 각이 예각(< 90°)인지, 둔각 (> 90°)인지 확인해 보세요.
2. 각도기의 중앙(0)을 각의 꼭짓점에 대고 한 변에 각도기의 0선을 맞추세요.
3. 각의 크기를 읽으세요.

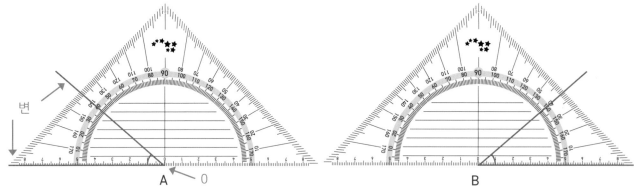

각 A와 B는 예각이고, 둘 다 40°예요.

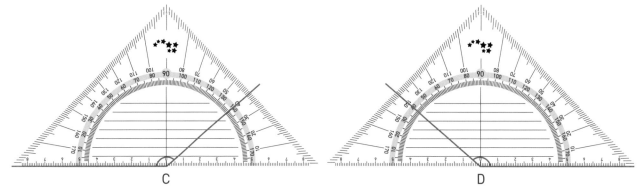

각 C와 D는 둔각이고, 둘 다 140°예요.

1. 각이 예각인지 둔각인지 쓰고, 정답에 ○표 해 보세요.

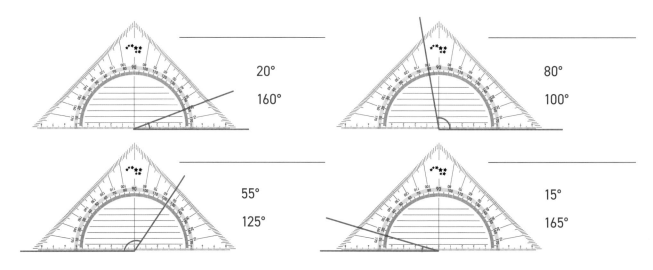

20°
160°

80°
100°

55°
125°

15°
165°

2. 각의 크기를 빈칸에 써넣어 보세요.

A = _____

B = _____

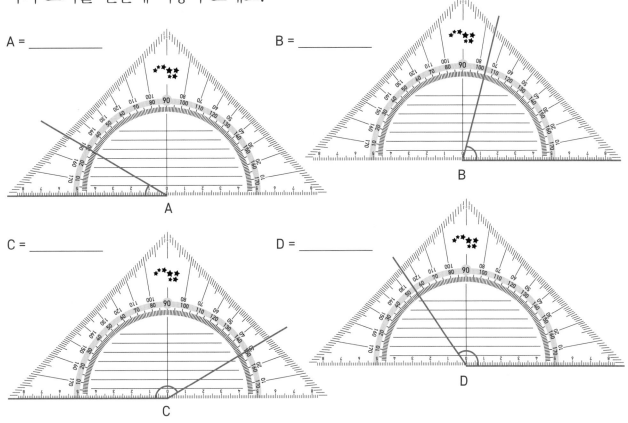

C = _____

D = _____

3. 각도기를 이용하여 각의 크기를 재어 보세요.

A = _____

B = _____

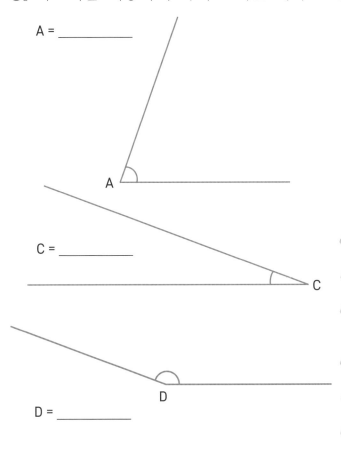

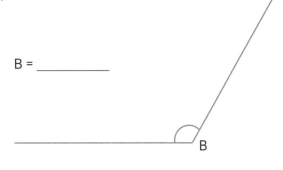

C = _____

D = _____

🔍 **더 생각해 보아요!**

각 A의 크기를 구해 보세요. _____

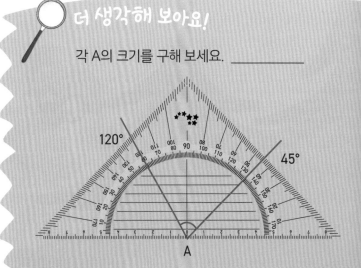

120°   45°

A

4. 각의 크기를 어림한 후, ○표 해 보세요. 각도기로 각을 재어 어림한 각과 비교해
보세요.

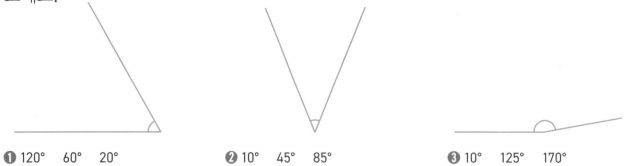

❶ 120°　60°　20°　　　❷ 10°　45°　85°　　　❸ 10°　125°　170°

5. 경로를 따라 빨간색으로 표시하세요. 길 위에 있는 알파벳을 모으면 어떤 단어가
만들어질까요?

경로 : 130°, 40°, 90°, 35°, 145°, 115°

_____

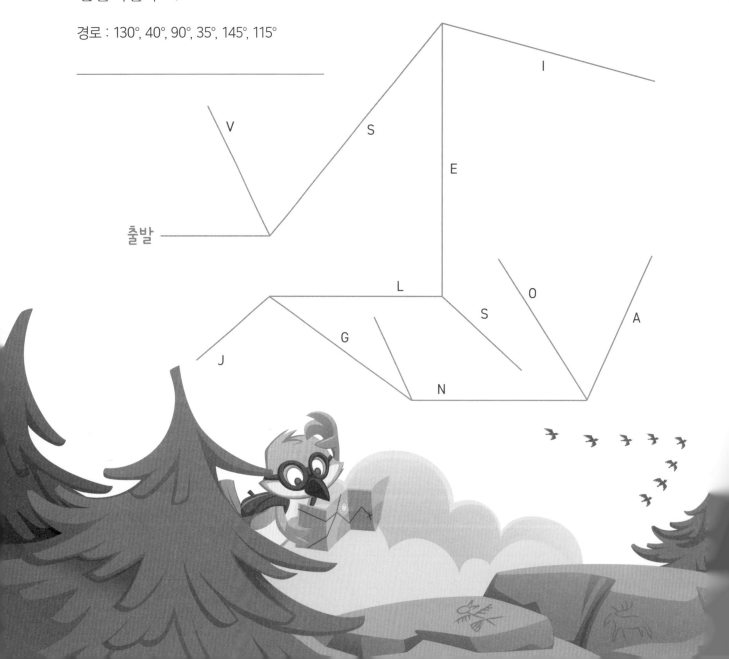

6. 각 x의 크기를 구해 보세요.

❶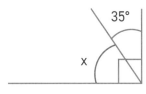

_____

❷

_____

❸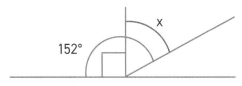

_____

❹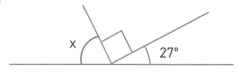

_____

한 번 더 연습해요!

1. 각 O와 Q의 크기를 구해 보세요.

O = _____

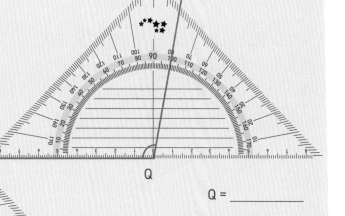

Q = _____

2. 각도기를 이용하여 각 A와 B의 크기를 재어 보세요.

A = _____

B = _____

11 각도 재기 2

각의 크기는 두 가지 방법으로 측정할 수 있어요.

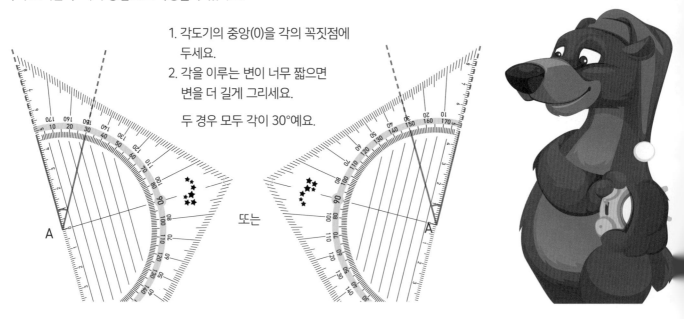

1. 각도기의 중앙(0)을 각의 꼭짓점에 두세요.
2. 각을 이루는 변이 너무 짧으면 변을 더 길게 그리세요.

두 경우 모두 각이 30°예요.

또는

1. 각도기를 이용하여 각을 재어 보세요.

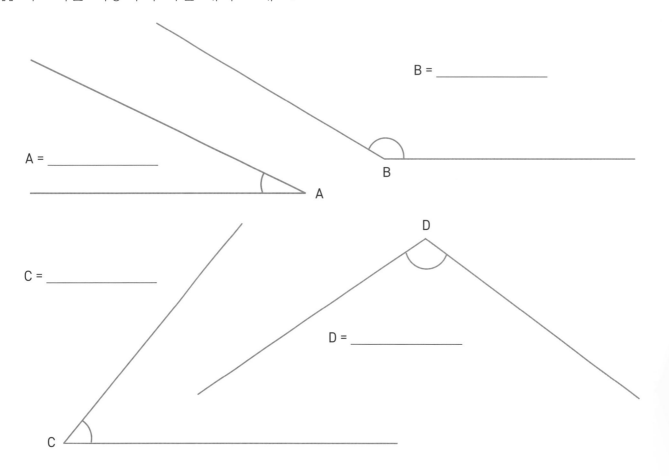

B = _____

A = _____

C = _____

D = _____

2. 각도기를 이용하여 각을
재어 보세요.

A = _____

B = _____

C = _____

D = _____

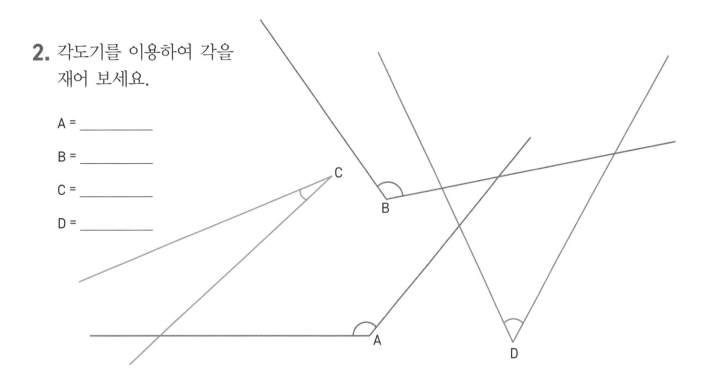

3. 아래 글을 읽고 알맞은 식을 세워 답을 구해 보세요.

❶ 직각을 3부분으로 똑같이 나누었어요. 한 부분의
각은 얼마일까요?

식 : _____

정답 : _____

❷ 평각을 4부분으로 똑같이 나누었어요. 한 부분의
각은 얼마일까요?

식 : _____

정답 : _____

❸ 15°를 직각에 3번 더하면 각은 몇 도가 될까요?

식 : _____

_____

정답 : _____

❹ 25°를 평각에서 2번 뺀 후, 직각을 또 빼면 각은
몇 도가 될까요?

식 : _____

_____

정답 : _____

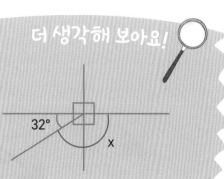

더 생각해 보아요!

각 x의 크기는
얼마일까요?

32°

x

_____

4. 질문에 답해 보세요. 각도기를 이용해도 좋아요.

잉가는 북쪽으로 향해 있어요. 잉가의 관점에서 아래 기준점을 찾아보세요.

❶ 왼쪽으로

60° 지점 _____

90° 지점 _____

45° 지점 _____

160° 지점 _____

❷ 오른쪽으로

70° 지점 _____

30° 지점 _____

120° 지점 _____

170° 지점 _____

5. 아래 집을 보고 질문에 답해 보세요.

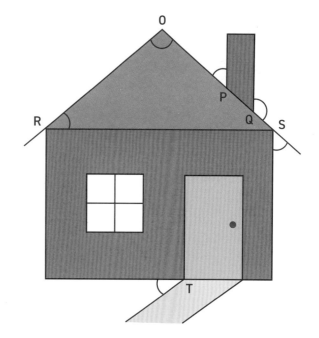

❶ 지붕과 굴뚝이 이루는 예각 　P = ＿＿＿＿＿＿

❷ 지붕과 굴뚝이 이루는 둔각 　Q = ＿＿＿＿＿＿

❸ 길과 집이 이루는 각 　　　　T = ＿＿＿＿＿＿

❹ 세로 벽과 지붕이 이루는 각 　S = ＿＿＿＿＿＿

❺ 가로 벽과 지붕이 이루는 각 　R = ＿＿＿＿＿＿

❻ 지붕끼리 이루는 각 　　　　O = ＿＿＿＿＿＿

6. 원점 (0, 0)에서 주어진 점까지 직선을 그려 보세요. x축과 직선이 이루는 예각의 크기를 구해 보세요.

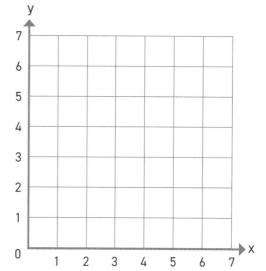

❶ A (1, 6) 　　＿＿＿＿＿＿

❷ B (6, 1) 　　＿＿＿＿＿＿

❸ C (5, 5) 　　＿＿＿＿＿＿

❹ D (2, 4) 　　＿＿＿＿＿＿

❺ E (6, 3) 　　＿＿＿＿＿＿

한 번 더 연습해요!

1. 각도기를 이용하여 각을 재어 보세요.

A = ＿＿＿＿＿＿

B = ＿＿＿＿＿＿

C = ＿＿＿＿＿＿

D = ＿＿＿＿＿＿

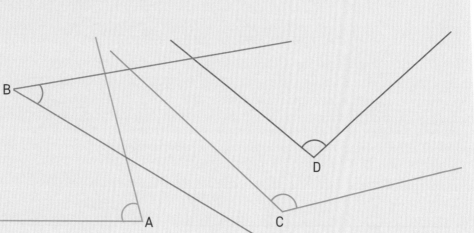

12 각도 그리기

60°인 각 A를 그려 보세요.

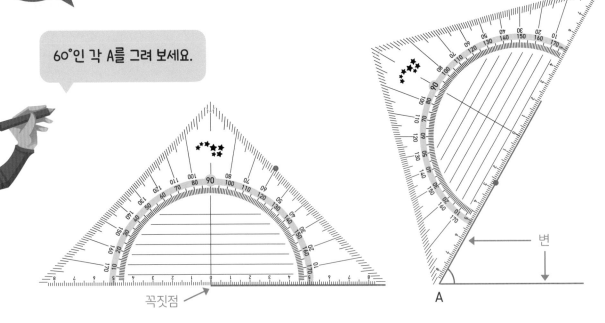

꼭짓점

변

A

1. 먼저 각을 이루는 변 하나를 그리세요. 그리고 각도기의 중앙을 각의 꼭짓점에 두세요.
2. 각도기에서 60°에 해당하는 곳에 작은 점을 찍으세요.
3. 그 점과 꼭짓점을 잇는 변을 그리세요. 이 변은 각을 이루는 다른 변이에요.
4. 각에 호를 그리고 각도를 표시하세요.

1. 40°인 각 A와 75°인 각 B를 그려 보세요.

A

B

2. 110°인 각 A와 155°인 각 B를 그려 보세요.

• •
A B

3. 아래 글을 읽고 알맞은 식을 세워 답을 구한 후, 정답을 로봇에서 찾아 ○표 해 보세요.

❶ 직각을 2부분으로 똑같이 나누었어요. 한 부분의 각은 얼마일까요?

식 : _____

정답 : _____

❷ 직각을 6부분으로 똑같이 나누었어요. 한 부분의 각은 얼마일까요?

식 : _____

정답 : _____

❸ 60°를 직각에 더하면 각은 몇 도가 될까요?

식 : _____

정답 : _____

❹ 평각에서 40°를 뺀 후, 4부분으로 똑같이 나누었어요. 한 부분의 각은 얼마일까요?

식 : _____

_____

정답 : _____

더 생각해 보아요!

평각을 2부분으로 나누었어요. 더 큰 각은 작은 각보다 90° 더 커요. 작은 각은 몇 도일까요?

_____

15°   30°   35°   45°   120°   150°

4. 알맞은 각을 따라 길을 찾아보세요.

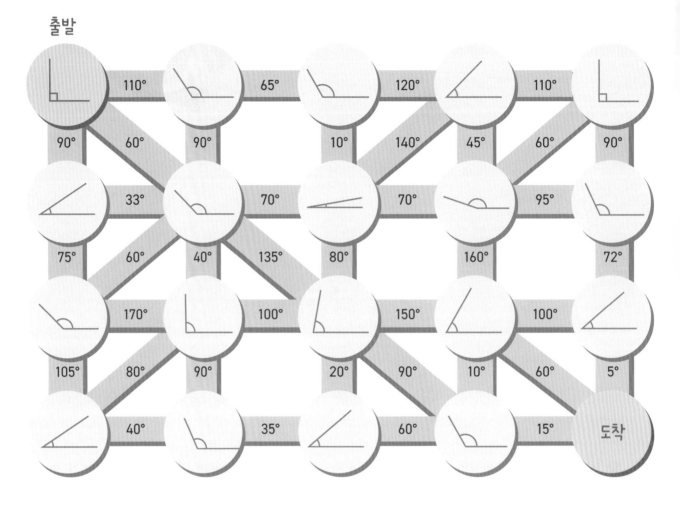

5. 아래 단서를 읽고 낚싯대의 주인이 누구인지 알아맞혀 보세요.

- 알렉과 에시의 낚싯대는 서로 수직으로 놓여 있어요.
- 로버트와 제리의 낚싯대는 20°의 각을 이루어요.
- 미켈라와 에시의 낚싯대는 45°의 각을 이루어요.
- 로버트와 에시의 낚싯대는 100°의 각을 이루어요.

노랑 낚싯대   _____

빨강 낚싯대   _____

파랑 낚싯대   _____

초록 낚싯대   _____

회색 낚싯대   _____

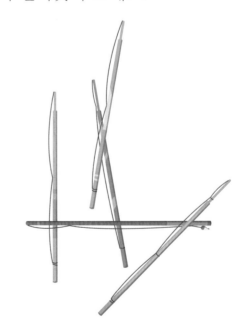

6. 점 A에서 점 B에 이르는 경로를 〈보기〉와 같이 공책에 써 보세요.

〈보기〉

1. 점 A에서 5cm 움직이세요.
2. 오른쪽으로 돌아요. 125°의 각을 만들고
   7cm 앞으로 나아가세요.
3. 오른쪽으로 돌아요.

다음 경로를 이어서 적어 보세요.

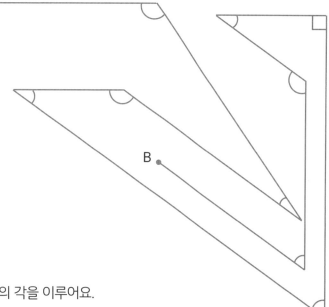

7. 아래 설명을 읽고 공책에 그려 보세요.

❶ 자전거 길과 기찻길이 120°의 각을 이루어요.
❷ 도로 2개가 65°의 각을 이루어요.
❸ 제트 비행기 2대가 지나며 생기는 구름이 35°의 각을 이루어요.
❹ 도로 3개가 60°의 각을 6개 만들면서 서로 교차해요.

 한 번 더 연습해요!

1. 주어진 각을 그려 보세요.

❶ A = 50°

❷ B = 110°

❸ C = 25°

❹ D = 145°

_____월 _____일 _____요일

1. 각도기를 이용하여 각을 재어 보세요.

A = _____

B = _____

C = _____

D = _____

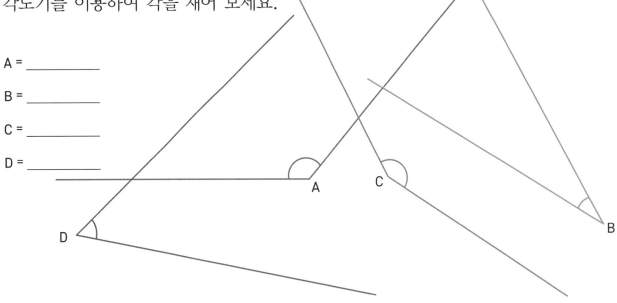

2. 주어진 각을 그려 보세요.

❶ 직각 A

❷ 45°인 각 B

❸ 120°보다 작은 둔각 C

❹ 165°인 각 D

여기서 잠깐!

다양한 모양의 각도기들

3. 공책에 주어진 각을 그려 보세요.

 ❶ A = 55°   ❷ B = 98°   ❸ C = 160°   ❹ D = 15°

4. 시곗바늘을 그린 후, 각의 종류를 빈칸에 써넣어 보세요.

15 : 00    16 : 00    18 : 30    18 : 00

_____   _____   _____   _____

12 : 30    00 : 20    13 : 00    21 : 30

_____   _____   _____   _____

5. 아래 글을 읽고 알맞은 식을 세워 답을 구한 후, 정답을 로봇에서 찾아 ○표 해 보세요.

❶ 직각을 30부분으로 똑같이 나누었어요. 한 부분의 각은 얼마일까요?

식 : _____

정답 : _____

❸ 직각에서 35°를 뺀 후, 45°를 더 빼면 몇 도가 될까요?

식 : _____

정답 : _____

❹ 평각에서 35°를 뺀 후, 120°를 더 빼면 몇 도가 될까요?

식 : _____

정답 : _____

❷ 평각을 10부분으로 똑같이 나누었어요. 한 부분의 각은 얼마일까요?

식 : _____

정답 : _____

 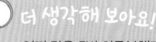 3° 10° 15° 18° 20° 25°

더 생각해 보아요!

어떤 각을 5번 이등분했더니 각이 3°가 되었어요. 원래 각은 얼마일까요?

_____

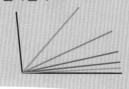

75

6. 현재 오후 3시(15시)예요. 시계의 분침이 주어진 각도만큼 움직인다면 몇 시 몇 분이 될까요?

❶ 90° _____

❷ 180° _____

❸ 30° _____

❹ 60° _____

7. 주어진 조건을 만족하는 작품을 창작해 보세요.

작품은 적어도 직각 6개와 45°가 2개, 그리고 둔각이 4개 있어야 해요.

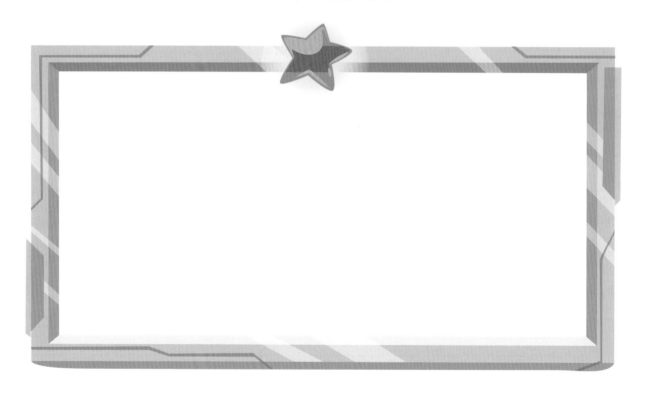

8. 규칙에 따라 빈칸에 그림을 그리고 색칠해 보세요.

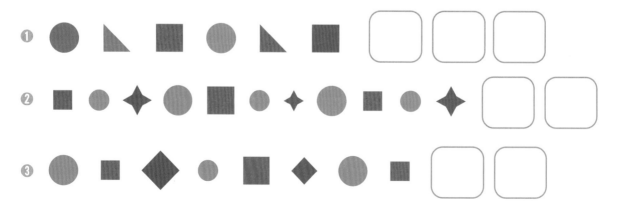

9. 각 x의 크기를 구해 보세요.

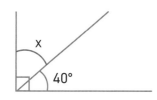

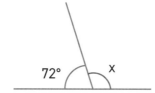

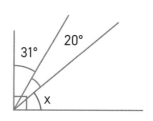

_____

_____

_____

_____

_____

_____

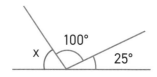

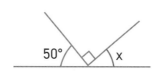

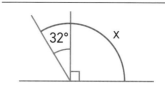

_____

_____

_____

_____

_____

_____

한 번 더 연습해요!

1. 주어진 각을 그려 보세요.

❶ A = 25°   ❷ B = 70°   ❸ C = 145°   ❹ D = 172°

2. 아래 글을 읽고 알맞은 식을 세워 답을 구해 보세요.

❶ 가위의 양날이 직각의 $\frac{1}{2}$을 이루고 있다가 30° 더 벌어졌어요. 이제 가위의 양날이 이루는 각은 몇 도일까요?

식 : _____

정답 : _____

❷ 다리미 대의 다리가 115°를 이루고 있어요. 평각보다 얼마나 더 작을까요?

식 : _____

정답 : _____

13 삼각형의 각도 재기

예각삼각형	직각삼각형	둔각삼각형
• 삼각형의 세 각이 예각 즉, 90°보다 작아요.	• 세 각 중 한 각이 직각 즉, 90°예요. 다른 두 각은 예각이에요.	• 세 각 중 한 각이 둔각 즉, 90°보다 커요. 다른 두 각은 예각이에요.

삼각형의 각도 재기

삼각형 ABC의 각도는 각도기를 이용하여 한 번에 한 개씩 재어요.

A = 45°
B = 55°
C = 80°

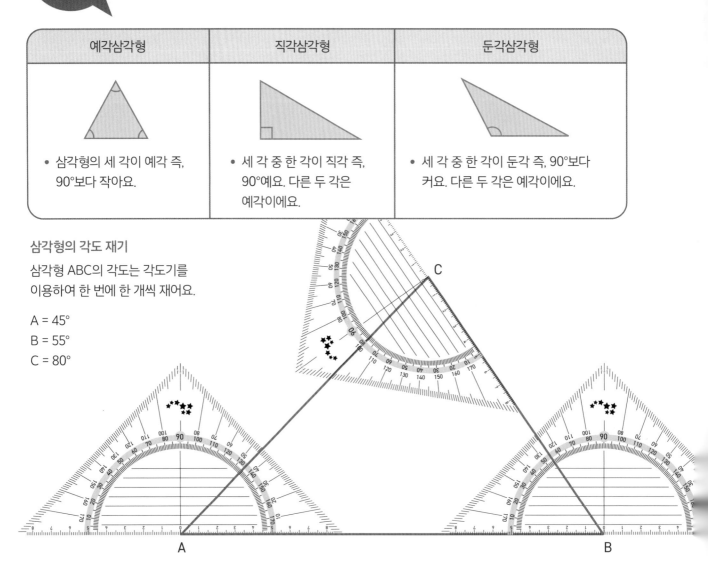

1. 삼각형을 각에 따라 분류하여 해당하는 알파벳을 아래 표에 써넣어 보세요.

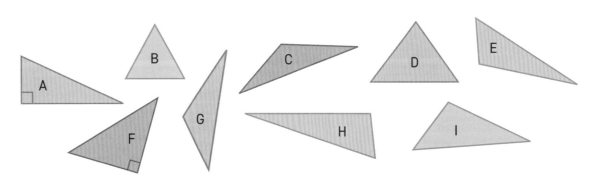

예각삼각형	직각삼각형	둔각삼각형

2. 삼각형 ABC의 각도를 재어 보세요.

❶
A = _____

B = _____

C = _____

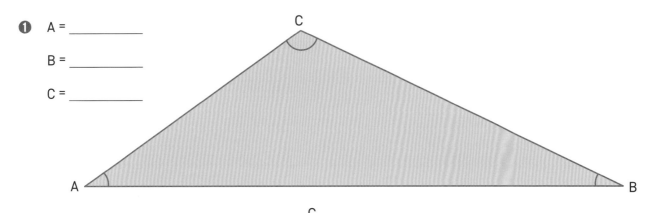

❷
A = _____

B = _____

C = _____

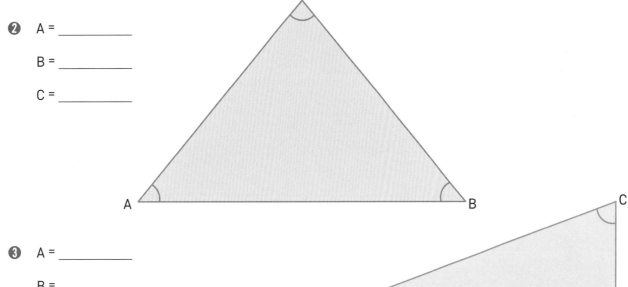

❸
A = _____

B = _____

C = _____

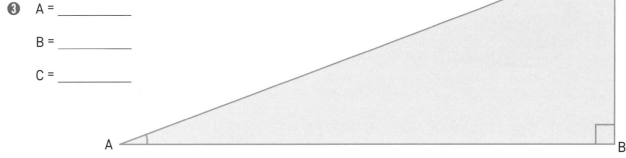

더 생각해 보아요!

각 P의 각도를 재어 보세요.

P = _____

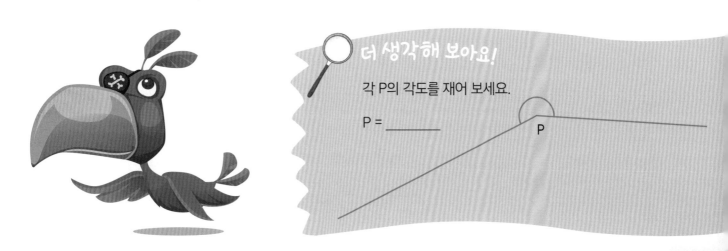

3. 아래 단서를 읽고 집의 이름을 알아맞혀 보세요.

- 코이비스토는 만틸라에서 북쪽으로 약 6km 지점에 있어요.
- 니에미에서 코이비스토를 경유하여 만틸라로 가는 경로는 직각을 이루어요.
- 킨눌라는 레피스토에서 약 2km 떨어진 지점에 있어요.
- 레피스토에서 코이비스토를 경유하여 만틸라로 가는 경로는 평각을 이루어요.
- 스토르고르스는 가장 서쪽에 있어요.

그림에서 1cm는 1km를 나타내요.

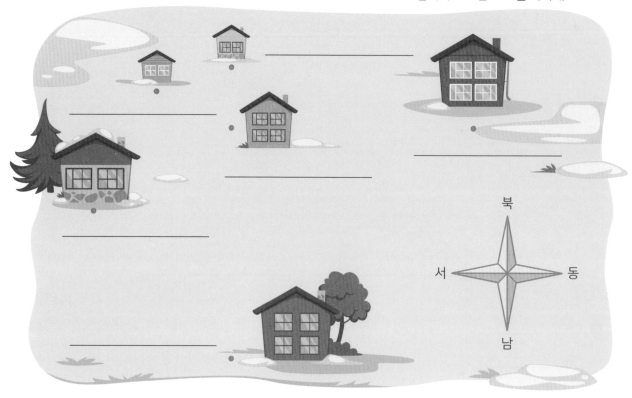

4. 색깔이 서로 다른 예각, 둔각, 직각삼각형으로 구성된 기계를 그려 보세요.

5. 삼각형의 각도를 재어 보세요.

➀ 꼭짓점이 키비사리, 로키카리, 오르모에 있는 삼각형 　　　＿＿＿＿＿＿＿＿

➁ 꼭짓점이 그란스카, 티랄루오토, 오르모에 있는 삼각형 　　＿＿＿＿＿＿＿＿

➂ 꼭짓점이 키비사리, 로키카리, 티랄루오토에 있는 삼각형 　＿＿＿＿＿＿＿＿

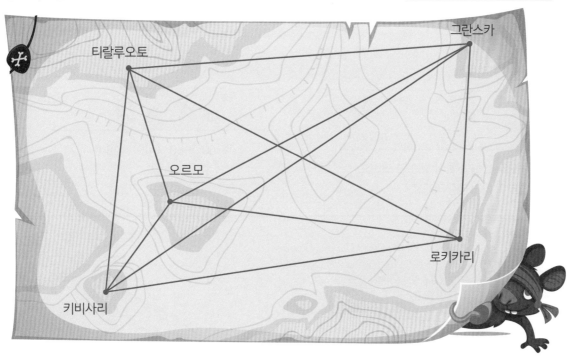

6. 공책에 삼각형을 그린 후 아래 설명이 참인지 거짓인지 알아보세요.

➀ 삼각형에 2개의 둔각이 있을 수 있어요. 　　＿＿＿＿＿

➁ 가장 작은 각이 70°인 삼각형이 있어요. 　　＿＿＿＿＿

➂ 가장 큰 각이 70°인 삼각형이 있어요. 　　＿＿＿＿＿

➃ 가장 작은 각이 55°인 둔각삼각형이 있어요. 　＿＿＿＿＿

한 번 더 연습해요!

1. 삼각형 ABC의 각도를 재어 보세요.

A = ＿＿＿＿＿

B = ＿＿＿＿＿

C = ＿＿＿＿＿

14 삼각형의 세 각의 합

삼각형의 각을 일렬로 나란히 놓아 보세요. 그러면 평각인 180°가 되어요.

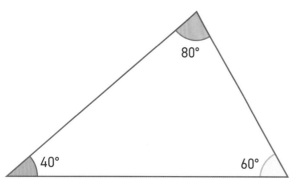

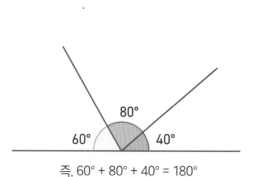

즉, 60° + 80° + 40° = 180°

- 삼각형의 세 각을 모두 합하면 항상 180°가 되어요.
  각을 다 합하면 평각이 되기 때문이에요.

세 번째 각 구하기

삼각형의 두 각이 각각 30°와 80°예요.
세 번째 각은 몇 도일까요?

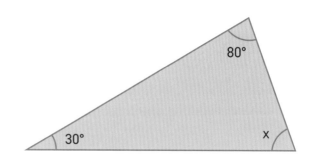

x = 180° – 30° – 80°
x = 70°
정답 : 세 번째 각은 70°예요.

- 삼각형의 두 각을 알면 180°에서 두 각의 크기를 빼어 세 번째 각의 크기를 알 수 있어요.

1. 질문에 답해 보세요.

❶ 삼각형 ABC의 각도를 재어 보세요.

A = _____

B = _____

C = _____

❷ 삼각형 ABC의 각의 합을 구해 보세요.

_____

정답 : _____

2. 각 x의 크기를 구해 보세요.

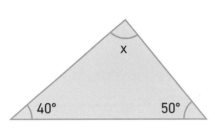 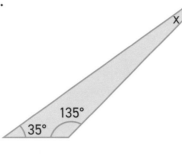 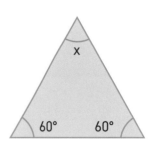

X = 180° – 40° – 50°
_____
X = 90°
_____

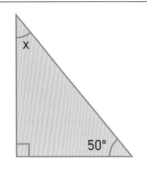 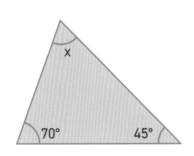 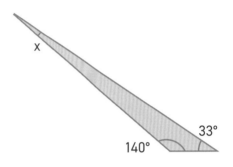

_____   _____   _____

_____   _____   _____

3. 아래 글을 읽고 알맞은 식을 세워 답을 구해 보세요.

❶ 예각삼각형의 두 각이 각각 50°와 60°예요.
세 번째 각은 몇 도일까요?

식 : _____

_____

정답 : _____

❷ 직각삼각형의 한 각이 35°예요. 세 번째 각은
몇 도일까요?

식 : _____

정답 : _____

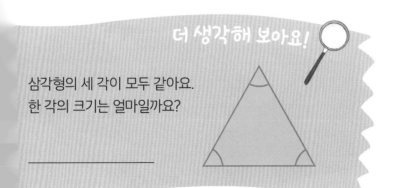

더 생각해 보아요!

삼각형의 세 각이 모두 같아요.
한 각의 크기는 얼마일까요?

_____

4. 짝이 되는 것끼리 선으로 이어 보세요.

30°인 각이 2개인 삼각형

두 각이 각각 50°와 70°인 삼각형

두 각이 각각 45°인 삼각형

한 각이 110°인 삼각형

두 각이 각각 30°와 60°인 삼각형

두 각이 각각 55°인 삼각형

예각삼각형

직각삼각형

둔각삼각형

5. 선 3개를 이용하여 아래 직사각형을 직각삼각형 2개, 예각삼각형 1개, 둔각삼각형 1개로 나누어 보세요.

6. 조건에 맞는 삼각형을 그려 보세요.

❶ 각이 모두 같은 삼각형

❷ 두 각의 크기가 같은 직각삼각형

7. 질문에 답해 보세요.

❶ 사각형 모든 각의 합

_____

❷ 육각형 모든 각의 합

_____

 한 번 더 연습해요!

1. 삼각형의 세 각을 합하면 몇 도일까요? _____

2. 각 x의 크기를 구해 보세요.

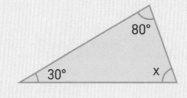

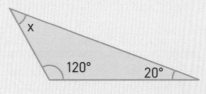

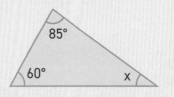

_____   _____   _____

_____   _____   _____

15 맞꼭지각

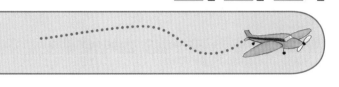

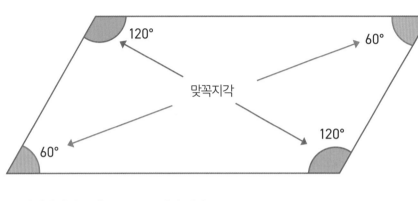

맞꼭지각

- 평행사변형은 마주 보는 두 쌍의 변이 평행하고, 길이가 같은 사각형이에요.
- 평행사변형에서 마주 보는 각 즉, 맞꼭지각의 크기는 같아요.
- 평행사변형에서 이웃하는 각 즉, 이웃각의 합은 180°예요.

직사각형은 평행사변형이기도 해요.

1. 빈칸에 알맞은 답을 써넣어 보세요.

❶ 각 A의 맞꼭지각은 무엇일까요? _____

❷ 각 B의 이웃각은 무엇일까요? _____

2. 각 C와 D의 크기를 구해 보세요.

❶

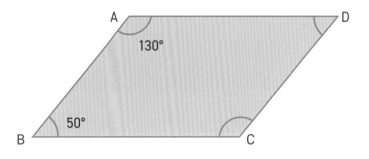

C = _____

D = _____

❷

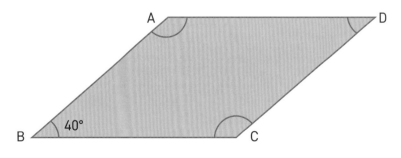

C = _____

D = _____

3. 평행사변형 ABCD의 각을 재어 보세요.

A = _____

B = _____

C = _____

D = _____

4. 변의 길이가 각각 6cm와 8cm이고, 각이 각각 50°, 130°, 50°, 130°인 평행사변형을 그려 보세요.

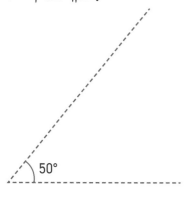

50°

5. 계산해 보세요.

❶ 평행사변형의 한 각이 25°예요. 가장 큰 각은 몇 도일까요?

식 : _____

_____

정답 : _____

❷ 평행사변형의 한 각이 150°예요. 나머지 세 각을 합하면 몇 도일까요?

식 : _____

_____

정답 : _____

더 생각해 보아요!

평행사변형의 이웃각 중 한 각이 다른 각보다 20° 더 커요. 평행사변형의 네 각은 각각 몇 도일까요?

_____

6. 평행사변형을 따라 길을 찾아보세요. 캐시가 찾는 것이 무엇인지 알 수 있을 거예요.

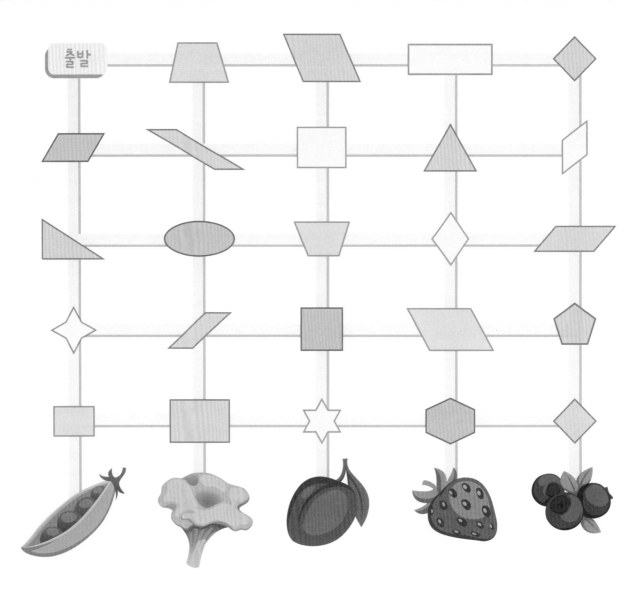

7. 똑같은 평행사변형 2개를 만들기 위해 성냥개비 2개를 움직여 보세요.
옮길 성냥개비에 X표 한 후, 이동한 자리에 성냥개비를 그려 보세요.

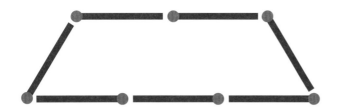

8. 평행사변형 위에 아래 조건을 만족하는 평행사변형을 더 그려 보세요.

❶ 평행사변형 3개 만들기

❷ 평행사변형 4개 만들기

❸ 평행사변형 5개 만들기

9. 공책에 평행사변형을 그린 후, 아래 설명이 참인지 거짓인지 알아보세요.

❶ 평행사변형의 네 각의 합은 항상 180°예요. _____

❷ 정사각형은 평행사변형이기도 해요. _____

❸ 이웃각이 모두 예각인 평행사변형이 있어요. _____

❹ 평행사변형에서 둔각의 맞꼭지각은 예각이에요. _____

한 번 더 연습해요!

1. 변의 길이가 각각 6cm와 9cm이고, 각이 각각 30°와 150°인 평행사변형을 그려 보세요.

16 원 그리기

- 원은 원의 중심을 따라 이름 붙여요.
- 반지름은 원주 위의 한 점과 원의 중심 사이의 거리예요.

원 A

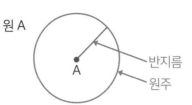

반지름
원주

반지름이 4cm인
원 K를 그려 보세요.

•
K

1. 원의 중심 K를 찍으세요.

2. 연필 끝과 컴퍼스의 뾰족한 부분 사이의 거리가 4cm가 되도록 컴퍼스를 맞추세요.

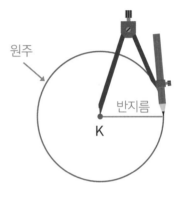

원주

반지름
K

3. 컴퍼스의 뾰족한 부분을 원 K의 중앙에 두고 원을 그리세요.

---

1. 주어진 조건에 맞는 원을 그려 보세요.

❶ 반지름이 5cm인 원 A ❷ 반지름이 4cm인 원 B ❸ 반지름이 3cm인 원 C

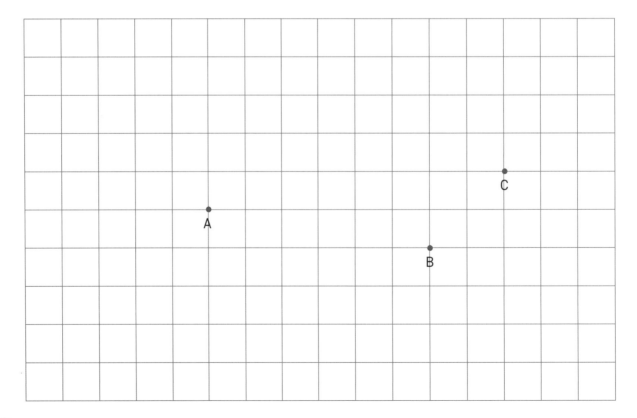

2. 왼쪽 그림과 똑같이 오른쪽에 그려 보세요.

❶

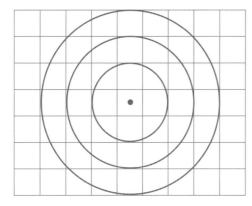

❷

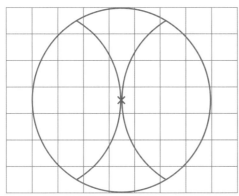

3. 규칙에 따라 다음 도형을 그려 보세요. 단, 원의 중심은 1칸씩 움직여야 해요.

❶ 위 방향으로

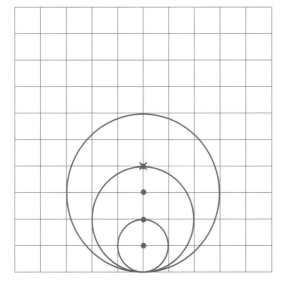

❷ 오른 방향으로

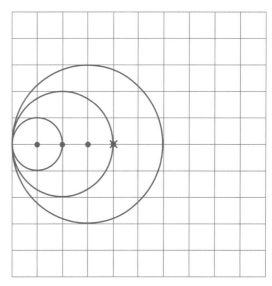

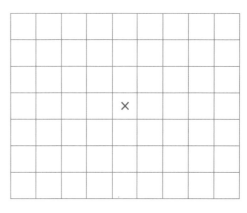

더 생각해 보아요!

종이의 가로가 24.2cm, 세로가 36.8cm예요. 이 크기의 종이에 가장 큰 원을
그린다면 반지름은 얼마일까요?

_____

4. 그림을 보고 색깔별로 위치를 설명해
보세요. 큰 원, 작은 원, 직사각형,
삼각형의 명칭을 이용할 수 있어요.

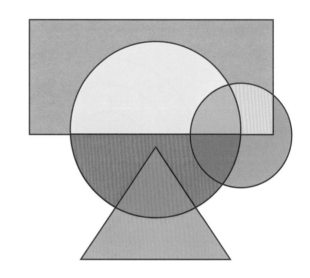

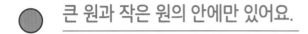 큰 원과 작은 원의 안에만 있어요.

 _____

 _____

 _____

 _____

 _____

5. 점 B보다 점 A에 더 가까운 점은 어떤 점일까요? 먼저
어림해 보고 컴퍼스를 이용해서 답을 구해 보세요.

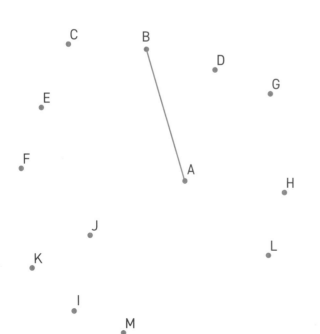

어림했을 때의 답 :

_____

컴퍼스를 이용했을 때의 답 :

_____

6. 원 A의 반지름은 3cm이고, 원 B의 반지름은 5cm예요. 두 원의 중심 사이의 거리가
아래와 같다면 두 원의 원주가 만나는 점은 몇 개인지 공책에 원을 그려 구해 보세요.

6 cm _____   2 cm _____   9 cm _____   1 cm _____   8 cm _____

7. 질문에 답해 보세요.

❶ 정사각형의
   네 각의 합

_____

❷ 원의 각

_____

 한 번 더 연습해요!

1. 아래 조건에 맞는 원을 그려 보세요.

❶ 반지름이 6cm인 원 A   ❷ 반지름이 5cm인 원 B   ❸ 반지름이 4.5cm인 원 C

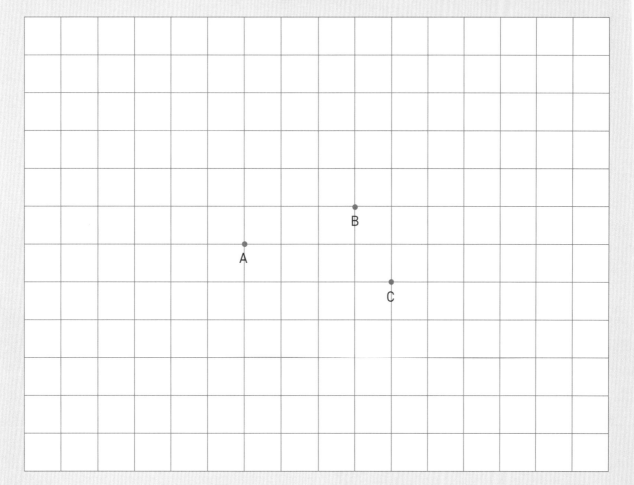

17 원에 관한 용어

- 원은 원의 중심을 따라 이름 붙여요.
- 원의 둘레를 원주라고 해요.
- 반지름은 원의 중심과 원주 위의 한 점을 연결하는 선분을 말해요.
- 현은 원주 위의 두 점을 연결한 선분을 말해요.
- 지름은 원의 중심을 관통하는 현을 말해요. 지름은 반지름의 2배예요.

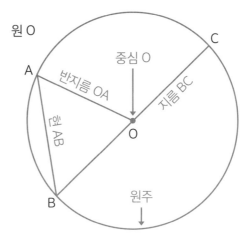

1. 원 O에 그려 보세요.

❶ 반지름 OA
❷ 반지름 OB
❸ 지름 DF
❹ 현 CE
❺ 현 AE

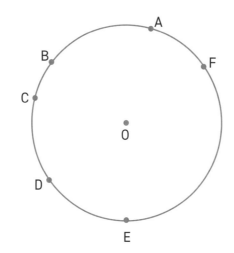

2. 원의 반지름과 지름을 측정하고 이름을 붙여 보세요.

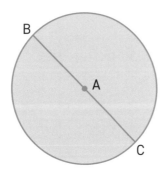

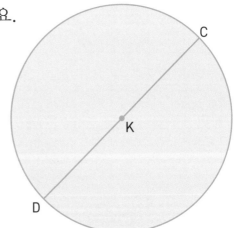

❶ 반지름 ___AB___ _____ cm

  반지름 _____ _____ cm

  지름 _____ _____ cm

❷ 반지름 _____ _____ cm

  반지름 _____ _____ cm

  지름 _____ _____ cm

3. 아래 글을 읽고 알맞은 식을 세워 답을 구한 후, 정답을 로봇에서 찾아 ○표 해
보세요.

❶ 원의 반지름이 13cm예요. 원의 지름은
얼마일까요?

식 : _____

정답 : _____

❷ 원의 지름은 48cm예요. 원의 반지름은
얼마일까요?

식 : _____

정답 : _____

❸ 원통 바닥의 지름이 1.4m예요. 원통 바닥의
반지름은 얼마일까요?

식 : _____

정답 : _____

❹ 선반에 유리병 5개가 나란히 있어요. 유리병
바닥의 반지름은 6cm예요. 유리병 5개가 나란히
있는 길이는 얼마일까요?

식 : _____

정답 : _____

| 24 cm | 26 cm | 30 cm | 60 cm | 0.5 m | 0.7 m |

4. 공책에 아래 조건에 맞는 원을 그려 보세요.

❶ 2cm인 반지름 KA가 있는 원 K
❷ 6cm인 지름 BC가 있는 원 L
❸ 9cm인 지름 DE와 5cm인 현 DF가 있는 원 M

5. 점 P에서 가장 가까운 빨간 공보다 더 가까운
파란 공이 몇 개인지 컴퍼스를 이용해 구해
보세요.

_____

• P

더 생각해 보아요!

공통의 현이 있는
원 2개와 현을
그려 보세요.

6. 그림을 보고 컴퍼스를 이용하여 문제의 답을 구해 보세요.

라디오 방송국이 점 A, B, C에 위치해요. A의 방송 영역은 50km, B의 방송 영역은 60km, C의 방송 영역은 40km예요.

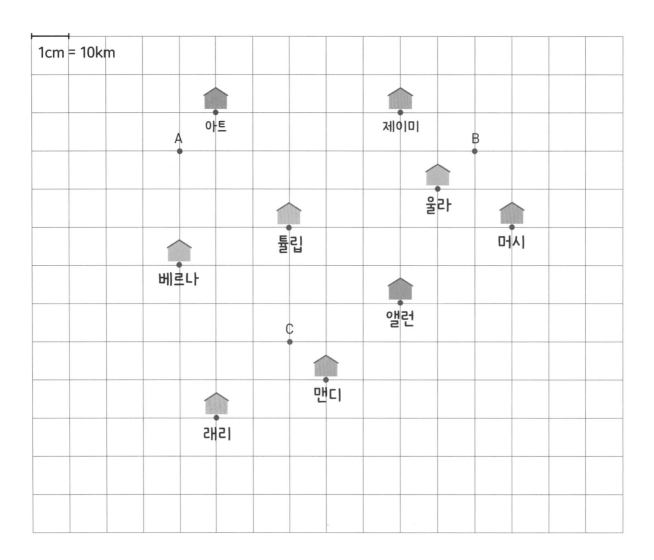

❶ A의 방송을 들을 수 있는 아이는 누구일까요? _____

❷ B의 방송을 들을 수 있는 아이는 누구일까요? _____

❸ C의 방송을 들을 수 있는 아이는 누구일까요? _____

❹ 세 방송국의 방송을 모두 들을 수 있는 아이는 누구일까요? _____

❺ 아이들이 모두 A의 방송을 들으려면
A는 방송 영역을 얼마나 더 넓혀야 할까요? _____

❻ A와 C의 방송을 모두 들을 수 있는 지역을 색칠해 보세요.

7. 정사각형을 보고 조건에 맞는 원을 그려 보세요.

➊ 정사각형 안에서 가장 큰 원

➋ 정사각형의 네 꼭짓점이 원주에 모두 접하고 정사각형 밖에 있는 원

8. 공책에 원을 그린 후, 아래 설명이 참인지 거짓인지 알아보세요.

➊ 원의 지름은 반지름의 반이에요.   _____

➋ 원의 현의 길이는 원주의 길이와 같을 수 있어요.   _____

➌ 원의 현은 원의 반지름보다 짧을 수 있어요.   _____

➍ 원의 반지름이 50cm라면 그 원에 1m가 넘는 현이 있을 수 있어요.   _____

한 번 더 연습해요!

1. 원 K에 그려 보세요.

➊ 반지름 KD
➋ 지름 CE
➌ 현 CB
➍ 반지름 KA

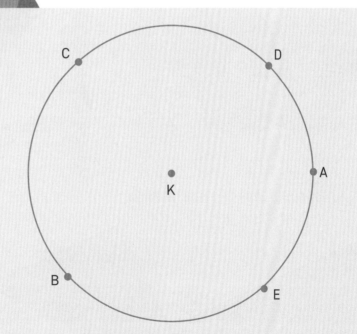

2. 공책에 아래 조건에 맞는 원을 그려 보세요.

➊ 지름이 8cm인 원 A
➋ 원 A 안에 7cm 길이의 현 BC

9. 도형의 이름을 말해 보세요. 맨 아래쪽 도형부터 시작하세요.

1. _____

2. _____

3. _____

4. _____

5. _____

6. _____

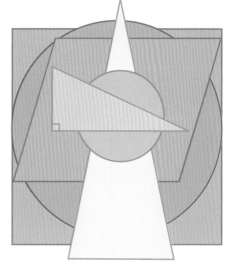

10. 각각의 원주 위에 있는 세 수의 합이 같아지도록 1~6까지의 수를 동그라미 안에 알맞게 써넣어 보세요.

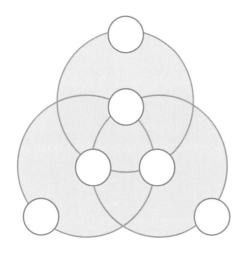 

11. 각 A, B, C의 크기를 구해 보세요.

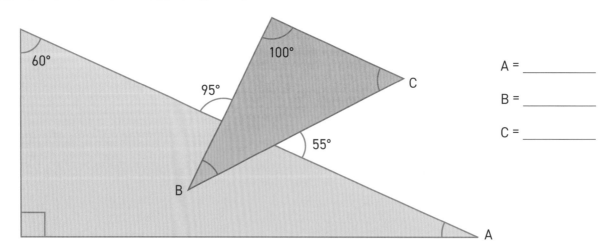

A = _____

B = _____

C = _____

12. 아래 단서를 읽고 질문의 답을
구해 보세요.

- 반지름 BJ = 35km
- 반지름 EK = 15km
- 반지름 HL = 20km
- 점 B와 E 사이의 거리는 75km예요.
- 점 A와 H 사이의 거리는 175km예요.

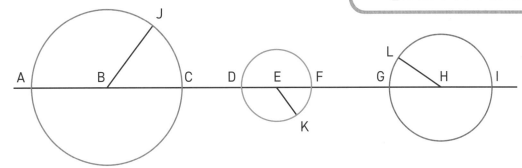

① 점 C와 D 사이의 거리는? _____

② 점 A와 F 사이의 거리는? _____

③ 점 E와 G 사이의 거리는? _____

④ 점 B와 I 사이의 거리는? _____

⑤ 점 A와 I 사이의 거리는? _____

⑥ 점 C와 H 사이의 거리는? _____

 한 번 더 연습해요!

1. 각 x의 크기를 구해 보세요.

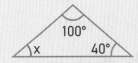

_____ _____ _____

_____ _____ _____

2. 아래 글을 읽고 알맞은 식을 세워 답을 구해 보세요.

① 원의 지름이 24cm라면 반지름은
얼마일까요?

식 : _____

정답 : _____

② 원의 반지름이 2.7cm라면 지름은
얼마일까요?

식 : _____

정답 : _____

1. 삼각형 ABC의 세 각을 각각 재어 보세요.

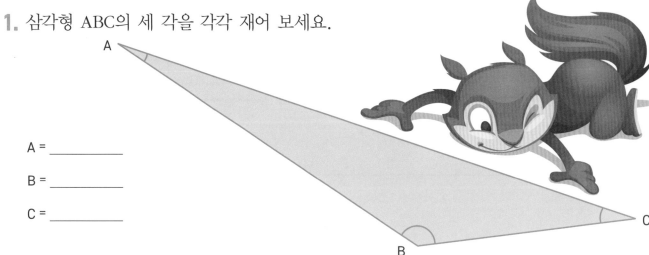

A = _____

B = _____

C = _____

2. 변의 길이가 각각 11cm와 5cm이고, 각이 각각 50°와 130°인 평행사변형을 그려 보세요.

3. 각 x의 크기는 얼마일까요?

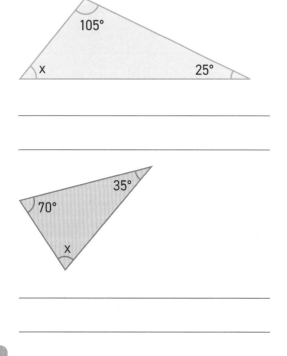

_____

_____

_____

_____

여기서 잠깐!

다이아몬드 모양은 네 변의 길이가 같은 평행사변형이에요. 이러한 평행사변형을 마름모라고 해요.

4. 주어진 반지름이 있는 원 E를 공책에 그려 보세요.

① 3 cm

② 4.5 cm

5. 원 A에 그려 보세요.

① 반지름 AB

② 지름 DC

③ 현 BD

④ 2cm 길이의 현 BE

⑤ 4cm 길이의 현 BF

⑥ 현 EF의 길이를 재어 보세요.

_____

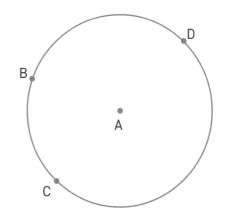

6. 질문에 답해 보세요. 컴퍼스를 이용해도 좋아요.
1cm는 실제로 10m에 해당해요.

① 아만다로부터 50m 이내에 있는 친구는 누구일까요?

_____

② 톰으로부터 60m 밖에 있는 친구는 누구일까요?

_____

③ 벤으로부터 35m 떨어진 친구는 누구일까요?

_____

④ 에멧으로부터 30m 떨어지고, 니나로부터 35m
떨어진 친구는 누구일까요?

_____

⑤ 아만다로부터 45m 떨어진 친구는 누구일까요?

_____

톰·

티아 ·

·니나

에멧·

·아만다

·벤

더 생각해 보아요!

원 A의 반지름은 원 B의 지름의 3배예요. 원 B의
반지름이 10cm라면 원 A의 지름은 얼마일까요?

_____

7. 규칙에 따라 마지막 모양을 색칠해 보세요.

❶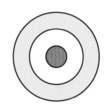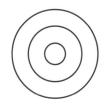

❷

❸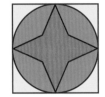

❹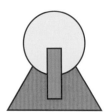

8. 아래 설명을 읽고 예각, 직각, 둔각삼각형 중 어느 것인지 말해 보세요.

❶ 두 각이 35°인 삼각형

_____

❷ 세 각이 모두 같은 삼각형

_____

❸ 두 각이 각각 25°인 삼각형

_____

❹ 세 각 중 가장 작은 각이 50°인 삼각형

_____

❺ 가장 작은 두 각의 합이 90°인 삼각형

_____

9. 암호를 해독해 보세요.

	●	●	●	●	●	●	●
△	A	B	C	D	E	F	G
□	H	I	J	K	L	M	N
☆	O	P	Q	R	S	T	U
◇	V	W	X	Y	Z		

❶ ▲■□★★▲■□

◆▲★ ▲ ▲▲■□★★

_____

_____

❷ ◆▲★▲☆

■★

▲★★▲□★■▲■

_____

_____

❸ 친구에게 줄 암호 메시지를 만들어 보세요.

┌─────────────────────────┐
│   │
│   │
│   │
└─────────────────────────┘

한 번 더 연습해요!

1. 삼각형 ABC의 세 각을 각각 재어 보세요.

A = _____

B = _____

C = _____

2. 각 x의 크기를 구해 보세요.

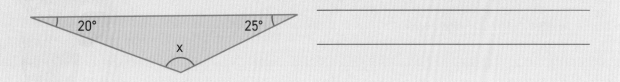

20°   25°   x

_____

_____

1. 어떤 각이 예각, 직각, 둔각인지 빈칸에 알맞게 써 보세요.

❶ 70° _____

❷ 93° _____

❸ 90° _____

❹ 17° _____

2. 각을 재어 보세요.

A = _____

B = _____

3. 주어진 각을 그려 보세요.

❶ 120°

❷ 65°

4. 삼각형 ABC의 세 각을 각각 재어 보세요.

A = _____

B = _____

C = _____

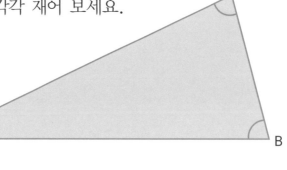

5. 각 x의 크기를 구해 보세요.

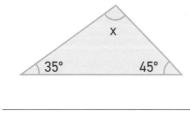

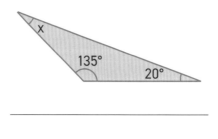

_____

_____

_____

_____

6. 변의 길이가 각각 10cm와 4cm이고, 각이 30°, 150°, 30°, 150°인 평행사변형을 그려 보세요.

7. 평행사변형 ABCD의 각 B, C, D의 크기를 구해 보세요.

B = _____

C = _____

D = _____

8. 도형을 그려 보세요.

❶ 반지름이 4cm인 원 A

❷ 원 A의 반지름 AB

❸ 원 A 안에 5cm 길이의 현 BC

❹ 원 A의 지름 CD

얼마나 잘했나요?

실력이 자란 만큼 별을 색칠하세요.

★★★ 정말 잘했어요.
★★☆ 꽤 잘했어요.
★☆☆ 앞으로 더 노력할게요.

단원 종합 문제

1. 각을 재어 보세요.

A = _____

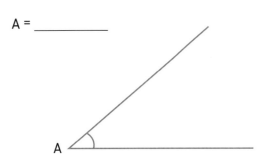

B = _____

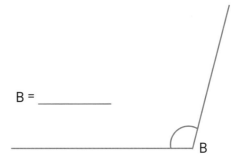

2. 주어진 각을 그려 보세요.

❶ 30°

❷ 125°

3. 각 x의 크기를 구해 보세요.

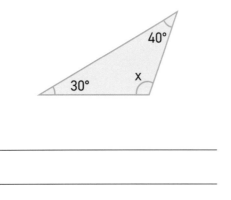

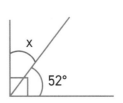

_____

_____

_____

_____

4. 평행사변형에는 빨간색을, 둔각삼각형에는 파란색을 칠해 보세요.

 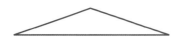  

106

5. 각을 재어 보세요.

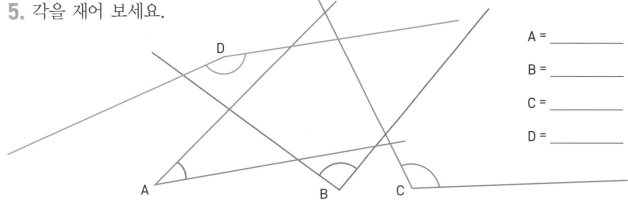

A = _____

B = _____

C = _____

D = _____

6. 각 x의 크기를 구해 보세요.

❶

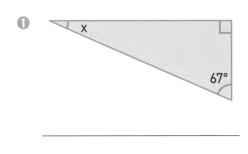

_____

_____

❷

x   72°

_____

_____

7. 변의 길이가 모두 5cm이고, 35° 각이 있는 평행사변형을 그려 보세요.

_____

8. 주어진 도형을 그려 보세요.

❶ 3.5cm인 반지름 AB가 있는 원 A

❷ 원 A 안에 길이가 6cm인 현 BC

❸ 원 A 안에 현 BC가 지름이 되는 원 D

9. 삼각형 ABC의 세 각을 각각 재어 보세요.

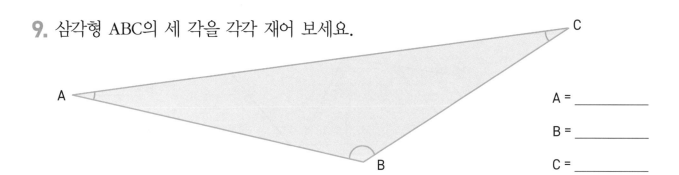

A = _____

B = _____

C = _____

10. 한 변의 길이가 4.8cm이고, 한 각이 37°인 평행사변형을 그려 보세요. 모든 변의 길이의 합, 즉 둘레는 24cm예요.

11. 각 x의 크기를 구해 보세요.

_____

_____

_____

_____

12. 5cm 길이의 공통 현을 가진 두 원을 그려 보세요.

★ 각의 종류

| 직각 A | 평각 O | 예각 B | 둔각 C |

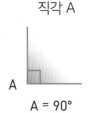 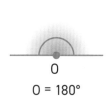 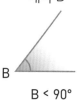

A   O   B   C

A = 90°   O = 180°   B < 90°   C > 90°

★ 각도 재기

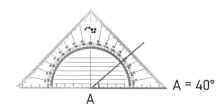 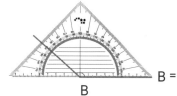

A = 40°   B = 140°

A   B

★ 각도 그리기

60°를 그리는 방법
1. 선 하나를 그리세요.
2. 각도기를 이용하여 60°에 점을 찍으세요.
3. 꼭짓점과 점을 잇는 다른 선을 그리세요.

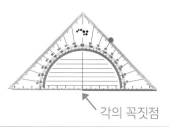 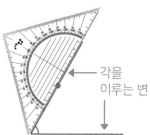

각의 꼭짓점   각을
              이루는 변

★ 삼각형의 세 각의 합

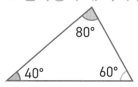 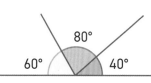

삼각형의 세 각의 합은 항상 180°예요.   즉, 60° + 80° + 40° = 180°
세 각을 나란히 놓으면 평각인 180°가 되어요.

평행사변형

마주 보는 변의 길이가 같아요.
마주 보는 각의 크기가 같아요.
이웃각의 크기의 합이 180°예요.

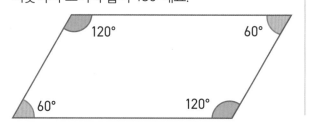

원

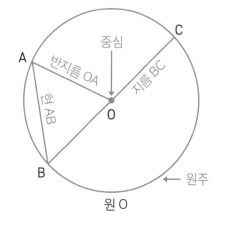

중심

반지름 OA   C
A
              지름 BC
현 AB
              O

B
              ← 원주
원 O

학습 자가 진단

학습 태도

	그렇지 못해요.	때때로 그래요.	자주 그래요.	항상 그래요.
수업 시간에 적극적이에요.	☐	☐	☐	☐
학습에 집중해요.	☐	☐	☐	☐
친구들과 협동해요.	☐	☐	☐	☐
숙제를 잘해요.	☐	☐	☐	☐

학습 목표

학습하면서 만족스러웠던 부분은 무엇인가요?

어떻게 실력을 향상할 수 있었나요?

_____

_____

_____

학습 성과

	아직 익숙하지 않아요.	연습이 더 필요해요.	괜찮아요.	꽤 잘해요.	정말 잘해요.
• 각을 측정하고 주어진 각을 그릴 수 있어요.	○	○	○	○	○
• 삼각형에서 알려 주지 않은 각의 크기를 구할 수 있어요.	○	○	○	○	○
• 평행사변형의 개념을 이해했어요.	○	○	○	○	○
• 원을 그릴 수 있고, 원에 관한 용어를 이해했어요.	○	○	○	○	○

이번 단원에서 가장 쉬웠던 부분은 _____ 예요.

이번 단원에서 가장 어려웠던 부분은 _____ 예요.

수학 선생님이 되어 봐요!

수학 교육 동영상 제작을 계획하고 준비해 보세요. 친구와 협동하여
함께 만들어도 좋아요. 여러분 자신이 직접 출연해도 되고
애니메이션으로 만들어도 좋아요.

주제 선택하기

- 이 책의 차례를 훑어보고 주제를 정해 보세요.
- 다음과 같은 질문을 이용해도 좋아요.

가장 어려운 단원은 무엇이었나요?
가장 재미있는 단원은 무엇이었나요?
가장 좋아하는 단원은 무엇이었나요?

계획하기

- 주제를 어떻게 발표할지 친구 또는 부모님과
  의논해 보세요.
- 동영상 또는 애니메이션을 어떻게 제작할지
  계획해 보세요.
- 계획을 공책에 기록하거나 그리세요.

주제를 설명하기 위해 어떤 도구와 자료가
필요할까요?
여러분이 직접 동영상에 출연할 것인가요?
애니메이션을 제작할 것인가요?

실행하기

- 친구와 함께 만든다면 일을 분담해 보세요.
- 필요한 도구와 자료를 가까이 두세요.
- 연습을 충분히 하세요.
- 동영상을 촬영하고 편집해 보세요.
  또는 애니메이션을 제작해 보세요.

발표하기

- 부모님이나 친구들에게 동영상을 보여 주세요.

평가하기

- 마지막으로 발표 태도와 성과를 평가해 보세요.
- 청중에게 피드백을 요청해 보세요.

발표가 성공적이었나요?
더 나아질 수 있는 부분이 있나요?
아쉬웠던 부분이 있나요?

> 사진이나 그림을 이용하면
> 유용할 거예요!

1. 나는 어떤 소수일까요?

❶ 12.5보다 0.3 더 큰 수　　　　　　　_____

❷ 156.5보다 0.2 더 작은 수　　　　　　_____

❸ 4.43보다 0.04 더 큰 수　　　　　　　_____

❹ 101.99보다 0.08 더 작은 수　　　　　_____

❺ 6.226보다 0.001 더 큰 수　　　　　　_____

❻ 100.147보다 0.005 더 작은 수　　　　_____

2. >, =, < 중 알맞은 부호를 빈칸에 써넣어 보세요.

416.6 ☐ 461.6	23.84 ☐ 23.85	700 ☐ 699.99
33.2 ☐ 33.0	109.40 ☐ 109.39	12.202 ☐ 12.022
3455.74 ☐ 3455.47	5.501 ☐ 5.502	332.9 ☐ 333

3. 계산하여 정답에 해당하는 알파벳을 빈칸에 써넣어 보세요.

0.54 × 10 = _____ ☐　　　9.6 − 3.75 = _____ ☐　　　1.4 × 2 = _____ ☐

2.25 × 4 = _____ ☐　　　1.5 × 3 = _____ ☐　　　0.9 + 1.9 = _____ ☐

3.5 + 4.85 = _____ ☐　　　0.03 × 100 = _____ ☐　　　1.2 × 2 = _____ ☐

7.3 − 1.9 = _____ ☐　　　5.9 − 0.5 = _____ ☐　　　5.2 + 2.8 = _____ ☐

0.4 × 6 = _____ ☐　　　2.2 + 6.8 = _____ ☐

2.4	2.8	3.0	4.5	5.4	5.85	8.0	8.35	9.0
A	T	Y	C	R	H	B	G	E

4. 아래 글을 읽고 알맞은 식을 세워 답을 구한 후, 정답을 로봇에서 찾아 ○표 해 보세요.

13.60 € 7.50 € 69.75 € 5.45 € 329.50 € 88.25 € 7.75 € 346.35 €

❶ 엄마는 헤드폰 1개와 메모리 스틱 1개를 샀어요. 물건값은 모두 얼마일까요?

식 : _____

_____

정답 : _____

❷ 선생님은 마우스 1개와 메모리 스틱 1개를 샀어요. 물건값은 모두 얼마일까요?

식 : _____

_____

정답 : _____

❸ 워너는 10유로를 가지고 있는데, DVD 1개를 샀어요. 이제 워너에게 남은 돈은 얼마일까요?

식 : _____

_____

정답 : _____

❹ 마우스는 메모리 스틱보다 얼마 더 비쌀까요?

식 : _____

_____

정답 : _____

5. 아래 글을 읽고 세로셈으로 답을 구한 후, 정답을 로봇에서 찾아 ○표 해 보세요. 물건의 가격은 문제 4번과 같아요.

❶ 아빠는 카메라 1대와 스피커를 구매했어요. 물건값은 모두 얼마일까요?

_____

❸ 모리는 355유로를 가지고 있는데, 카메라 1대를 샀어요. 이제 모리에게 남은 돈은 얼마일까요?

_____

❹ 알레나는 400유로를 가지고 있는데, 노트북 1대를 샀어요. 이제 알레나에게 남은 돈은 얼마일까요?

_____

❷ 선생님은 프린터 3대를 구매했어요. 프린터의 가격은 모두 얼마일까요?

_____

2.25€ 8.15€ 12.95€ 19.05€

25.50€ 53.65€ 129.30€

264.75€ 385.70€ 399.25€

6. 〈보기〉와 같은 모양을 찾아 표시해 보세요. 단, 모양의 방향을 돌릴 수 없어요.

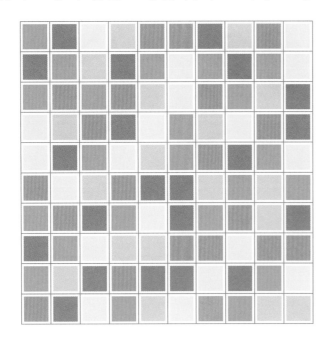

〈보기〉

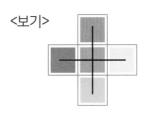

몇 개를 찾았나요?

_____

7. 아래 설명을 읽고 노트북의 가격을 알아보세요. _____

- 물건의 가격은 모두 6000유로예요.
- 스마트폰의 가격은 1개에 250유로예요.

- 태블릿의 가격은 모두 1500유로예요.
- 가운데 선반 위의 물건은 모두 950유로예요.

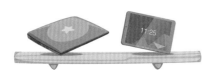  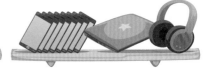

8. 주어진 카드를 모두 한 번씩 사용하여 아래 조건을 만족하는 수를 가능한 한 많이 만들어 보세요.

❶ 9500보다 큰 수

_____
_____

❷ 1보다 작은 소수

_____
_____

9. 아래 글을 읽고 전자 기기의 주인을 알아맞혀 보세요.

오스카 6살

에이다 8살

엘리 11살

앨버트 13살

_____ _____ _____ _____

- 스마트폰의 주인은 나이가 가장 적지도, 가장 많지도 않아요.
- 에이다는 컴퓨터 주인보다 어려요.
- 컴퓨터의 주인은 태블릿의 주인보다 5살 더 많아요.
- 에이다는 카메라의 주인이 아니에요.
- 태블릿의 주인은 엘리보다 어려요.
- 카메라의 주인은 컴퓨터의 주인보다 어려요.

한 번 더 연습해요!

1. 계산해 보세요.

$1.2 \times 3 =$ _____ $0.57 \times 10 =$ _____ $10.2 \times 4 =$ _____

$0.5 \times 5 =$ _____ $0.09 \times 100 =$ _____ $7.8 \times 10 =$ _____

$2.3 \times 4 =$ _____ $4.6 \times 1000 =$ _____ $12.4 \times 3 =$ _____

2. 아래 글을 읽고 알맞은 식을 세워 답을 구해 보세요.

❶ 오나는 3.35유로인 땅콩 스낵과 1.80유로인 음료수 1개를 샀어요. 음식값은 모두 얼마일까요?

식 : _____

정답 : _____

❷ 왓슨에게 5유로가 있는데, 2.85유로인 샌드위치를 샀어요. 이제 왓슨에게 남은 돈은 얼마일까요?

식 : _____

정답 : _____

1. 각을 재어 보세요.

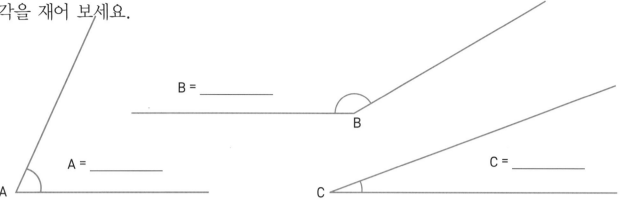

B = _____

A = _____

C = _____

2. 삼각형 ABC의 세 각을 각각 재어 보세요.

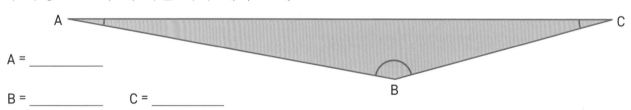

A = _____

B = _____   C = _____

3. 각 x의 크기를 구해 보세요.

_____

_____

_____

_____

4. 주어진 각을 그려 보세요.

❶   A = 40°   ❷   B = 130°   ❸   C = 85°

5. 변의 길이가 각각 8cm와 5cm이고, 각이 각각 70°와 110°인 평행사변형을 그려 보세요.

6. 아래 설명을 읽고 원 A에 그려 보세요.

❶ 반지름 AB

❷ 지름 CD

❸ 현 BC

❹ 현 BD

❺ 현 BC와 현 BD 사이의 각을 재어 보세요.

_____

❻ 3cm 길이의 현 DE를 그려 보세요.

❼ 지름 CD의 길이를 재어 보세요.

_____

A

7. 평행사변형 3개가 2부분으로 나뉘었어요. 짝이 되는 도형의 숫자를 빈칸에 써 보세요.

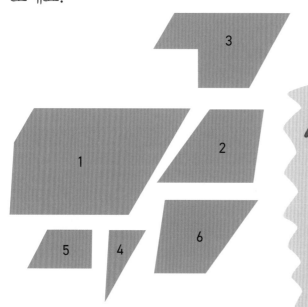

_____ _____ _____

🔍 **더 생각해 보아요!**

제나와 미구엘이 평행사변형에 대해 이야기했어요. 미구엘이 "나는 각이 각각 30°, 60°, 150°인 평행사변형을 그렸어."라고 말했어요. 제나는 "나는 각이 모두 같은 평행사변형을 그렸어."라고 말했어요. 두 아이가 그린 도형 중 어떤 것이 평행사변형일까요? 그 이유를 설명해 보세요.

_____

8. 그림을 보고 질문에 답해 보세요.

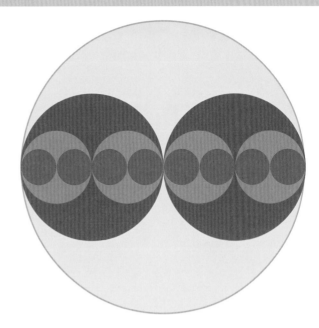

① 노란색 원의 지름이 24cm라면
보라색 원의 반지름은 얼마일까요?

_____

② 노란색 원의 반지름이 1m라면 빨간색 원의
지름은 얼마일까요?

_____

③ 보라색 원의 반지름이 56cm라면 파란색 원의
반지름은 얼마일까요?

_____

④ 빨간색 원의 반지름이 15cm라면 노란색 원의
지름은 얼마일까요?

_____

⑤ 빨간색 원의 지름이 13cm라면 보라색 원의
지름은 얼마일까요?

_____

9. 아래 설명을 읽고 공책에 원을 그린 후, 아래 설명이 참인지 거짓인지 알아보세요.

- 원 A의 중심에서 원 B의 중심까지의 거리는 10cm예요.
- 원 A의 지름은 16cm이고 원 B의 지름은 24cm예요.
- 원 A 안에 점 K가 있어요.
- 원 B 안에 점 N이 있어요.

① 점 N은 원 A 안에 있을
수 없어요. _____

② 원 A의 중심은 원 B 안에
있어요. _____

③ 원 A 위의 모든 점은
원 B 안에 있어요. _____

④ 점 K는 원 B 안에
있을 수 있어요. _____

⑤ 점 K와 점 N 사이의 거리는
29cm일 수도 있어요. _____

⑥ 점 K와 점 N 사이의 거리는
32cm일 수도 있어요. _____

10. 각 x의 크기를 구해 보세요.

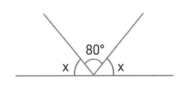

x = _____

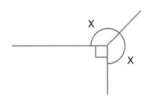

x = _____

11. 그림을 〈보기〉와 비교해 보세요. 어떤 변화가 있는지 공책에 써 보세요.

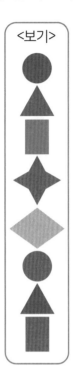

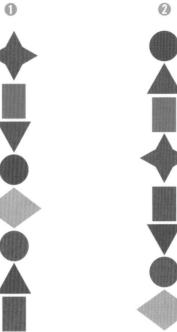

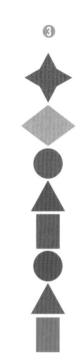

 한 번 더 연습해요!

1. 각을 재어 보세요.

A = _____

B = _____

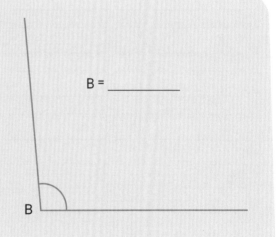

2. 각 x의 크기를 구해 보세요.

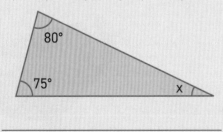

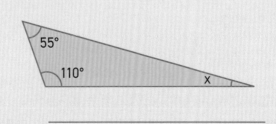

_____

_____

더 큰 소수를 만들어라!

인원 : 2명   준비물 : 0~9까지의 수 카드 2세트, 127쪽 활동지

일의 자리	소수 첫째 자리	소수 둘째 자리	소수 셋째 자리

참가자 1 **참가자 2**   **참가자 1** **참가자 2**

점수 □   점수 □   점수 □   점수 □

✏️ 놀이 방법

1. 한 명은 교재를, 다른 한 명은 활동지를 이용하세요.

2. 수 카드 2세트를 뒤집은 후 섞으세요. 순서를 정해서 번갈아 가며 수 카드를 뒤집어 각자 교재의 아무 사각형에 놓으세요. 한 번 놓은 수 카드는 자리를 바꿀 수 없어요.

3. 사각형에 수 카드를 다 놓으면 만들어진 소수를 교재에 기록하세요.

4. 두 소수를 비교하여 더 큰 소수를 만든 사람이 점수를 얻어요. 3점을 먼저 얻는 사람 이 놀이에서 이겨요.

돈을 모아라!

인원 : 2~4명   준비물 : 주사위 1개, 놀이 말, 공책

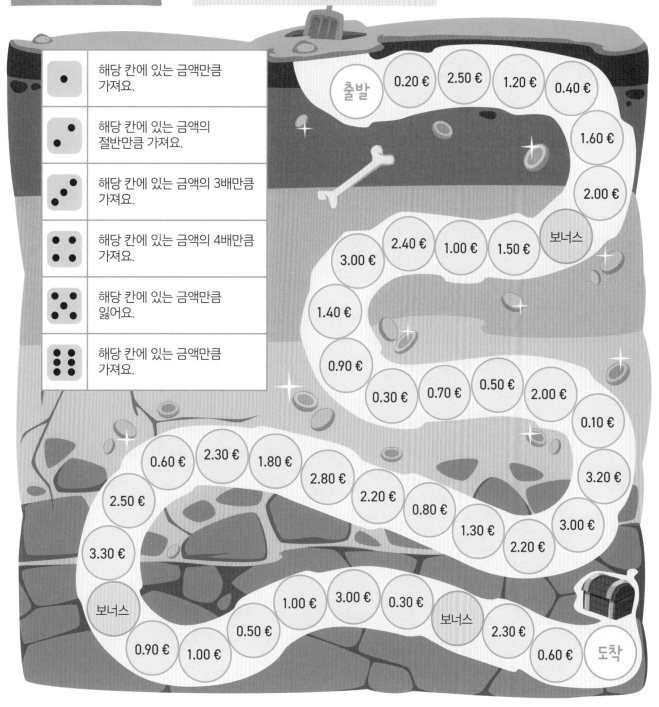

놀이 방법

1. 놀이판은 한 사람의 교재를 이용하세요. 각자 자신의 공책과 10유로를 가지고 놀이를 시작하세요.

2. 순서를 정해서 주사위를 두 번 굴리세요. 처음 굴린 주사위 눈만큼 놀이 말을 움직인 다음 두 번째 주사위를 굴리세요. 나온 주사위 눈에 해당하는 설명대로 돈을 계산하세요.

3. 자기 순서가 끝나면 공책에 가지고 있는 돈의 액수를 기록하세요.

4. 보너스 칸에 도착하면 가지고 있는 돈은 두 배가 돼요. 이때는 두 번째 주사위를 굴리지 않아요.

5. 도착점에 도착했을 때 돈을 더 많이 가진 사람이 놀이에서 이겨요.

금화 사냥

인원 : 2명   준비물 : 주사위 2개, 각도기

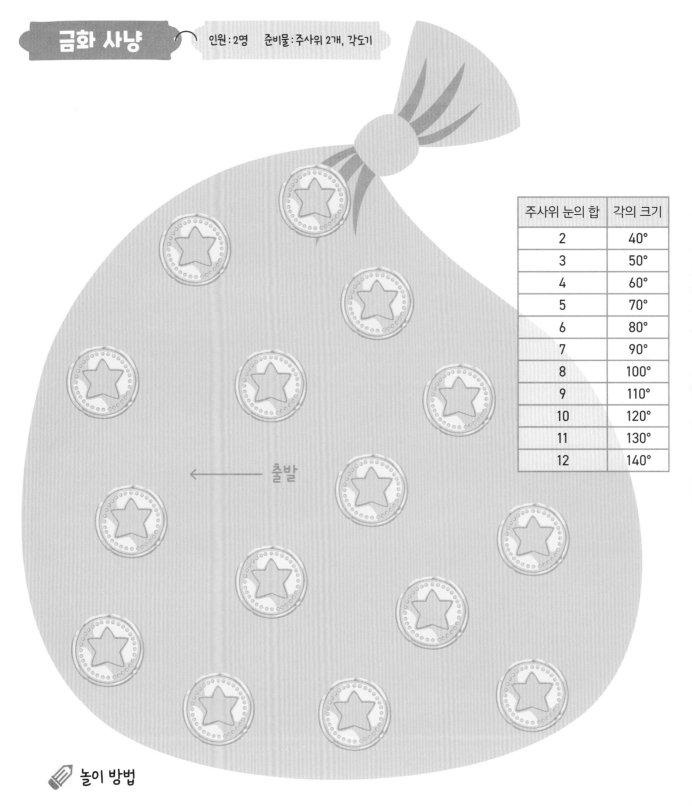

주사위 눈의 합	각의 크기
2	40°
3	50°
4	60°
5	70°
6	80°
7	90°
8	100°
9	110°
10	120°
11	130°
12	140°

← 출발

✏️ 놀이 방법

1. 놀이판은 한 사람의 교재를 이용하세요.

2. 순서를 정해 주사위를 2개 굴리세요.

3. 굴린 주사위의 눈을 모두 합해 그려야 할 각도의 크기를 표에서 확인한 후, 해당하는 각을 그리세요. 예를 들어 주사위 눈을 합해 5가 나왔다면 표에서 5에 해당하는 각도인 70°를 그려요.

4. 오른쪽이나 왼쪽으로 방향을 바꾸어도 좋아요. 처음 각은 화살표에서 시작하고, 각에 해당하는 변은 2cm씩 그려요. 선이 금화에 닿으면 금화를 얻어요.

5. 이전 참가자가 끝난 지점에서 다음 참가자가 계속 이어 가요. 금화를 모두 가져가거나 경로가 자루 밖으로 이탈하게 되면 놀이가 끝나요.

6. 금화를 더 많이 얻은 사람이 놀이에서 이겨요.

 **섬을 정복하라!** 인원 : 2명   준비물 : 주사위 1개, 컴퍼스

주사위 눈	지름
• 또는 ⦂•	3 cm
•⦂• 또는 ⦂⦂	4 cm
•⦂•• 또는 ⦂⦂⦂	5 cm

 놀이 방법

1. 놀이판은 한 사람의 교재를 이용하세요.

2. 순서를 정해 주사위를 굴리세요. 표를 보고 주사위 눈에 해당하는
   원의 지름을 확인하세요.

3. 번갈아 가며 섬의 아무 곳에나 원을 그리세요. 원끼리 서로 겹치
   면 안 되지만 중심이 같은 동심원 모양은 괜찮아요. 마지막까지
   원을 그릴 수 있는 사람이 놀이에서 이겨요.

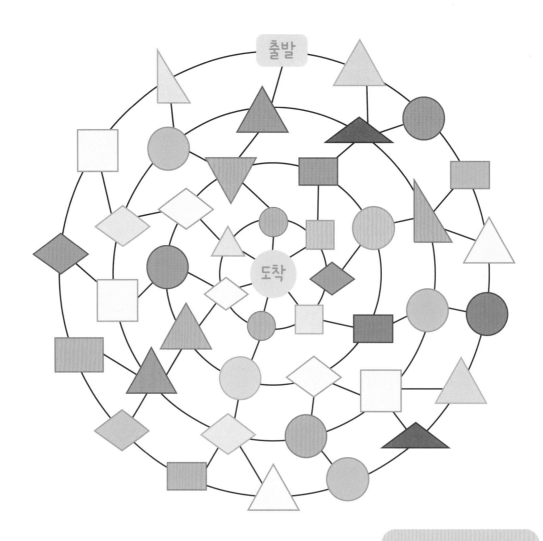

어떤 놀이를 만들었을까
궁금해~!

원의 중심으로 이동하라!

이 놀이는 2~4명이 할 수 있는 놀이예요. 순서를 정해 주사위를 굴리세요. 원둘레를
따라 놀이 말을 움직이세요. 시계 방향도, 시계 반대 방향도 좋아요. 자신의 순서일
때 처음 시작했던 칸과 색이나 모양이 같은 칸에 도착하면 원의 안쪽으로 놀이 말을
옮길 수 있어요. 도착점에 딱 맞게 도착하는 사람이 놀이에서 이겨요.

나만의 놀이 만들기

위의 놀이판에서 할 수 있는 다른 놀이를 만들어 보세요. 공책에 놀이 방법을 써
보세요. 평행사변형, 직사각형, 삼각형, 정사각형, 원 등과 같은 도형과 색깔을 이용해
보세요. 도형과 색깔을 추가할 수 있어요. 놀이판은 중심이 같은 4개의 동심원으로
구성되며 중앙에 도착점이 있어요.

스프레드 시트 프로그램 이용하기

부모님과 함께 여행을 계획해 보세요. 국내에서 목적지를 고르세요.
인터넷에서 여행 정보를 찾아 공책에 계획을 기록해 보세요.
그리고 스프레드 시트 프로그램을 이용하여 여행 비용을 계산해 보세요.

여행 계획	계획에 추가되어야 할 정보
• 집에서 목적지까지 왕복 여행 • 가족 수에 따른 2~3박 여행 • 대중교통 2종류 이용 • 방문지 2곳 • 비싸지 않은 수준의 여행 비용	• 교통 : 교통수단, 시간표, 왕복 비용, 총비용 • 숙박 : 숙박하는 곳의 이름과 주소, 1박 가격, 총비용 • 식사 : 식당, 1인당 가격, 총비용 • 방문지 : 방문지의 이름, 1인당 가격, 총비용

스프레드 시트 프로그램

스프레드 시트 프로그램의 셀에 글자와 숫자를 입력하세요.
B열 3째줄에 있는 셀을 B3이라고 말해요.

1. 먼저 표에 비용을 모두 입력하세요.

	A	B	C	D	E	F	G	H	I	J	K	L
1	교통			숙박			식사			방문지		
2	버스표	30.80 €		호텔 1박	76.90 €		점심	17.00 €		박물관		8.00 €
3	기차표	34.40 €		호텔 1박	76.90 €		점심	15.80 €		놀이 공원		50.00 €
4	총비용			호텔 1박	76.90 €		저녁 간식	5.30 €		총비용		
5				총비용			총비용					

2. 항목별로 하나씩 비용을 계산하세요.
총비용 옆에 있는 셀에 =SUM(합)을 입력하고, 합을 계산하고 싶은
셀의 이름을 괄호 안에 입력하세요.

=SUM(B2;B3)과 같이 셀의 이름을 세미콜론으로 구분하세요.

글자에 스페이스를 두거나 다른 글자를 쓰지 않도록 주의하세요.

	A	B	C
1	교통		
2	버스표	30.80 €	
3	기차표	34.40 €	
4	총비용	=SUM(B2:B3)	

예를 들어 기차표에 대한 가격을
바꾸면 스프레드 시트 앱이 셀의
수식을 이용하여 가격을 새롭게
계산해 줘요.

3. 총비용을 계산하기 위해 합을 모두 더하세요.

	A	B	C	D	E	F	G	H	I	J	K	L
1	교통			숙박			식사			방문지		
2	버스표	30.80 €		호텔 1박	76.90 €		점심	17.00 €		박물관		8.00 €
3	기차표	34.40 €		호텔 1박	76.90 €		점심	15.80 €		놀이 공원		50.00 €
4	총비용	65.20 €		호텔 1박	76.90 €		저녁 간식	5.30 €		총비용		58.00 €
5				총비용	230.70 €		총비용	38.10 €				
6	여행 전체 예산											
7	총비용	=SUM(B4;E5;H5;L4)										

그림 그리기 프로그래밍

태블릿, 게임 기기, 컴퓨터는 주어진 명령에 따라 작동해요. 이러한 단계별 명령을 알고리즘이라고 해요.

1. 명령을 실행해 보세요.

> 연필을 종이 위의 출발점에 두세요.
>
> 왼쪽으로 4칸 가세요.
>
> 위로 4칸 가세요.
>
> 오른쪽으로 4칸 가세요.
>
> 아래로 4칸 가세요.
>
> 연필을 떼세요.

어떤 도형이 되었나요?

_____

2. 친구가 아래 도형을 그릴 수 있도록 단계별로
   명령을 써 보세요.

   ❶ 한 변이 6칸인 정사각형
   ❷ 가로가 4칸, 세로가 3칸인 직사각형

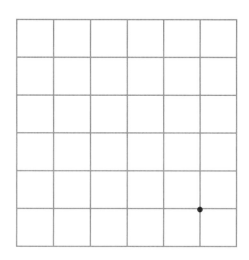

출발점이 바둑판
위에 있어.

3. 한 변이 5칸인 정사각형을 친구가 그릴 수 있도록 단계별 명령을 써 보세요.
   "시계 방향으로", "시계 반대 방향으로", "90°의 각도로"와 같은 말을 명령어로
   이용해 보세요.

4. 알고리즘에 따라 세로로 5칸, 가로로 3칸인
   직사각형을 그려 보세요.

   ❶ 한 번에 한 단계씩 명령을 따르면서 공책에 그려
     보세요.
   ❷ 알고리즘에서 오류를 발견할 수 있나요? 오류를
     찾아 X표 해 보세요.
   ❸ 오류를 어떻게 수정할 수 있나요? 오류를 수정하여
     공책에 해결책을 써 보세요.

> 연필을 종이 위의 출발점에 두세요.
>
> 오른쪽으로 5칸 가세요.
>
> 아래로 3칸 가세요.
>
> 왼쪽으로 5칸 가세요.
>
> 아래로 3칸 가세요.
>
> 연필을 떼세요.

120쪽 놀이 수학 <더 큰 소수를 만들어라!>에 활용하세요.

일의 자리	소수 첫째 자리	소수 둘째 자리	소수 셋째 자리

참가자 1   참가자 2   참가자 1   참가자 2

점수   점수   점수   점수

0 1 2 3 4

5 6 7 8 9

0 1 2 3 4

5 6 7 8 9

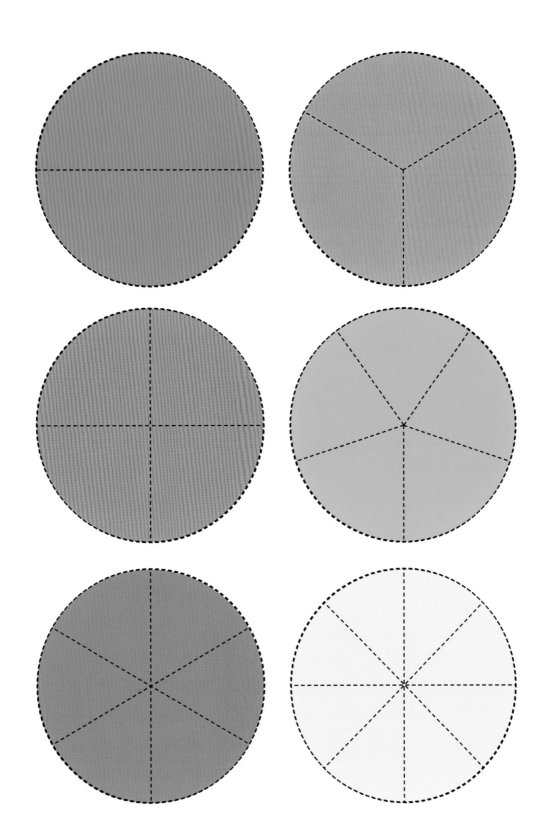

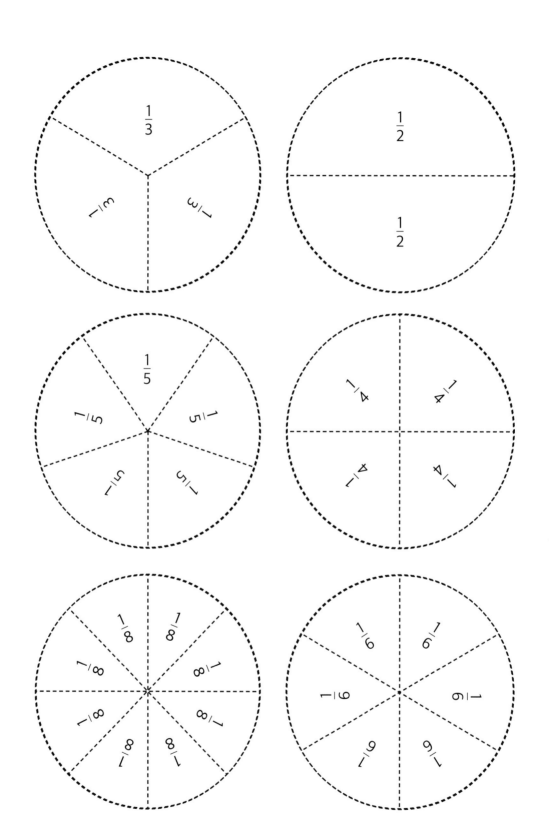

정보화 시대, IT 교육은 선택이 아닌 필수!

인터넷, 개인정보 보호, 사이버 폭력 예방, 코딩까지
아이들에게 꼭 필요한 정보화 시대 필수 도서 3종 세트!

카린 뉘고츠

개인 정보 보호와 사이버 폭력 예방은 필수!

코딩에 앞서 디지털 세상에 대한 이해가 우선!

놀이를 통해 자연스럽게 익히는 코딩!

카린 뉘고츠 코딩을 스웨덴 의무교육에 포함시킨 장본인이자, 스웨덴 최초 어린이 코딩 교육 TV프로그램 「Programmera mera」 기획 및 진행. 현재 스웨덴 교육부를 도와 어린이 IT 교육을 위해 다방면에서 활약하고 있다.

스웨덴 아이들이 매일 아침 하는 놀이 코딩

초등 놀이 코딩

카린 뉘고츠 글 | 노준구 그림 | 배장열 옮김 | 116쪽

스웨덴 어린이 코딩 교육의 선구자 카린 뉘고츠가 제안하는
언플러그드 놀이 코딩

★ 책과노는아이들 추천도서

꼼짝 마! 사이버 폭력

떼오 베네데띠, 다비데 모로지노또 지음 | 장 끌라우디오 빈치 그림 | 정재성 옮김 | 96쪽

사이버 폭력의 유형별 방어법이 총망라된
사이버 폭력 예방서

★ (재)푸른나무 청예단 추천도서
★ 한국학교도서관 이달에 꼭 만나볼 책
★ 아침독서추천도서
★ 꿈꾸는도서관 추천도서

코딩에서 4차산업혁명까지 세상을 움직이는 인터넷의 모든 것!

인터넷, 알고는 사용하니?

카린 뉘고츠 글 | 유한나 크리스티안손 그림 | 이유진 옮김 | 64쪽

뭐든 물어 봐, 인터넷에 대한 모든 것!
디지털 세상에 대한 이해를 돕는 필수 입문서!

★ 고래가숨쉬는도서관 겨울방학 추천도서
★ 꿈꾸는도서관 추천도서
★ 책과노는아이들 추천도서

★ ★ ★

핀란드에서 가장 많이 보는 1등 수학 교과서!
핀란드 초등학교 수학 교육 최고 전문가들이 만든
혼공 시대에 꼭 필요한 자기주도 수학 교과서를 만나요!

핀란드 수학 교과서, 왜 특별할까?

 수학적 구조를 발견하고 이해하게 하여 수학 공식을 암기할 필요가 없어요.

 수학적 이야기가 풍부한 그림으로 수학 학습에 영감을 불어넣어요.

 교구를 활용한 놀이를 통해 수학 개념을 이해시켜요.

 수학과 연계하여 컴퓨팅 사고와 문제 해결력을 키워 줘요.

 연산, 서술형, 응용과 심화, 사고력 문제가 한 권에 모두 들어 있어요.

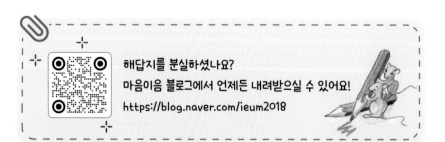

개별가 없음(세트로만 판매)

64410

9 791192 183152

ISBN 979-11-92183-15-2
979-11-92183-12-1 (세트)

무형광 종이 인쇄로 아이들 눈을 지켜 줘요

핀란드 5학년
수학 교과서
정답과 해설

5-1

마음이음

핀란드 5학년 수학 교과서 5-1

정답과 해설

1권

핀란드 수학 세계로
여행을 떠나 볼까요?

정답

12-13쪽

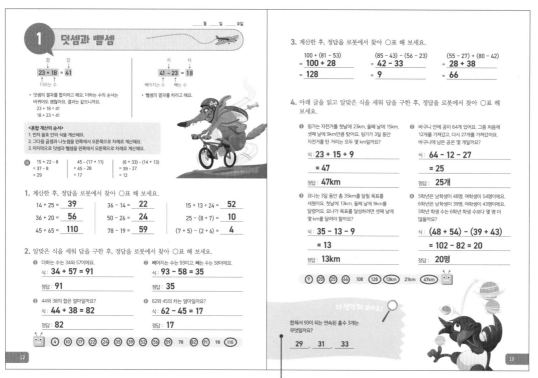

1 덧셈과 뺄셈

합 합
23 + 18 = 41
더하는 수

• 덧셈의 결과를 합이라고 해요. 더하는 수의 순서는 바뀌어도 괜찮아요. 결과는 같으니까요.
23 + 18 = 41
18 + 23 = 41

차 차
41 - 23 = 18
빼지는 수 빼는 수

• 뺄셈의 결과를 차라고 해요.

<혼합 계산의 순서>
1. 먼저 괄호 안의 식을 계산해요.
2. 그다음 곱셈과 나눗셈을 왼쪽에서 오른쪽으로 차례로 계산해요.
3. 마지막으로 덧셈과 뺄셈을 왼쪽에서 오른쪽으로 차례로 계산해요.

예 15 + 22 - 8   45 - (17 + 1)   (6 + 33) - (14 + 13)
= 37 - 8   = 45 - 28   = 39 - 27
= 29   = 17   = 12

1. 계산한 후, 정답을 로봇에서 찾아 ○표 해 보세요.

14 + 25 = **39**   36 - 14 = **22**   15 + 13 + 24 = **52**
36 + 20 = **56**   50 - 26 = **24**   25 - (8 + 7) = **10**
45 + 65 = **110**   78 - 19 = **59**   (7 + 5) - (2 + 6) = **4**

2. 알맞은 식을 세워 답을 구한 후, 정답을 로봇에서 찾아 ○표 해 보세요.

❶ 더하는 수는 34와 57이에요.
식: 34 + 57 = 91
정답: **91**

❷ 빼지는 수는 93이고 빼는 수는 58이에요.
식: 93 - 58 = 35
정답: **35**

❸ 44와 38의 합은 얼마일까요?
식: 44 + 38 = 82
정답: **82**

❹ 62와 45의 차는 얼마일까요?
식: 62 - 45 = 17
정답: **17**

로봇: ④ ⑩ ⑰ ㉒ ㉔ ㉟ ㊴ ㊾ ㊿ ㊾ 78 ㊷ 91 98 ⑪⑩

3. 계산한 후, 정답을 로봇에서 찾아 ○표 해 보세요.

100 + (81 - 53)   (85 - 43) - (56 - 23)   (55 - 27) + (80 - 42)
= 100 + 28   = 42 - 33   = 28 + 38
= 128   = 9   = 66

4. 아래 글을 읽고 알맞은 식을 세워 답을 구한 후, 정답을 로봇에서 찾아 ○표 해 보세요.

❶ 링가는 자전거를 첫날에 23km, 둘째 날에 15km, 셋째 날에 9km만큼 탔어요. 링가가 3일 동안 자전거를 탄 거리는 모두 몇 km일까요?
식: 23 + 15 + 9
= 47
정답: **47km**

❷ 바구니 안에 공이 64개 있어요. 그중 처음에 12개를 가져오고 다시, 27개를 가져갔어요. 바구니에 남은 공은 몇 개일까요?
식: 64 - 12 - 27
= 25
정답: **25개**

❸ 요나는 3일 동안 총 35km를 달릴 목표를 세웠어요. 첫날에 13km, 둘째 날에 9km를 달렸어요. 요나가 목표를 달성하려면 셋째 날에 몇 km를 달려야 할까요?
식: 35 - 13 - 9
= 13
정답: **13km**

❹ 5학년은 남학생이 48명, 여학생이 54명이에요. 6학년은 남학생이 39명, 여학생이 43명이에요. 5학년 학생 수는 6학년 학생 수보다 몇 명 더 많을까요?
식: (48 + 54) - (39 + 43)
= 102 - 82 = 20
정답: **20명**

로봇: ⑨ ⑳ ㉕ 66 108 128 ⑬㎞ 21km ㊼㎞ 🤖

더 생각해 보아요!
합해서 93이 되는 연속된 홀수 3개는 무엇일까요?
29   **31**   **33**

93을 3으로 나누어 가운데 수를 구하면 31
이에요. 연속된 수가 홀수이므로, (31-2), 31,
(31+2)를 하면 29, 31, 33이 나와요.

14-15쪽

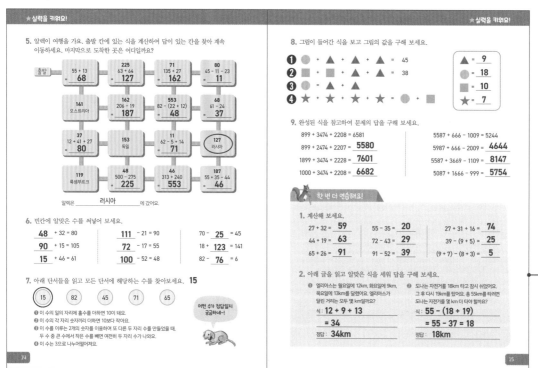

★ 실력을 키워요!

5. 알렉이 여행을 가요. 출발 칸에 있는 식을 계산하여 답이 있는 칸을 찾아 계속 이동하세요. 마지막으로 도착한 곳은 어디일까요?

출발
55 + 13 = **68**
225 63 + 64 = **127**
71 135 + 27 = **162**
80 45 - 11 - 23 = **11**

141 오스트리아
162 206 - 19 = **187**
553 82 - (22 + 12) = **48**
68 61 - 24 = **37**

37 12 + 41 + 27 = **80**
153 독일
11 62 - 5 + 14 = **71**
127 러시아

119 룩셈부르크
48 500 - 275 = **225**
46 313 + 240 = **553**
187 55 + 35 - 44 = **46**

알렉은 **러시아** 에 갔어요.

6. 빈칸에 알맞은 수를 써넣어 보세요.

48 + 32 = 80   **111** - 21 = 90   70 - **25** = 45
90 + 15 = 105   **72** - 17 = 55   18 + **123** = 141
15 + 46 = 61   **100** - 52 = 48   82 - **76** = 6

7. 아래 단서들을 읽고 모든 단서에 해당하는 수를 찾아보세요. **15**

⑮   82   45   71   65

❶ 이 수의 일의 자리에 홀수를 더하면 10이 돼요.
❷ 이 수의 각 자리 숫자끼리 더하면 10보다 작아요.
❸ 이 수를 이루는 2개의 숫자를 이용하여 또 다른 두 자리 수를 만들었을 때, 두 수 중 큰 수에서 작은 수를 빼면 여전히 두 자리 수가 나와요.
❹ 이 수는 3으로 나누어떨어져요.

어떤 수가 정답일지 궁금하네~!

8. 그림이 들어간 식을 보고 그림의 값을 구해 보세요.

❶ ● + ▲ + ▲ + ▲ = 45
❷ ■ + ■ + ▲ + ▲ = 38
❸ ▲ = ▲ + ▲ + ▲
❹ ★ + ★ + ★ + ★ = ● + ■

▲ = **9**
● = **18**
■ = **10**
★ = **7**

9. 완성된 식을 참고하여 문제의 답을 구해 보세요.

899 + 3474 + 2208 = 6581
899 + 2474 + 2207 = **5580**
1899 + 3474 + 2228 = **7601**
1000 + 3474 + 2208 = **6682**

5587 + 666 - 1009 = 5244
5987 + 666 - 2009 = **4644**
5587 + 3669 - 1109 = **8147**
5087 + 1666 - 999 = **5754**

🐿 한 번 더 연습해요!

1. 계산해 보세요.

27 + 32 = **59**   55 - 35 = **20**   27 + 31 + 16 = **74**
44 + 19 = **63**   72 - 43 = **29**   39 - (9 + 5) = **25**
65 + 26 = **91**   91 - 52 = **39**   (9 + 7) - (8 + 3) = **5**

2. 아래 글을 읽고 알맞은 식을 세워 답을 구해 보세요.

❶ 엘리아스는 월요일에 12km, 화요일에 9km, 목요일에 13km를 달렸어요. 엘리아스가 달린 거리는 모두 몇 km일까요?
식: 12 + 9 + 13
= 34
정답: **34km**

❷ 도나는 자전거를 18km 타고 잠시 쉬었어요. 그후 다시 19km를 탔어요. 총 55km를 타려면 도나는 자전거를 몇 km 더 타야 할까요?
식: 55 - (18 + 19)
= 55 - 37 = 18
정답: **18km**

🐿 보충 가이드 | 12쪽

5학년 단원을 시작하기 전
워밍업으로 사칙 연산을 다
루고 있어요. 얼마나 잘할 수
있는지 스스로 확인해 보세
요. 흔히 덧셈은 '합치기', 뺄
셈은 '제거하기'로만 알고 있
는데 이 원칙이 무조건 지켜
지는 것은 아닙니다. 덧셈은
부분들의 전체(부분+부분=
전체)이고, 뺄셈은 없어진 부
분(전체-부분=부분)이기 때
문에 구하려는 수가 무엇이냐
에 따라 즉, 부분인지 전체인
지에 따라 달라집니다.
예를 들면, 3+□=8에서 □를
구하려면 덧셈식이지만 8-3
이라는 뺄셈식으로 문제를
해결해야 해요. 한편으로 □
-5=3에서 □를 구하려면 뺄
셈식이지만 3+5라는 덧셈식
으로 문제를 해결해야 하지
요. 따라서 덧셈과 뺄셈은 서
로 역연산이며 전체와 부분
의 관계라는 것을 잘 이해하
는 것이 가장 중요하답니다.

13쪽 3번

덧셈은 순서를 바꾸어도 그
결과가 같아요. 그러나 뺄셈은
순서를 바꾸면 계산 결과가 달
라지므로 순서를 꼭 지켜야 해
요. 괄호가 있는 식에서는 괄호
안의 계산을 가장 먼저 해야 해
요. 복잡한 혼합 계산 식에서 실
수를 줄이려면 계산 순서를 정
한 뒤에 그 순서에 따라 계산하
면 정확한 답을 구할 수 있어요.

2

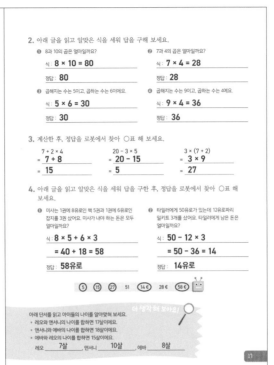

보충 가이드 | 16쪽

곱셈은 같은 크기의 그룹만큼 세어 전체 수가 얼마인지를 파악하는 것인데, 이것이 바로 곱셈적 사고랍니다.

5×9=45에서는 5씩 9그룹이 있을 때 전체 수가 얼마인지 파악하는 것이에요.

곱셈과 덧셈, 뺄셈이 함께 나오는 혼합 계산에서는 곱셈을 항상 먼저 계산한 후에 앞에서부터 차례로 덧셈, 뺄셈 문제를 해결해요. 순서를 정한 후 해결하면 더 정확하게 계산할 수 있답니다.

더 생각해 보아요! | 17쪽

레오+앤서니=17
앤서니+에바=18
에바+레오=15
3개의 식을 모두 더하면 레오+레오+앤서니+앤서니+에바+에바=50이므로 레오+앤서니+에바=25예요.
레오+앤서니=17을 레오+앤서니+에바=25에 넣으면 17+에바=25, 에바=8
앤서니+에바=18에 에바=8을 넣으면 앤서니=10
레오+앤서니=17에 앤서니=10을 넣으면 레오=7
정답 : 레오는 7살, 앤서니는 10살, 에바는 8살이에요.

MEMO

14쪽 7번

❶ 이 수의 일의 자리에 홀수를 더하면 10이 돼요.→ 82 탈락

❷ 이 수의 각 자리 숫자끼리 더하면 10보다 작아요.→ 6+5=11이므로 65 탈락

❸ 이 수를 이루는 2개의 숫자를 이용하여 또 다른 두 자리 수를 만들었을 때, 두 수 중 큰 수에서 작은 수를 빼면 여전히 두 자리 수가 나와요.→ 54-45=9, 한 자리 수이므로 45 탈락

❹ 이 수는 3으로 나누어떨어져요.
→ 71÷3=23…2이므로 71 탈락

정답 : 15

15쪽 8번

❶ ● + ▲ + ▲ + ▲ = 45에

❸ ● = ▲ + ▲ + ▲ 를 넣으면
▲ + ▲ + ▲ + ▲ + ▲ = 45
▲ = 9, ● = 18

❷ ■ + ■ + ▲ + ▲ = 38, ▲ = 9를 넣으면
■ + ■ + 9 + 9 = 38
■ + ■ = 38 - 18, ■ + ■ = 20, ■ = 10

❹ ★ + ★ + ★ + ★ = ● + ■
● =18과 ■ =10을 넣으면
★ + ★ + ★ + ★ =28, ★ =7

18-19쪽

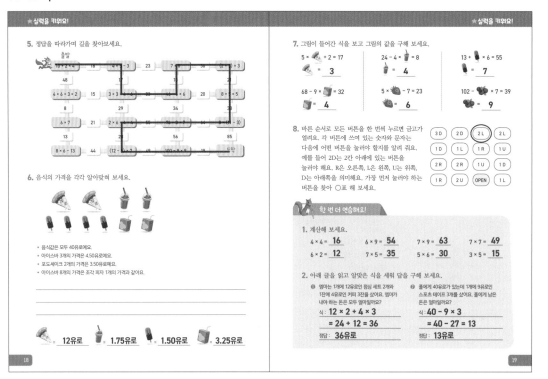

★실력을 키워요!

5. 정답을 따라가며 길을 찾아보세요.

6. 음식의 가격을 각각 알아맞혀 보세요.

* 음식값은 모두 40유로예요.
* 아이스바 3개의 가격은 4.50유로예요.
* 포도셰이크 2개의 가격은 3.50유로예요.
* 아이스바 8개의 가격은 조각 피자 1개의 가격과 같아요.

= **12**유로   = **1.75**유로   = **1.50**유로   = **3.25**유로

★실력을 키워요!

7. 그림이 들어간 식을 보고 그림의 값을 구해 보세요.

5 × ◯ + 2 = 17   24 - 4 × ◯ = 8   13 + ◯ × 6 = 55
◯ = **3**   ◯ = **4**   ◯ = **7**

68 - 9 × ◯ = 32   5 × ◯ - 7 = 23   102 - ◯ × 7 = 39
◯ = **4**   ◯ = **6**   ◯ = **9**

8. 바른 순서로 모든 버튼을 한 번씩 누르면 금고가 열려요. 각 버튼에 쓰여 있는 숫자와 문자는 다음에 어떤 버튼을 눌러야 할지를 알려 줘요. 예를 들어 2D는 2칸 아래에 있는 버튼을 눌러야 해요. R은 오른쪽, L은 왼쪽, U는 위쪽, D는 아래쪽을 의미해요. 가장 먼저 눌러야 하는 버튼을 찾아 ◯표 해 보세요.

3 D	2 D	ⓛ 2 L	2 L
1 D	1 L	1 R	1 U
2 R	2 R	1 U	1 D
1 R	2 U	OPEN	1 L

🐱 한 번 더 연습해요!

1. 계산해 보세요.
4 × 4 = **16**   6 × 9 = **54**   7 × 9 = **63**   7 × 7 = **49**
6 × 2 = **12**   7 × 5 = **35**   5 × 6 = **30**   3 × 5 = **15**

2. 아래 글을 읽고 알맞은 식을 세워 답을 구해 보세요.
❶ 엠마는 1개에 12유로인 점심 세트 2개와 1잔에 4유로인 커피 3잔을 샀어요. 엠마가 내야 하는 돈은 모두 얼마일까요?
식 : **12 × 2 + 4 × 3**
 = **24 + 12 = 36**
정답 : **36유로**

❷ 폴에게 40유로가 있는데 1개에 9유로인 스포츠 테이프 3개를 샀어요. 폴에게 남은 돈은 얼마일까요?
식 : **40 - 9 × 3**
 = **40 - 27 = 13**
정답 : **13유로**

18쪽 6번

아이스바 : 4.50÷3=1.50유
포도셰이크 : 3.50÷2=1.75
피자 : 1.50×8=12유로
배 주스 : 40-(12×2+1.7
+1.50×4)=6.5, 6.5÷2=3.25

19쪽 8번

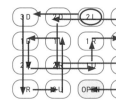

20-21쪽

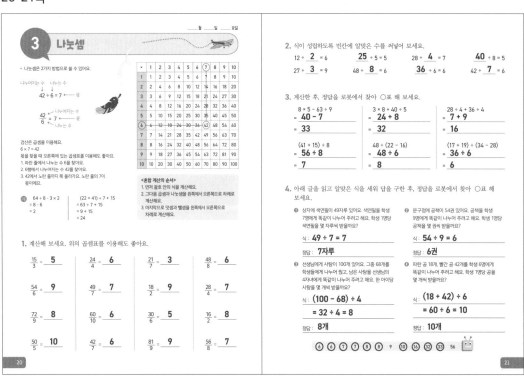

_____월 _____일 _____요일

3 나눗셈

* 나눗셈은 2가지 방법으로 쓸 수 있어요.

나누어지는 수   나누는 수
42 ÷ 6 = 7 몫

42/6 = 7 몫

검산은 곱셈을 이용해요.
6 × 7 = 42
몫을 찾을 때 오른쪽에 있는 곱셈표를 이용해도 좋아요.
1. 파란 줄에서 나누는 수를 찾아요.
2. 6에서 나누어지는 수 42를 찾아요.
3. 42를 노란 줄까지 쭉 올라가요. 노란 줄의 7이 몫이에요.

⑩ 64 ÷ 8 - 3 × 2   (22 + 41) ÷ 7 + 15
 = 8 ÷ 6   = 63 ÷ 7 + 15
 = 2   = 9 + 15
                    = 24

<혼합 계산의 순서>
1. 먼저 괄호 안의 식을 계산해요.
2. 그다음 곱셈과 나눗셈을 왼쪽에서 오른쪽으로 차례로 계산해요.
3. 마지막으로 덧셈과 뺄셈을 왼쪽에서 오른쪽으로 차례로 계산해요.

1. 계산해 보세요. 위의 곱셈표를 이용해도 좋아요.

$\frac{15}{3}$ = **5** $\frac{24}{4}$ = **6** $\frac{21}{7}$ = **3** $\frac{48}{8}$ = **6**

$\frac{54}{6}$ = **9** $\frac{49}{7}$ = **7** $\frac{18}{2}$ = **9** $\frac{28}{4}$ = **7**

$\frac{72}{9}$ = **8** $\frac{60}{10}$ = **6** $\frac{30}{6}$ = **5** $\frac{16}{2}$ = **8**

$\frac{50}{5}$ = **10** $\frac{42}{7}$ = **6** $\frac{81}{9}$ = **9** $\frac{56}{8}$ = **7**

2. 식이 성립하도록 빈칸에 알맞은 수를 써넣어 보세요.
12 ÷ **2** = 6   **25** ÷ 5 = 5   28 ÷ **4** = 7   **40** ÷ 8 = 5
27 ÷ **3** = 9   48 ÷ **8** = 6   **36** ÷ 6 = 6   42 ÷ **7** = 6

3. 계산한 후, 정답을 로봇에서 찾아 ◯표 해 보세요.

8 × 5 - 63 ÷ 9   3 × 8 + 40 ÷ 5   28 ÷ 4 + 36 ÷ 4
= **40 - 7**   = **24 + 8**   = **7 + 9**
= **33**   = **32**   = **16**

(41 + 15) ÷ 8   48 ÷ (22 - 16)   (17 + 19) ÷ (34 - 28)
= **56 ÷ 8**   = **48 ÷ 6**   = **36 ÷ 6**
= **7**   = **8**   = **6**

4. 아래 글을 읽고 알맞은 식을 세워 답을 구한 후, 정답을 로봇에서 찾아 ◯표 해 보세요.

❶ 상자에 색연필이 49자루 있어요. 색연필을 학생 7명에게 똑같이 나누어 주려고 해요. 학생 1명당 색연필을 몇 자루씩 받을까요?
식 : **49 ÷ 7 = 7**
정답 : **7자루**

❷ 문구점에 공책이 54권 있어요. 공책을 학생 9명에게 똑같이 나누어 주려고 해요. 학생 1명당 공책을 몇 권씩 받을까요?
식 : **54 ÷ 9 = 6**
정답 : **6권**

❸ 선생님에게 사탕이 100개 있어요. 그중 68개를 학생들에게 나누어 줬고, 남은 사탕을 선생님의 4자녀에게 똑같이 나누어 주려고 해요. 한 아이당 사탕을 몇 개씩 받을까요?
식 : **(100 - 68) ÷ 4**
 = **32 ÷ 4 = 8**
정답 : **8개**

❹ 파란 공 18개, 빨간 공 42개를 학생 6명에게 똑같이 나누어 주려고 해요. 학생 1명당 공을 몇 개씩 받을까요?
식 : **(18 + 42) ÷ 6**
 = **60 ÷ 6 = 10**
정답 : **10개**

⑥ ⑥ ⑦ ⑦ ⑧ ⑧ 9 ⑩ ⑩ ㉜ ㉝ 56

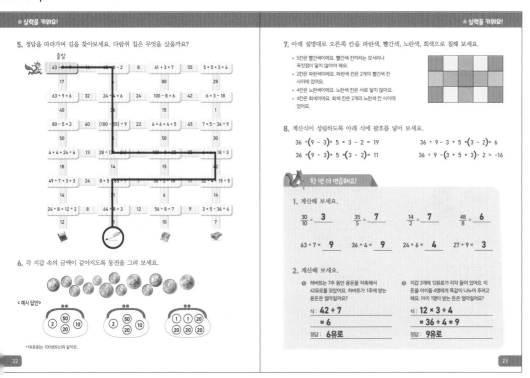

★ 실력을 키워요!

5. 정답을 따라가며 길을 찾아보세요. 다람쥐 칩은 무엇을 샀을까요?

출발

6. 각 지갑 속의 금액이 같아지도록 동전을 그려 보세요.

< 예시 답안 >

*1유로(€)는 100센트(c)와 같아요.

22

★ 실력을 키워요!

7. 아래 설명대로 오른쪽 칸을 파란색, 빨간색, 노란색, 회색으로 칠해 보세요.

- 5칸은 빨간색이에요. 빨간색 칸끼리는 모서리나 꼭짓점이 닿지 않아야 해요.
- 2칸은 파란색이에요. 파란색 칸은 2개의 빨간색 칸 사이에 있어요.
- 4칸은 노란색이에요. 노란색 칸은 서로 닿지 않아요.
- 4칸은 회색이에요. 회색 칸은 2개의 노란색 칸 사이에 있어요.

8. 계산식이 성립하도록 아래 식에 괄호를 넣어 보세요.

$36 \div (9 - 3) + 5 \times 3 - 2 = 19$

$36 \div (9 - 3) + 5 \times (3 - 2) = 11$

$36 \div 9 - 3 + 5 \times (3 - 2) = 6$

$36 \div 9 - (3 + 5 \times 3) - 2 = -16$

한 번 더 연습해요!

1. 계산해 보세요.

$\dfrac{30}{10} = 3$ $\dfrac{35}{5} = 7$ $\dfrac{14}{2} = 7$ $\dfrac{48}{8} = 6$

$63 \div 7 = 9$ $36 \div 4 = 9$ $24 \div 6 = 4$ $27 \div 9 = 3$

2. 계산해 보세요.

① 허버트는 7주 동안 용돈을 저축해서 42유로를 모았어요. 허버트가 1주에 받는 용돈은 얼마일까요?

식 : $42 \div 7$

$= 6$

정답 6유로

② 지갑 3개에 12유로가 각각 들어 있어요. 이 돈을 아이들 4명에게 똑같이 나누어 주려고 해요. 아이 1명이 받는 돈은 얼마일까요?

식 : $12 \times 3 \div 4$

$= 36 \div 4 = 9$

정답 9유로

23

22쪽 6번

1유로는 100센트와 같으므로 전체 금액은 8유로 40센트예요. 같은 금액씩 지갑 3개에 나누어 담으려면 유로를 센트로 바꿔서 나눗셈을 해요.

$840c \div 3 = 280c = 2€ \ 80c$

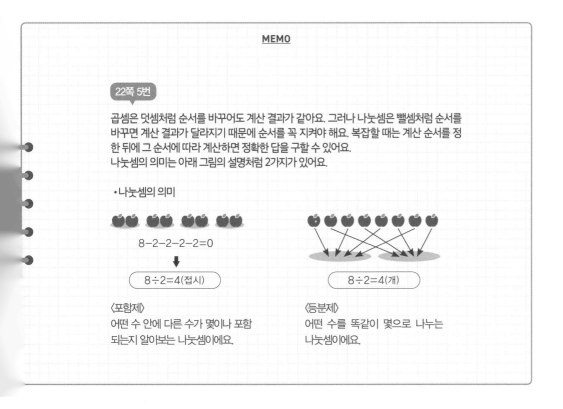

MEMO

22쪽 5번

곱셈은 덧셈처럼 순서를 바꾸어도 계산 결과가 같아요. 그러나 나눗셈은 뺄셈처럼 순서를 바꾸면 계산 결과가 달라지기 때문에 순서를 꼭 지켜야 해요. 복잡할 때는 계산 순서를 정한 뒤에 그 순서에 따라 계산하면 정확한 답을 구할 수 있어요.
나눗셈의 의미는 아래 그림의 설명처럼 2가지가 있어요.

• 나눗셈의 의미

$8-2-2-2-2=0$

↓

$8 \div 2 = 4$(접시)

〈포함제〉
어떤 수 안에 다른 수가 몇이나 포함되는지 알아보는 나눗셈이에요.

$8 \div 2 = 4$(개)

〈등분제〉
어떤 수를 똑같이 몇으로 나누는 나눗셈이에요.

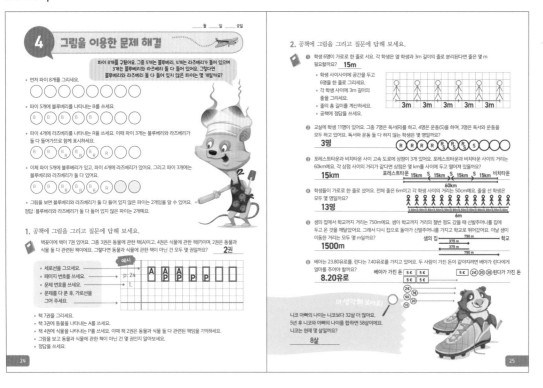

24-25쪽

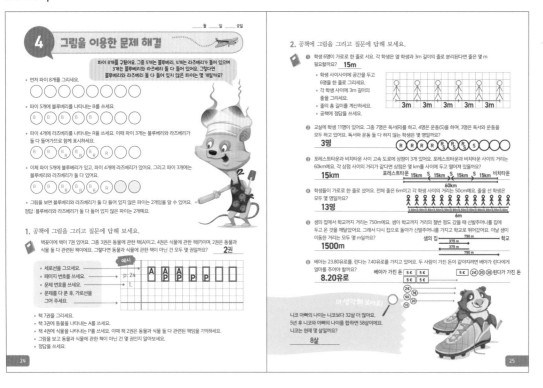

4 그림을 이용한 문제 해결

파이 8개를 구웠어요. 그중 5개는 블루베리, 4개는 라즈베리가 들어 있으며 3개는 블루베리와 라즈베리 둘 다 들어 있어요. 그렇다면 블루베리와 라즈베리 둘 다 들어 있지 않은 파이는 몇 개일까요?

- 먼저 파이 8개를 그리세요.
- 파이 5개에 블루베리를 나타내는 B를 쓰세요.
- 파이 4개에 라즈베리를 나타내는 R을 쓰세요. 이때 파이 3개는 블루베리와 라즈베리가 둘 다 들어가므로 함께 표시하세요.
- 이제 파이 5개에 블루베리가 있고, 파이 4개에 라즈베리가 있어요. 그리고 파이 3개에는 블루베리와 라즈베리 둘 다 있어요.
- 그림을 보면 블루베리와 라즈베리가 둘 다 들어 있지 않은 파이는 2개임을 알 수 있어요.

정답 : 블루베리와 라즈베리 둘 다 들어 있지 않은 파이는 2개예요.

1. 공책에 그림을 그리고 질문에 답해 보세요.

책꽂이에 책이 7권 있어요. 그중 3권은 동물에 관한 책(A)이고, 4권은 식물에 관한 책(P)이며, 2권은 동물과 식물 둘 다 관련된 책이에요. 그렇다면 동물과 식물에 관한 책이 아닌 건 모두 몇 권일까요? **2권**

- 세로선을 그으세요.
- 페이지 번호를 쓰세요. → p: 24
- 문제 번호를 쓰세요. → 1.
- 문제를 다 푼 후, 가로선을 그어 주세요.

예시 | A | A | P | P | P | | |

- 책 7권을 그리세요.
- 책 3권에 동물을 나타내는 A를 쓰세요.
- 책 4권에 식물을 나타내는 P를 쓰세요. 이때 책 2권은 동물과 식물 둘 다 관련된 책임을 기억하세요.
- 그림을 보고 동물과 식물에 관한 책이 아닌 건 몇 권인지 알아보세요.
- 정답을 쓰세요.

2. 공책에 그림을 그리고 질문에 답해 보세요.

❶ 학생 6명이 가로로 한 줄로 서요. 각 학생은 옆 학생과 3m 길이의 줄로 분리된다면 줄은 몇 m 필요할까요? **15m**
- 학생 사이사이에 공간을 두고 6명을 한 줄로 그리세요.
- 각 학생 사이에 3m 길이의 줄을 그리세요.
- 줄의 총 길이를 계산하세요.
- 공책에 정답을 쓰세요.

3m 3m 3m 3m 3m

❷ 교실에 학생 11명이 있어요. 그중 7명은 독서(R)를 하며, 4명은 운동(S)을 하고, 3명은 독서와 운동을 모두 하고 있어요. 독서와 운동 둘 다 하지 않는 학생은 몇 명일까요? **3명**

R R R R R S S S

❸ 포레스트타운과 비치타운 사이 고속 도로에 상점이 3개 있어요. 포레스트타운과 비치타운 사이의 거리는 60km예요. 각 상점 사이의 거리가 같다면 상점은 몇 km씩 사이를 두고 떨어져 있을까요? **15km**

포레스트타운 15km S 15km S 15km S 15km 비치타운
60km

❹ 학생들이 가로로 한 줄로 섰어요. 전체 줄은 6m이고 각 학생 사이의 거리는 50cm예요. 줄을 선 학생은 모두 몇 명일까요? **13명**

6m

❺ 샘의 집에서 학교까지 거리는 750m예요. 샘이 학교까지 거리의 절반 정도 갔을 때 신발주머니를 집에 두고 온 것을 깨달았어요. 그래서 다시 집으로 돌아가 신발주머니를 가지고 학교로 뛰어갔어요. 이날 샘이 이동한 거리는 모두 몇 m일까요? **1500m**

샘의 집 [375m][375m] 학교
780m
375m
750m

❻ 베아는 23.80유로를, 린다는 7.40유로를 가지고 있어요. 두 사람이 가진 돈이 같아지려면 베아가 린다에게 얼마를 주어야 할까요? **8.20유로**

베아가 가진 돈 [5€][5€] [5€][2€][2€][2€]린다가 가진 돈

더 생각해 보아요!

니코 아빠의 나이는 니코보다 32살 더 많아요. 5년 후 니코와 아빠의 나이를 합하면 58살이에요. 니코는 현재 몇 살일까요? **8살**

보충 가이드 | 24쪽

문제 해결의 전략으로는 실제로 해 보기, 그림 그리기, 규칙 찾기, 표 만들기, 추측하고 확인하기, 거꾸로 풀기 등이 있어요.
그림이나 도표 그리기 전략을 사용하여 문제에 제시된 정보들을 표현하면 정보 사이의 관계를 좀 더 쉽게 파악할 수 있어요.

더 생각해 보아요! | 25쪽

니코의 나이를 □라 하면 아빠의 나이는 □+32가 돼요.
5년 후에는 아빠와 니코 모두 5살씩 먹으므로 10을 더해야 해요.
식을 세워 보면,
□+□+32+10=58
□+□=58-42, □=8
니코 8살, 아빠 40살

26-27쪽

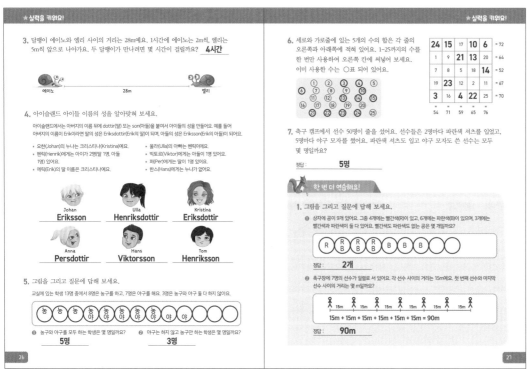

★실력을 키워요!

3. 달팽이 에이노와 엘리 사이의 거리는 28m예요. 1시간에 에이노는 2m씩, 엘리는 5m씩 앞으로 나아가요. 두 달팽이가 만나려면 몇 시간이 걸릴까요? **4시간**

에이노 28m 엘리

4. 아이슬란드 아이들 이름의 성을 알아맞혀 보세요.

아이슬란드에서는 아버지의 이름 뒤에 dottir(딸) 또는 son(아들)을 붙여서 아이들의 성을 만들어요. 예를 들어 아버지의 이름이 Erik(에릭)일 때 딸의 성은 Eriksdottir(에릭의 딸)이 되고, 아들의 성은 Eriksson(에릭의 아들)이 되어요.

- 요한(Johan)의 누나는 크리스티나(Kristina)예요.
- 헨릭(Henrik)에게는 아이가 2명(딸 1명, 아들 1명)이 있어요.
- 에릭(Erik)의 딸 이름은 크리스티나예요.
- 울라(Ulla)의 누나는 헨릭이에요.
- 빅토르(Viktor)에게는 아들이 1명 있어요.
- 퍼(Per)에게는 딸이 1명 있어요.
- 한스(Hans)에게는 누나가 없어요.

Johan **Eriksson**
Ulla **Henriksdottir**
Kristina **Eriksdottir**
Anna **Persdottir**
Hans **Viktorsson**
Tom **Henriksson**

5. 그림을 그리고 질문에 답해 보세요.

교실에 학생 13명 중에서 8명은 농구를 하고, 7명은 야구를 해요. 3명은 농구와 야구 둘 다 하지 않아요.

농 농 농 농 농 농 농 야 야 야 야 야 야

❶ 농구와 야구를 모두 하는 학생은 몇 명일까요? **5명**
❷ 야구는 하지 않고 농구만 하는 학생은 몇 명일까요? **3명**

★실력을 키워요!

6. 세로와 가로줄에 있는 5개의 수의 합은 각 줄의 오른쪽과 아래쪽에 적혀 있어요. 1~25까지의 수를 한 번만 사용하여 오른쪽 칸에 써넣어 보세요. 이미 사용한 수는 ○표 되어 있어요.

24	15	17	10	6	= 72
1	9	21	13	20	= 64
7	8	5	18	14	= 52
19	23	12	2	11	= 67
3	16	4	22	25	= 70
54	71	59	65	76	

① ② ③ ④ ⑤
⑥ ⑦ ⑧ ⑨ ⑩
⑪ ⑫ ⑬ ⑭ ⑮
⑯ ⑰ ⑱ ⑲ ⑳
㉑ ㉒ ㉓ ㉔ ㉕

7. 축구 캠프에서 선수 50명이 줄을 섰어요. 선수들은 2명마다 파란색 셔츠를 입었고, 5명마다 야구 모자를 썼어요. 파란색 셔츠도 입고 야구 모자도 쓴 선수는 모두 몇 명일까요?

정답 _____ **5명**

한 번 더 연습해요!

1. 그림을 그리고 질문에 답해 보세요.

❶ 상자에 공이 9개 있어요. 그중 4개에는 빨간색(R)이 있고, 6개에는 파란색(B)이 있으며, 3개에는 빨간색과 파란색이 둘 다 있어요. 빨간색도 파란색도 없는 공은 몇 개일까요?

R R R R
B B B B B B B B

정답 _____ **2개**

❷ 축구장에 7명의 선수가 일렬로 서 있어요. 각 선수 사이의 거리는 15m예요. 첫 번째 선수와 마지막 선수 사이의 거리는 몇 m일까요?

15m 15m 15m 15m 15m 15m
15m + 15m + 15m + 15m + 15m + 15m = 90m

정답 _____ **90m**

26쪽 3번

제시된 28m 선에 주어진 조건을 그림으로 나타내거나 표를 만들어 풀어 보세요. 문제를 이해하고 해결하는 데 큰 도움이 된답니다.

	1시간	2시간	3시간	4시간
에이노	2m	4m	6m	8m
엘리	5m	10m	15m	20m
남은 거리	21m	14m	7m	0m

27쪽 7번

파란색 셔츠-2, 4, 6, 8… 2단 순서에 있는 선수들은 파란색 셔츠를 입었어요.
야구 모자-5, 10, 15, 20… 5단 순서에 있는 선수들은 야구 모자를 썼어요.
그러므로 파란색 셔츠를 입고 야구 모자를 쓴 선수는 2단과 5단이 겹치는 10, 20, 30, 40, 50번째에 있는 선수들이에요.

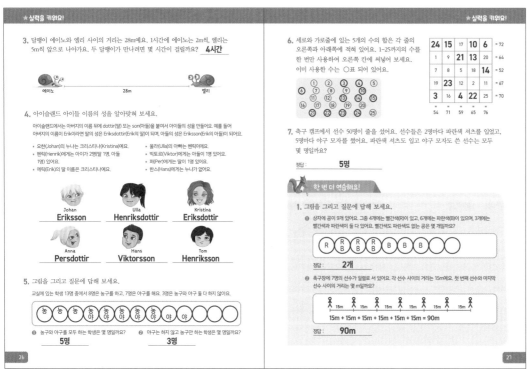

28-29쪽

5 등식을 이용한 문제 해결

월 ___ 일 ___ 요일

* 양쪽의 무게가 같을 때 저울은 수평을 이루어요.
* 같은 무게의 추를 똑같이 더하거나 빼도 저울은 수평을 이루어요.

> **저울이 수평을 이루었어요.**
> **빨간 추 1개의 무게는 얼마일까요?**

2kg짜리 상자와 빨간 추 1개를 저울 양쪽에서 똑같이 빼면
저울은 수평을 이루어요.
빨간 추 2개의 무게는 6kg과 같아요. 즉, 빨간 추 1개의 무게는
3kg임을 알 수 있어요.

정답 : 빨간 추 1개의 무게는 3kg이에요.

1. 저울이 수평을 이루었어요. 빨간 추 1개의 무게가 얼마인지 알아맞혀 보세요.

❶ ■ = __2__ kg

❷ ■ = __2__ kg

❸ ■ = __3__ kg

❹ ■ = __3__ kg

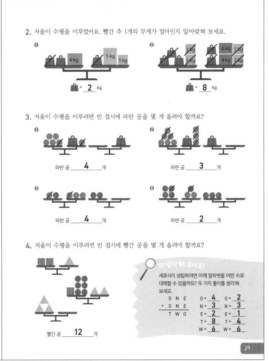

2. 저울이 수평을 이루었어요. 빨간 추 1개의 무게가 얼마인지 알아맞혀 보세요.

❶ ■ = __2__ kg

❷ ■ = __8__ kg

3. 저울이 수평을 이루려면 빈 접시에 파란 공을 몇 개 올려야 할까요?

❶ 파란 공 __4__ 개

❷ 파란 공 __3__ 개

❸ 파란 공 __4__ 개

❹ 파란 공 __2__ 개

4. 저울이 수평을 이루려면 빈 접시에 빨간 공을 몇 개 올려야 할까요?

빨간 공 __12__ 개

> **더 생각해 보아요!**
> 세로식이 성립하려면 아래 알파벳을 어떤 수로
> 대체할 수 있을까요? 두 가지 풀이를 생각해
> 보세요.
>
> | | O | N | E | | | O= **4** | O= **2** |
> | + | O | N | E | | | N= **3** | N= **3** |
> | T | W | O | | | | E= **2** | E= **1** |
> | | | | | | | T= **8** | T= **4** |
> | | | | | | | W= **6** | W= **6** |

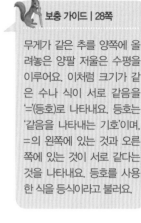

보충 가이드 | 28쪽

무게가 같은 추를 양쪽에 올
려놓은 양팔 저울은 수평을
이루어요. 이처럼 크기가 같
은 수나 식이 서로 같음을
'=(등호)'로 나타내요. 등호는
'같음을 나타내는 기호'이며,
=의 왼쪽에 있는 것과 오른
쪽에 있는 것이 서로 같다는
것을 나타내요. 등호를 사용
한 식을 등식이라고 불러요.

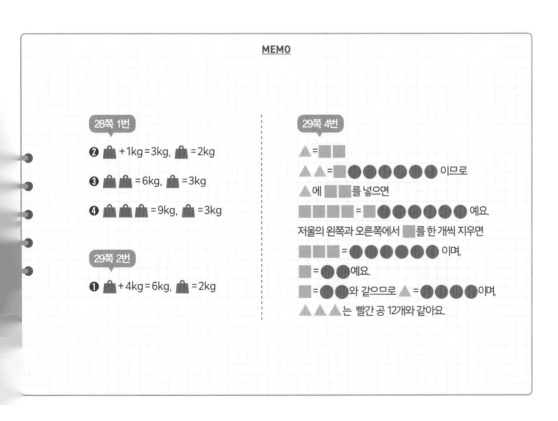

MEMO

28쪽 1번

❷ ■ +1kg=3kg, ■ =2kg

❸ ■ ■ =6kg, ■ =3kg

❹ ■ ■ ■ =9kg, ■ =3kg

29쪽 2번

❶ ■ +4kg=6kg, ■ =2kg

29쪽 4번

▲ = ■

▲ ▲ = ■ ●●●●●● 이므로

▲ 에 ■ ■ 를 넣으면

■ ■ = ●●●●●● 예요.

저울의 왼쪽과 오른쪽에서 ■ 를 한 개씩 지우면

■ = ●●●● 이며,

■ = ●● 예요.

■ = ●● 와 같으므로 ▲ = ●●●● 이며,

▲ ▲ ▲ 는 빨간 공 12개와 같아요.

30-31쪽

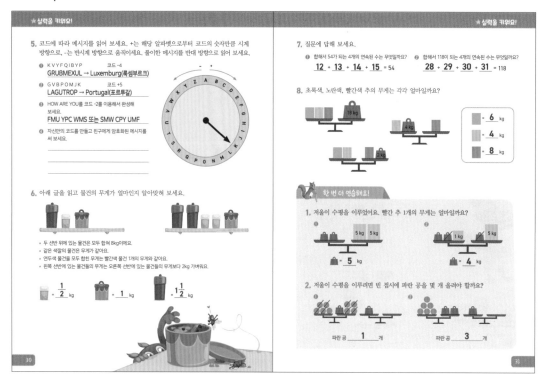

31쪽 7번

❶ 연속된 수를 4개 더해야 하고, 십의 자리 수가 5이므로 연속된 수의 십의 자리 수는 1이어야 해요.
일의 자리 수를 더했을 때 14가 되려면 2+3+4+5=14이고, 십의 자리로 1을 받아 올림하면 조건에 맞아요.

❷ 연속된 수를 4개 더해야 하고, 백과 십의 자리 수가 11이므로 십의 자리 수를 더해 11이 되려면 십의 자리 수 2개는 2, 남은 2개는 3이 되어야 해요. (2가 4개는 8이고, 3이 4개는 12라 안 됨.)
연속되는 수이므로 십의 자리 수가 2이면서 십의 자리 수 3과 연속되는 수는 28, 29, 30, 31이에요. 일의 자리 수는 8이므로 조건에 맞아요.

31쪽 8번

▨▨▨=18kg에
▨▨ = ▨+2kg을 넣으면
▨▨+2kg=18kg
▨▨=16kg
▨=8kg
▨+4kg = ▨
▨+4kg=8kg
▨=4kg
▨▨▨=18kg
▨+4kg+8kg=18kg
▨=6kg

MEMO

30쪽 6번

두 선반 위의 물건은 모두 합쳐 8kg이며, 왼쪽 선반의 물건이 오른쪽 선반의 물건보다 2kg 가벼우므로 식을 세워 보면

▨▨▨+2kg = ▨▨▨▨

▨▨▨▨▨▨=8kg

저울의 왼쪽과 오른쪽에서 ▨▨를 한 개씩 지우면 ▨=2kg이에요.

연두색 물건을 모두 합친 무게는 빨간색 물건 1개와 같으므로 식을 세워 보면 ▨▨▨=▨이므로

▨▨▨=2kg이며, ▨=$\frac{2}{4}=\frac{1}{2}$kg

▨=▨▨▨=$\frac{1}{2}+\frac{1}{2}+\frac{1}{2}=\frac{3}{2}=1\frac{1}{2}$kg

▨=2kg를 ▨▨▨=8kg에 대입하면 6kg+▨▨=8kg, ▨▨=1kg

-33쪽

6 문자가 1개 있는 문제

___월 ___일 ___요일

□ 대신에 x라는 문자를 쓰고 x를 구해 볼까요?

$x + 2 = 5$	$x - 3 = 4$
$x = 3$	$x = 7$
3 + 2 = 5이니까요.	7 - 3 = 4이니까요.

파란색 막대의 길이는 얼마일까요?

x	x	6
	16	

알맞은 식을 세워 보세요.

- 색깔 막대의 윗부분 총 길이는 $x + x + 6$이에요.
- 색깔 막대의 아랫부분 총 길이는 16이에요.
- 윗부분 막대의 총 길이는 아랫부분 막대 길이와 같아요.
- $x + x + 6 = 16$

파란색 막대의 길이 x를 계산해요.
$x + x + 6 = 16$
$x + x = 10, 10 + 6 = 16$이니까요.
따라서 $x = 5, 5 + 5 = 10$이니까요.

정답 : 파란색 막대의 길이는 5예요.

왜 $x + x$가 10이지?

1. 식이 성립하려면 문자 x에 어떤 수를 쓸 수 있을까요? 정답에 ○표 해 보세요.

$x + 4 = 5$ ① 2 3 4 5
$x + 1 = 6$ 3 4 ⑤ 6 7

$x - 3 = 4$ 3 4 5 6 ⑦
$x - 6 = 1$ 5 6 ⑦ 8 9

$x + x + 3 = 15$ 3 4 5 ⑥ 7
$x + x - 4 = 10$ 3 4 5 6 ⑦

2. 식이 성립하려면 문자 x에 어떤 수를 쓸 수 있을까요? 정답을 로봇에서 찾아 ○표 해 보세요.

$x + 5 = 8$	$x + 6 = 10$	$x - 8 = 2$	$30 - x = 18$
$x = 3$	$x = 4$	$x = 10$	$x = 12$

③ ④ 8 ⑩ ⑫ 20

3. 색깔 막대 x의 길이를 구한 후, 정답을 로봇에서 찾아 ○표 해 보세요.

x	4
	7

$x = 3$

x	10

$x = 3$

x	12

$x = 6$

x	x	x
	15	

$x = 5$

x	2 2
	13	

$x = 7$

x	x	8
	16	

$x = 4$

4. 식이 성립하려면 문자 x에 어떤 수를 쓸 수 있을까요? 정답을 로봇에서 찾아 ○표 해 보세요.

$x + x + 2 = 22$	$x + x + 8 = 18$	$x + x - 3 = 13$
$x = 10$	$x = 5$	$x = 8$
$50 - x - x = 20$	$2 \times x = 18$	$4 + 2 \times x = 26$
$x = 15$	$x = 9$	$x = 11$

③ ④ ⑤ ⑥ 7 ⑧ ⑨ ⑩ ⑪ 12 ⑮

5. 식이 성립하려면 아래 알파벳을 어떤 수로 대체할 수 있을까요?

$2 \times A + B = 20$ A = 7
$C + B = 8$ B = 6
$A \times 2 + 1 = 15$ C = 48

이 생각해 보아요!

모든 길을 살필 수 있도록 교차로에 감시 카메라 3대를 설치해 보세요. 각 카메라의 위치에 X표 해 보세요.

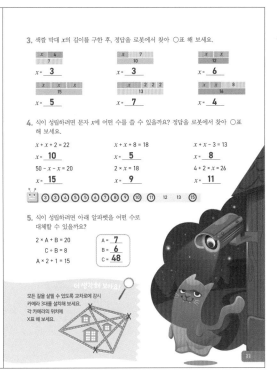

🐿 **보충 가이드 | 32쪽**

미지수란 값이 정해지지 않았거나 값을 알 수 없어 구해야 하는 수를 말해요. 흔히 □ 또는 x, y 등의 문자로 표시해요.

33쪽 5번

A×2+1=15, A×2=14, A=7
2×A+B=20에 A=7을 넣으면
2×7+B=20, B=20-14, B=6
C÷B=8에 B=6을 넣으면
C÷6=8, C=48

-35쪽

★ 실력을 키워요!

6. 어떤 수일까요?

❶ 이 수에 6을 곱한 값에 5를 더하면 29가 나와요.
4

❷ 이 수를 2로 나눈 몫에 3을 더하면 8이 나와요.
10

❸ 이 수에 5를 곱한 값에서 7을 빼면 53이 나와요.
12

❹ 이 수에서 12를 뺀 값에 13을 곱하면 52가 나와요.
16

7. 아래 스도쿠 퍼즐을 완성해 보세요. 가로줄, 세로줄, 그리고 각각의 작은 사각형 안에 1~9까지의 수를 한 번씩 쓸 수 있어요.

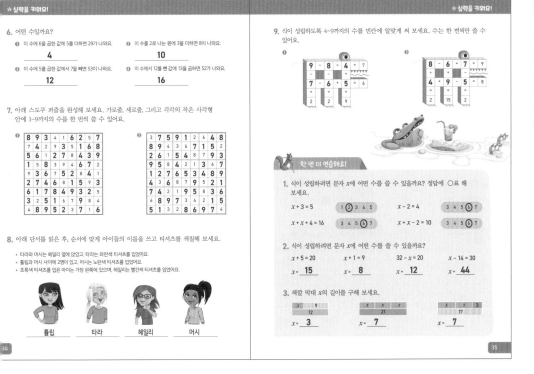

8. 아래 단서를 읽은 후, 순서에 맞게 아이들의 이름을 쓰고 티셔츠를 색칠해 보세요.

- 타라와 머시는 헤일리 옆에 앉았고, 타라는 파란색 티셔츠를 입었어요.
- 틀립과 머시 사이에 2명이 있고, 머시는 노란색 티셔츠를 입었어요.
- 초록색 티셔츠를 입은 아이는 가장 왼쪽에 있으며, 헤일리는 빨간색 티셔츠를 입었어요.

틀립 타라 헤일리 머시

9. 식이 성립하도록 4~9까지의 수를 빈칸에 알맞게 써 보세요. 수는 한 번씩만 쓸 수 있어요.

🐊 **한 번 더 연습해요!**

1. 식이 성립하려면 문자 x에 어떤 수를 쓸 수 있을까요? 정답에 ○표 해 보세요.

$x + 3 = 5$ 1 ② 3 4 5
$x - 2 = 4$ 3 4 5 ⑥ 7

$x + x + 4 = 16$ 3 4 5 ⑥ 7
$x + x - 2 = 10$ 3 4 5 ⑥ 7

2. 식이 성립하려면 문자 x에 어떤 수를 쓸 수 있을까요?

$x + 5 = 20$	$x + 1 = 9$	$32 - x = 20$	$x - 14 = 30$
$x = 15$	$x = 8$	$x = 12$	$x = 44$

3. 색깔 막대 x의 길이를 구해 보세요.

x	9
	12

$x = 3$

x	x	7
	21	

$x = 7$

x	x	3
	17	

$x = 7$

34쪽 6번

구해야 하는 수인 미지수를 □ 또는 x, y 등으로 표시해서 식을 만들어 답을 구해 보세요.

❶ $x \times 6 + 5 = 29$, $x \times 6 = 24$, $x = 4$
❷ $x \div 2 + 3 = 8$, $x \div 2 = 5$, $x = 10$
❸ $x \times 5 - 7 = 53$, $x \times 5 = 60$, $x = 12$
❹ $(x - 12) \times 13 = 52$, $x - 12 = 4$
$x = 16$

36-37쪽

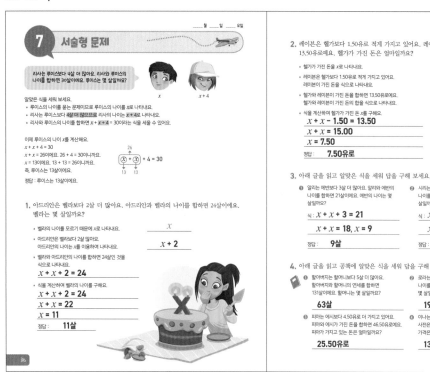

___월 ___일 ___요일

7 서술형 문제

리사는 루이스보다 4살 더 많아요. 리사와 루이스의
나이를 합하면 30살이에요. 루이스는 몇 살일까요?

x $x + 4$

알맞은 식을 세워 보세요.
• 루이스의 나이를 묻는 문제이므로 루이스의 나이를 x로 나타내요.
• 리사는 루이스보다 4살 더 많으므로 리사의 나이를 $x + 4$로 나타내요.
• 리사와 루이스의 나이를 합하면 $x + x + 4 = 30$이라는 식을 세울 수 있어요.

이제 루이스의 나이 x를 계산해요.
$x + x + 4 = 30$
$x + x = 26$이에요. 26 + 4 = 30이니까요.
$x = 13$이에요. 13 + 13 = 26이니까요.
즉, 루이스는 13살이에요.

정답 : 루이스는 13살이에요.

1. 아드리안은 벨라보다 2살 더 많아요. 아드리안과 벨라의 나이를 합하면 24살이에요.
벨라는 몇 살일까요?

• 벨라의 나이를 모르기 때문에 옆에 x로 나타내요. x
• 아드리안은 벨라보다 2살 더 많으므로
아드리안의 나이를 옆을 이용하여 나타내요. $x + 2$
• 벨라와 아드리안의 나이를 합하여 24살인 것을
식으로 나타내요.
$x + x + 2 = 24$
• 식을 계산하여 벨라의 나이를 구해요.
$x + x + 2 = 24$
$x + x = 22$
$x = 11$
정답 : 11살

2. 레이븐은 헬가보다 1.50유로 적게 가지고 있어요. 레이븐과 헬가가 가진 돈을 합하면
13.50유로예요. 헬가가 가진 돈은 얼마일까요?

• 헬가가 가진 돈을 x로 나타내요. x
• 레이븐은 헬가보다 1.50유로 적게 가지고 있어요.
레이븐이 가진 돈을 식으로 나타내요. $x - 1.50$
• 헬가와 레이븐이 가진 돈을 합하면 13.50유로예요.
헬가와 레이븐이 가진 돈의 합을 식으로 나타내요. $x + x - 1.50 = 13.50$
• 식을 계산하여 헬가가 가진 돈 x를 구해요.
$x + x - 1.50 = 13.50$
$x + x = 15.00$
$x = 7.50$
정답 : 7.50유로

3. 아래 글을 읽고 알맞은 식을 세워 답을 구해 보세요.

❶ 알리는 에반보다 3살 더 많아요. 알리와 에반의
나이를 합하면 21살이에요. 에반의 나이는 몇
살일까요?

식 : $x + x + 3 = 21$
$x + x = 18, x = 9$
정답 : 9살

❷ 시리는 모나보다 2살 더 어려요. 시리와 모나의
나이를 합하면 26살이에요. 모나의 나이는 몇
살일까요?

식 : $x + x - 2 = 26$
$x + x = 28, x = 14$
정답 : 14살

4. 아래 글을 읽고 공책에 알맞은 식을 세워 답을 구해 보세요.

❶ 할아버지는 할머니보다 5살 더 많아요.
할아버지와 할머니의 연세를 합하면
131살이에요. 할머니는 몇 살일까요?

63살

❷ 로라는 익보다 3살 더 어려요. 로라와 익의
나이를 합하면 35살이에요. 익의 나이는
몇 살일까요?

19살

❸ 피아는 에시보다 4.50유로 더 가지고 있어요.
피아와 에시가 가진 돈을 합하면 46.50유로예요.
피아가 가지고 있는 돈은 얼마일까요?

25.50유로

❹ 이나는 책 2권을 모두 38유로를 주고 샀어요.
사전은 동화책보다 12유로 더 비쌌어요. 동화책의
가격은 얼마일까요?

13유로

38-39쪽

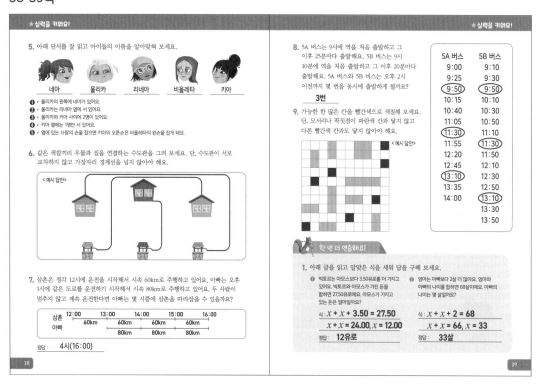

★ 실력을 키워요!

5. 아래 단서를 잘 읽고 아이들의 이름을 알아맞혀 보세요.

네아   울리카   리네아   비올레타   키아

❶ 울리카의 왼쪽에 네아가 있어요.
❷ 울리카는 리네아 옆에 서 있어요.
❸ 울리카와 키아 사이에 2명이 있어요.
❹ 키아 옆에는 1명만 서 있어요.
❺ 옆에 있는 사람의 손을 잡으면 키아의 오른손은 비올레타의 왼손을 잡게 돼요.

6. 같은 색깔끼리 우물과 집을 연결하는 수도관을 그려 보세요. 단, 수도관이 서로
교차하지 않고 가장자리 경계선을 넘지 않아야 해요.

< 예시 답안 >

7. 삼촌은 정각 12시에 운전을 시작해서 시속 60km로 주행하고 있어요. 아빠는 오후
1시에 같은 도로를 운전을 시작해서 시속 80km로 주행하고 있어요. 두 사람이
멈추지 않고 계속 운전한다면 아빠는 몇 시쯤에 삼촌을 따라잡을 수 있을까요?

삼촌	12:00	13:00	14:00	15:00	16:00
		60km	60km	60km	60km
아빠			80km	80km	80km

정답 : 4시(16:00)

8. 5A 버스는 9시에 역을 처음 출발하고 그
이후 25분마다 출발해요. 5B 버스는 9시
10분에 역을 처음 출발하고 그 이후 20분마다
출발해요. 5A 버스와 5B 버스는 오후 2시
이전까지 몇 번을 동시에 출발하게 될까요?

3번

5A 버스	5B 버스
9:00	9:10
9:25	9:30
9:50	9:50
10:15	10:10
10:40	10:30
11:05	10:50
11:30	11:10
11:55	11:30
12:20	11:50
12:45	12:10
13:10	12:30
13:35	12:50
14:00	13:10
	13:30
	13:50

9. 가능한 한 많은 칸을 빨간색으로 색칠해 보세요.
단, 모서리나 꼭짓점이 파란색 칸과 닿지 않고
다른 빨간색 칸과도 닿지 않아야 해요.

< 예시 답안 >

한 번 더 연습해요!

1. 아래 글을 읽고 알맞은 식을 세워 답을 구해 보세요.

❶ 빅토르는 아모스보다 3.50유로 더 가지고
있어요. 빅토르와 아모스가 가진 돈을
합하면 27.50유로예요. 아모스가 가지고
있는 돈은 얼마일까요?

식 : $x + x + 3.50 = 27.50$
$x + x = 24.00, x = 12.00$
정답 : 12유로

❷ 엄마는 아빠보다 2살 더 많아요. 엄마와
아빠의 나이를 합하면 68살이에요. 아빠의
나이는 몇 살일까요?

식 : $x + x + 2 = 68$
$x + x = 66, x = 33$
정답 : 33살

37쪽 4번

❶ $x + x + 5 = 131, x + x = 126$
$x = 63$

❷ $x + x - 3 = 35, x + x = 38,$
$x =$

❸ $x + x - 4.50 = 46.50, x + x$
$x = 25.50$

❹ $x + x + 12 = 38, x + x = 26, x$

38쪽 5번

❹ 키아 옆에는 1명만 서 있다
❺ 옆에 있는 사람의 손을 잡
면 키아의 오른손은 비올
타의 왼손을 잡게 돼요.

				비올 레타	키

❸ 울리카와 키아 사이에
이 있어요.

❶ 울리카의 왼쪽에 네아가
어요.

네아	울리카			비올 레타	키

❷ 울리카는 리네아 옆에 서
어요.

네아	울리카	리네아		비올 레타	키

39쪽 8번

5A 버스 시간표와 5B 버스
간표를 나열한 후, 공통되는
간을 찾아 표시하며 문제를
결해 보세요.

연습 문제

_____월 _____일 _____요일

1. 저울이 수평을 이루었어요. 빨간 추의 무게를 구해 보세요.

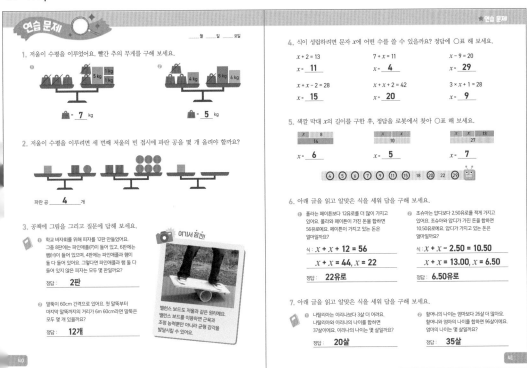

🔒 = **7** kg

🔒 = **5** kg

2. 저울이 수평을 이루려면 세 번째 저울의 빈 접시에 파란 공을 몇 개 올려야 할까요?

파란 공 **4** 개

3. 공책에 그림을 그리고 질문에 답해 보세요.

📓 ❶ 학교 바자회를 위해 피자를 12판 만들었어요. 그중 8판에는 파인애플(P)이 들어 있고, 6판에는 햄(H)이 들어 있으며, 4판에는 파인애플과 햄이 둘 다 들어 있어요. 그렇다면 파인애플과 햄 둘 다 들어 있지 않은 피자는 모두 몇 판일까요?

정답: **2판**

❷ 말뚝이 60cm 간격으로 있어요. 첫 말뚝부터 마지막 말뚝까지의 거리가 6m 60cm라면 말뚝은 모두 몇 개 있을까요?

정답: **12개**

📷 *여기서 잠깐!*

밸런스 보드도 저울과 같은 원리예요. 밸런스 보드를 이용하면 근육과 조정 능력뿐만 아니라 균형 감각을 발달시킬 수 있어요.

4. 식이 성립하려면 문자 x에 어떤 수를 쓸 수 있을까요? 정답에 ○표 해 보세요.

$x + 2 = 13$
$x =$ **11**

$7 + x = 11$
$x =$ **4**

$x - 9 = 20$
$x =$ **29**

$x + x - 2 = 28$
$x =$ **15**

$x + x + 2 = 42$
$x =$ **20**

$3 \times x + 1 = 28$
$x =$ **9**

5. 색깔 막대 x의 길이를 구한 후, 정답을 로봇에서 찾아 ○표 해 보세요.

x	8
14	

$x =$ **6**

x	x
10	

$x =$ **5**

x	x	13
27		

$x =$ **7**

④ ⑤ ⑥ ⑦ ⑨ ⑪ ⑬ 18 ⑳ 22 ㉙

6. 아래 글을 읽고 알맞은 식을 세워 답을 구해 보세요.

❶ 폴라는 페이튼보다 12유로를 더 많이 가지고 있어요. 폴라와 페이튼이 가진 돈을 합하면 56유로예요. 페이튼이 가지고 있는 돈은 얼마일까요?

식: $x + x + 12 = 56$

$x + x = 44, x = 22$

정답: **22유로**

❷ 조슈아는 압디보다 2.50유로를 적게 가지고 있어요. 조슈아와 압디가 가진 돈을 합하면 10.50유로예요. 압디가 가지고 있는 돈은 얼마일까요?

식: $x + x - 2.50 = 10.50$

$x + x = 13.00, x = 6.50$

정답: **6.50유로**

7. 아래 글을 읽고 알맞은 식을 세워 답을 구해 보세요.

❶ 나탈리아는 이라나보다 3살 더 어려요. 나탈리아와 이라나의 나이를 합하면 37살이에요. 이라나의 나이는 몇 살일까요?

정답: **20살**

❷ 할머니의 나이는 엄마보다 26살 더 많아요. 할머니와 엄마의 나이를 합하면 96살이에요. 엄마의 나이는 몇 살일까요?

정답: **35살**

40쪽 1번

저울의 양쪽에서 같은 무게를 가진 그림을 제거하면서 문제를 해결해 보세요.

❷ 🔒🔒 + 4kg = 14kg
🔒🔒 = 10kg
🔒 = 5kg

40쪽 2번

▨▨ = ●●●●●●●●
이므로 ▨ = ●●●●

▨ = ▨● 와 수평을
이루므로 ▨ = ●●●●

41쪽 7번

❶ $x + x - 3 = 37$
$x + x = 40$
$x = 20$, 20살

❷ $x + x + 26 = 96$
$x + x = 70$
$x = 35$, 35살

MEMO

40쪽 3번

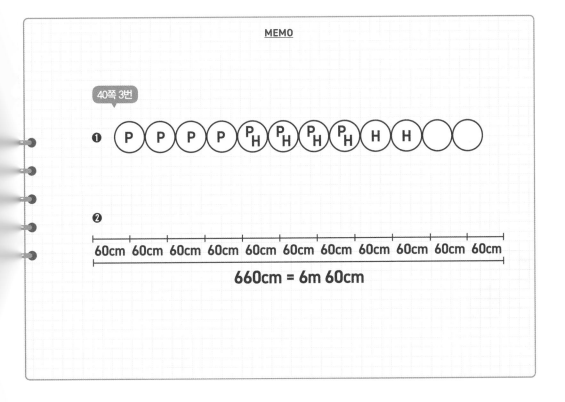

❶ P P P P P PH PH PH PH H H ○ ○

❷

| 60cm | 60cm | 60cm | 60cm | 60cm | 60cm | 60cm | 60cm | 60cm | 60cm | 60cm |

660cm = 6m 60cm

42-43쪽

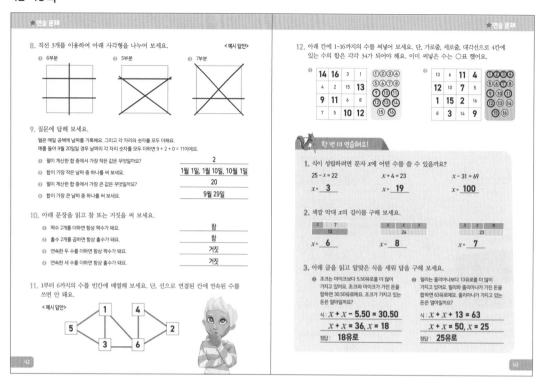

8. 직선 3개를 이용하여 아래 사각형을 나누어 보세요.   <예시 답안>

① 6부분   ② 5부분   ③ 7부분

9. 질문에 답해 보세요.

펄은 매일 공책에 날짜를 기록해요. 그리고 각 자리의 숫자를 모두 더해요.
예를 들어 10월 20일일 경우 날짜의 각 자리 숫자를 모두 더하면 9 + 2 + 0 = 11이에요.

① 펄이 계산한 합 중에서 가장 작은 값은 무엇일까요?   2
② 합이 가장 작은 날짜 중 하나를 써 보세요.   1월 1일, 1월 10일, 10월 1일
③ 펄이 계산한 합 중에서 가장 큰 값은 무엇일까요?   20
④ 합이 가장 큰 날짜 중 하나를 써 보세요.   9월 29일

10. 아래 문장을 읽고 참 또는 거짓을 써 보세요.

① 짝수 2개를 더하면 항상 짝수가 돼요.   참
② 홀수 2개를 곱하면 항상 홀수가 돼요.   참
③ 연속한 두 수를 더하면 항상 짝수가 돼요.   거짓
④ 연속한 세 수를 더하면 항상 홀수가 돼요.   거짓

11. 1부터 6까지의 수를 빈칸에 배열해 보세요. 단, 선으로 연결된 칸에 연속된 수를 쓰면 안 돼요.   <예시 답안>

12. 아래 칸에 1~16까지의 수를 써넣어 보세요. 단, 가로줄, 세로줄, 대각선으로 4칸에 있는 수의 합은 각각 34가 되어야 해요. 이미 써넣은 수는 ○표 했어요.

한 번 더 연습해요!

1. 식이 성립하려면 문자 x에 어떤 수를 쓸 수 있을까요?

$25 - x = 22$ $x + 4 = 23$ $x - 31 = 69$
$x = $ **3** $x = $ **19** $x = $ **100**

2. 색깔 막대 x의 길이를 구해 보세요.

$x = $ **6** $x = $ **8** $x = $ **7**

3. 아래 글을 읽고 알맞은 식을 세워 답을 구해 보세요.

① 조크는 마이크보다 5.50유로를 더 많이 가지고 있어요. 조크와 마이크가 가진 돈을 합하면 30.50유로예요. 조크가 가지고 있는 돈은 얼마일까요?

식 : $x + x - 5.50 = 30.50$
$x + x = 36, x = 18$
정답: **18유로**

② 릴리는 졸리아보다 13유로를 더 많이 가지고 있어요. 릴리와 졸리아가 가진 돈을 합하면 63유로예요. 졸리아가 가지고 있는 돈은 얼마일까요?

식 : $x + x + 13 = 63$
$x + x = 50, x = 25$
정답: **25유로**

42쪽 10번

❸ 연속한 두 수를 더하면 짝수가 돼요. 거짓→연속한 두 수는 짝수+홀수 또는 홀수+짝수이므로 항상 홀수가 돼요.

❹ 연속한 세 수를 더하면 홀수가 돼요. 거짓→연속한 세 수가 짝수+홀수+짝수일 경우 답은 홀수가 되고 홀수+짝수+홀수일 경우 짝수가 돼요.

44-45쪽

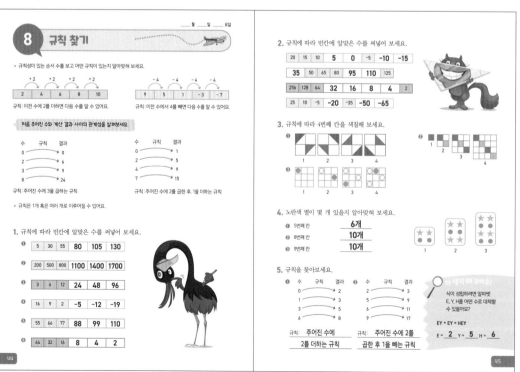

8 규칙 찾기   ____월 ___일 ___요일

• 규칙성이 있는 순서 수를 보고 어떤 규칙이 있는지 알아맞혀 보세요.

규칙: 이전 수에 2를 더하면 다음 수를 알 수 있어요.

규칙: 이전 수에서 4를 빼면 다음 수를 알 수 있어요.

처음 주어진 수와 계산 결과 사이의 관계성을 살펴보세요.

규칙: 주어진 수에 3을 곱하는 규칙

규칙: 주어진 수에 2를 곱한 후, 1을 더하는 규칙

• 규칙은 1개 혹은 여러 개로 이루어질 수 있어요.

1. 규칙에 따라 빈칸에 알맞은 수를 써넣어 보세요.

① 5 | 30 | 55 | **80** | **105** | **130**

② 200 | 500 | 800 | **1100** | **1400** | **1700**

③ 3 | 6 | 12 | **24** | **48** | **96**

④ 16 | 9 | 2 | **−5** | **−12** | **−19**

⑤ 55 | 66 | 77 | **88** | **99** | **110**

⑥ 64 | 32 | 16 | **8** | **4** | **2**

2. 규칙에 따라 빈칸에 알맞은 수를 써넣어 보세요.

20 | 15 | 10 | **5** | 0 | **−5** | **−10** | **−15**

35 | 50 | 65 | 80 | **95** | 110 | **125**

256 | 128 | 64 | **32** | 16 | **8** | 4 | **2**

25 | 10 | **−5** | **−20** | −35 | **−50** | **−65**

3. 규칙에 따라 4번째 칸을 색칠해 보세요.

4. 노란색 별이 몇 개 있을지 알아맞혀 보세요.

① 5번째 칸   6개
② 8번째 칸   10개
③ 9번째 칸   10개

5. 규칙을 찾아보세요.

① 규칙: 주어진 수에 2를 더하는 규칙

② 규칙: 주어진 수에 2를 곱한 후 1을 빼는 규칙

더 생각해 보아요!

식이 성립하려면 알파벳 E, Y, H를 어떤 수로 대체할 수 있을까요?

EY × EY = HEY
E = **2**   Y = **5**   H = **6**

보충 가이드 | 44쪽

수의 배열이 순서에 따라 어떤 규칙을 가지고 변하는지 살펴보세요. 다음에 나올 수로 어떤 수가 나올지 추측해 보고 식으로도 나타내어 보세요.

45쪽 4번

노란색 별이 어떤 규칙에 따라 개수가 늘어나는지 따져 보세요.
2-4-4-6-6-8-8-10-10…

더 생각해 보아요! | 45쪽

EY×EY=HEY
EY를 두 번 곱한 수이고 그 값의 십의 자리 수와 일의 자리 수가 같아야 해요.
25×25=625로 조건에 맞아요.

46-47쪽

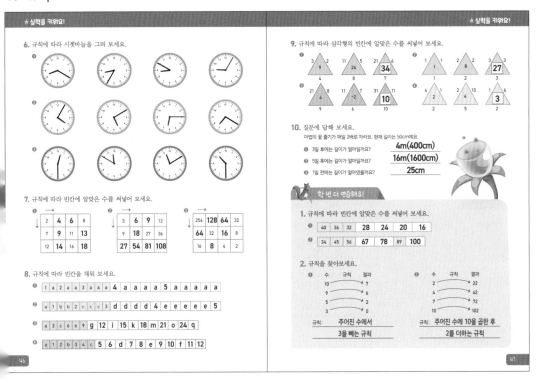

★ 실력을 키워요!

6. 규칙에 따라 시곗바늘을 그려 보세요.

7. 규칙에 따라 빈칸에 알맞은 수를 써넣어 보세요.

❶

2	**4**	**6**	8
7	**9**	11	**13**
12	**14**	16	**18**

❷

3	**6**	**9**	12
9	**18**	27	36
27	**54**	**81**	108

❸

256	**128**	**64**	32
64	32	**16**	8
16	**8**	4	2

8. 규칙에 따라 빈칸을 채워 보세요.

❶ 1 a 2 a a 3 a a a **4** a a a a **5** a a a a a

❷ a 1 b b 2 c c c **3** d d d d **4** e e e e e 5

❸ a 3 c 6 e **9** g 12 i **15** k 18 m **21** o 24 q

❹ a **1** 2 b **3** 4 c **5** 6 d **7** 8 e 9 10 f 11 12

9. 규칙에 따라 삼각형의 빈칸에 알맞은 수를 써넣어 보세요.

10. 질문에 답해 보세요.

마법의 꽃 줄기가 매일 2배로 자라요. 현재 길이는 50cm예요.

❶ 3일 후에는 길이가 얼마일까요? → **4m(400cm)**

❷ 5일 후에는 길이가 얼마일까요? → **16m(1600cm)**

❸ 1일 전에는 길이가 얼마였을까요? → **25cm**

🐿️ **한 번 더 연습해요!**

1. 규칙에 따라 빈칸에 알맞은 수를 써넣어 보세요.

❶ 40 36 32 **28** 24 **20** 16

❷ 34 45 56 **67** **78** 89 **100**

2. 규칙을 찾아보세요.

❶
수	규칙	결과
10	→	7
9	→	6
5	→	2
3	→	0

규칙: 주어진 수에서 **3**을 빼는 규칙

❷
수	규칙	결과
2	→	22
4	→	42
7	→	72
10	→	102

규칙: 주어진 수에 10을 곱한 후 **2**를 더하는 규칙

46   47

46쪽 6번

시간의 간격이 어떤 규칙으로 나타나고 있는지 살펴보세요.

❶ 8시 20분-8시 35분-8시 50분-9시 5분 15분씩 더해지는 규칙이에요.

❷ 4시 5분-5시 10분-6시 15분-7시 20분 1시간 5분씩 더해지는 규칙이에요.

❸ 12시 30분-11시 50분-11시 10분-10시 30분 40분씩 줄어드는 규칙이에요.

47쪽 9번

세 수의 연산이나 관계를 생각하며 규칙에 맞는 수를 구해 보세요.

❶ 세 수를 더하면 가운데 수가 나와요. 21+6+7=34

❷ 세 수를 곱하면 가운데 수가 나와요. 3×3×3=27

❸ 세 수 가운데 가장 큰 수에서 두 수를 빼면 가운데 수가 나와요. 31-(11+10)=10

❹ 세 수 가운데 가장 큰 수와 작은 수의 곱은 중간 수와 가운데 수의 곱과 같아요. 1×6=2×3

MEMO

47쪽 10번

	1일 전	현재 길이	1일 후	2일 후	3일 후	4일 후	5일 후
	25cm	50cm	1m(100cm) (50+50)	2m(200cm) (100+100)	4m(400cm) (200+200)	8m(800cm) (400+400)	16m(1600cm) (800+800)

48-49쪽

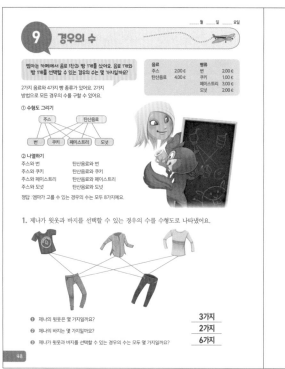

9 경우의 수

_____ 월 _____ 일 _____ 요일

엄마는 카페에서 음료 1잔과 빵 1개를 샀어요. 음료 1개와 빵 1개를 선택할 수 있는 경우의 수는 몇 가지일까요?

2가지 음료와 4가지 빵 종류가 있어요. 2가지 방법으로 모든 경우의 수를 구할 수 있어요.

음료		빵류	
주스	2.00 €	번	2.00 €
탄산음료	4.00 €	쿠키	1.00 €
		페이스트리	3.00 €
		도넛	2.00 €

① 수형도 그리기

주스 탄산음료

번 쿠키 페이스트리 도넛

② 나열하기

주스와 번 　　　탄산음료와 번
주스와 쿠키 　　탄산음료와 쿠키
주스와 페이스트리　탄산음료와 페이스트리
주스와 도넛 　　탄산음료와 도넛

정답 : 엄마가 고를 수 있는 경우의 수는 모두 8가지예요.

1. 제나가 윗옷과 바지를 선택할 수 있는 경우의 수를 수형도로 나타냈어요.

❶ 제나의 윗옷은 몇 가지일까요? **3가지**
❷ 제나의 바지는 몇 가지일까요? **2가지**
❸ 제나가 윗옷과 바지를 선택할 수 있는 경우의 수는 모두 몇 가지일까요? **6가지**

---

2. 서로 다른 경우의 수를 선으로 이어 수형도를 완성해 보세요.

비비안은 점심시간에 물이나 우유를 음료로 선택할 수 있어요. 식사는 수프, 샐러드, 라자냐가 있어요.

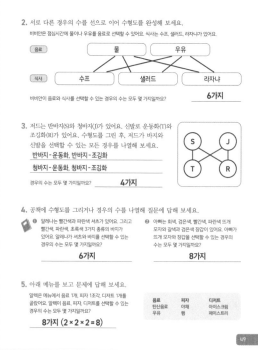

물　　우유

수프　　샐러드　　라자냐

비비안이 음료와 식사를 선택할 수 있는 경우의 수는 모두 몇 가지일까요? **6가지**

3. 저드는 반바지(S)와 청바지(J)가 있어요. 신발로 운동화(T)와 조깅화(R)가 있어요. 수형도를 그린 후, 저드가 바지와 신발을 선택할 수 있는 모든 경우를 나열해 보세요.

반바지 - 운동화, 반바지 - 조깅화
청바지 - 운동화, 청바지 - 조깅화

경우의 수는 모두 몇 가지일까요? **4가지**

4. 공책에 수형도를 그리거나 경우의 수를 나열해 질문에 답해 보세요.

❶ 알레나는 빨간색과 파란색 셔츠가 있어요. 그리고 빨간색, 파란색, 초록색 3가지 종류의 바지가 있어요. 알레나가 셔츠와 바지를 선택할 수 있는 경우의 수는 모두 몇 가지일까요? **6가지**

❷ 아빠는 회색, 검은색, 빨간색, 파란색 뜨개 모자와 갈색과 검은색 장갑이 있어요. 아빠가 뜨개 모자와 장갑을 선택할 수 있는 경우의 수는 모두 몇 가지일까요? **8가지**

5. 아래 메뉴를 보고 문제에 답해 보세요.

알렉은 메뉴에서 음료 1개, 피자 1조각, 디저트 1개를 골랐어요. 알렉이 음료, 피자, 디저트를 선택할 수 있는 경우의 수는 모두 몇 가지일까요?

음료	피자	디저트
탄산음료	야채	아이스크림
우유	햄	페이스트리

8가지 (2 × 2 × 2 = 8)

49쪽 4번

❶
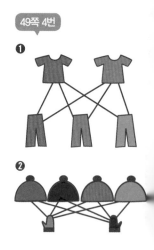

❷

48

49

MEMO

🐿 **보충 가이드 | 48쪽**

같은 조건에서 반복할 수 있는 실험이나 관찰에 의하여 나타나는 결과를 사건이라고 불러요.
어떤 사건이 일어나는 가짓수를 경우의 수라고 불러요.

실험·관찰	사건	경우의 수
한 개의 주사위를 던진다.	홀수의 눈이 나온다. 	3
한 개의 동전을 던진다.	뒷면이 나온다. 🪙	1

보통 경우의 수 문제를 해결할 때 이렇게 그림으로 나타내면 쉽게 해결할 수 있어요. 이런 그림을 수형도라고 불러요.

동전 앞면 — 1 2 3 4 5 6
동전 뒷면 — 7 8 9 10 11 12

50-51쪽

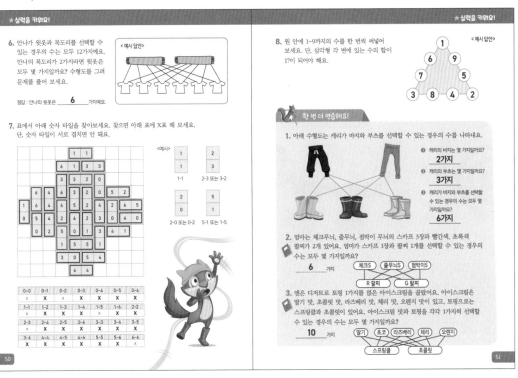

★실력을 키워요!

6. 안나가 윗옷과 목도리를 선택할 수 있는 경우의 수는 모두 12가지예요. 안나의 목도리가 2가지라면 윗옷은 모두 몇 가지일까요? 수형도를 그려 문제를 풀어 보세요.

＜예시 답안＞

정답 : 안나의 윗옷은 **6** 가지예요.

7. 표에서 아래 숫자 타일을 찾아보세요. 찾으면 아래 표에 X표 해 보세요. 단, 숫자 타일이 서로 겹치면 안 돼요.

＜예시＞

0-0	0-1	0-2	0-3	0-4	0-5	0-6
	X	X	X	X	X	X
1-1	1-2	1-3	1-4	1-5	1-6	2-2
	X	X	X	X	X	X
2-3	2-4	2-5	2-6	3-3	3-4	3-5
	X	X	X		X	X
3-6	4-4	4-5	4-6	5-5	5-6	6-6
X	X	X	X	X	X	X

8. 원 안에 1~9까지의 수를 한 번씩 써넣어 보세요. 단, 삼각형 각 변에 있는 수의 합이 17이 되어야 해요.

＜예시 답안＞

한 번 더 연습해요!

1. 아래 수형도는 캐리가 바지와 부츠를 선택할 수 있는 경우의 수를 나타내요.

❶ 캐리의 바지는 몇 가지일까요?
2가지

❷ 캐리의 부츠는 몇 가지일까요?
3가지

❸ 캐리가 바지와 부츠를 선택할 수 있는 경우의 수는 모두 몇 가지일까요?
6가지

2. 엄마는 체크무늬, 줄무늬, 점박이 무늬의 스카프 3장과 빨간색, 초록색 팔찌가 2개 있어요. 엄마가 스카프 1장과 팔찌 1개를 선택할 수 있는 경우의 수는 모두 몇 가지일까요?

6 가지

체크S · 줄무늬S · 점박이S
R 팔찌 · G 팔찌

3. 앤은 디저트로 토핑 1가지를 얹은 아이스크림을 골랐어요. 아이스크림은 딸기 맛, 초콜릿 맛, 라즈베리 맛, 체리 맛, 오렌지 맛이 있고, 토핑으로는 스프링클과 초콜릿이 있어요. 아이스크림 맛과 토핑을 각각 1가지씩 선택할 수 있는 경우의 수는 모두 몇 가지일까요?

10 가지

딸기 · 초코 · 라즈베리 · 체리 · 오렌지
스프링클 · 초콜릿

2-53쪽

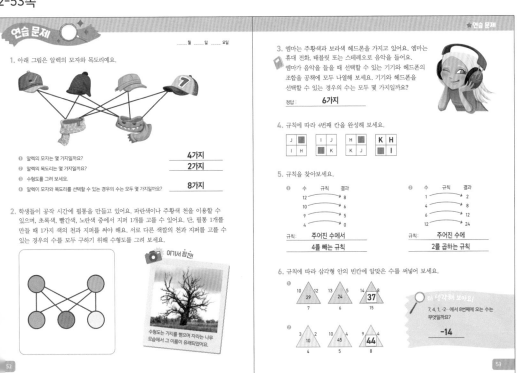

연습 문제

___ 월 ___ 일 ___ 요일

1. 아래 그림은 알렉의 모자와 목도리예요.

❶ 알렉의 모자는 몇 가지일까요?
4가지

❷ 알렉의 목도리는 몇 가지일까요?
2가지

❸ 수형도를 그려 보세요.

❹ 알렉이 모자와 목도리를 선택할 수 있는 경우의 수는 모두 몇 가지일까요?
8가지

2. 학생들이 공작 시간에 필통을 만들고 있어요. 파란색이나 주황색 천을 이용할 수 있으며, 초록색, 빨간색, 노란색 중에서 지퍼 1개를 고를 수 있어요. 단, 필통 1개를 만들 때 1가지 색의 천과 지퍼를 써야 해요. 서로 다른 색깔의 천과 지퍼를 고를 수 있는 경우의 수를 모두 구하기 위해 수형도를 그려 보세요.

📷 **여기서 잠깐!**

수형도는 가지를 뻗으며 자라는 나무 모습에서 그 이름이 유래되었어요.

3. 엠마는 주황색과 보라색 헤드폰을 가지고 있어요. 엠마는 휴대 전화, 태블릿 또는 스테레오로 음악을 들어요. 엠마가 음악을 들을 때 선택할 수 있는 기기와 헤드폰의 조합을 공책에 모두 나열해 보세요. 기기와 헤드폰을 선택할 수 있는 경우의 수는 모두 몇 가지일까요?

정답: **6가지**

4. 규칙에 따라 4번째 칸을 완성해 보세요.

J		I	J		H			K H
I H			K		K J			I

5. 규칙을 찾아보세요.

❶
수	규칙	결과
12	→	8
10	→	6
9	→	5
4	→	0

규칙: 주어진 수에서 **4를 빼는 규칙**

❷
수	규칙	결과
1	→	2
2	→	4
6	→	12
12	→	24

규칙: 주어진 수에 **2를 곱하는 규칙**

6. 규칙에 따라 삼각형 안의 빈칸에 알맞은 수를 써넣어 보세요.

❶ 10 12 / **29** / 7   13 7 / **24** / 4   14 8 / **37** / 15

❷ 3 2 / **10** / 4   10 4 / **45** / 5   9 4 / **44** / 8

🔍 **더 생각해 보아요!**

7, 4, 1, -2 에서 8번째에 오는 수는 무엇일까요?

-14

53쪽 3번

주황색 헤드폰-휴대 전화
주황색 헤드폰-태블릿
주황색 헤드폰-스테레오
보라색 헤드폰-휴대 전화
보라색 헤드폰-태블릿
보라색 헤드폰-스테레오

53쪽 6번

❶ 세 수를 더하면 가운데 수가 나와요.

❷ 삼각형의 양 변의 값을 곱한 후 밑변의 값을 더하면 가운데 수가 나와요.

더 생각해 보아요! | 53쪽

이전 수에서 3을 빼는 규칙이에요.
7, 4, 1, -2, -5, -8, -11, -14…
8번째에 오는 수는 -14예요.

54-55쪽

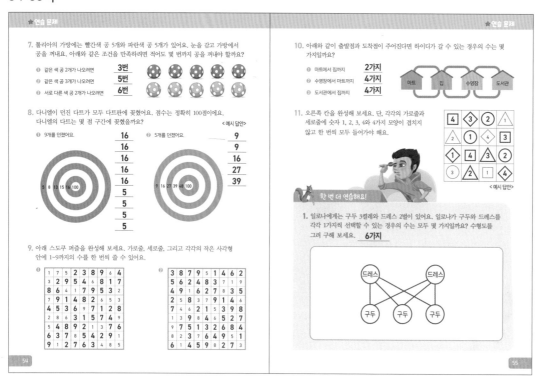

★ 연습 문제

7. 불리아의 가방에는 빨간색 공 5개와 파란색 공 5개가 있어요. 눈을 감고 가방에서 공을 꺼내요. 아래와 같은 조건을 만족하려면 적어도 몇 번째 공을 꺼내야 할까요?

❶ 같은 색 공 2개가 나오려면 　**3번**

❷ 같은 색 공 3개가 나오려면 　**5번**

❸ 서로 다른 색 공 2개가 나오려면 　**6번**

8. 다니엘이 던진 다트가 모두 다트판에 꽂혔어요. 점수는 정확히 100점이에요. 다니엘의 다트는 몇 점 구간에 꽂혔을까요? 　　　　　　〈예시 답안〉

❶ 9개를 던졌어요.
16 16 16 16 16 5 5 5 5

❷ 5개를 던졌어요.
9 9 16 27 39

5 8 13 15 16 100

9 16 27 39 48 100

9. 아래 스도쿠 퍼즐을 완성해 보세요. 가로줄, 세로줄, 그리고 각각의 작은 사각형 안에 1~9까지의 수를 한 번씩 쓸 수 있어요.

1	7	5	2	3	8	9	6	4
3	2	9	5	4	6	8	1	7
8	6	4	1	7	9	5	3	2
7	9	1	4	8	2	6	5	3
4	5	3	6	9	7	1	2	8
2	8	6	3	1	5	7	4	9
5	4	8	9	2	1	3	7	6
6	3	7	8	5	4	2	9	1
9	1	2	7	6	3	4	8	5

3	8	7	9	5	1	4	6	2
5	6	2	4	8	3	7	1	9
4	9	1	6	2	7	8	3	5
2	5	8	3	7	9	1	4	6
7	4	6	2	1	5	3	9	8
1	3	9	8	4	6	5	2	7
9	7	5	1	3	2	6	8	4
8	2	3	7	6	4	9	5	1
6	1	4	5	9	8	2	7	3

★ 연습 문제

10. 아래와 같이 출발점과 도착점이 주어진다면 하이디가 갈 수 있는 경우의 수는 몇 가지일까요?

❶ 마트에서 집까지 　**2가지**

❷ 수영장에서 마트까지 　**4가지**

❸ 도서관에서 집까지 　**4가지**

마트　집　수영장　도서관

11. 오른쪽 칸을 완성해 보세요. 단, 각각의 가로줄과 세로줄에 숫자 1, 2, 3, 4와 4가지 모양이 겹치지 않고 한 번씩 모두 들어가야 해요.

〈예시 답안〉

한 번 더 연습해요!

1. 일로나에게는 구두 3켤레와 드레스 2벌이 있어요. 일로나가 구두와 드레스를 각각 1가지씩 선택할 수 있는 경우의 수는 모두 몇 가지일까요? 수형도를 그려 구해 보세요. 　**6가지**

드레스　드레스

구두　구두　구두

56-57쪽

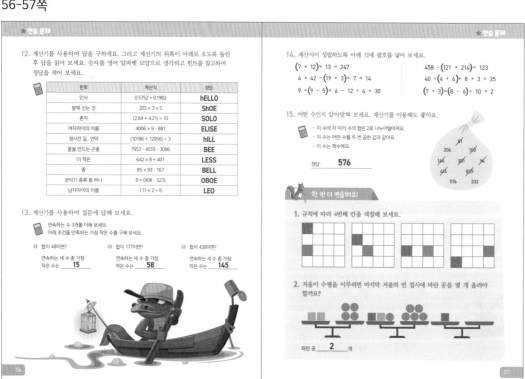

★ 연습 문제

12. 계산기를 사용하여 답을 구하세요. 그리고 계산기의 위쪽이 아래로 오도록 돌린 후 답을 읽어 보세요. 숫자를 영어 알파벳 모양으로 생각하고 힌트를 참고하여 정답을 적어 보세요.

힌트	계산식	정답
인사	0.5752 + 0.1982	hELLO
발에 신는 것	203 × 3 × 5	ShOE
혼자	(2.84 + 4.21) × 10	SOLO
여자아이의 이름	4006 × 9 − 881	ELISE
경사진 길, 언덕	(10186 + 12956) ÷ 3	hILL
꿀을 만드는 곤충	7953 − 4519 − 3096	BEE
더 적은	642 × 8 + 401	LESS
종	85 × 93 − 167	BELL
관악기 종류 중 하나	8 × (908 − 523)	OBOE
남자아이의 이름	1.11 × 2 ÷ 6	LEO

13. 계산기를 사용하여 질문에 답해 보세요.

연속하는 수 3개를 더해 보세요.
아래 조건을 만족하는 가장 작은 수를 구해 보세요.

❶ 합이 480이면?
연속하는 세 수 중 가장 작은 수는 　**15**

❷ 합이 177이면?
연속하는 세 수 중 가장 작은 수는 　**58**

❸ 합이 438이면?
연속하는 세 수 중 가장 작은 수는 　**145**

★ 연습 문제

14. 계산식이 성립하도록 아래 식에 괄호를 넣어 보세요.

(7 + 12) × 13 = 247

4 × 42 − (19 + 3) × 7 = 14

9 +(9 − 5)× 6 − 12 + 4 = 30

458 −(121 + 214)= 123

40 ÷(4 + 6)× 8 + 3 = 35

(7 + 3)×(8 − 6)+ 10 = 2

15. 어떤 수인지 알아맞혀 보세요. 계산기를 이용해도 좋아요.

• 이 수의 각 자리 수의 합은 2로 나누어떨어져요.
• 이 수는 어떤 수를 두 번 곱한 값과 같아요.
• 이 수는 짝수예요.

정답 　**576**

206　100
81
164　301　144
414　839
576　332

한 번 더 연습해요!

1. 규칙에 따라 4번째 칸을 색칠해 보세요.

2. 저울이 수평을 이루려면 마지막 저울의 빈 접시에 파란 공을 몇 개 올려야 할까요?

파란 공 　**2**　개

54쪽 7번

❶ 빨-파-빨 또는 파-빨-파를 꺼내면 같은 색 공 2개가 나오게 되므로 3번

❷ 빨-파-빨-파-빨 또는 파-빨-파-빨-파를 꺼내면 같은 색 공 3개가 나오게 되므로 5번

❸ 빨-빨-빨-빨-빨-파 또는 파-파-파-파-파-빨을 꺼내면 같은 색 공 2개가 나오게 되므로 6번

56쪽 13번

연속하는 세 수의 가운데 수를 먼저 구한 후 앞뒤로 1 작은 수와 1 큰 수를 구하면 돼요.

57쪽 14번

덧셈과 곱셈은 순서가 바뀌어도 결괏값이 같고, 괄호를 사용하면 가장 먼저 계산해야 하므로 괄호를 어떻게 넣어야 원하는 답이 나오는지 생각해 보세요.

57쪽 15번

• 이 수의 각 자리 수의 합은 2로 나누어떨어져요.→81, 9는 100, 144, 414 탈락
• 이 수는 짝수예요.→301, 839 탈락
• 이 수는 어떤 수의 제곱과 아요.→남은 수 206, 576, 332 가운데 576은 24를 두 번 곱한 값이에요.

한 번 더 연습해요! | 57쪽 2번

■ = ●●
■■ = ●●●●●●
■ = ●●로 바꿔서 저울 양쪽에서 같은 그림을 지워
■■ = ●●●

58-59쪽

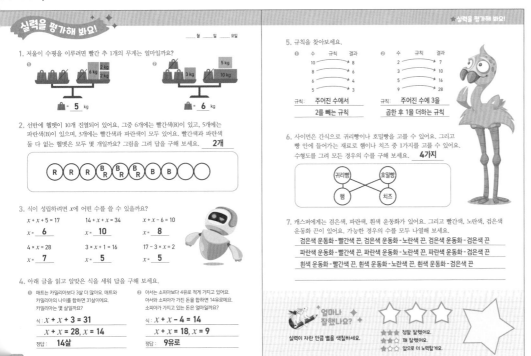

_____ 월 _____ 일 _____ 요일

1. 저울이 수평을 이루려면 빨간 추 1개의 무게는 얼마일까요?

① 2kg 6kg 2kg — **5** kg

② 3kg 5kg 10kg — **6** kg

2. 선반에 헬멧이 10개 진열되어 있어요. 그중 6개에는 빨간색(R)이 있고, 5개에는 파란색(B)이 있으며, 3개에는 빨간색과 파란색이 모두 있어요. 빨간색과 파란색들 다 없는 헬멧은 모두 몇 개일까요? 그림을 그려 답을 구해 보세요. **2개**

R R R B/R B/R B/R B B ○ ○

3. 식이 성립하려면 x에 어떤 수를 쓸 수 있을까요?

$x + x + 5 = 17$ $14 + x = 34$ $x + x - 6 = 10$
$x =$ **6** $x =$ **10** $x =$ **8**

$4 × x = 28$ $3 × x + 1 = 16$ $17 - 3 × x = 2$
$x =$ **7** $x =$ **5** $x =$ **5**

4. 아래 글을 읽고 알맞은 식을 세워 답을 구해 보세요.

① 매트는 카밀라보다 3살 더 많아요. 매트와 카밀라의 나이를 합하면 31살이에요. 카밀라는 몇 살일까요?

식: $x + x + 3 = 31$
$x + x = 28, x = 14$
정답: **14살**

② 아서는 소피아보다 4유로 적게 가지고 있어요. 아서와 소피아가 가진 돈을 합하면 14유로예요. 소피아가 가지고 있는 돈은 얼마일까요?

식: $x + x - 4 = 14$
$x + x = 18, x = 9$
정답: **9유로**

58

5. 규칙을 찾아보세요.

수	규칙	결과
10	→	8
8	→	6
6	→	4
5	→	3

규칙: 주어진 수에서 2를 빼는 규칙

수	규칙	결과
2	→	7
3	→	10
5	→	16
9	→	28

규칙: 주어진 수에 3을 곱한 후 1을 더하는 규칙

6. 사이먼은 간식으로 귀리빵이나 호밀빵을 고를 수 있어요. 그리고 빵 안에 들어가는 재료로 햄이나 치즈 중 1가지를 고를 수 있어요. 수형도를 그려 모든 경우의 수를 구해 보세요. **4가지**

귀리빵 — 호밀빵
햄 — 치즈

7. 캐스퍼에게는 검은색, 파란색, 흰색 운동화가 있어요. 그리고 빨간색, 노란색, 검은색 운동화 끈이 있어요. 가능한 경우의 수를 모두 나열해 보세요.

검은색 운동화 - 빨간색 끈, 검은색 운동화 - 노란색 끈, 검은색 운동화 - 검은색 끈
파란색 운동화 - 빨간색 끈, 파란색 운동화 - 노란색 끈, 파란색 운동화 - 검은색 끈
흰색 운동화 - 빨간색 끈, 흰색 운동화 - 노란색 끈, 흰색 운동화 - 검은색 끈

얼마나 잘했나요?
실력이 자란 만큼 별을 색칠하세요.
★★★ 정말 잘했어요.
★★☆ 꽤 잘했어요.
★☆☆ 앞으로 더 노력할게요.

① 🛍️🛍️🛍️ = 10kg, 🛍️ = 5kg

② 🛍️🛍️+3kg=15kg,
🛍️🛍️=12kg, 🛍️=6kg

60-61쪽

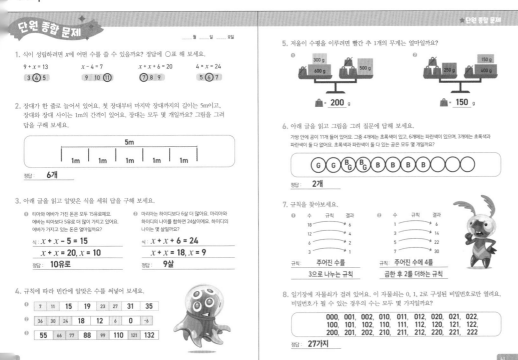

_____ 월 _____ 일 _____ 요일

1. 식이 성립하려면 x에 어떤 수를 쓸 수 있을까요? 정답에 ○표 해 보세요.

$9 + x = 13$ $x - 4 = 7$ $x + x + 6 = 20$ $4 × x = 24$
3 ④ 5   9 10 ⑪   ⑦ 8 9   5 ⑥ 7

2. 장대가 한 줄로 늘어서 있어요. 첫 장대부터 마지막 장대까지의 길이는 5m이고, 장대와 장대 사이는 1m의 간격이 있어요. 장대는 모두 몇 개일까요? 그림을 그려 답을 구해 보세요.

5m
1m 1m 1m 1m 1m

정답: **6개**

3. 아래 글을 읽고 알맞은 식을 세워 답을 구해 보세요.

① 티아와 에바가 가진 돈은 모두 15유로예요. 에바는 티아보다 5유로 더 많이 가지고 있어요. 에바가 가지고 있는 돈은 얼마일까요?

식: $x + x - 5 = 15$
$x + x = 20, x = 10$
정답: **10유로**

② 마리아는 하이디보다 6살 더 많아요. 마리아와 하이디의 나이를 합하면 24살이에요. 하이디의 나이는 몇 살일까요?

식: $x + x + 6 = 24$
$x + x = 18, x = 9$
정답: **9살**

4. 규칙에 따라 빈칸에 알맞은 수를 써넣어 보세요.

7	11	**15**	19	23	27	31	35
36	30	24	**18**	12	6	0	-6
55	66	77	**88**	99	110	121	132

5. 저울이 수평을 이루려면 빨간 추 1개의 무게는 얼마일까요?

① 300g 600g 500g — **200** g

② 250g 150g 400g — **150** g

6. 아래 글을 읽고 그림을 그려 질문에 답해 보세요.

가방 안에 공이 11개 들어 있어요. 그중 4개에는 초록색이 있고, 6개에는 파란색이 있으며, 3개에는 초록색과 파란색이 둘 다 없어요. 초록색과 파란색이 둘 다 있는 공은 모두 몇 개일까요?

G G B/G B/G B B B B B ○ ○

정답: **2개**

7. 규칙을 찾아보세요.

수	규칙	결과
18	→	6
12	→	4
6	→	2
3	→	1

규칙: 주어진 수를 3으로 나누는 규칙

수	규칙	결과
1	→	6
3	→	14
5	→	22
7	→	30

규칙: 주어진 수에 4를 곱한 후 2를 더하는 규칙

8. 일기장에 자물쇠가 걸려 있어요. 이 자물쇠는 0, 1, 2로 구성된 비밀번호로만 열려요. 비밀번호가 될 수 있는 경우의 수는 모두 몇 가지일까요?

000, 001, 002, 010, 011, 012, 020, 021, 022,
100, 101, 102, 110, 111, 112, 120, 121, 122,
200, 201, 202, 210, 211, 212, 220, 221, 222

정답: **27가지**

61

① 900g = 🛍️🛍️ +500g
🛍️🛍️ = 400g, 🛍️ =200g

② 🛍️🛍️ +250g=550g
🛍️🛍️ =300g, 🛍️ =150g

62-63쪽

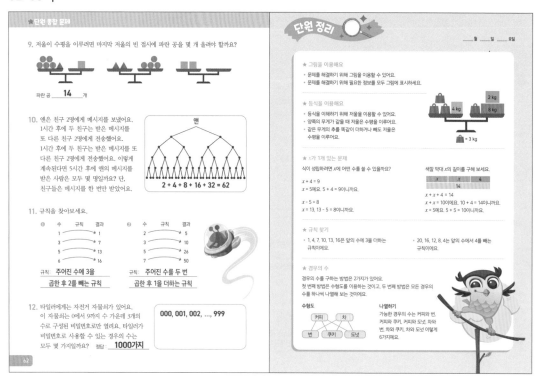

64-65쪽

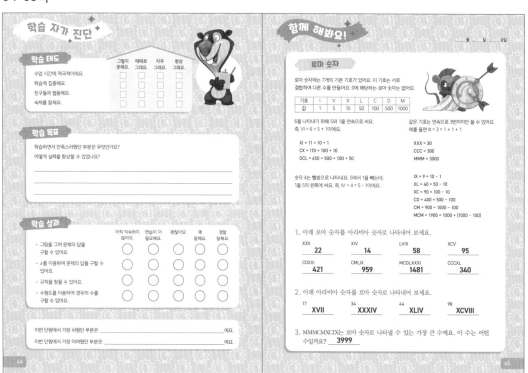

10 진분수와 대분수

월 일 요일

분수
$\frac{3}{4}$ ← 분자
← 분모

대분수
자연수 부분 → $2\frac{1}{4}$ ← 분수 부분

0 $\frac{1}{4}$ $\frac{2}{4}$ $\frac{3}{4}$ 1 $\frac{5}{4}$ $\frac{6}{4}$ $\frac{7}{4}$ 2 $\frac{9}{4}$ $\frac{10}{4}$ $\frac{11}{4}$ $\frac{12}{4}$

약분하기
$=$
0 $\frac{4}{6}$ $\frac{2}{3}$

통분하기
$=$
0 $\frac{3}{4}$ $\frac{9}{12}$

• **약분**은 분자와 분모를 공약수로 나누어 간단하게 하는 것을 말해요.
• **통분**은 분모가 다른 두 개 이상의 분수에서 분모를 같게 만드는 것을 말해요.
• 약분과 통분을 하더라도 분수의 크기는 같아요.

1. 주어진 분수와 분수를 나타낸 그림을 선으로 이어 보세요.

$\frac{2}{3}$

$1\frac{3}{4}$

$1\frac{4}{5}$

$2\frac{1}{3}$

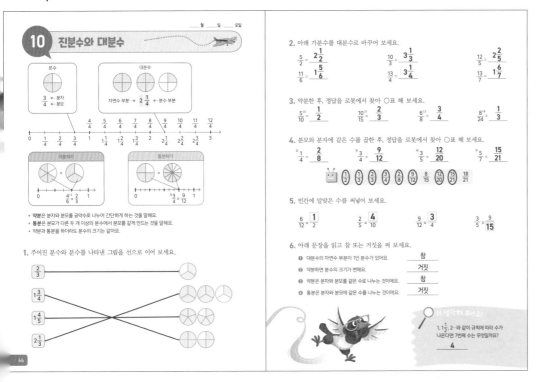

2. 아래 가분수를 대분수로 바꾸어 보세요.

$\frac{5}{2} = 2\frac{1}{2}$　　$\frac{10}{3} = 3\frac{1}{3}$　　$\frac{12}{5} = 2\frac{2}{5}$

$\frac{11}{6} = 1\frac{5}{6}$　　$\frac{13}{4} = 3\frac{1}{4}$　　$\frac{13}{7} = 1\frac{6}{7}$

3. 약분한 후, 정답을 로봇에서 찾아 ○표 해 보세요.

$\frac{5^{(5}}{10} = \frac{1}{2}$　$\frac{10}{15} = \frac{2}{3}$　$\frac{6^{(2}}{8} = \frac{3}{4}$　$\frac{8^{(8}}{24} = \frac{1}{3}$

4. 분모와 분자에 같은 수를 곱한 후, 정답을 로봇에서 찾아 ○표 해 보세요.

$\frac{2}{4} = \frac{1}{8}$　$\frac{3}{4} = \frac{9}{12}$　$\frac{3}{5} = \frac{12}{20}$　$\frac{5}{7} = \frac{15}{21}$

$\frac{1}{3}$ $\frac{2}{3}$ $\frac{3}{4}$ $\frac{2}{8}$ $\frac{9}{12}$ $\frac{8}{15}$ $\frac{12}{20}$ $\frac{15}{21}$ $\frac{18}{21}$

5. 빈칸에 알맞은 수를 써넣어 보세요.

$\frac{6}{12} = \frac{1}{2}$　　$\frac{2}{5} = \frac{4}{10}$　　$\frac{9}{12} = \frac{3}{4}$　　$\frac{3}{5} = \frac{9}{15}$

6. 아래 문장을 읽고 참 또는 거짓을 써 보세요.

❶ 대분수의 자연수 부분이 1인 분수가 있어요.　　참

❷ 약분하면 분수의 크기가 변해요.　　거짓

❸ 약분은 분자와 분모를 같은 수로 나누는 것이에요.　　참

❹ 통분은 분자와 분모에 같은 수를 나누는 것이에요.　　거짓

더 생각해 보아요!
1, $1\frac{1}{2}$, 2…와 같이 규칙에 따라 수가 나온다면 7번째 수는 무엇일까요?

4

더 생각해 보아요! | 67쪽

1, $1\frac{1}{2}$, 2…
$\frac{1}{2}$씩 커지는 규칙이에요. 7번째 수는 4예요.

★실력을 키워요!

7. 3으로 약분할 수 있는 분수를 따라 길을 찾아보세요.

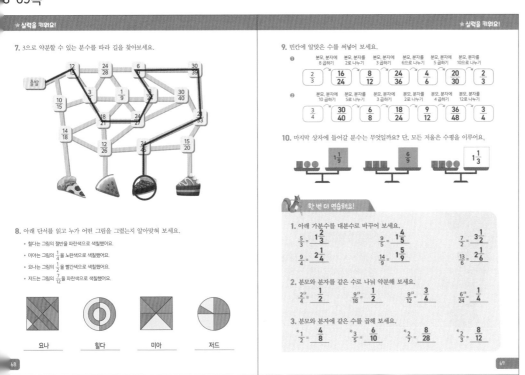

출발
$\frac{12}{15}$ $\frac{24}{28}$ $\frac{6}{?}$ $\frac{30}{39}$
$\frac{10}{15}$ $\frac{3}{?}$ $\frac{1}{9}$ $\frac{30}{40}$
$\frac{18}{21}$ $\frac{24}{27}$ $\frac{24}{?}$
$\frac{14}{18}$ $\frac{12}{26}$ $\frac{24}{26}$ $\frac{15}{20}$

8. 아래 단서를 읽고 누가 어떤 그림을 그렸는지 알아맞혀 보세요.

• 힐다는 그림의 절반을 파란색으로 색칠했어요.
• 미아는 그림의 $\frac{1}{4}$을 노란색으로 색칠했어요.
• 요나는 그림의 $\frac{1}{8}$을 빨간색으로 색칠했어요.
• 저드는 그림의 $\frac{7}{12}$을 파란색으로 색칠했어요.

요나　　힐다　　미아　　저드

★실력을 키워요!

9. 빈칸에 알맞은 수를 써넣어 보세요.

❶

	분모, 분자에 8 곱하기	분모, 분자를 2로 나누기	분모, 분자에 3 곱하기	분모, 분자를 6으로 나누기	분모, 분자에 5 곱하기	분모, 분자를 10으로 나누기
$\frac{2}{3}$	$\frac{16}{24}$	$\frac{8}{12}$	$\frac{24}{36}$	$\frac{4}{6}$	$\frac{20}{30}$	$\frac{2}{3}$

❷

	분모, 분자에 10 곱하기	분모, 분자를 5로 나누기	분모, 분자에 3 곱하기	분모, 분자를 2로 나누기	분모, 분자에 4 곱하기	분모, 분자를 12로 나누기
$\frac{3}{4}$	$\frac{30}{40}$	$\frac{6}{8}$	$\frac{18}{24}$	$\frac{9}{12}$	$\frac{36}{48}$	$\frac{3}{4}$

10. 마지막 상자에 들어갈 분수는 무엇일까요? 단, 모든 저울은 수평을 이루어요.

$1\frac{1}{9}$　　$\frac{6}{9}$　　$1\frac{1}{3}$

🐿️ 한 번 더 연습해요!

1. 아래 가분수를 대분수로 바꾸어 보세요.

$\frac{5}{3} = 1\frac{2}{3}$　　$\frac{9}{5} = 1\frac{4}{5}$　　$\frac{7}{2} = 3\frac{1}{2}$

$\frac{9}{4} = 2\frac{1}{4}$　　$\frac{14}{9} = 1\frac{5}{9}$　　$\frac{13}{6} = 2\frac{1}{6}$

2. 분모와 분자를 같은 수로 나눠 약분해 보세요.

$\frac{2^{(2}}{4} = \frac{1}{2}$　$\frac{9^{(9}}{18} = \frac{1}{2}$　$\frac{9^{(3}}{12} = \frac{3}{4}$　$\frac{6^{(6}}{24} = \frac{1}{4}$

3. 분모와 분자에 같은 수를 곱해 보세요.

$\frac{1}{2} = \frac{4}{8}$　$\frac{3}{5} = \frac{6}{10}$　$\frac{2}{7} = \frac{8}{28}$　$\frac{2}{3} = \frac{8}{12}$

69쪽 10번

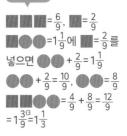

$= \frac{6}{9}$, $= \frac{2}{9}$

$= 1\frac{1}{9}$에 $= \frac{2}{9}$를 넣으면 $+ \frac{2}{9} = 1\frac{1}{9}$

$+ \frac{2}{9} = \frac{10}{9}$, $= \frac{8}{9}$

$= \frac{4}{9} + \frac{8}{9} = \frac{12}{9}$

$= 1\frac{3^{(3}}{9} = 1\frac{1}{3}$

70-71쪽

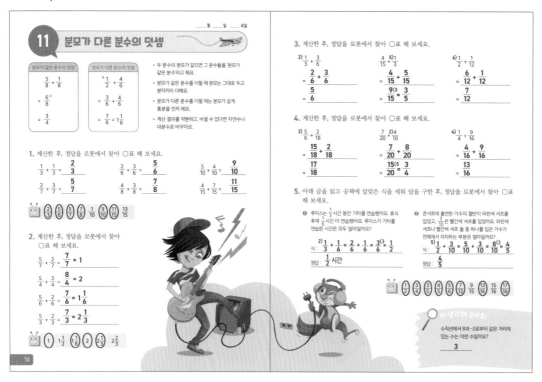

11 분모가 다른 분수의 덧셈

분모가 같은 분수의 덧셈	분모가 다른 분수의 덧셈
$\frac{5}{8} + \frac{1}{8}$	$\frac{1}{2} + \frac{4}{6}$
$= \frac{6}{8}^{(3}$	$= \frac{3}{6} + \frac{4}{6}$
$= \frac{3}{4}$	$= \frac{7}{6} = 1\frac{1}{6}$

• 두 분수의 분모가 같으면 그 분수들을 분모가 같은 분수라고 해요.
• 분모가 같은 분수를 더할 때 분모는 그대로 두고 분자끼리 더해요.
• 분모가 다른 분수를 더할 때는 분모가 같게 통분을 먼저 해요.
• 계산 결과를 약분하고, 바꿀 수 있다면 자연수나 대분수로 바꾸어요.

1. 계산한 후, 정답을 로봇에서 찾아 ○표 해 보세요.

$\frac{1}{3} + \frac{1}{3} = \frac{2}{3}$ ⬜ $\frac{2}{6} + \frac{3}{6} = \frac{5}{6}$ ⬜ $\frac{5}{10} + \frac{4}{10} = \frac{9}{10}$

$\frac{2}{7} + \frac{3}{7} = \frac{5}{7}$ ⬜ $\frac{4}{8} + \frac{3}{8} = \frac{7}{8}$ ⬜ $\frac{4}{15} + \frac{5}{15} = \frac{11}{15}$

🤖 ② ⑤ ⑤ ⑤ ⑦ ① ⑨ ⑪ ⑬
   ③ ⑥ ⑥ ⑥ ⑧ ⑦ ⑩ ⑮ ⑮

2. 계산한 후, 정답을 로봇에서 찾아 ○표 해 보세요.

$\frac{5}{7} + \frac{2}{7} = \frac{7}{7} = 1$

$\frac{5}{4} + \frac{3}{4} = \frac{8}{4} = 2$

$\frac{5}{6} + \frac{2}{6} = \frac{7}{6} = 1\frac{1}{6}$

$\frac{5}{3} + \frac{2}{3} = \frac{7}{3} = 2\frac{1}{3}$

🤖 ① ① $1\frac{1}{2}$ $1\frac{1}{6}$ ② ② $2\frac{1}{3}$ $2\frac{2}{3}$

3. 계산한 후, 정답을 로봇에서 찾아 ○표 해 보세요.

2) $\frac{1}{3} + \frac{3}{6}$ $\frac{4}{15} + \frac{5)1}{3}$ 6) $\frac{1}{2} + \frac{1}{12}$
$= \frac{2}{6} + \frac{3}{6}$ $= \frac{4}{15} + \frac{5}{15}$ $= \frac{6}{12} + \frac{1}{12}$
$= \frac{5}{6}$ $= \frac{9}{15}\frac{(3}{5} = \frac{3}{5}$ $= \frac{7}{12}$

4. 계산한 후, 정답을 로봇에서 찾아 ○표 해 보세요.

3) $\frac{5}{6} + \frac{2}{18}$ $\frac{7}{20} + \frac{2)4}{10}$ 4) $\frac{1}{4} + \frac{9}{16}$
$= \frac{15}{18} + \frac{2}{18}$ $= \frac{7}{20} + \frac{8}{20}$ $= \frac{4}{16} + \frac{9}{16}$
$= \frac{17}{18}$ $= \frac{15)5}{20}\frac{3}{4}$ $= \frac{13}{16}$

5. 아래 글을 읽고 공책에 알맞은 식을 세워 답을 구한 후, 정답을 로봇에서 찾아 ○표 해 보세요.

❶ 루이스는 $\frac{1}{3}$시간 동안 기타를 연습했어요. 휴식 후에 $\frac{1}{6}$시간 더 연습했어요. 루이스가 기타를 연습한 시간은 모두 얼마일까요?

식: $\frac{1}{3} + \frac{1}{6} = \frac{2}{6} + \frac{1}{6} = \frac{3)3}{6}\frac{1}{2}$

정답: $\frac{1}{2}$시간

❷ 콘서트에 출연한 가수의 절반이 파란색 셔츠를 입었고, $\frac{3}{10}$은 빨간색 셔츠를 입었어요. 파란색 셔츠나 빨간색 셔츠 둘 중 하나를 입은 가수가 전체에서 차지하는 부분은 얼마일까요?

식: $\frac{1}{2} + \frac{3}{10} = \frac{5}{10} + \frac{3}{10} = \frac{8(2}{10}\frac{4}{5}$

정답: $\frac{4}{5}$

🤖 ① ① ③ ④ ⑤ ⑥ ⑦ ⑨ ⑮ ⑮ ⑰
   ② ④ ④ ⑥ ⑥ ⑥ ⑦ ⑫ ⑯ ⑯ ⑱

🔍 **더 생각해 보아요!**
수직선에서 8과 -2로부터 같은 거리에 있는 수는 어떤 수일까요?

3

🐿️ **보충 가이드 | 70쪽**

분모가 같은 분수끼리의 덧셈은 분모는 그대로 두고 분자끼리만 더해 주면 됩니다. 왜냐하면 단위분수가 분자에 표시된 수만큼 있는 것으로 생각할 수 있기 때문입니다. $\frac{5}{8} + \frac{1}{8} = \frac{6}{8}$이 되는데 $\frac{1}{8}$ 5개와 $\frac{1}{8}$ 1개를 더하면 $\frac{1}{8}$이 6개가 되어 $\frac{6}{8}$이 된답니다.
분모가 다른 진분수의 덧셈을 할 때에는 먼저 두 분모를 통분하여 분모를 같게 만들어 준 다음 분모가 같은 분수의 덧셈을 하는 원리에 따라 계산하면 됩니다.

더 생각해 보아요! | 71쪽

8과 -2 사이의 거리는 10만큼 떨어져 있으므로 같은 거리에 있는 수는 8에서 5만큼, -2에서 5만큼 떨어진 수인 3이에요.

72-73쪽

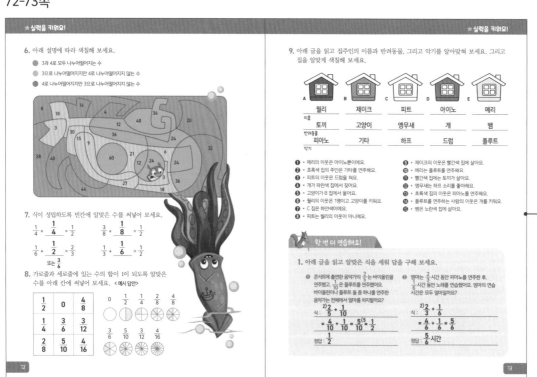

★ 실력을 키워요!

6. 아래 설명에 따라 색칠해 보세요.

🔵 3과 4로 모두 나누어떨어지는 수
🔵 3으로 나누어떨어지지만 4로 나누어떨어지지 않는 수
🔵 4로 나누어떨어지지만 3으로 나누어떨어지지 않는 수

7. 식이 성립하도록 빈칸에 알맞은 수를 써넣어 보세요.

$\frac{1}{4} + \frac{1}{4} = \frac{1}{2}$ $\frac{3}{8} + \frac{1}{8} = \frac{1}{2}$

$\frac{1}{6} + \frac{1}{2} = \frac{2}{3}$ $\frac{1}{3} + \frac{1}{6} = \frac{1}{2}$

또는 $\frac{3}{6}$

8. 가로줄과 세로줄에 있는 수의 합이 1이 되도록 알맞은 수를 아래 칸에 써넣어 보세요. <예시 답안>

$\frac{1}{2}$	0	$\frac{4}{8}$
$\frac{1}{4}$	$\frac{3}{12}$	$\frac{6}{12}$
$\frac{2}{8}$	$\frac{5}{10}$	$\frac{4}{16}$

0	$\frac{1}{2}$	$\frac{1}{4}$	$\frac{2}{8}$
$\frac{3}{6}$	$\frac{5}{10}$	$\frac{3}{12}$	$\frac{4}{16}$

★ 실력을 키워요!

9. 아래 글을 읽고 집주인의 이름과 반려동물, 그리고 악기를 알아맞혀 보세요. 그리고 집을 알맞게 색칠해 보세요.

	A	B	C	D	E
이름	윌리	제이크	피트	아이노	메리
반려동물	토끼	고양이	앵무새	개	뱀
악기	피아노	기타	하프	드럼	플루트

❶ 메리의 이웃은 아이노뿐이에요.
❷ 초록색 집의 주인은 기타를 연주해요.
❸ 피트의 이웃은 드럼을 쳐요.
❹ 개가 파란색 집에서 짖어요.
❺ 고양이가 B 집에 울어요.
❻ 윌리의 이웃은 1명이고 고양이를 키워요.
❼ C 집은 하얀색이에요.
❽ 피트는 윌리의 이웃이 아니에요.
❾ 제이크의 이웃은 빨간색 집에 살아요.
❿ 메리는 플루트를 연주해요.
⓫ 빨간색 집에는 토끼가 살아요.
⓬ 앵무새는 하프 소리를 좋아해요.
⓭ 초록색 집의 이웃은 피아노를 연주해요.
⓮ 플루트를 연주하는 사람의 이웃은 개를 키워요.
⓯ 뱀은 노란색 집에 살아요.

🐴 **한 번 더 연습해요!**

1. 아래 글을 읽고 알맞은 식을 세워 답을 구해 보세요.

❶ 콘서트에 출연한 음악가의 $\frac{2}{5}$는 바이올린을 연주했고, $\frac{1}{10}$은 플루트를 연주했어요. 바이올린이나 플루트 둘 중 하나를 연주한 음악가는 전체에서 얼마를 차지할까요?

식: $\frac{2}{5} + \frac{1}{10}$
$= \frac{4}{10} + \frac{1}{10} = \frac{5)1}{10}\frac{1}{2}$
정답: $\frac{1}{2}$

❷ 엠마는 $\frac{2}{3}$시간 동안 피아노를 연주한 후, $\frac{1}{6}$시간 동안 노래를 연습했어요. 엠마의 연습 시간은 모두 얼마일까요?

식: 2) $\frac{2}{3} + \frac{1}{6}$
$= \frac{4}{6} + \frac{1}{6} = \frac{5}{6}$
정답: $\frac{5}{6}$시간

12 분모가 다른 분수의 뺄셈

분모가 같은 분수의 뺄셈	분모가 다른 분수의 뺄셈

$$\frac{8}{9} - \frac{2}{9}$$
$$= \frac{6}{9}^{(3)}$$
$$= \frac{2}{3}$$

$$1 - \frac{2}{7}$$
$$= \frac{7}{7} - \frac{2}{7}$$
$$= \frac{5}{7}$$

$$\frac{5}{4}^2 - \frac{1}{8}$$
$$= \frac{10}{8} - \frac{1}{8}$$
$$= \frac{9}{8} = 1\frac{1}{8}$$

- 두 분수의 분모가 같으면 그 분수들을 '분모가 같은 분수'라고 해요.
- 분모가 같은 분수를 뺄 때는 분모는 그대로 두고 분자끼리 빼요.
- 분모가 다른 분수를 뺄 때는 분모가 같게 통분을 먼저 해요.
- 계산 결과를 약분하고 바꿀 수 있다면 자연수나 대분수로 바꾸어요.

1. 계산한 후, 정답을 로봇에서 찾아 ○표 해 보세요.

$$\frac{7}{8} - \frac{2}{8} = \frac{5}{8}$$

$$\frac{11}{7} - \frac{7}{7} = \frac{6}{7}$$

$$\frac{5}{6} - \frac{4}{6} = \frac{1}{6}$$

$$1 - \frac{4}{9} = \frac{5}{9}$$

$$\frac{11}{12} - \frac{6}{12} = \frac{5}{12}$$

$$\frac{11}{15} - \frac{7}{15} = \frac{4}{15}$$

 6/9 3/8 4/9 5/12 1/6

2. 계산한 후, 정답을 로봇에서 찾아 ○표 해 보세요.

$$\frac{11}{5} - \frac{4}{5} = \frac{7}{5} = 1\frac{2}{5}$$

$$\frac{13}{7} - \frac{6}{7} = \frac{7}{7} = 1$$

$$\frac{14}{3} - \frac{5}{3} = \frac{9}{3} = 3$$

$$\frac{20}{8} - \frac{3}{8} = \frac{17}{8} = 2\frac{1}{8}$$

 1 1 2/8 2 2/5 2 1/3 3 1/8

3. 계산한 후, 정답을 로봇에서 찾아 ○표 해 보세요.

$$\frac{4}{5}^{2)} - \frac{7}{10}$$
$$= \frac{8}{10} - \frac{7}{10}$$
$$= \frac{1}{10}$$

$$\frac{11}{12} - \frac{1}{6}^{2)}$$
$$= \frac{11}{12} - \frac{2}{12}$$
$$= \frac{9}{12}^{(3)} = \frac{3}{4}$$

$$\frac{2}{3}^{3)} - \frac{2}{9}$$
$$= \frac{6}{9} - \frac{2}{9}$$
$$= \frac{4}{9}$$

$$\frac{13}{15} - \frac{5}{3}^{5)}$$
$$= \frac{13}{15} - \frac{10}{15}$$
$$= \frac{3}{15}^{(3)} = \frac{1}{5}$$

$$\frac{7}{8} - \frac{4}{4}^{2)}$$
$$= \frac{7}{8} - \frac{1}{8}$$
$$= \frac{3}{8}$$

$$\frac{17}{24} - \frac{3}{8}^{3)}$$
$$= \frac{17}{24} - \frac{15}{24}$$
$$= \frac{2}{24}^{(2)} = \frac{1}{12}$$

4. 아래 글을 읽고 알맞은 식을 세워 답을 구한 후, 정답을 로봇에서 찾아 ○표 해 보세요.

❶ 악기 중 $\frac{3}{8}$은 현악기이고 나머지는 목관악기예요. 목관악기가 전체에서 차지하는 부분은 얼마일까요?

식: $\frac{8}{8} - \frac{3}{8} = \frac{5}{8}$

정답: $\frac{5}{8}$

❷ 악기 중 $\frac{1}{2}$은 새 것이고, $\frac{8}{10}$은 낡은 것이에요. 낡은 악기가 차지하는 부분은 새 악기가 차지하는 부분보다 얼마나 더 클까요?

식: $\frac{8}{10}^{2)} - \frac{1}{2} = \frac{8}{10} - \frac{5}{10} = \frac{6}{10}^{(2)} = \frac{3}{5}$

정답: $\frac{3}{5}$

 3/4 3/5 5/6 3/8 5/8 7/10 7/12

5. 색칠한 부분은 전체에서 얼마를 차지할까요? 정답을 약분하여 빈칸에 써 보세요.

❶ $\frac{8}{16}^{(8)} = \frac{1}{2}$

❷ $\frac{4}{16}^{(4)} = \frac{1}{4}$

74

75

보충 가이드 | 74쪽

분모가 같은 분수의 뺄셈은 분모는 그대로 두고, 분자끼리만 빼 주면 됩니다. 왜냐하면 분모가 같은 분수의 뺄셈에서는 단위분수의 수만큼 빼 주면 되기 때문입니다.
$\frac{8}{9} - \frac{2}{9} = \frac{6}{9}$이 되는데 $\frac{1}{9}$ 8개에서 $\frac{1}{9}$ 2개를 빼면 $\frac{1}{9}$이 6개가 되어 $\frac{6}{9}$이 된답니다.
분모가 다른 진분수의 뺄셈을 할 때에는 먼저 두 분모를 통분하여 분모를 같게 만들어 준 다음 분모가 같은 분수의 뺄셈을 하는 원리에 따라 계산하면 됩니다.

MEMO

73쪽 9번

❺ 고양이가 B 집에서 울어요.
❻ 월리의 이웃은 1명이고 고양이를 키워요.
❼ C 집은 하얀색이에요.

집 색깔	A	B	C 하얀색	D	E
이름	월리				
반려동물		고양이			
악기					

❶ 메리의 이웃은 아이노뿐이에요.
❿ 메리는 플루트를 연주해요.
⓮ 플루트를 연주하는 사람의 이웃은 개를 키워요.
❹ 개가 파란색 집에서 짖어요.

집 색깔	A	B	C 하얀색	D 파란색	E
이름	월리			아이노	메리
반려동물		고양이		개	
악기					플루트

❽ 피트는 월리의 이웃이 아니에요.
❾ 제이크의 이웃은 빨간색 집에 살아요.
⓫ 빨간색 집에는 토끼가 살아요.

집 색깔	A 빨간색	B	C 하얀색	D 파란색	E
이름	월리	제이크	피트	아이노	메리
반려동물	토끼	고양이		개	
악기					플루트

❷ 초록색 집의 주인은 기타를 연주해요.
❸ 피트의 이웃은 드럼을 쳐요.
⓬ 앵무새는 하프 소리를 좋아해요.
⓭ 초록색 집의 이웃은 피아노를 연주해요.
⓯ 뱀은 노란색 집에 살아요.

집 색깔	A 빨간색	B 초록색	C 하얀색	D 파란색	E 노란색
이름	월리	제이크	피트	아이노	메리
반려동물	토끼	고양이	앵무새	개	뱀
악기	피아노	기타	하프	드럼	플루트

76-77쪽

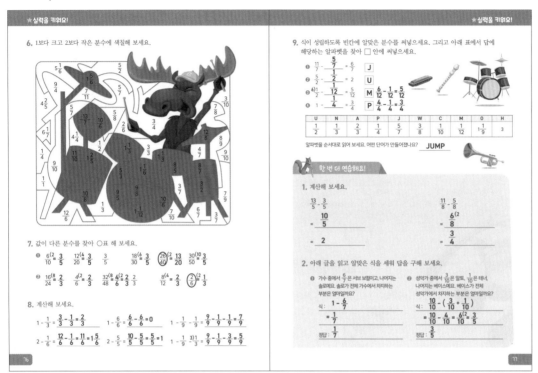

78-79쪽

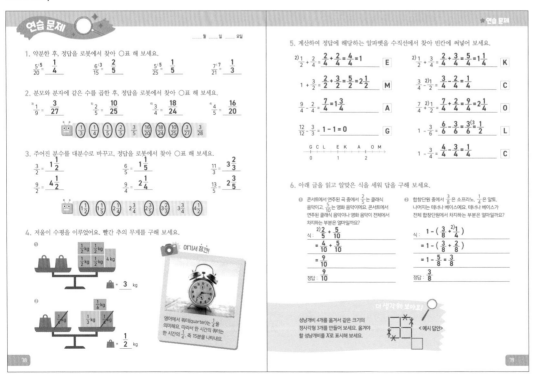

78쪽 4번

❶ 🛍🛍 = $\frac{1}{2}$kg+$\frac{1}{2}$kg+$\frac{1}{2}$kg +$\frac{1}{2}$kg+4kg

🛍🛍 = $\frac{4}{2}$kg+4kg

🛍🛍 =6kg, 🛍=3kg

❷ 저울 양쪽에서 $\frac{1}{4}$kg을 지워요.

🛍🛍 =$\frac{1}{3}$kg+$\frac{1}{6}$kg

🛍🛍 = $\frac{2}{6}$kg+$\frac{1}{6}$kg=$\frac{3}{6}$kg=

79쪽 5번

알파벳을 거슬러 올라가며 어 보세요. CLOCK GAME

80-81쪽

★연습 문제

7. 알파벳 O가 다음 단어에서 차지하는 부분은 얼마인지 빈칸에 써 보세요.

| COMPOSITION | $\frac{3}{11}$ | ORATORIO | $\frac{3}{8}$ | MEZZO-SOPRANO | $\frac{3}{12}$ |
| ACCORDION | $\frac{2}{9}$ | ORCHESTRA | $\frac{1}{9}$ | BARITONE | $\frac{1}{8}$ |

8. 값이 $\frac{3}{4}$인 곳을 따라 길을 찾아보세요.

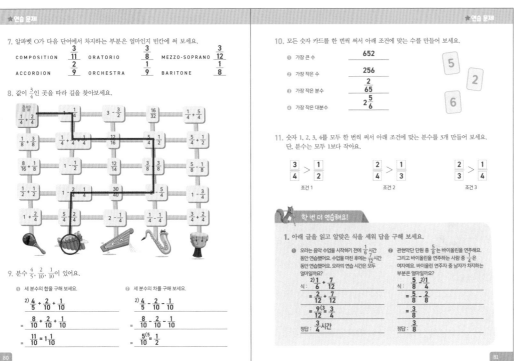

9. 분수 $\frac{4}{5}$, $\frac{2}{10}$, $\frac{1}{10}$이 있어요.

❶ 세 분수의 합을 구해 보세요.

$$\frac{4}{5} + \frac{2}{10} + \frac{1}{10}$$
$$= \frac{8}{10} + \frac{2}{10} + \frac{1}{10}$$
$$= \frac{11}{10} = 1\frac{1}{10}$$

❷ 세 분수의 차를 구해 보세요.

$$\frac{4}{5} - \frac{2}{10} - \frac{1}{10}$$
$$= \frac{8}{10} - \frac{2}{10} - \frac{1}{10}$$
$$= \frac{5}{10} = \frac{1}{2}$$

★연습 문제

10. 모든 숫자 카드를 한 번씩 써서 아래 조건에 맞는 수를 만들어 보세요.

❶ 가장 큰 수 — 652
❷ 가장 작은 수 — 256
❸ 가장 작은 분수 — $\frac{2}{65}$
❹ 가장 작은 대분수 — $2\frac{5}{6}$

카드: 5, 2, 6

11. 숫자 1, 2, 3, 4를 모두 한 번씩 써서 아래 조건에 맞는 분수를 3개 만들어 보세요. 단, 분수는 모두 1보다 작아요.

$\frac{3}{4} > \frac{1}{2}$ 　조건 1
$\frac{2}{4} > \frac{1}{3}$ 　조건 2
$\frac{2}{3} > \frac{1}{4}$ 　조건 3

> **한 번 더 연습해요!**
>
> **1.** 아래 글을 읽고 알맞은 식을 세워 답을 구해 보세요.
>
> ❶ 오라는 음악 수업을 시작하기 전에 전체 $\frac{1}{6}$ 시간 동안 연습했어요. 수업을 마친 후에는 $\frac{7}{12}$ 시간 동안 연습했어요. 오라의 연습 시간은 모두 얼마일까요?
>
> 식: $\frac{1}{6} + \frac{7}{12}$
> $= \frac{2}{12} + \frac{7}{12}$
> $= \frac{9}{12} = \frac{3}{4}$
>
> 정답: $\frac{3}{4}$ 시간
>
> ❷ 관현악단 단원 중 $\frac{5}{8}$는 바이올린을 연주해요. 그리고 바이올린을 연주하는 사람 중 $\frac{1}{4}$은 여자예요. 바이올린 연주자 중 남자가 차지하는 부분은 얼마일까요?
>
> 식: $\frac{5}{8} - \frac{2}{8}$
> $= \frac{5}{8} - \frac{2}{8}$
> $= \frac{3}{8}$
>
> 정답: $\frac{3}{8}$

82-83쪽

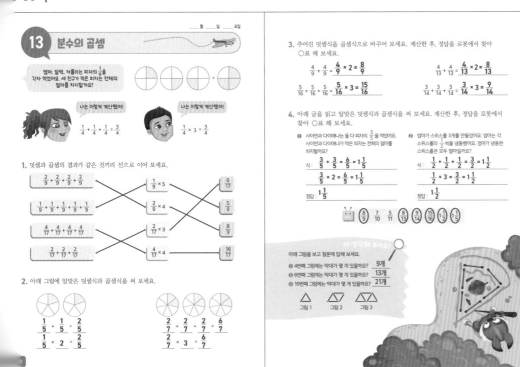

13 분수의 곱셈

엠마, 알렉, 카를라는 피자의 $\frac{1}{4}$을 각자 먹었어요. 세 친구가 먹은 피자는 전체의 얼마를 차지할까요?

나는 이렇게 계산했어!
$\frac{1}{4} + \frac{1}{4} + \frac{1}{4} = \frac{3}{4}$

나는 이렇게 계산했어!
$\frac{1}{4} \times 3 = \frac{3}{4}$

1. 덧셈과 곱셈의 결과가 같은 것끼리 선으로 이어 보세요.

$\frac{2}{9} + \frac{2}{9} + \frac{2}{9} + \frac{2}{9} + \frac{2}{9}$ — $\frac{1}{9} \times 5$ — $\frac{6}{17}$
$\frac{1}{9} + \frac{1}{9} + \frac{1}{9} + \frac{1}{9} + \frac{1}{9}$ — $\frac{2}{9} \times 4$ — $\frac{5}{9}$
$\frac{4}{17} + \frac{4}{17} + \frac{4}{17} + \frac{4}{17}$ — $\frac{2}{17} \times 3$ — $\frac{8}{9}$
$\frac{2}{17} + \frac{2}{17} + \frac{2}{17}$ — $\frac{4}{17} \times 4$ — $\frac{16}{17}$

2. 아래 그림에 알맞은 덧셈식과 곱셈식을 써 보세요.

$\frac{1}{5} + \frac{1}{5} = \frac{2}{5}$
$\frac{1}{5} \times 2 = \frac{2}{5}$

$\frac{2}{7} + \frac{2}{7} + \frac{2}{7} = \frac{6}{7}$
$\frac{2}{7} \times 3 = \frac{6}{7}$

3. 주어진 덧셈식을 곱셈식으로 바꾸어 보세요. 계산한 후, 정답을 로봇에서 찾아 ○표 해 보세요.

$\frac{4}{9} + \frac{4}{9} = \frac{4}{9} \times 2 = \frac{8}{9}$
$\frac{4}{13} + \frac{4}{13} = \frac{4}{13} \times 2 = \frac{8}{13}$
$\frac{5}{16} + \frac{5}{16} + \frac{5}{16} = \frac{5}{16} \times 3 = \frac{15}{16}$
$\frac{3}{14} + \frac{3}{14} + \frac{3}{14} = \frac{3}{14} \times 3 = \frac{9}{14}$

4. 아래 글을 읽고 알맞은 덧셈식과 곱셈식을 써 보세요. 계산한 후, 정답을 로봇에서 찾아 ○표 해 보세요.

❶ 사이먼과 다이애나는 둘 다 피자의 $\frac{3}{5}$를 먹었어요. 사이먼과 다이애나가 먹은 피자는 전체의 얼마를 차지할까요?

식: $\frac{3}{5} + \frac{3}{5} = \frac{6}{5} = 1\frac{1}{5}$
$\frac{3}{5} \times 2 = \frac{6}{5} = 1\frac{1}{5}$
정답: $1\frac{1}{5}$

❷ 엄마가 스위스롤 3개를 만들었어요. 엄마는 각 스위스롤의 $\frac{1}{2}$씩 냉동했어요. 엄마가 냉동한 스위스롤은 모두 얼마일까요?

식: $\frac{1}{2} + \frac{1}{2} + \frac{1}{2} = \frac{3}{2} = 1\frac{1}{2}$
$\frac{1}{2} \times 3 = \frac{3}{2} = 1\frac{1}{2}$
정답: $1\frac{1}{2}$

로봇: $\frac{8}{9}$ $\frac{7}{10}$ $\frac{5}{11}$ $\frac{8}{13}$ ⑨⑭⑯⑮$\frac{1}{5}$ ①$\frac{1}{2}$

> **더 생각해 보아요!**
>
> 아래 그림을 보고 질문에 답해 보세요.
>
> ❶ 4번째 그림에는 막대가 몇 개 있을까요? — 9개
> ❷ 6번째 그림에는 막대가 몇 개 있을까요? — 13개
> ❸ 10번째 그림에는 막대가 몇 개 있을까요? — 21개
>
> 그림 1　그림 2　그림 3

> 🐿 **보충 가이드 | 82쪽**
>
> 곱셈은 같은 크기의 그룹만큼 세어, 전체 수가 얼마인지를 파악하는 것이에요. 이것이 바로 곱셈적 사고이지요. 자연수의 곱셈처럼 분수의 곱셈도 같은 크기의 그룹이 얼마인지 파악하는 것이 중요하답니다.
> 예를 들어, 9×5=45에서 같은 크기인 9씩 5그룹이 있을 때 전체 수가 얼마인지 파악하는 것처럼 $\frac{1}{4} + \frac{1}{4} + \frac{1}{4} = \frac{3}{4}$에서 같은 크기인 $\frac{1}{4}$씩 3그룹이 있을 때 전체 수가 얼마인지 파악하면 되지요. 즉 단위분수의 수가 얼마인지 알아보면 정답을 쉽게 알 수 있어요.
> $\frac{1}{4} \times 3 = \frac{3}{4}$, 단위분수 $\frac{1}{4}$이 3개 있으므로 $\frac{3}{4}$이 나온답니다.

> **더 생각해 보아요! | 83쪽**
>
> 막대의 개수를 세어 보면 3, 5, 7… 2씩 늘어나는 규칙이에요.

23

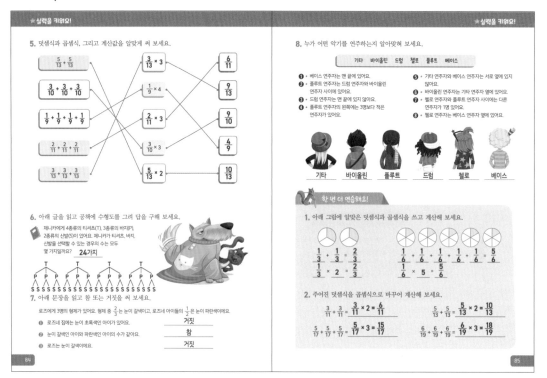

★실력을 키워요!

5. 덧셈식과 곱셈식, 그리고 계산값을 알맞게 써 보세요.

$$\frac{5}{13}+\frac{5}{13}$$ — $$\frac{3}{13}\times3$$ — $$\frac{6}{11}$$

$$\frac{3}{10}+\frac{3}{10}+\frac{3}{10}$$ — $$\frac{1}{9}\times4$$ — $$\frac{9}{13}$$

$$\frac{1}{9}+\frac{1}{9}+\frac{1}{9}+\frac{1}{9}$$ — $$\frac{2}{11}\times3$$ — $$\frac{9}{10}$$

$$\frac{2}{11}+\frac{2}{11}+\frac{2}{11}$$ — $$\frac{3}{10}\times3$$ — $$\frac{4}{9}$$

$$\frac{3}{13}+\frac{3}{13}+\frac{3}{13}$$ — $$\frac{5}{13}\times2$$ — $$\frac{10}{13}$$

6. 아래 글을 읽고 공책에 수형도를 그려 답을 구해 보세요.

제니카에게 4종류의 티셔츠(T), 3종류의 바지(P), 2종류의 신발(S)이 있어요. 제니카가 티셔츠, 바지, 신발을 선택할 수 있는 경우의 수는 모두 몇 가지일까요? **24가지**

7. 아래 문장을 읽고 참 또는 거짓을 써 보세요.

로즈에게 3명의 형제가 있어요. 형제 중 $\frac{2}{3}$ 는 눈이 갈색이고, 로즈네 아이들의 $\frac{1}{2}$ 은 눈이 파란색이에요.

❶ 로즈네 집에는 눈이 초록색인 아이가 있어요. ... **거짓**

❷ 눈이 갈색인 아이와 파란색인 아이의 수가 같아요. ... **참**

❸ 로즈는 눈이 갈색이에요. ... **거짓**

★실력을 키워요!

8. 누가 어떤 악기를 연주하는지 알아맞혀 보세요.

| 기타 | 바이올린 | 드럼 | 첼로 | 플루트 | 베이스 |

❶ 베이스 연주자는 맨 끝에 있어요.
❷ 플루트 연주자는 드럼 연주자와 바이올린 연주자 사이에 있어요.
❸ 드럼 연주자는 맨 끝에 있지 않아요.
❹ 플루트 연주자의 왼쪽에는 3명보다 적은 연주자가 있어요.

❺ 기타 연주자와 베이스 연주자는 서로 옆에 있지 않아요.
❻ 바이올린 연주자는 기타 연주자 옆에 있어요.
❼ 첼로 연주자와 플루트 연주자 사이에는 다른 연주자가 1명 있어요.
❽ 첼로 연주자는 베이스 연주자 옆에 있어요.

기타 바이올린 플루트 드럼 첼로 베이스

한 번 더 연습해요!

1. 아래 그림에 알맞은 덧셈식과 곱셈식을 쓰고 계산해 보세요.

$$\frac{1}{3}+\frac{1}{3}=\frac{2}{3}$$
$$\frac{1}{3}\times2=\frac{2}{3}$$

$$\frac{1}{6}+\frac{1}{6}+\frac{1}{6}+\frac{1}{6}+\frac{1}{6}=\frac{5}{6}$$
$$\frac{1}{6}\times5=\frac{5}{6}$$

2. 주어진 덧셈식을 곱셈식으로 바꾸어 계산해 보세요.

$$\frac{3}{11}+\frac{3}{11}=\frac{3}{11}\times2=\frac{6}{11}$$

$$\frac{5}{13}+\frac{5}{13}=\frac{5}{13}\times2=\frac{10}{13}$$

$$\frac{5}{17}+\frac{5}{17}+\frac{5}{17}=\frac{5}{17}\times3=\frac{15}{17}$$

$$\frac{6}{19}+\frac{6}{19}+\frac{6}{19}=\frac{6}{19}\times3=\frac{18}{19}$$

84쪽 7번

❷ 로즈네 집 자녀의 수는 로즈를 포함해 4명이에요. 로즈를 뺀 3명의 아이 가운데 $\frac{2}{3}$ 는 눈이 갈색이므로, 눈이 갈색인 아이의 수는 2명이에요. 전체 자녀 4명 가운데 $\frac{1}{2}$ 의 눈이 파란색이므로 눈이 파란색인 아이의 수는 2명이에요.

❸ 눈이 갈색과 파란색인 아이의 수가 2명씩 같으므로, 로즈의 눈은 파란색이에요.

MEMO

85쪽 8번

❶ 베이스 연주자는 맨 끝에 있어요.
❷ 플루트 연주자는 드럼 연주자와 바이올린 연주자 사이에 있어요.

| 베이스 | | 플루트 | 플루트 | | 베이스 |

❹ 플루트 연주자의 왼쪽에는 3명 미만의 연주자가 있어요.

| 베이스 | | 플루트 | 플루트 | | 베이스 |

❼ 첼로 연주자와 플루트 연주자 사이에는 다른 연주자가 1명 있어요.
❽ 첼로 연주자는 베이스 연주자 옆에 있어요.

| 베이스 | | 플루트 | | 첼로 | 베이스 |

❷ 플루트 연주자는 드럼 연주자와 바이올린 연주자 사이에 있어요.
❸ 드럼 연주자는 맨 끝에 있지 않아요.
❻ 바이올린 연주자는 기타 연주자 옆에 있어요.
❺ 기타 연주자와 베이스 연주자는 서로 옆에 있지 않아요.

| 기타 | 바이올린 | 플루트 | 드럼 | 첼로 | 베이스 |

86-87쪽

14 분수와 자연수의 곱셈

___월 ___일 ___요일

$\frac{1}{6} \times 3$

= $\frac{1 \times 3}{6}$

= $\frac{3^{(1)}}{6}$

= $\frac{1}{2}$

$\frac{1}{2} \times 5$

= $\frac{1 \times 5}{2}$

= $\frac{5}{2}$

= $2\frac{1}{2}$

• 자연수 부분을 분자에만 곱해요. 분모는 그대로 두고요.
• 계산 결과를 약분하고 바꿀 수 있다면 자연수나 대분수로 바꾸어요.

1. 계산한 후, 정답을 로봇에서 찾아 ○표 해 보세요.

$\frac{1}{5} \times 2 = \frac{1 \times 2}{5} = \frac{2}{5}$　　$\frac{1}{4} \times 3 = \frac{1 \times 3}{4} = \frac{3}{4}$

$\frac{1}{9} \times 8 = \frac{1 \times 8}{9} = \frac{8}{9}$　　$\frac{1}{7} \times 4 = \frac{1 \times 4}{7} = \frac{4}{7}$

$\frac{2}{13} \times 6 = \frac{2 \times 6}{13} = \frac{12}{13}$　　$\frac{1}{10} \times 9 = \frac{1 \times 9}{10} = \frac{9}{10}$

2. 계산한 후, 정답을 로봇에서 찾아 ○표 해 보세요.

$\frac{1}{6} \times 2 = \frac{1 \times 2}{6} = \frac{2^{(2)}}{6} = \frac{1}{3}$　　$\frac{5}{12} \times 2 = \frac{5 \times 2}{12} = \frac{10^{(2)}}{12} = \frac{5}{6}$

$\frac{7}{20} \times 2 = \frac{7 \times 2}{20} = \frac{14^{(2)}}{20} = \frac{7}{10}$　　$\frac{4}{15} \times 3 = \frac{4 \times 3}{15} = \frac{12^{(3)}}{15} = \frac{4}{5}$

$\frac{3}{20} \times 2 = \frac{3 \times 2}{20} = \frac{6^{(2)}}{20} = \frac{3}{10}$　　$\frac{2}{15} \times 5 = \frac{2 \times 5}{15} = \frac{10^{(5)}}{15} = \frac{2}{3}$

로봇: ① $\frac{1}{2}$ ② $\frac{2}{3}$ ③ $\frac{3}{4}$ ④ $\frac{3}{5}$ ⑤ $\frac{4}{5}$ ⑥ $\frac{5}{6}$ ⑦ $\frac{2}{7}$ ⑧ $\frac{4}{7}$ ⑨ $\frac{8}{9}$ ⑩ $\frac{3}{10}$ ⑪ $\frac{7}{10}$ ⑫ $\frac{9}{10}$ ⑬ $\frac{12}{13}$

3. 계산한 후, 자연수나 대분수로 바꾸어 보세요. 그리고 정답을 로봇에서 찾아 ○표 해 보세요.

$\frac{1}{3} \times 5 = \frac{1 \times 5}{3} = \frac{5}{3} = 1\frac{2}{3}$　　$\frac{1}{4} \times 4 = \frac{1 \times 4}{4} = 1$

$\frac{2}{5} \times 3 = \frac{2 \times 3}{5} = \frac{6}{5} = 1\frac{1}{5}$　　$\frac{2}{7} \times 7 = \frac{2 \times 7}{7} = \frac{14}{7} = 2$

$\frac{2}{3} \times 4 = \frac{2 \times 4}{3} = \frac{8}{3} = 2\frac{2}{3}$　　$\frac{2}{9} \times 6 = \frac{2 \times 6}{9} = \frac{12^{(3)}}{9} = \frac{4}{3} = 1\frac{1}{3}$

로봇: ① 1 ② $1\frac{1}{3}$ ③ $1\frac{1}{5}$ ④ $1\frac{2}{3}$ ⑤ 2 ⑥ $2\frac{1}{3}$ ⑦ $2\frac{2}{3}$ ⑧ $2\frac{1}{7}$

4. 아래 글을 읽고 알맞은 곱셈식을 세워 답을 구한 후, 정답을 로봇에서 찾아 ○표 해 보세요.

① 여름은 $\frac{1}{2}$ 시간씩 사이클을 6번 탔어요. 여름이 사이클을 탄 시간은 모두 얼마일까요?

식 : $\frac{1}{2} \times 6$

= $\frac{1 \times 6}{2} = \frac{6}{2} = 3$

정답: **3시간**

② 엘리사는 $\frac{1}{4}$ 시간씩 개를 4번 산책시켰어요. 엘리사가 개를 산책시킨 시간은 모두 얼마일까요?

식 : $\frac{1}{4} \times 4$

= $\frac{1 \times 4}{4} = \frac{4}{4} = 1$

정답: **1시간**

③ 아이스하키 경기는 3피리어드로 이루어져 있어요. 1피리어드는 $\frac{1}{3}$ 시간이에요. 3피리어드는 모두 몇 시간일까요?

식 : $\frac{1}{3} \times 3$

= $\frac{1 \times 3}{3} = \frac{3}{3} = 1$

정답: **1시간**

④ 축구 경기는 전반전과 후반전으로 이루어져 있고 각각 $\frac{3}{4}$ 시간씩이에요. 전반전과 후반전을 합하면 모두 몇 시간일까요?

식 : $\frac{3}{4} \times 2$

= $\frac{3 \times 2}{4} = \frac{6^{(2)}}{4} = \frac{3}{2} = 1\frac{1}{2}$

정답: $1\frac{1}{2}$ **시간**

로봇: ① $\frac{1}{2}$ ② 1 ③ $1\frac{1}{2}$ ④ $1\frac{1}{3}$ ⑤ 3

더 생각해 보아요!

오른쪽 그림에서 작은 정육면체는 모두 몇 개일까요?
16개

88-89쪽

★실력을 키워요!

5. 정답을 따라 길을 찾아보세요. 그리고 길을 거슬러 알파벳을 읽어 보세요.

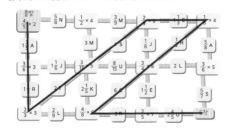

6. 음악 코드를 해독하여 알맞은 알파벳을 빈칸에 써 보세요.

$\frac{1}{2}$	$\frac{1}{4}$	$\frac{1}{8}$	$\frac{1}{16}$
O	B	N	A	J

$2 \times \frac{1}{16}$	$4 \times \frac{1}{2}$	$4 \times \frac{1}{8}$	$4 \times \frac{1}{4}$	$2 \times \frac{1}{8}$
O	J	N	A	B

7. 식이 성립하도록 빈칸에 알맞은 수를 써넣어 보세요.

$4 \times \frac{1}{5} = \frac{4}{5}$　　$10 \times \frac{1}{2} = 5$　　$5 \times \frac{1}{2} = 10 \times \frac{1}{4}$

$3 \times \frac{1}{3} = 1$　　$6 \times \frac{2}{3} = 4$　　$6 \times \frac{1}{3} = 4 \times \frac{2}{4}$

★실력을 키워요!

8. 질문에 답해 보세요. 미아는 4분 동안 집까지 가는 거리의 $\frac{1}{3}$ 을 갔어요.

미아의 학교　　　　미아네 집

① 같은 속도로 걷는다면 미아는 12분 동안 집까지 가는 거리의 얼마까지 갈 수 있을까요?

$\frac{1}{3} \times 3 = \frac{3}{3} = 1$

② 미아가 집까지 가는 거리의 $\frac{6}{9}$ 에 이르려면 시간이 얼마나 걸릴까요?

8분 $\frac{6^{(3)}}{9} = \frac{2}{3}$

③ 미아가 집까지 가는 거리의 절반에 다다랐을 때 시간이 얼마나 걸렸을까요?

집까지 가는 데 12분이 걸리므로 절반까지는 6분이 걸려요.

한 번 더 연습해요!

1. 계산해 보세요.

$\frac{1}{6} \times 4 = \frac{1 \times 4}{6} = \frac{4^{(2)}}{6} = \frac{2}{3}$　　$\frac{3}{5} \times 2 = \frac{3 \times 2}{5} = \frac{6}{5} = 1\frac{1}{5}$

$\frac{2}{3} \times 8 = \frac{2 \times 8}{3} = \frac{16}{3} = 5\frac{1}{3}$　　$\frac{3}{2} \times 2 = \frac{3 \times 2}{2} = \frac{6}{2} = 3$

2. 아래 글을 읽고 알맞은 곱셈식을 세워 답을 구해 보세요.

① 베이스 연주자는 하루에 기타 개를 산책시켜요. 1번 산책할 때마다 $\frac{1}{2}$ 시간이 걸려요. 베이스 연주자가 하루 동안 산책시키는 시간은 모두 얼마일까요?

식 : $\frac{1}{2} \times 3$

= $\frac{1 \times 3}{2} = \frac{3}{2} = 1\frac{1}{2}$

정답: $1\frac{1}{2}$ **시간**

② 이카의 아빠는 일주일에 10번 버스를 타고 출근하는데, 1번 탈 때 $\frac{3}{4}$ 시간이 걸려요. 아빠가 일주일 동안 버스 타는 데 걸리는 시간은 모두 얼마일까요?

식 : $\frac{3}{4} \times 10$

= $\frac{3 \times 10}{4} = \frac{30^{(2)}}{4} = \frac{15}{2} = 7\frac{1}{2}$

정답: $7\frac{1}{2}$ **시간**

보충 가이드 | 86쪽

$\frac{1}{6} \times 3 = \frac{1}{6} + \frac{1}{6} + \frac{1}{6}$ 로 나타낼 수 있어요. 즉, $\frac{1}{6} \times 3$은 $\frac{1}{6}$이 3개 있는 것으로 $\frac{3}{6}$이 됩니다. 따라서 자연수와 분수의 곱셈을 할 때는 분수의 자연수 부분을 분자에만 곱해요. 즉 $\frac{1}{6} \times 3 = \frac{1 \times 3}{6} = \frac{3^{(3)}}{6} = \frac{1}{2}$ 계산 결과에서 약분할 수 있다면 약분해서 기약분수로 나타내요.

88쪽 5번

길을 거슬러 알파벳을 읽어 보세요. ORCHESTRA(오케스트라)

88쪽 6번

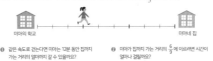

$2 \times ♪ = 2 \times \frac{1}{16} = \frac{2 \times 1}{16} = \frac{2^{(2)}}{16} = \frac{1}{8}$

$4 \times ▬ = 4 \times \frac{1}{2} = \frac{4 \times 1}{2} = \frac{4}{2} = 2$

$4 \times ♪ = 4 \times \frac{1}{8} = \frac{4 \times 1}{8} = \frac{4^{(2)}}{8} = \frac{1}{2}$

$4 \times ♩ = 4 \times \frac{1}{4} = \frac{4 \times 1}{4} = \frac{4}{4} = 1$

$2 \times ♪ = 2 \times \frac{1}{8} = \frac{2 \times 1}{8} = \frac{2^{(2)}}{8} = \frac{1}{4}$

알파벳을 오른쪽에서 왼쪽 방향으로 읽어 보세요.
BANJO(밴조)

90-91쪽

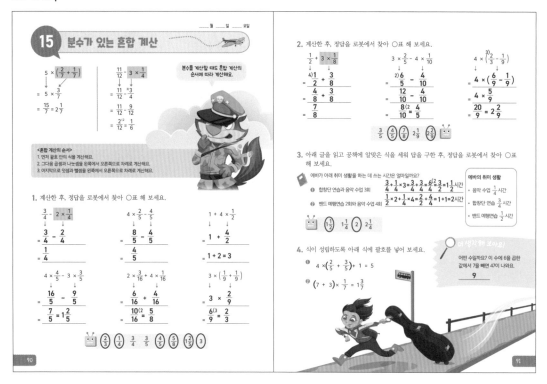

더 생각해 보아요! | 91쪽

$x \times 6 - 7 = 47$

$x \times 6 = 54$

$x = 9$

92쪽 6번

❶ ▲▲▲▲ = $1\frac{1}{3}$, ▲ = $\frac{1}{3}$

❷ ▲▲▲▼ = 2

▲▲▲ = $\frac{1}{3} \times 3 = 1$, ▼ = 1

❸ ▲▲▼▼ = $\frac{1}{3} \times 2 + 1 + 1$

= $\frac{2}{3} + 2 = \frac{8}{3} = 2\frac{2}{3}$

92쪽 7번

❶ __×__+__=1에서 $\frac{9}{9}$=1이
므로 분자의 값이 9가 되어야
해요. 또한 __×__-__=$\frac{2}{9}$에
서 앞의 수에서 뒤의 수를 빼면
분자의 값이 2가 나오므로 앞
의 수가 더 커야 해요. 그리고
정답이 모두 분모가 9이므로
두 수의 곱을 할 때 두 식에서
한 수는 자연수가 되어야 해요.
따라서 자연수 6은 두 번째 식
에 들어가고, 2는 첫 번째 식에
들어가요. 첫 번째 식에서 2가
들어가고 분모가 9인 수에서 $\frac{3}{9}$
를 넣으면 더할 수는 $\frac{5}{9}$가 되어
식이 완성돼요.
__×__-__=$\frac{2}{9}$에서 자연수 6
을 넣으면 $\frac{1}{9}$이 와야 하고, 남은
수 $\frac{4}{9}$를 넣어야 식이 완성되겠
죠?

❷ __×(__-__)=2에서 $\frac{5}{5}$=1
이므로 2가 되려면 분자는 10
이 되어야 해요. 두 식에서 뒤
에 오는 곱하는 수는 자연수가
되어야 해요. __×(__-__)에
의 분자가 더 커야 하므로 3과
5 중 5가 들어가요. 5를 곱해서
10이 되려면 분자의 값이 2가
나와야 하므로 ($\frac{4}{5}-\frac{2}{5}$)가 돼요
__×(__+__)=$\frac{9}{10}$에서 곱하
는 수가 3이 되면 분자의 값이
3이 나와야 해요. 남은 수 $\frac{1}{5}$+
을 넣으면 식이 완성돼요.

92-93쪽

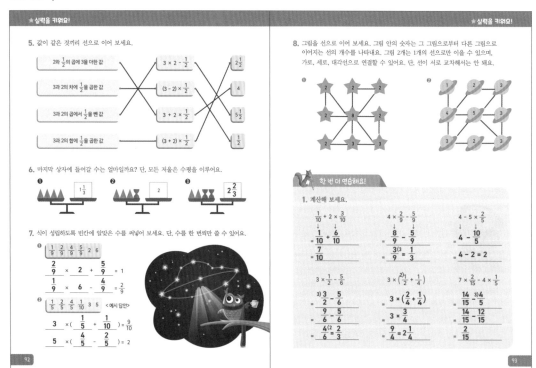

94-95쪽

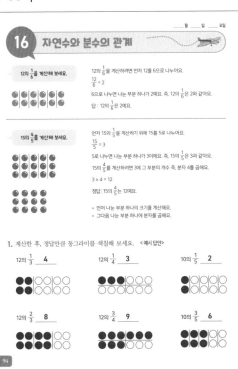

16 자연수와 분수의 관계

12의 $\frac{1}{6}$을 계산해 보세요.

12의 $\frac{1}{6}$을 계산하려면 먼저 12를 6으로 나누어요.

$$\frac{12}{6} = 2$$

6으로 나누면 나눈 부분 하나가 2예요. 즉, 12의 $\frac{1}{6}$은 2와 같아요.

답 : 12의 $\frac{1}{6}$은 2예요.

15의 $\frac{4}{5}$를 계산해 보세요.

먼저 15의 $\frac{1}{5}$을 계산하기 위해 15를 5로 나누어요.

$$\frac{15}{5} = 3$$

5로 나누면 나눈 부분 하나가 3이에요. 즉, 15의 $\frac{1}{5}$은 3과 같아요.

15의 $\frac{4}{5}$를 계산하려면 3에 그 부분의 개수 즉, 분자 4를 곱해요.

$3 \times 4 = 12$

정답 : 15의 $\frac{4}{5}$는 12예요.

• 먼저 나눈 부분 하나의 크기를 계산해요.
• 그다음 나눈 부분 하나에 분자를 곱해요.

1. 계산한 후, 정답만큼 동그라미를 색칠해 보세요. <예시 답안>

12의 $\frac{1}{3}$ **4**　　12의 $\frac{1}{4}$ **3**　　10의 $\frac{1}{5}$ **2**

12의 $\frac{2}{3}$ **8**　　12의 $\frac{3}{4}$ **9**　　10의 $\frac{3}{5}$ **6**

2. 계산한 후, 정답을 로봇에서 찾아 ○표 해 보세요.

10의 $\frac{1}{2}$　　24의 $\frac{1}{4}$　　16의 $\frac{1}{8}$

$\frac{10}{2} = 5$　　$\frac{24}{4} = 6$　　$\frac{16}{8} = 2$

30의 $\frac{1}{3}$　　40의 $\frac{1}{10}$　　100의 $\frac{1}{10}$

$\frac{30}{3} = 10$　　$\frac{40}{10} = 4$　　$\frac{100}{10} = 10$

(2) (4) (5) (6) 7 8 (10) (10)

3. 계산한 후, 정답을 로봇에서 찾아 ○표 해 보세요.

20의 $\frac{2}{5}$　　16의 $\frac{3}{8}$　　14의 $\frac{5}{7}$

$\frac{20}{5} = 4$　　$\frac{16}{8} = 2$　　$\frac{14}{7} = 2$

$4 \times 2 = 8$　　$2 \times 3 = 6$　　$2 \times 5 = 10$

50의 $\frac{3}{10}$　　18의 $\frac{5}{6}$　　45의 $\frac{4}{15}$

$\frac{50}{10} = 5$　　$\frac{18}{6} = 3$　　$\frac{45}{15} = 3$

$5 \times 3 = 15$　　$3 \times 5 = 15$　　$3 \times 4 = 12$

(6) (8) (9) (10) (12) (15) (15) 18

더 생각해 보아요! 🔍

$\frac{1}{2}$의 $\frac{1}{3}$은 얼마일까요?

$\frac{1}{6}$

보충 가이드 | 94쪽

자연수에서 분수가 차지하는 양이 얼마인지 알아볼 때는 수직선이나 그림을 그려 나타내면 문제를 쉽게 해결할 수 있어요.

$\frac{1}{6} = 2$

$\frac{1}{6} = 2$

더 생각해 보아요! | 95쪽

$\frac{1}{6}$ $\frac{2}{6}$ $\frac{3}{6}$ $\frac{4}{6}$ $\frac{5}{6}$ $\frac{6}{6}=1$

$\frac{1}{2}$　　$\frac{2}{2}=1$

6-97쪽

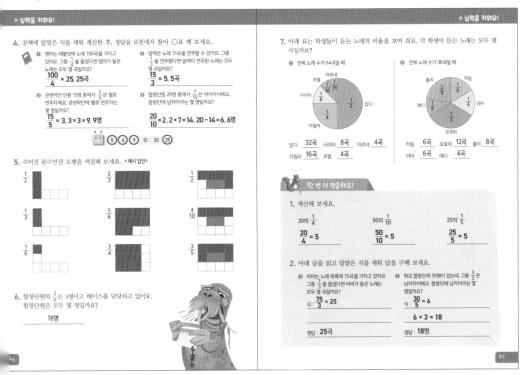

★ 실력을 키워요!

4. 공책에 알맞은 식을 세워 계산한 후, 정답을 로봇에서 찾아 ○표 해 보세요.

❶ 엠마가 태블릿에 노래 100곡을 가지고 있어요. 그중 $\frac{1}{4}$을 들었다면 엠마가 들은 노래는 모두 몇 곡일까요?

$\frac{100}{4} = 25$, 25곡

❷ 알렉은 노래 15곡을 연주할 수 있어요. 그중 $\frac{1}{3}$을 연주했다면 알렉이 연주한 노래는 모두 몇 곡일까요?

$\frac{15}{3} = 5$, 5곡

❸ 관현악단 단원 15명 중에서 $\frac{3}{5}$은 첼로 연주자예요. 관현악단에 첼로 연주자는 몇 명일까요?

$\frac{15}{5} = 3$, $3 \times 3 = 9$, 9명

❹ 합창단원 20명 중에서 $\frac{7}{10}$은 여자아이예요. 합창단에 남자아이는 몇 명일까요?

$\frac{20}{10} = 2$, $2 \times 7 = 14$, $20 - 14 = 6$, 6명

(5) (6) (9) 12 20 (25)

5. 주어진 분수만큼 도형을 색칠해 보세요. <예시 답안>

$\frac{1}{2}$　　$\frac{2}{3}$　　$\frac{1}{2}$

$\frac{1}{3}$　　$\frac{5}{6}$　　$\frac{4}{10}$

$\frac{1}{6}$　　$\frac{3}{4}$　　$\frac{3}{5}$

6. 합창단원의 $\frac{2}{9}$는 4명이고 베이스를 담당하고 있어요. 합창단원은 모두 몇 명일까요?

18명

★ 실력을 키워요!

7. 아래 표는 학생들이 듣는 노래의 비율을 보여 줘요. 각 학생이 듣는 노래는 모두 몇 곡일까요?

❶ 전체 노래 수가 64곡일 때

아르네　아델　$\frac{1}{16}$　카밀라
사리타　$\frac{1}{8}$　$\frac{1}{4}$　$\frac{1}{2}$　압디

압디 32곡　사리타 8곡　아르네 4곡
카밀라 16곡　조엘 4곡

❷ 전체 노래 수가 36곡일 때

줄리　$\frac{2}{9}$　$\frac{1}{6}$　카림
에디　$\frac{1}{9}$　$\frac{1}{3}$　미아
오로라

카림 6곡　오로라 12곡　줄리 8곡
미아 6곡　에디 4곡

🦊 한 번 더 연습해요!

1. 계산해 보세요.

20의 $\frac{1}{4}$　　50의 $\frac{1}{10}$　　25의 $\frac{1}{5}$

$\frac{20}{4} = 5$　　$\frac{50}{10} = 5$　　$\frac{25}{5} = 5$

2. 아래 글을 읽고 알맞은 식을 세워 답을 구해 보세요.

❶ 비비는 노래 목록에 75곡을 가지고 있어요. 그중 $\frac{1}{3}$을 들었다면 비비가 들은 노래는 모두 몇 곡일까요?

식 : $\frac{75}{3} = 25$

정답 : **25곡**

❷ 학교 합창단에 30명이 있는데, 그중 $\frac{3}{5}$은 남자아이예요. 합창단에 남자아이는 몇 명일까요?

식 : $\frac{30}{5} = 6$

$6 \times 3 = 18$

정답 : **18명**

96쪽 6번

$\frac{2}{9} = 4$이므로 $\frac{1}{9} = 2$예요.

$\frac{1}{9} = 2$이므로 $2 \times 9 = 18$

18명이에요.

97쪽 7번

❶ 압디 $\frac{64}{2} = 32$곡

사리타 $\frac{64}{8} = 8$곡

아르네, 조엘 $\frac{64}{16} = 4$곡

카밀라 $\frac{64}{4} = 16$곡

❷ 카림, 미아 $\frac{36}{6} = 6$곡

오로라 $\frac{36}{3} = 12$곡

줄리 $\frac{36}{9} = 4$, $4 \times 2 = 8$곡

미아 $\frac{36}{6} = 6$곡

에디 $\frac{36}{9} = 4$곡

98-99쪽

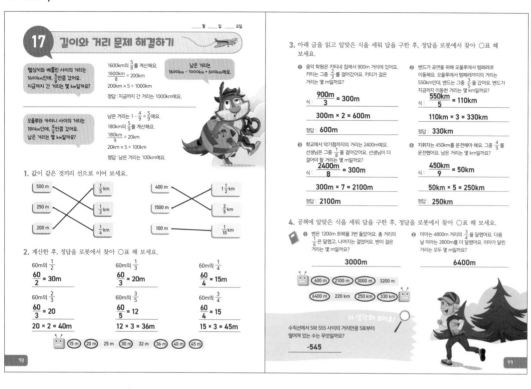

17 길이와 거리 문제 해결하기

헬싱키와 베를린 사이의 거리는 1600km인데, $\frac{5}{8}$만큼 갔어요. 지금까지 간 거리는 몇 km일까요?

1600km의 $\frac{5}{8}$를 계산해요.
$\frac{1600km}{8} = 200km$
$200km \times 5 = 1000km$
정답: 지금까지 간 거리는 1000km예요.

오울루와 카아니 사이의 거리는 180km인데, $\frac{8}{9}$만큼 갔어요. 남은 거리는 몇 km일까요?

남은 거리는 $1 - \frac{8}{9} = \frac{1}{9}$예요.
180km의 $\frac{1}{9}$를 계산해요.
$\frac{180km}{9} = 20km$
$20km \times 5 = 100km$
정답: 남은 거리는 100km예요.

1. 값이 같은 것끼리 선으로 이어 보세요.

500 m, 250 m, 200 m → $\frac{1}{5}$ km, $\frac{1}{2}$ km, $\frac{1}{4}$ km
400 m, 1500 m, 100 m → $1\frac{1}{2}$ km, $\frac{2}{5}$ km, $\frac{1}{10}$ km

2. 계산한 후, 정답을 로봇에서 찾아 ○표 해 보세요.

60의 $\frac{1}{2}$ $\frac{60}{2} = 30m$

60의 $\frac{1}{3}$ $\frac{60}{3} = 20m$

60의 $\frac{1}{4}$ $\frac{60}{4} = 15m$

60의 $\frac{2}{3}$ $\frac{60}{3} = 20$ $20 \times 2 = 40m$

60의 $\frac{3}{5}$ $\frac{60}{5} = 12$ $12 \times 3 = 36m$

60의 $\frac{3}{4}$ $\frac{60}{4} = 15$ $15 \times 3 = 45m$

15 m 20 m 25 m 30 m 32 m 36 m 40 m 45 m

3. 아래 글을 읽고 알맞은 식을 세워 답을 구한 후, 정답을 로봇에서 찾아 ○표 해 보세요.

❶ 음악 학원은 키티네 집에서 900m 거리에 있어요. 키티는 그중 $\frac{2}{3}$를 걸어갔어요. 키티가 걸은 거리는 몇 m일까요?

식 : $\frac{900m}{3} = 300m$

$300m \times 2 = 600m$

정답: 600m

❷ 학교에서 악기점까지의 거리는 2400m예요. 선생님은 그중 $\frac{7}{8}$를 걸어갔어요. 선생님이 더 걸어야 할 거리는 몇 m일까요?

식 : $\frac{2400m}{8} = 300m$

$300m \times 7 = 2100m$

정답: 2100m

❸ 밴드가 공연을 위해 오울루에서 템페레로 이동해요. 오울루에서 템페레까지의 거리는 550km인데, 밴드는 그중 $\frac{3}{5}$를 갔어요. 밴드가 지금까지 이동한 거리는 몇 km일까요?

식 : $\frac{550km}{5} = 110km$

$110km \times 3 = 330km$

정답: 330km

❹ 지휘자는 450km를 운전해야 해요. 그중 $\frac{4}{9}$를 운전했어요. 남은 거리는 몇 km일까요?

식 : $\frac{450km}{9} = 50km$

$50km \times 5 = 250km$

정답: 250km

4. 공책에 알맞은 식을 세워 답을 구한 후, 정답을 로봇에서 찾아 ○표 해 보세요.

❶ 벤은 4800m 트랙을 3번 걸었어요. 총 거리의 $\frac{1}{6}$은 달렸고, 나머지만큼 걸었어요. 벤이 걸은 거리는 몇 m일까요?

3000m

❷ 미아는 4800m 거리의 $\frac{3}{4}$를 달렸어요. 다음 날 미아는 2800m를 더 달렸어요. 미아가 달린 거리는 모두 몇 m일까요?

6400m

600 m 2100 m 3000 m 3200 m
6400 m 220 km 250 km 330 km

더 생각해 보아요!
수직선에서 5와 555 사이의 거리를 5로부터 떨어져 있는 수는 무엇일까요?

-545

98
99

100-101쪽

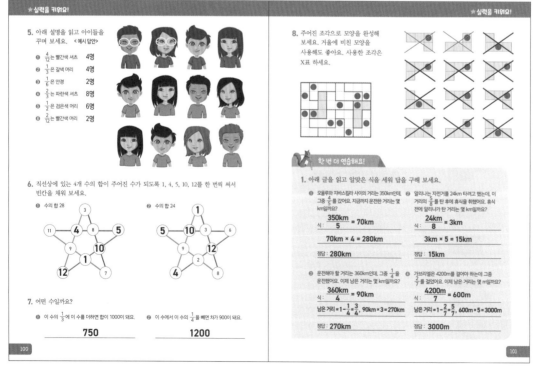

★실력을 키워요!

5. 아래 설명을 읽고 아이들을 꾸며 보세요. <예시 답안>

❶ $\frac{4}{12}$는 빨간색 셔츠 4명
❷ $\frac{1}{3}$은 갈색 머리 4명
❸ $\frac{1}{6}$은 안경 2명
❹ $\frac{2}{3}$는 파란색 셔츠 8명
❺ $\frac{1}{2}$는 검은색 머리 6명
❻ $\frac{2}{12}$는 빨간색 머리 2명

6. 직선상에 있는 4개 수의 합이 주어진 수가 되도록 1, 4, 5, 10, 12를 한 번씩 써서 빈칸을 채워 보세요.

❶ 수의 합 28

11 4 8 5
9 10
1
12 12 7

❷ 수의 합 24

1
5 10 5 6
9 12
2
4 8

7. 어떤 수일까요?

❶ 이 수의 $\frac{1}{3}$에 이 수를 더하면 합이 1000이 돼요.

750

❷ 이 수에서 이 수의 $\frac{1}{4}$를 빼면 차가 900이 돼요.

1200

★실력을 키워요!

8. 주어진 조각으로 모양을 완성해 보세요. 거울에 비친 모양을 사용해도 좋아요. 사용한 조각은 X표 하세요.

한 번 더 연습해요!

1. 아래 글을 읽고 알맞은 식을 세워 답을 구해 보세요.

❶ 오울루와 자바스칼라 사이의 거리는 350km인데, 그중 $\frac{4}{5}$를 갔어요. 지금까지 운전한 거리는 몇 km일까요?

식 : $\frac{350km}{5} = 70km$

$70km \times 4 = 280km$

정답: 280km

❷ 알리나는 자전거를 24km 타려고 했는데, 이 거리의 $\frac{5}{8}$를 탄 후에 휴식을 취했어요. 휴식 전에 알리나가 탄 거리는 몇 km일까요?

식 : $\frac{24km}{8} = 3km$

$3km \times 5 = 15km$

정답: 15km

❸ 운전해야 할 거리는 360km인데, 그중 $\frac{1}{4}$를 운전했어요. 이제 남은 거리는 몇 km일까요?

식 : $\frac{360km}{4} = 90km$

남은 거리 $1 - \frac{1}{4} = \frac{3}{4}$, $90km \times 3 = 270km$

정답: 270km

❹ 가브리엘은 4200m를 걸어야 하는데 그중 $\frac{2}{7}$를 걸었어요. 이제 남은 거리는 몇 m일까요?

식 : $\frac{4200m}{7} = 600m$

남은 거리 $1 - \frac{2}{7} = \frac{5}{7}$, $600m \times 5 = 3000m$

정답: 3000m

100
101

보충 가이드 | 98쪽

전체 거리에서 분수가 차지하는 거리가 얼마인지 알아볼 때는 단위분수의 거리를 구한 후, 단위분수의 수만큼 곱하면 됩니다.
1600km의 $\frac{5}{8}$만큼 간 거리는 몇 km인지 알아볼 때, $\frac{5}{8}$의 단위분수인 $\frac{1}{8}$을 가장 먼저 알아보아야 해요.
따라서 1600km의 $\frac{1}{8}$을 먼저 구해요.

1. 1600km의
$\frac{1}{8} = \frac{1600km}{8} = 200km$

2. $\frac{5}{8}$는 $\frac{1}{8}$의 5배이므로
$\frac{1600km}{8} \times 5 =$
$200km \times 5 = 1000km$

99쪽 4번

❶ $1200m \times 3 = 3600m$
벤이 걸은 거리는 $1 - \frac{1}{6} = \frac{5}{6}$
$\frac{3600m}{6} = 600m$
$600m \times 5 = 3000m$

❷ $\frac{4800m}{4} = 1200m$
$1200m \times 3 = 3600m$
$3600m + 2800m = 6400m$

더 생각해 보아요! | 99쪽

5와 555사이의 거리는 $555 - 5 = 550$이에요.
수직선에서 반대 방향으로에서 550만큼 떨어져 있는 수는 $5 - 550 = -545$예요.

100쪽 7번

❶ $x \times \frac{1}{3} + x = 1000$
$\frac{4}{3}x = 1000$, $x = 1000 \times \frac{3}{4}$
$x = \frac{3000}{4}$, $x = 750$

❷ $x - x \times \frac{1}{4} = 900$
$\frac{4}{4}x - \frac{1}{4}x = 900$
$\frac{3}{4}x = 900$, $x = 900 \times \frac{4}{3}$
$x = 1200$

102-103쪽

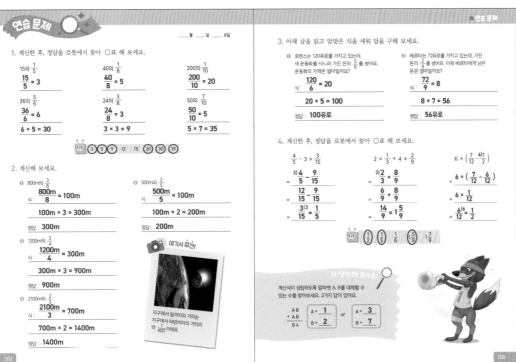

1. 계산한 후, 정답을 로봇에서 찾아 ○표 해 보세요.

15의 $\frac{1}{5}$
$\frac{15}{5} = 3$

40의 $\frac{1}{8}$
$\frac{40}{8} = 5$

200의 $\frac{1}{10}$
$\frac{200}{10} = 20$

36의 $\frac{5}{6}$
$\frac{36}{6} = 6$
$6 \times 5 = 30$

24의 $\frac{3}{8}$
$\frac{24}{8} = 3$
$3 \times 3 = 9$

50의 $\frac{7}{10}$
$\frac{50}{10} = 5$
$5 \times 7 = 35$

③ ⑤ ⑨ 12 15 ⑳ ㉚ ㉟

2. 계산해 보세요.

① 800m의 $\frac{3}{8}$
식: $\frac{800m}{8} = 100m$
$100m \times 3 = 300m$
정답: **300m**

② 500m의 $\frac{2}{5}$
식: $\frac{500m}{5} = 100m$
$100m \times 2 = 200m$
정답: **200m**

③ 1200m의 $\frac{3}{4}$
식: $\frac{1200m}{4} = 300m$
$300m \times 3 = 900m$
정답: **900m**

④ 2100m의 $\frac{2}{3}$
식: $\frac{2100m}{3} = 700m$
$700m \times 2 = 1400m$
정답: **1400m**

여기서 잠깐!
지구에서 달까지의 거리는
지구에서 태양까지의 거리의
약 $\frac{1}{400}$ 이에요.

3. 아래 글을 읽고 알맞은 식을 세워 답을 구해 보세요.

① 로렌스는 120유로를 가지고 있는데,
새 운동화를 사느라 가진 돈의 $\frac{5}{6}$ 를 썼어요.
운동화의 가격은 얼마일까요?

식: $\frac{120}{6} = 20$

$20 \times 5 = 100$

정답: **100유로**

④ 베르타는 72유로를 가지고 있는데, 가진
돈의 $\frac{7}{9}$ 를 썼어요. 이제 베르타에게 남은
돈은 얼마일까요?

식: $\frac{72}{9} = 8$

$8 \times 7 = 56$

정답: **56유로**

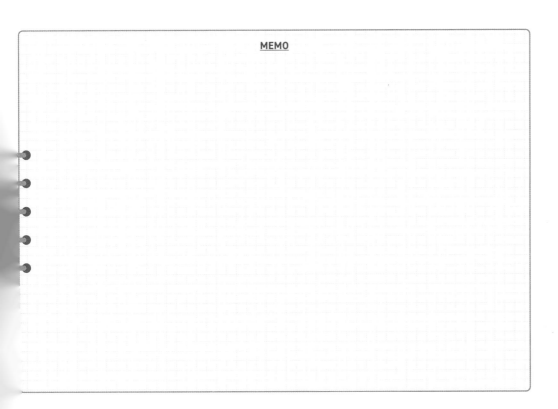

4. 계산한 후, 정답을 로봇에서 찾아 ○표 해 보세요.

$\frac{4}{5} - 3 \times \frac{3}{15}$

$= \frac{4}{5} - \frac{9}{15}$

$= \frac{12}{15} - \frac{9}{15}$

$= \frac{3}{15} = \frac{1}{5}$

$2 \times \frac{1}{3} + 4 \times \frac{2}{9}$

$= \frac{2}{3} + \frac{8}{9}$

$= \frac{6}{9} + \frac{8}{9}$

$= \frac{14}{9} = 1\frac{5}{9}$

$6 \times \left(\frac{7}{12} - \frac{6}{12} \right)$

$= 6 \times \left(\frac{7}{12} - \frac{6}{12} \right)$

$= 6 \times \frac{1}{12}$

$= \frac{6}{12} = \frac{1}{2}$

$\frac{1}{2}$ $1\frac{1}{5}$ $1\frac{1}{6}$ $5\frac{1}{9}$ $1\frac{7}{9}$

더 생각해 보아요!
계산식이 성립하도록 알파벳 A, B를 대체할 수
있는 수를 찾아보세요. 2가지 답이 있어요.

A B
+ A B
B 4

A = **1**
B = **2**

or

A = **3**
B = **7**

102

103

104-105쪽

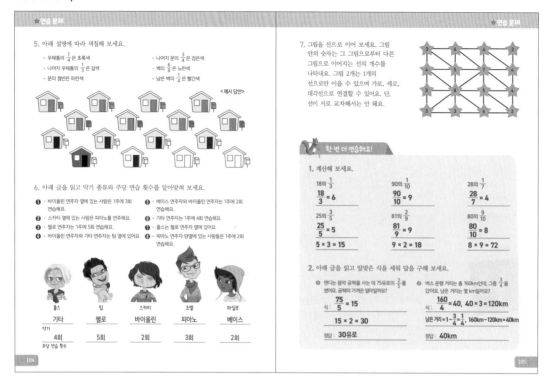

★연습 문제

5. 아래 설명에 따라 색칠해 보세요.
- 우체통의 $\frac{1}{4}$은 초록색
- 나머지 우체통의 $\frac{1}{3}$은 갈색
- 문의 절반은 파란색
- 나머지 문의 $\frac{3}{4}$은 검은색
- 벽의 $\frac{6}{8}$은 노란색
- 남은 벽의 $\frac{1}{4}$은 빨간색

<예시 답안>

6. 아래 글을 읽고 악기 종류와 주당 연습 횟수를 알아맞혀 보세요.
① 바이올린 연주자 옆에 있는 사람은 1주에 3회 연습해요.
② 스카티 옆에 있는 사람은 피아노를 연주해요.
③ 첼로 연주자는 1주에 5회 연습해요.
④ 바이올린 연주자와 기타 연주자는 팀 옆에 있어요.
⑤ 베이스 연주자와 바이올린 연주자는 1주에 2회 연습해요.
⑥ 기타 연주자는 1주에 4회 연습해요.
⑦ 줄스는 첼로 연주자 옆에 있어요.
⑧ 피아노 연주자 양옆에 있는 사람들은 1주에 2회 연습해요.

	홀스	팀	스카티	조엘	마일로
악기	기타	첼로	바이올린	피아노	베이스
주당 연습 횟수	4회	5회	2회	3회	2회

★연습 문제

7. 그림을 선으로 이어 보세요. 그림 안의 숫자는 그 그림으로부터 다른 그림으로 이어지는 선의 개수를 나타내요. 그림 2개는 1개의 선으로만 이을 수 있으며 가로, 세로, 대각선으로 연결할 수 있어요. 단, 선이 서로 교차해서는 안 돼요.

한 번 더 연습해요!

1. 계산해 보세요.

18의 $\frac{1}{3}$
$\frac{18}{3} = 6$

90의 $\frac{1}{10}$
$\frac{90}{10} = 9$

28의 $\frac{1}{7}$
$\frac{28}{7} = 4$

25의 $\frac{3}{5}$
$\frac{25}{5} = 5$
$5 \times 3 = 15$

81의 $\frac{2}{9}$
$\frac{81}{9} = 9$
$9 \times 2 = 18$

80의 $\frac{9}{10}$
$\frac{80}{10} = 8$
$8 \times 9 = 72$

2. 아래 글을 읽고 알맞은 식을 세워 답을 구해 보세요.

① 엔나는 음악 공책을 사는 데 75유로의 $\frac{2}{5}$를 썼어요. 공책의 가격은 얼마일까요?
식: $\frac{75}{5} = 15$
$15 \times 2 = 30$
정답: 30유로

② 버스 운행 거리는 총 160km인데 그중 $\frac{3}{4}$를 갔어요. 남은 거리는 몇 km일까요?
식: $\frac{160}{4} = 40$, $40 \times 3 = 120$km
남은 거리 $= 1 - \frac{3}{4} = \frac{1}{4}$, 160km-120km=40km
정답: 40km

104

105

104쪽 5번

전체 집의 수는 16개이며, 16을 기준으로 구하려는 분수의 단위분수를 알아보면 돼요.
- 우체통의 $\frac{1}{4}$은 초록색→4개
- 나머지 우체통의 $\frac{1}{3}$은 갈색→나머지 우체통은 12개(16-4=12)이므로 $\frac{12}{3}=4$, 4개
- 문의 절반은 파란색→$\frac{16}{2}=8$, 8개
- 나머지 문의 $\frac{3}{4}$은 검은색→나머지 문은 8개(16-8=8)이므로 $\frac{8}{4}=2$, 2×3=6, 6개
- 벽의 $\frac{6}{8}$은 노란색→$\frac{16}{8}=2$, 2×6=12, 12개
- 남은 벽의 $\frac{1}{4}$은 빨간색→남은 벽은 4개(16-12=4)이므로 4의 $\frac{1}{4}$은 1개

MEMO

104쪽 6번

④ 바이올린 연주자와 기타 연주자는 팀 옆에 있어요.
⑦ 줄스는 첼로 연주자 옆에 있어요.
⑧ 첼로 연주자는 1주에 5회 연습해요.

이름	줄스	팀	스카티	조엘	마일로
악기	바이올린, 기타	첼로	바이올린, 기타		
주당 연습 횟수		5회			

② 스카티 옆에 있는 사람은 피아노를 연주해요.
① 바이올린 연주자 옆에 있는 사람은 1주에 3회 연습해요.

이름	줄스	팀	스카티	조엘	마일로
악기	바이올린, 기타	첼로	바이올린, 기타	피아노	
주당 연습 횟수		5회		3회	

⑤ 베이스 연주자와 바이올린 연주자는 1주에 2회 연습해요.
⑥ 기타 연주자는 1주에 4회 연습해요.
⑧ 피아노 연주자 양옆에 있는 사람들은 1주에 2회 연습해요.

이름	줄스	팀	스카티	조엘	마일로
악기	기타	첼로	바이올린	피아노	베이스
주당 연습 횟수	4회	5회	2회	3회	2회

★ 연습 문제

8. 아래 그림을 주어진 분수만큼 색칠하세요. <예시 답안>

$\frac{13}{20}$ $\frac{2}{5}$

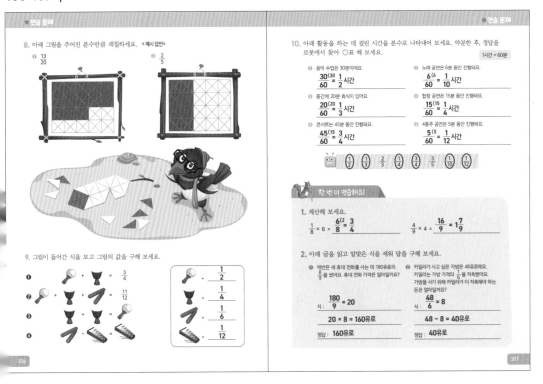

9. 그림이 들어간 식을 보고 그림의 값을 구해 보세요.

❶ 🔍 + 🥁 = $\frac{3}{4}$

❷ 🔍 + 🥁 + 🔧 = $\frac{11}{12}$

❸ 🥁 + 🥁 = 🔍

❹ 🔧 − 🗝 = 🗝

🔍 = $\frac{1}{2}$
🥁 = $\frac{1}{4}$
🔧 = $\frac{1}{6}$
🗝 = $\frac{1}{12}$

★ 연습 문제

10. 아래 활동을 하는 데 걸린 시간을 분수로 나타내어 보세요. 약분한 후, 정답을 로봇에서 찾아 ○표 해 보세요.
1시간 = 60분

① 음악 수업은 30분이에요.
$$\frac{30^{(30)}}{60} = \frac{1}{2} \text{시간}$$

② 노래 공연은 6분 동안 진행돼요.
$$\frac{6^{(6)}}{60} = \frac{1}{10} \text{시간}$$

③ 중간에 20분 휴식이 있어요.
$$\frac{20^{(20)}}{60} = \frac{1}{3} \text{시간}$$

④ 합창 공연은 15분 동안 진행돼요.
$$\frac{15^{(15)}}{60} = \frac{1}{4} \text{시간}$$

⑤ 콘서트는 45분 동안 진행돼요.
$$\frac{45^{(15)}}{60} = \frac{3}{4} \text{시간}$$

⑥ 4중주 공연은 5분 동안 진행돼요.
$$\frac{5^{(5)}}{60} = \frac{1}{12} \text{시간}$$

$\boxed{\frac{1}{2}}$ $\boxed{\frac{1}{3}}$ $\boxed{\frac{2}{3}}$ $\boxed{\frac{1}{4}}$ $\boxed{\frac{3}{4}}$ $\boxed{\frac{3}{5}}$ $\boxed{\frac{1}{10}}$ $\boxed{\frac{1}{12}}$

🦊 한 번 더 연습해요!

1. 계산해 보세요.

$$\frac{1}{8} \times 6 = \frac{6^{(2)}}{8} = \frac{3}{4} \qquad \frac{4}{9} \times 4 = \frac{16}{9} = 1\frac{7}{9}$$

2. 아래 글을 읽고 알맞은 식을 세워 답을 구해 보세요.

① 에반은 새 휴대 전화를 사는 데 180유로의 $\frac{8}{9}$을 썼어요. 휴대 전화 가격은 얼마일까요?

식: $\frac{180}{9} = 20$

$20 \times 8 = 160$유로

정답: **160유로**

② 카밀라가 사고 싶은 가방은 48유로예요. 카밀라는 가방 가격의 $\frac{5}{6}$을 저축했어요. 가방을 사기 위해 카밀라가 더 저축해야 하는 돈은 얼마일까요?

식: $\frac{48}{6} = 8$

$48 - 8 = 40$유로

정답: **40유로**

106쪽 9번

❶ 🔍 + 🥁 = $\frac{3}{4}$ 에

❸ 🥁 + 🥁 = 🔍 을 넣으면

🥁 + 🥁 + 🥁 = $\frac{3}{4}$, 🥁 = $\frac{1}{4}$

❸ 🥁 + 🥁 = 🔍 에 🥁 = $\frac{1}{4}$ 을

넣으면 $\frac{1}{4} + \frac{1}{4} = \frac{2}{4}$, 🔍 = $\frac{2^{(2)}}{4} = \frac{1}{2}$

❷ 🔍 + 🥁 + 🔧 = $\frac{11}{12}$

$\frac{2}{4} + \frac{1}{4} + 🔧 = \frac{11}{12}$, 🔧 = $\frac{11}{12} - \frac{3^{(3)}}{4}$

🔧 = $\frac{11}{12} - \frac{9}{12}$, 🔧 = $\frac{2^{(2)}}{12} = \frac{1}{6}$

❹ 🔧 − 🗝 = 🗝

$\frac{1}{6} - 🗝 = 🗝$, $\frac{1}{6}$ 의 $\frac{1}{2}$ 은

$\frac{1}{12}$ 이므로 🗝 = $\frac{1}{12}$

🌟 실력을 평가해 봐요!

____월 ____일 ____요일

1. 계산해 보세요.

$\frac{5}{7} + \frac{4}{7}$
$= \frac{9}{7} = 1\frac{2}{7}$

$\frac{7}{8} - \frac{5}{8}$
$= \frac{2^{(2)}}{8} = \frac{1}{4}$

$\frac{11}{5} + \frac{4}{5}$
$= \frac{15}{5} = 3$

2. 계산해 보세요.

$\frac{3}{4} - \frac{2^{(2)}}{1}$
$= \frac{3}{4} - \frac{2}{4}$
$= \frac{1}{4}$

④ $\frac{2}{3} + \frac{1}{12}$
$= \frac{8}{12} + \frac{1}{12}$
$= \frac{9^{(3)}}{12} = \frac{3}{4}$

$\frac{8}{15} - \frac{5^{(5)}}{3}$
$= \frac{8}{15} - \frac{5}{15}$
$= \frac{13}{15}$

3. 계산해 보세요.

$\frac{3}{10} \times 3 = \frac{9}{10}$

$\frac{1}{5} \times 5 = \frac{5}{5} = 1$

$\frac{2}{3} \times 4 = \frac{8}{3} = 2\frac{2}{3}$

$\frac{5}{6} \times 3 = \frac{15^{(3)}}{6} = \frac{5}{2} = 2\frac{1}{2}$

4. 계산해 보세요.

$10 - \frac{1}{3} \times 6$
$= 10 - \frac{6}{3}$
$= 10 - 2$
$= 8$

$\frac{2}{7} \times 2 + \frac{3}{7} \times 3$
$= \frac{4}{7} + \frac{9}{7}$
$= \frac{13}{7}$
$= 1\frac{6}{7}$

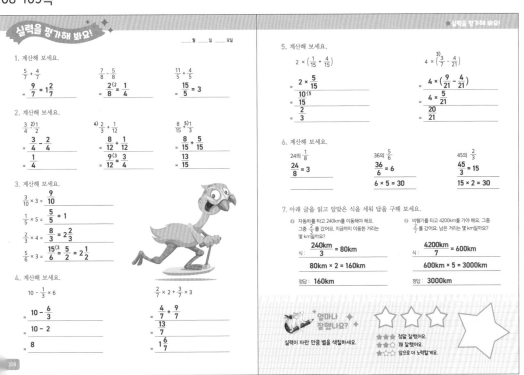

🌟 실력을 평가해 봐요!

5. 계산해 보세요.

$2 \times \left(\frac{1}{15} + \frac{4}{15} \right)$
$= 2 \times \frac{5}{15}$
$= \frac{10^{(5)}}{15}$
$= \frac{2}{3}$

$4 \times \left(\frac{3^{(3)}}{7} - \frac{4}{21} \right)$
$= 4 \times \left(\frac{9}{21} - \frac{4}{21} \right)$
$= \frac{4 \times 5}{21}$
$= \frac{20}{21}$

6. 계산해 보세요.

24의 $\frac{1}{8}$
$\frac{24}{8} = 3$

36의 $\frac{5}{6}$
$\frac{36}{6} = 6$
$6 \times 5 = 30$

45의 $\frac{2}{3}$
$\frac{45}{3} = 15$
$15 \times 2 = 30$

7. 아래 글을 읽고 알맞은 식을 세워 답을 구해 보세요.

① 자동차를 타고 240km를 이동해요. 그중 $\frac{2}{3}$을 갔어요. 지금까지 이동한 거리는 몇 km일까요?

식: $\frac{240km}{3} = 80km$

$80km \times 2 = 160km$

정답: **160km**

② 비행기를 타고 4200km를 가야 해요. 그중 $\frac{2}{7}$을 갔어요. 남은 거리는 몇 km일까요?

식: $\frac{4200km}{7} = 600km$

$600km \times 5 = 3000km$

정답: **3000km**

🦊 얼마나 잘했나요?

실력이 자란 만큼 별을 색칠하세요.

★★★ 정말 잘했어요.
★★☆ 꽤 잘했어요.
★☆☆ 앞으로 더 노력할게요.

110-111쪽

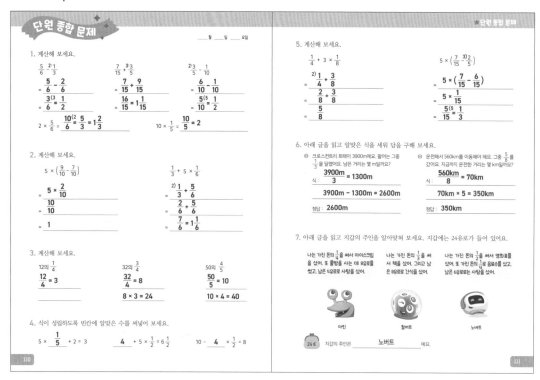

단원 종합 문제

___월 ___일 ___요일

1. 계산해 보세요.

$$\frac{5}{6} - \frac{2}{3}$$
$$= \frac{5}{6} - \frac{2}{6}$$
$$= \frac{3}{6} = \frac{1}{2}$$

$$\frac{7}{15} + \frac{3}{5}$$
$$= \frac{7}{15} + \frac{9}{15}$$
$$= \frac{16}{15} = 1\frac{1}{15}$$

$$\frac{2}{3} - \frac{1}{10}$$
$$= \frac{6}{10} - \frac{1}{10}$$
$$= \frac{5}{10} = \frac{1}{2}$$

$$2 \times \frac{5}{6} = \frac{10}{6} = \frac{5}{3} = 1\frac{2}{3}$$

$$10 \times \frac{1}{5} = \frac{10}{5} = 2$$

2. 계산해 보세요.

$$5 \times \left(\frac{9}{10} - \frac{7}{10}\right)$$
$$= 5 \times \frac{2}{10}$$
$$= \frac{10}{10}$$
$$= 1$$

$$\frac{1}{3} + 5 \times \frac{1}{6}$$
$$= \frac{1}{3} + \frac{5}{6}$$
$$= \frac{2}{6} + \frac{5}{6}$$
$$= \frac{7}{6} = 1\frac{1}{6}$$

3. 계산해 보세요.

12의 $\frac{1}{4}$
$$\frac{12}{4} = 3$$

32의 $\frac{3}{4}$
$$\frac{32}{4} = 8$$
$$8 \times 3 = 24$$

50의 $\frac{4}{5}$
$$\frac{50}{5} = 10$$
$$10 \times 4 = 40$$

4. 식이 성립하도록 빈칸에 알맞은 수를 써넣어 보세요.

$$5 \times \frac{\boxed{1}}{5} + 2 = 3 \qquad \boxed{4} + 5 \times \frac{1}{2} = 6\frac{1}{2} \qquad 10 - \boxed{4} \times \frac{1}{2} = 8$$

110

★ 단원 종합 문제

5. 계산해 보세요.

$$\frac{1}{4} + 3 \times \frac{1}{8}$$
$$= \frac{1}{4} + \frac{3}{8}$$
$$= \frac{2}{8} + \frac{3}{8}$$
$$= \frac{5}{8}$$

$$5 \times \left(\frac{7}{15} - \frac{3}{5}\right)$$
$$= 5 \times \left(\frac{7}{15} - \frac{6}{15}\right)$$
$$= 5 \times \frac{1}{15}$$
$$= \frac{5}{15} = \frac{1}{3}$$

6. 아래 글을 읽고 알맞은 식을 세워 답을 구해 보세요.

❶ 크로스컨트리 트랙이 3900m예요. 달리는 그중 $\frac{1}{3}$을 달렸어요. 남은 거리는 몇 m일까요?

식: $\dfrac{3900m}{3} = 1300m$

$$3900m - 1300m = 2600m$$

정답: **2600m**

❷ 운전해서 560km를 이동해야 해요. 그중 $\frac{5}{8}$를 갔어요. 지금까지 운전한 거리는 몇 km일까요?

식: $\dfrac{560km}{8} = 70km$

$$70km \times 5 = 350km$$

정답: **350km**

7. 아래 글을 읽고 지갑의 주인을 알아맞혀 보세요. 지갑에는 24유로가 들어 있어요.

나는 가진 돈의 $\frac{1}{6}$을 써서 아이스크림을 샀어. 또 빵빵을 사는 데 8유로를 썼고, 남은 4유로로 사탕을 샀어.

나는 가진 돈의 $\frac{1}{3}$을 써서 책을 샀어. 그리고 남은 8유로로 간식을 샀어.

나는 가진 돈의 $\frac{1}{2}$을 써서 영화표를 샀어. 또 가진 돈의 $\frac{1}{4}$로 음료수를 사고, 남은 6유로로는 사탕을 샀어.

마틴 / 윌버트 / 노버트

24€ 지갑의 주인은 __노버트__ 예요.

111

111쪽 7번

마틴
$$x - \frac{1}{4}x - 8 - 4 = 0, \quad \frac{3}{4}x = 12$$
$$x = 12 \times \frac{4}{3}, \quad x = 16$$

윌버트
$$x - \frac{1}{3}x - 8 = 0, \quad \frac{2}{3}x = 8$$
$$x = 8 \times \frac{3}{2}, \quad x = 12$$

노버트
$$x - \frac{1}{2}x - \frac{1}{4}x - 6 = 0$$
$$\frac{1}{4}x = 6, \quad x = 6 \times 4, \quad x = 24$$

112-113쪽

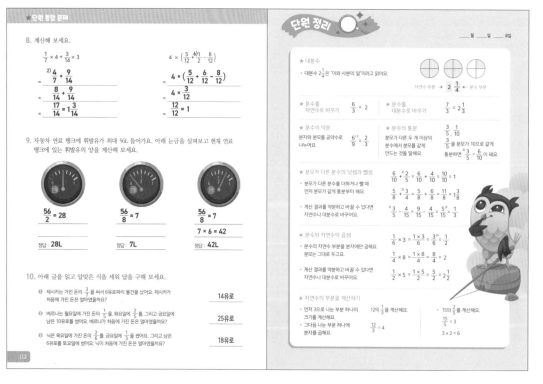

★ 단원 종합 문제

8. 계산해 보세요.

$$\frac{1}{7} \times 4 + \frac{3}{14} \times 3$$
$$= \frac{4}{7} + \frac{9}{14}$$
$$= \frac{8}{14} + \frac{9}{14}$$
$$= \frac{17}{14} = 1\frac{3}{14}$$

$$4 \times \left(\frac{5}{12} + \frac{6}{12} - \frac{8}{12}\right)$$
$$= 4 \times \left(\frac{5}{12} + \frac{6}{12} - \frac{8}{12}\right)$$
$$= 4 \times \frac{3}{12}$$
$$= \frac{12}{12} = 1$$

9. 자동차 연료 탱크에 휘발유가 최대 56L 들어가요. 아래 눈금을 살펴보고 현재 연료 탱크에 있는 휘발유의 양을 계산해 보세요.

$$\frac{56}{2} = 28$$

정답: **28L**

$$\frac{56}{8} = 7$$

정답: **7L**

$$\frac{56}{8} = 7$$
$$7 \times 6 = 42$$

정답: **42L**

10. 아래 글을 읽고 알맞은 식을 세워 답을 구해 보세요.

❶ 제시카는 가진 돈의 $\frac{6}{7}$을 써서 6유로짜리 물건을 샀어요. 제시카가 처음에 가진 돈은 얼마였을까요? **14유로**

❷ 베르나는 월요일에 가진 돈의 $\frac{1}{5}$을, 화요일에 $\frac{2}{5}$를. 그리고 금요일에 남은 10유로를 썼어요. 베르나가 처음에 가진 돈은 얼마였을까요? **25유로**

❸ 닉은 목요일에 가진 돈의 $\frac{2}{6}$를 금요일에 $\frac{1}{3}$을 썼어요. 그리고 남은 6유로를 토요일에 썼어요. 닉이 처음에 가진 돈은 얼마였을까요? **18유로**

112

단원 정리

___월 ___일 ___요일

★ 대분수

· 대분수 $2\frac{1}{4}$은 "이와 사분의 일"이라고 읽어요.

자연수 부분 → $2\frac{1}{4}$ ← 분수 부분

★ 분수를 자연수로 바꾸기
$$\frac{6}{3} = 2$$

★ 분수를 대분수로 바꾸기
$$\frac{7}{3} = 2\frac{1}{3}$$

★ 분수의 약분
분자와 분모를 공약수로 나누어요.
$$\frac{6}{9} = \frac{2}{3}$$

★ 분수의 통분
분자가 다른 2개 이상의 분수에서 분모를 같게 만드는 것을 말해요.
$$\frac{3}{5}, \frac{1}{10}$$
$$\frac{3}{5}$$ 을 분모가 10으로 같게 통분하면 $\frac{3}{5} = \frac{6}{10}$ 이 돼요

★ 분모가 다른 분수의 덧셈과 뺄셈

· 분모가 다른 분수를 더하거나 뺄 때 먼저 분모가 같게 통분부터 해요.
$$\frac{6}{10} + \frac{2}{5} = \frac{6}{10} + \frac{4}{10} = \frac{10}{10} = 1$$
$$\frac{5}{8} + \frac{3}{4} = \frac{5}{8} + \frac{6}{8} = \frac{11}{8} = 1\frac{3}{8}$$

· 계산 결과를 약분하고 바꿀 수 있다면 자연수나 대분수로 바꾸어요.
$$\frac{3}{5} - \frac{4}{15} = \frac{9}{15} - \frac{4}{15} = \frac{5}{15} = \frac{1}{3}$$

★ 분수와 자연수의 곱셈

· 분수의 자연수 부분은 분자에만 곱해요. 분모는 그대로 두고요.
$$\frac{1}{6} \times 3 = \frac{3}{6} = \frac{1}{2}$$
$$\frac{1}{4} \times 8 = \frac{1 \times 8}{4} = \frac{8}{4} = 2$$

· 계산 결과를 약분하고 바꿀 수 있다면 자연수나 대분수로 바꾸어요.
$$\frac{1}{2} \times 5 = \frac{1 \times 5}{2} = \frac{5}{2} = 2\frac{1}{2}$$

★ 자연수의 부분을 계산하기

· 먼저 3으로 나눈 부분 하나의 크기를 계산해요.
12의 $\frac{1}{3}$을 계산해요.
$$\frac{12}{3} = 4$$

· 그다음 나눈 부분 하나에 분자를 곱해요.

· 15의 $\frac{2}{5}$를 계산해요.
$$\frac{15}{5} = 3$$
$$3 \times 2 = 6$$

112쪽 10번

❶ $\frac{3}{7}$ =6유로이므로 $\frac{1}{7}$ =2유로이며 제시카가 처음에 가진 돈은 2×7=14유로예요.

❷ 남은 돈은 $1 - \left(\frac{1}{5} + \frac{2}{5}\right) = \frac{2}{5}$
$\frac{2}{5}$ =10유로이므로 $\frac{1}{5}$ =5유로이며 베르나가 처음에 가진 돈은 5×5=25유로예요.

❸ 닉이 쓴 돈은 $\frac{2}{6} + \frac{1}{3} = \frac{2}{3}$ 이며 남은 돈은 $\frac{1}{3}$ =6유로예요. 닉이 처음에 가진 돈은 6×3=18유로예요.

116-117쪽

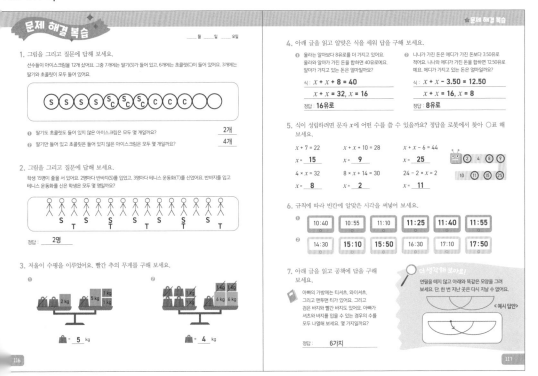

문제 해결 복습

_____월 _____일 _____요일

1. 그림을 그리고 질문에 답해 보세요.
선수들이 아이스크림을 12개 샀어요. 그중 7개에 딸기(S)가 들어 있고, 6개에는 초콜릿(C)이 들어 있어요. 3개에는 딸기와 초콜릿이 모두 들어 있어요.

(S)(S)(S)(S)(S)(S)(C)(S)(C)(S)(C)(C)(C)(C)(C)

❶ 딸기도 초콜릿도 들어 있지 않은 아이스크림은 모두 몇 개일까요? **2개**

❷ 딸기만 들어 있고 초콜릿은 들어 있지 않은 아이스크림은 모두 몇 개일까요? **4개**

2. 그림을 그리고 질문에 답해 보세요.
학생 15명이 줄을 서 있어요. 2명마다 반바지(S)를 입었고, 3명마다 테니스 운동화(T)를 신었어요. 반바지를 입고 테니스 운동화를 신은 학생은 모두 몇 명일까요?

정답: **2명**

3. 저울이 수평을 이루었어요. 빨간 추의 무게를 구해 보세요.

🔖 = **5** kg   🔖 = **4** kg

4. 아래 글을 읽고 알맞은 식을 세워 답을 구해 보세요.

❶ 물라는 알마보다 8유로를 더 가지고 있어요. 물라와 알마가 가진 돈을 합하면 40유로예요. 알마가 가지고 있는 돈은 얼마일까요?

식: $x + x + 8 = 40$
$x + x = 32, x = 16$
정답: **16유로**

❷ 나가 가진 돈은 에디가 가진 돈보다 3.50유로 적어요. 나와 에디가 가진 돈을 합하면 12.50유로예요. 에디가 가지고 있는 돈은 얼마일까요?

식: $x + x - 3.50 = 12.50$
$x + x = 16, x = 8$
정답: **8유로**

5. 식이 성립하려면 문자 x에 어떤 수를 쓸 수 있을까요? 정답을 로봇에서 찾아 ○표 해 보세요.

$x + 7 = 22$ $x + x + 10 = 28$ $x + x - 6 = 44$
$x = $ **15** $x = $ **9** $x = $ **25**

$4 \times x = 32$ $8 \times x + 14 = 34$ $24 - 2 \times x = 2$
$x = $ **8** $x = $ **2** $x = $ **11**

(로봇: ② ⑧ ④ / ⑩ ⑪ ⑮ ㉕)

6. 규칙에 따라 빈칸에 알맞은 시각을 써넣어 보세요.

| 10:40 | 10:55 | 11:10 | **11:25** | **11:40** | **11:55** |

| 14:30 | **15:10** | **15:50** | 16:30 | 17:10 | **17:50** |

7. 아래 글을 읽고 공책에 답을 구해 보세요.

📖 아빠의 가방에는 티셔츠, 와이셔츠, 그리고 맨투맨 티가 있어요. 그리고 검은 바지와 빨간 바지도 있어요. 아빠가 셔츠와 바지를 입을 수 있는 경우의 수를 모두 나열해 보세요. 몇 가지일까요?

정답: **6가지**

🔍 **더 생각해 보아요!**
연필을 떼지 않고 아래와 똑같은 모양을 그려 보세요. 단, 한 번 지난 곳은 다시 지날 수 없어요.

〈예시 답안〉

116쪽 3번

❶ 🔖 +2kg=7kg, 🔖 =5kg
❷ 🔖🔖🔖 =12kg, 🔖 =4kg

117쪽 6번

❶ 15분씩 늘어나는 규칙이에요.
❷ 40분씩 늘어나는 규칙이에요.

117쪽 7번

티셔츠-검은 바지, 티셔츠-빨간 바지
와이셔츠-검은 바지, 와이셔츠-빨간 바지
맨투맨 티-검은 바지, 맨투맨 티-빨간 바지

8-119쪽

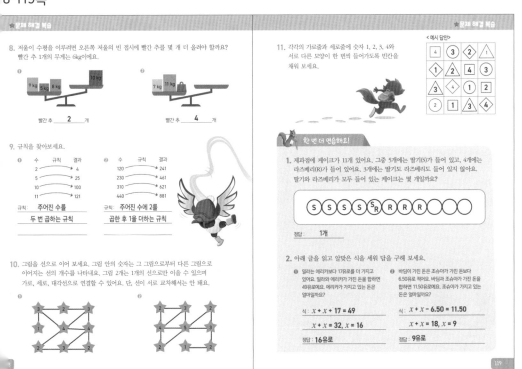

★ 문제 해결 복습

8. 저울이 수평을 이루려면 오른쪽 저울의 빈 접시에 빨간 추를 몇 개 더 올려야 할까요? 빨간 추 1개의 무게는 6kg이에요.

빨간 추 **2** 개   빨간 추 **4** 개

9. 규칙을 찾아보세요.

❶
수	규칙	결과
2	→	4
5	→	25
10	→	100
11	→	121

규칙: **주어진 수를 두 번 곱하는 규칙**

❷
수	규칙	결과
120	→	241
230	→	461
310	→	621
440	→	881

규칙: **주어진 수에 2를 곱한 후 1을 더하는 규칙**

10. 그림을 선으로 이어 보세요. 그림 안의 숫자는 그 그림으로부터 다른 그림으로 이어지는 선의 개수를 나타내요. 그림 2개는 1개의 선으로만 이을 수 있으며 가로, 세로, 대각선으로 연결할 수 있어요. 단, 선이 서로 교차해서는 안 돼요.

❶   ❷

11. 각각의 가로줄과 세로줄에 숫자 1, 2, 3, 4와 서로 다른 모양이 한 번씩 들어가도록 빈칸을 채워 보세요.

〈예시 답안〉

④	③	②	①
①	②	④	③
③	④	①	②
②	①	③	④

🐾 **한 번 더 연습해요!**

1. 제과점에 케이크가 11개 있어요. 그중 5개에 딸기(S)가 들어 있고, 4개에는 라즈베리(R)가 들어 있어요. 3개에는 딸기도 라즈베리도 들어 있지 않아요. 딸기와 라즈베리가 모두 들어 있는 케이크는 몇 개일까요?

(S)(S)(S)(S)(S)(R)(R)(R)(R)( )( )

정답: **1개**

2. 아래 글을 읽고 알맞은 식을 세워 답을 구해 보세요.

❶ 밀라는 에리카보다 17유로를 더 가지고 있어요. 밀라와 에리카가 가진 돈을 합하면 49유로예요. 에리카가 가지고 있는 돈은 얼마일까요?

식: $x + x + 17 = 49$
$x + x = 32, x = 16$
정답: **16유로**

❷ 바딤이 가진 돈은 조슈아가 가진 돈보다 6.50유로 적어요. 바딤과 조슈아가 가진 돈을 합하면 11.50유로예요. 조슈아가 가지고 있는 돈은 얼마일까요?

식: $x + x - 6.50 = 11.50$
$x + x = 18, x = 9$
정답: **9유로**

118쪽 8번

❶ 9kg+5kg+8kg=10kg+x
22kg=10kg+x
x=12
🔖 =6kg이므로 🔖 를 2개 올려야 수평을 이뤄요.

❷ 7kg+11kg+6kg=24kg
24kg÷6kg=4이므로 🔖 를 4개 올려야 수평을 이뤄요.

정답

120-121쪽

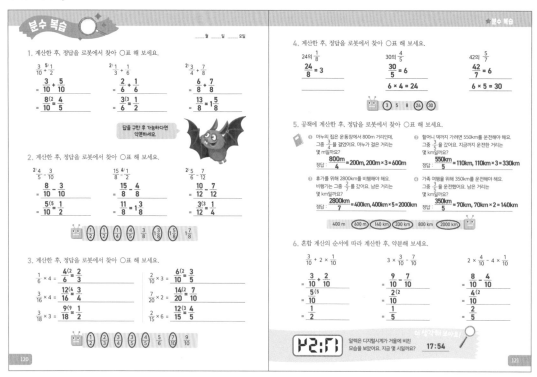

분수 복습

_____월 _____일 _____요일

1. 계산한 후, 정답을 로봇에서 찾아 ○표 해 보세요.

$$\frac{3}{10} + \frac{5}{2}\overset{5)1}{}$$
$$= \frac{3}{10} + \frac{5}{10}$$
$$= \frac{8}{10}^{(2} = \frac{4}{5}$$

$$\frac{1}{3} + \frac{1}{6}\overset{2)}{}$$
$$= \frac{2}{6} + \frac{1}{6}$$
$$= \frac{3}{6}^{(3} = \frac{1}{2}$$

$$\frac{3}{4} + \frac{7}{8}\overset{2)}{}$$
$$= \frac{6}{8} + \frac{7}{8}$$
$$= \frac{13}{8} = 1\frac{5}{8}$$

> 답을 구한 후 가능하다면 약분하세요.

2. 계산한 후, 정답을 로봇에서 찾아 ○표 해 보세요.

$$\frac{4}{5}\overset{2)}{} - \frac{3}{10}$$
$$= \frac{8}{10} - \frac{3}{10}$$
$$= \frac{5}{10}^{(5} = \frac{1}{2}$$

$$\frac{15}{8} - \frac{1}{2}\overset{4)1}{}$$
$$= \frac{15}{8} - \frac{4}{8}$$
$$= \frac{11}{8} = 1\frac{3}{8}$$

$$\frac{5}{6}\overset{2)}{} - \frac{7}{12}$$
$$= \frac{10}{12} - \frac{7}{12}$$
$$= \frac{3}{12}^{(3} = \frac{1}{4}$$

로봇: $\frac{1}{2}$ $1\frac{1}{4}$ $\frac{3}{8}$ $1\frac{3}{8}$ $1\frac{7}{8}$

3. 계산한 후, 정답을 로봇에서 찾아 ○표 해 보세요.

$$\frac{1}{6} \times 4 = \frac{4}{6}^{(2} = \frac{2}{3}$$
$$\frac{2}{10} \times 3 = \frac{6}{10}^{(2} = \frac{3}{5}$$
$$\frac{3}{16} \times 4 = \frac{12}{16}^{(4} = \frac{3}{4}$$
$$\frac{7}{20} \times 2 = \frac{14}{20}^{(2} = \frac{7}{10}$$
$$\frac{3}{18} \times 3 = \frac{9}{18}^{(9} = \frac{1}{2}$$
$$\frac{2}{15} \times 6 = \frac{12}{15}^{(3} = \frac{4}{5}$$

로봇: $\frac{1}{2}$ $\frac{2}{3}$ $\frac{3}{4}$ $\frac{4}{5}$ $\frac{7}{10}$ $\frac{9}{10}$

분수 복습

4. 계산한 후, 정답을 로봇에서 찾아 ○표 해 보세요.

24의 $\frac{1}{8}$
$$\frac{24}{8} = 3$$

30의 $\frac{4}{5}$
$$\frac{30}{5} = 6$$
$$6 \times 4 = 24$$

42의 $\frac{5}{7}$
$$\frac{42}{7} = 6$$
$$6 \times 5 = 30$$

로봇: ③ 5 8 ㉖ ㉚

5. 공책에 계산한 후, 정답을 로봇에서 찾아 ○표 해 보세요.

① 마누의 집은 운동장에서 800m 거리인데, 그중 $\frac{3}{4}$을 걸었어요. 마누가 걸은 거리는 몇 m일까요?
정답: $\frac{800m}{4} = 200m$, 200m × 3 = 600m

② 할머니 댁까지 가려면 550km를 운전해야 해요. 그중 $\frac{3}{5}$을 운전했어요. 지금까지 운전한 거리는 몇 km일까요?
정답: $\frac{550km}{5} = 110km$, 110km × 3 = 330km

③ 휴가를 위해 2800km를 비행해야 해요. 비행기는 그중 $\frac{5}{7}$을 갔어요. 남은 거리는 몇 km일까요?
정답: $\frac{2800km}{7} = 400km$, 400km × 5 = 2000km

④ 가족 여행을 위해 350km를 운전해야 해요. 그중 $\frac{2}{5}$을 운전했어요. 남은 거리는 몇 km일까요?
정답: $\frac{350km}{5} = 70km$, 70km × 2 = 140km

로봇: 400 m 600 m 140 km 330 km 800 km 2000 km

6. 혼합 계산의 순서에 따라 계산한 후, 약분해 보세요.

$$\frac{3}{10} + 2 \times \frac{1}{10}$$
$$= \frac{3}{10} + \frac{2}{10}$$
$$= \frac{5}{10}^{(5}$$
$$= \frac{1}{2}$$

$$3 \times \frac{3}{10} - \frac{7}{10}$$
$$= \frac{9}{10} - \frac{7}{10}$$
$$= \frac{2}{10}^{(2}$$
$$= \frac{1}{5}$$

$$2 \times \frac{4}{10} - 4 \times \frac{1}{10}$$
$$= \frac{8}{10} - \frac{4}{10}$$
$$= \frac{4}{10}^{(2}$$
$$= \frac{2}{5}$$

ㅏㄹ:ㄲ 알렉은 디지털시계가 거울에 비친 모습을 보았어요. 지금 몇 시일까요? **17:54**

122-123쪽

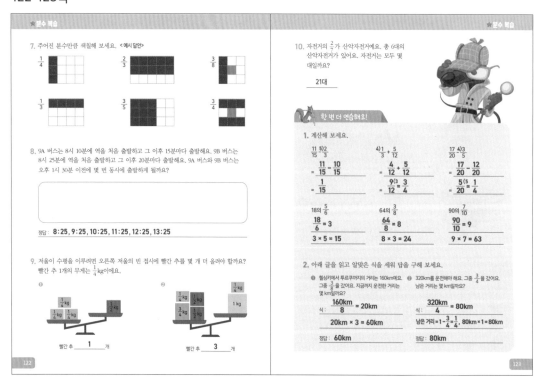

분수 복습

7. 주어진 분수만큼 색칠해 보세요. <예시 답안>

$\frac{1}{4}$ $\frac{2}{3}$ $\frac{3}{8}$

$\frac{1}{3}$ $\frac{3}{5}$ $\frac{3}{4}$

8. 9A 버스는 8시 10분에 역을 처음 출발하고 그 이후 15분마다 출발해요. 9B 버스는 8시 25분에 역을 처음 출발하고 그 이후 20분마다 출발해요. 9A 버스와 9B 버스는 오후 1시 30분 이전에 몇 번 동시에 출발하게 될까요?

정답: 8:25, 9:25, 10:25, 11:25, 12:25, 13:25

9. 저울이 수평을 이루려면 오른쪽 저울의 빈 접시에 빨간 추를 몇 개 더 올려야 할까요? 빨간 추 1개의 무게는 $\frac{1}{4}$kg이에요.

빨간 추 ____1____ 개

빨간 추 ____3____ 개

분수 복습

10. 자전거의 $\frac{2}{7}$가 산악자전거예요. 총 6대의 산악자전거가 있어요. 자전거는 모두 몇 대일까요?

____21대____

한 번 더 연습해요!

1. 계산해 보세요.

$$\frac{11}{15}\overset{5)2}{} - \frac{10}{15}$$
$$= \frac{11}{15} - \frac{10}{15}$$
$$= \frac{1}{15}$$

$$\frac{1}{3}\overset{4)}{} + \frac{5}{12}$$
$$= \frac{4}{12} + \frac{5}{12}$$
$$= \frac{9}{12}^{(3} = \frac{3}{4}$$

$$\frac{17}{20}\overset{4)3}{} - \frac{12}{20}$$
$$= \frac{17}{20} - \frac{12}{20}$$
$$= \frac{5}{20}^{(5} = \frac{1}{4}$$

18의 $\frac{5}{6}$
$$\frac{18}{6} = 3$$
$$3 \times 5 = 15$$

64의 $\frac{3}{8}$
$$\frac{64}{8} = 8$$
$$8 \times 3 = 24$$

90의 $\frac{7}{10}$
$$\frac{90}{10} = 9$$
$$9 \times 7 = 63$$

2. 아래 글을 읽고 알맞은 식을 세워 답을 구해 보세요.

① 헬싱키에서 투르쿠까지의 거리는 160km예요. 그중 $\frac{3}{8}$을 갔어요. 지금까지 운전한 거리는 몇 km일까요?
식: $\frac{160km}{8} = 20km$
20km × 3 = 60km
정답: 60km

② 320km를 운전해야 해요. 그중 $\frac{3}{4}$을 갔어요. 남은 거리는 몇 km일까요?
식: $\frac{320km}{8} = 80km$
남은 거리 = $1 - \frac{3}{4} = \frac{1}{4}$, 80km × 1 = 80km
정답: 80km

122쪽 8번

9A 버스
8:10, 8:25, 8:40, 8:5...
9:10, 9:25, 9:40, 9:5...
10:10, 10:25, 10:40, 10:5...
11:10, 11:25, 11:40, 11:55...
12:10, 12:25, 12:40, 12:5...
13:10, 13:25

9B 버스
8:25, 8:45, 9:05, 9:25,
9:45, 10:05, 10:25, 10:4...
11:05, 11:25, 11:45, 12:0...
12:25, 12:45, 13:05, 13:2...

122쪽 9번

❶ $\frac{1}{4} + \frac{1}{4} + \frac{1}{4} = x + \frac{1}{4}\overset{2)}{}$
$\frac{3}{4} = x + \frac{2}{4}$, $x = \frac{1}{4}$

❷ $\frac{1}{4} + \frac{3}{4} + \frac{2}{4}\overset{2)}{} + \frac{2}{4}\overset{2)}{} = 1 + \frac{1}{4} + x$
$\frac{1}{4} + \frac{3}{4} + \frac{2}{4} + \frac{2}{4} = \frac{5}{4} + x$
$\frac{8}{4} = \frac{5}{4} + x$, $x = \frac{3}{4}$

123쪽 10번

$\frac{2}{7} = 6$이므로 $\frac{1}{7} = 3$, $3 \times 7 = 21$

놀이 수학

비밀의 수를 찾아라!
인원: 2명 준비물: 계산기 2개, 123쪽 활동지

- 왼쪽 결괏값은 비밀의 수를 2번 곱한 값이에요. 3×3은 9예요. 9의 비밀의 수는 3이에요.
- 결괏값을 보고 비밀의 수를 알아맞혀 보세요. 계산기를 이용하여 찾아보세요.

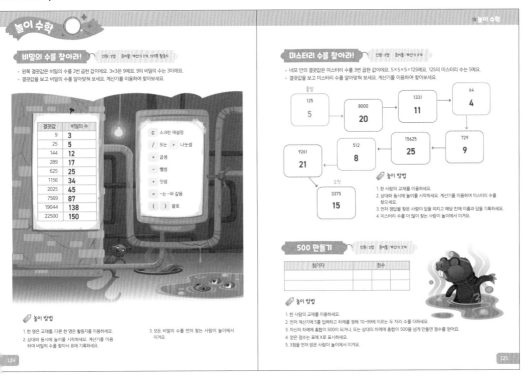

결괏값	비밀의 수
9	3
25	5
144	12
289	17
625	25
1156	34
2025	45
7569	87
19044	138
22500	150

C	스크린 재설정
/	또는 ÷ 나눗셈
×	곱셈
−	뺄셈
+	덧셈
=	~는 ~와 같음
( )	괄호

✏️ 놀이 방법

1. 한 명은 교재를, 다른 한 명은 활동지를 이용하세요.
2. 상대와 동시에 놀이를 시작하세요. 계산기를 이용하여 비밀의 수를 찾아서 표에 기록하세요.
3. 모든 비밀의 수를 먼저 찾는 사람이 놀이에서 이겨요.

124

놀이 수학

미스터리 수를 찾아라!
인원: 2명 준비물: 계산기 2개

- 네모 안의 결괏값은 미스터리 수를 3번 곱한 값이에요. 5×5×5=125예요. 125의 미스터리 수는 5예요.
- 결괏값을 보고 미스터리 수를 알아맞혀 보세요. 계산기를 이용하여 찾아보세요.

출발
125	8000	1331	64
5	20	11	4

9261	512	15625	729
21	8	25	9

도착
3375
15

✏️ 놀이 방법

1. 한 사람의 교재를 이용하세요.
2. 상대와 동시에 놀이를 시작하세요. 계산기를 이용하여 미스터리 수를 찾으세요.
3. 먼저 정답을 찾은 사람이 답을 외치고 해당 칸에 이름과 답을 기록하세요.
4. 미스터리 수를 더 많이 찾는 사람이 놀이에서 이겨요.

500 만들기
인원: 2명 준비물: 계산기 2개

참가자	점수

✏️ 놀이 방법

1. 한 사람의 교재를 이용하세요.
2. 먼저 계산기에 5를 입력하고 차례를 정해 10~99에 이르는 두 자리 수를 더하세요.
3. 자신의 차례에 총합이 500이 되거나, 또는 상대의 차례에 총합이 500을 넘게 만들면 점수를 얻어요.
4. 얻은 점수는 표에 X로 표시하세요.
5. 3점을 먼저 얻은 사람이 놀이에서 이겨요.

125

핀란드 5학년 수학 교과서 5-1

정답과 해설

2권

핀란드 수학 세계로
여행을 떠나 볼까요?

8-9쪽

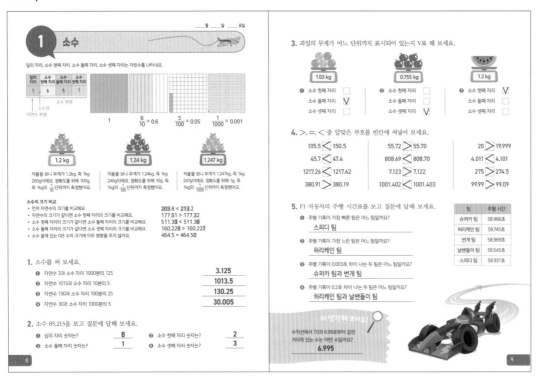

1 소수

일의 자리, 소수 첫째 자리, 소수 둘째 자리, 소수 셋째 자리는 자릿수를 나타내요.

일의 자리	소수 첫째 자리	소수 둘째 자리	소수 셋째 자리
1	6	5	1

↑ 소수점
자연수 부분   소수 부분

1 $\frac{6}{10} = 0.6$ $\frac{5}{100} = 0.05$ $\frac{1}{1000} = 0.001$

1.2 kg
저울을 보니 무게가 1.2kg, 즉 1kg 200g이에요. 정확도를 위해 100g, 즉 1kg의 $\frac{1}{10}$ 단위까지 측정했어요.

1.24 kg
저울을 보니 무게가 1.24kg, 즉 1kg 240g이에요. 정확도를 위해 10g, 즉 1kg의 $\frac{1}{100}$ 단위까지 측정했어요.

1.247 kg
저울을 보니 무게가 1.247kg, 즉 1kg 247g이에요. 정확도를 위해 1g, 즉 1kg의 $\frac{1}{1000}$ 단위까지 측정했어요.

소수의 크기 비교
- 먼저 자연수의 크기를 비교해요. 203.8 < 213.2
- 자연수의 크기가 같다면 소수 첫째 자리의 크기를 비교해요. 177.51 > 177.32
- 소수 첫째 자리의 크기가 같다면 소수 둘째 자리의 크기를 비교해요. 511.33 < 511.36
- 소수 둘째 자리의 크기가 같다면 소수 셋째 자리의 크기를 비교해요. 160.229 > 160.227
- 소수 끝에 있는 0은 수의 크기에 아무 영향을 주지 않아요. 464.5 = 464.50

1. 소수를 써 보세요.

❶ 자연수 3과 소수 자리 1000분의 125 → **3.125**
❷ 자연수 1013과 소수 자리 10분의 5 → **1013.5**
❸ 자연수 130과 소수 자리 100분의 25 → **130.25**
❹ 자연수 30과 소수 자리 1000분의 5 → **30.005**

2. 소수 85.213을 보고 질문에 답해 보세요.

❶ 십의 자리 숫자는? __8__
❷ 소수 둘째 자리 숫자는? __1__
❸ 소수 첫째 자리 숫자는? __2__
❹ 소수 셋째 자리 숫자는? __3__

3. 과일의 무게가 어느 단위까지 표시되어 있는지 V표 해 보세요.

1.03 kg
❶ 소수 첫째 자리 ☐
　 소수 둘째 자리 ☑
　 소수 셋째 자리 ☐

0.755 kg
❷ 소수 첫째 자리 ☐
　 소수 둘째 자리 ☐
　 소수 셋째 자리 ☑

1.2 kg
❸ 소수 첫째 자리 ☑
　 소수 둘째 자리 ☐
　 소수 셋째 자리 ☐

4. >, =, < 중 알맞은 부호를 빈칸에 써넣어 보세요.

105.5 < 150.5 　　 55.72 > 55.70 　　 20 > 19.999
45.7 > 47.4 　　 808.69 < 808.70 　　 4.011 < 4.101
1217.26 > 1217.62 　　 7.123 > 7.122 　　 275 > 274.5
380.91 > 380.19 　　 1001.402 < 1001.403 　　 99.99 > 99.09

5. F1 자동차의 주행 시간표를 보고 질문에 답해 보세요.

팀	주행 시간
슈퍼카 팀	58.966초
허리케인 팀	59.745초
번개 팀	58.969초
날쌘돌이 팀	59.545초
스피디 팀	58.931초

❶ 주행 기록이 가장 빠른 팀은 어느 팀일까요?
　 스피디 팀
❷ 주행 기록이 가장 느린 팀은 어느 팀일까요?
　 허리케인 팀
❸ 주행 기록이 0.003초 차이 나는 두 팀은 어느 팀일까요?
　 슈퍼카 팀과 번개 팀
❹ 주행 기록이 0.2초 차이 나는 두 팀은 어느 팀일까요?
　 허리케인 팀과 날쌘돌이 팀

더 생각해 보아요!
수직선에서 7.0과 6.99로부터 같은 거리에 있는 수는 어떤 수일까요?
6.995

더 생각해 보아요! | 9쪽

두 수의 소수 자리를 맞춰 보면 7.00과 6.99예요. 두 수의 차는 0.01이며 두 수로부터 같은 거리에 있는 수는 0.01의 절반에 위치한 수예요. 7.00보다 0.005 작고, 6.99보다 0.005 큰 수는 6.995예요.

MEMO

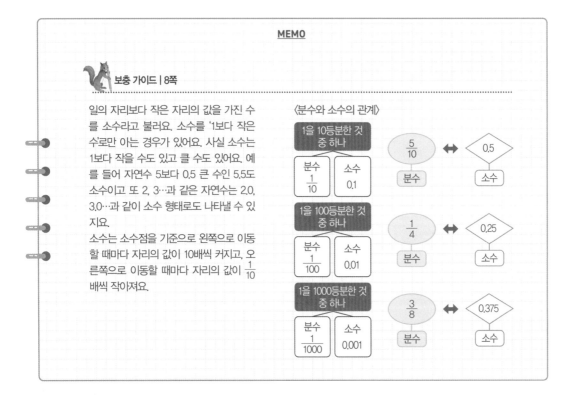

보충 가이드 | 8쪽

일의 자리보다 작은 자리의 값을 가진 수를 소수라고 불러요. 소수를 '1보다 작은 수'로만 아는 경우가 있어요. 사실 소수는 1보다 작을 수도 있고 클 수도 있어요. 예를 들어 자연수 5보다 0.5 큰 수인 5.5도 소수이고 또 2, 3…과 같은 자연수는 2.0, 3.0…과 같이 소수 형태로도 나타낼 수 있지요.
소수는 소수점을 기준으로 왼쪽으로 이동할 때마다 자리의 값이 10배씩 커지고, 오른쪽으로 이동할 때마다 자리의 값이 $\frac{1}{10}$배씩 작아져요.

⟨분수와 소수의 관계⟩

1을 10등분한 것 중 하나
분수	소수
$\frac{1}{10}$	0.1

$\frac{5}{10}$ (분수) ⟷ 0.5 (소수)

1을 100등분한 것 중 하나
분수	소수
$\frac{1}{100}$	0.01

$\frac{1}{4}$ (분수) ⟷ 0.25 (소수)

1을 1000등분한 것 중 하나
분수	소수
$\frac{1}{1000}$	0.001

$\frac{3}{8}$ (분수) ⟷ 0.375 (소수)

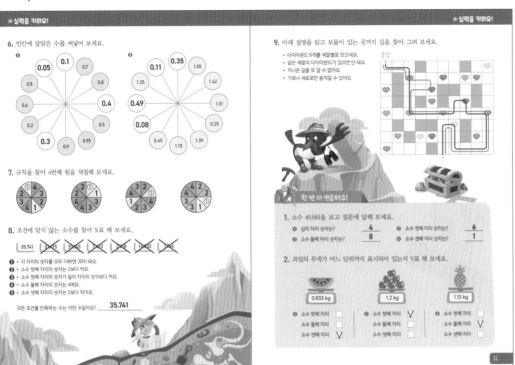

10쪽 7번

각각의 원의 색깔에 수를 넣어 규칙을 찾아보면 ①이 시계 방향으로 1칸씩 움직여요. 홀수 번째 원은 반시계 방향으로 1, 2, 3, 4 순서가 나와요. 짝수 번째 원은 반시계 방향으로 11, 22, 44, 33 순서가 나오는 규칙이에요.

10쪽 8번

❶ 7.423(합=16), 14.532(합=15) 탈락
❷ 57.143 탈락
❸ 37.415 탈락
❹ 2.918 탈락
❺ 1.946 탈락
모든 조건을 만족하는 수는 35.741이에요.

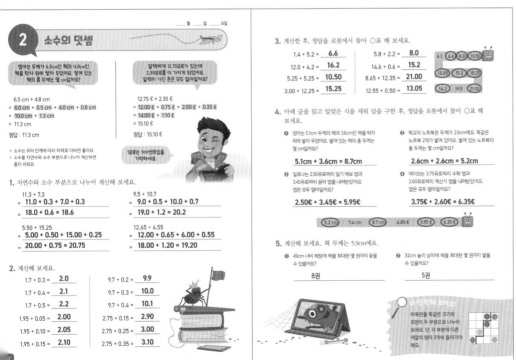

13쪽 5번

❶ 8권을 꽂으면 책장의 47.2cm (5.9+5.9+5.9+5.9+5.9+5.9+5.9+5.9)를 차지하고 1.8cm가 남아요.
❷ 5권을 쌓으면 상자 높이의 29.5cm(5.9+5.9+5.9+5.9+5.9) 높이까지 올라오고 2.5cm가 남아요.

14-15쪽

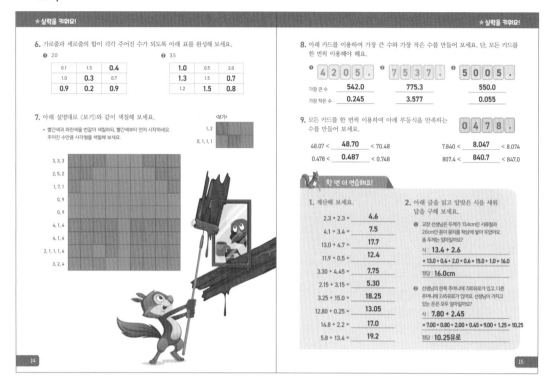

★ 실력을 키워요!

6. 가로줄과 세로줄의 합이 각각 주어진 수가 되도록 아래 표를 완성해 보세요.

❶ 2.0

0.1	1.5	**0.4**
1.0	**0.3**	0.7
0.9	**0.2**	**0.9**

❷ 3.5

1.0	0.5	2.0
1.3	1.5	**0.7**
1.2	**1.5**	**0.8**

7. 아래 설명대로 〈보기〉와 같이 색칠해 보세요.

• 빨간색과 파란색을 번갈아 색칠하되, 빨간색부터 먼저 시작하세요.
주어진 수만큼 사각형을 색칠해 보세요.

〈보기〉
1, 2
0, 1, 1, 1

3, 3, 3
2, 5, 2
1, 7, 1
0, 9
0, 9
4, 1, 4
4, 1, 4
2, 1, 1, 1, 4
3, 2, 4

★ 실력을 키워요!

8. 아래 카드를 이용하여 가장 큰 수와 가장 작은 수를 만들어 보세요. 단, 모든 카드를 한 번씩 이용해야 해요.

❶ 4 2 0 5 . ❷ 7 5 3 7 . ❸ 5 0 0 5 .

	❶	❷	❸
가장 큰 수	**542.0**	**775.3**	**550.0**
가장 작은 수	**0.245**	**3.577**	**0.055**

9. 모든 카드를 한 번씩 이용하여 아래 부등식을 만족하는 수를 만들어 보세요.

0 4 7 8 .

48.07 < **48.70** < 70.48

0.478 < **0.487** < 0.748

7.840 < **8.047** < 8.074

807.4 < **840.7** < 847.0

한 번 더 연습해요!

1. 계산해 보세요.

2.3 + 2.3 = **4.6**
4.1 + 3.4 = **7.5**
13.0 + 4.7 = **17.7**
11.9 + 0.5 = **12.4**
3.30 + 4.45 = **7.75**
2.15 + 3.15 = **5.30**
3.25 + 15.0 = **18.25**
12.80 + 0.25 = **13.05**
14.8 + 2.2 = **17.0**
5.8 + 13.4 = **19.2**

2. 아래 글을 읽고 알맞은 식을 세워 답을 구해 보세요.

❶ 교장 선생님은 두께가 13.4cm인 서류철과 2.6cm인 종이 뭉치를 학생에 싸서 두었어요. 총 두께는 얼마일까요?

식: **13.4 + 2.6**
= 13.0 + 0.4 + 2.0 + 0.6 = 15.0 + 1.0 = 16.0

정답: **16.0cm**

❷ 선생님의 한쪽 주머니에 7.80유로가 있고, 다른 주머니에 2.45유로가 있어요. 선생님이 가지고 있는 돈은 모두 얼마일까요?

식: **7.80 + 2.45**
= 7.00 + 0.80 + 2.00 + 0.45 = 9.00 + 1.25 = 10.25

정답: **10.25유로**

15쪽 8번

자연수와 마찬가지로 소수에서도 가장 큰 수를 만들려면 가장 큰 자리의 값에 가장 큰 수가 오도록 수를 배열해야 해요. 가장 작은 수는 가장 큰 자리의 값에 가장 작은 수가 오도록 수를 배열해요.

16-17쪽

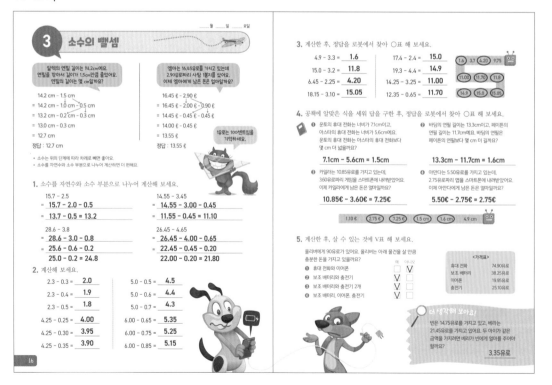

3 소수의 뺄셈

월 ___ 일 ___ 요일

알렉의 연필 길이는 14.2cm예요. 연필을 깎아서 길이가 1.5cm만큼 줄었어요. 연필의 길이는 몇 cm일까요?

14.2 cm - 1.5 cm
= 14.2 cm - 1.0 cm - 0.5 cm
= 13.2 cm - 0.2 cm - 0.3 cm
= 13.0 cm - 0.3 cm
= 12.7 cm

정답: 12.7 cm

엠마는 16.45유로를 가지고 있는데 2.90유로짜리 사탕 봉지를 샀어요. 이제 엠마에게 남은 돈은 얼마일까요?

16.45 € - 2.90 €
= 16.45 € - 2.00 € - 0.90 €
= 14.45 € - 0.45 € - 0.45 €
= 14.00 € - 0.45 €
= 13.55 €

정답: 13.55 €

1유로는 100센트임을 기억하세요.

• 소수는 위의 단계에 따라 차례로 빼면 좋아요.
• 소수를 자연수와 소수 부분으로 나누어 계산하면 더 편해요.

1. 소수를 자연수와 소수 부분으로 나누어 계산해 보세요.

15.7 - 2.5
= **15.7 - 2.0 - 0.5**
= **13.7 - 0.5 = 13.2**

14.55 - 3.45
= **14.55 - 3.00 - 0.45**
= **11.55 - 0.45 = 11.10**

28.6 - 3.8
= **28.6 - 3.0 - 0.8**
= **25.6 - 0.6 = 25.0**
= **25.0 - 0.2 = 24.8**

26.45 - 4.65
= **26.45 - 4.00 - 0.65**
= **22.45 - 0.45 - 0.20**
= **22.00 - 0.20 = 21.80**

2. 계산해 보세요.

2.3 - 0.3 = **2.0**
2.3 - 0.4 = **1.9**
2.3 - 0.5 = **1.8**
4.25 - 0.25 = **4.00**
4.25 - 0.30 = **3.95**
4.25 - 0.35 = **3.90**

5.0 - 0.5 = **4.5**
5.0 - 0.6 = **4.4**
5.0 - 0.7 = **4.3**
6.00 - 0.65 = **5.35**
6.00 - 0.75 = **5.25**
6.00 - 0.85 = **5.15**

3. 계산한 후, 정답을 로봇에서 찾아 ○표 해 보세요.

4.9 - 3.3 = **1.6**
15.0 - 3.2 = **11.8**
6.45 - 2.25 = **4.20**
18.15 - 3.10 = **15.05**

17.4 - 2.4 = **15.0**
19.3 - 4.4 = **14.9**
14.25 - 3.25 = **11.00**
12.35 - 0.65 = **11.70**

1.6 3.7 4.20 9.75
11.00 11.70 11.8
14.9 15.0 15.05

4. 공책에 알맞은 식을 세워 답을 구한 후, 정답을 로봇에서 찾아 ○표 해 보세요.

❶ 운토의 휴대 전화는 너비가 7.1cm이고, 아스타의 휴대 전화는 너비가 5.6cm예요. 운토의 휴대 전화는 아스타의 휴대 전화보다 몇 cm 더 넓을까요?

7.1cm - 5.6cm = 1.5cm

❷ 바딤의 연필 길이는 13.3cm이고, 페이튼의 연필 길이는 11.7cm예요. 바딤의 연필은 페이튼의 연필보다 몇 cm 더 길까요?

13.3cm - 11.7cm = 1.6cm

❸ 카일라는 10.85유로를 가지고 있는데 3.60유로짜리 게임을 스마트폰에 내려받았어요. 이제 카일라에게 남은 돈은 얼마일까요?

10.85€ - 3.60€ = 7.25€

❹ 아만다는 5.50유로를 가지고 있는데 2.75유로짜리 앱을 스마트폰에 내려받았어요. 이제 아만다에게 남은 돈은 얼마일까요?

5.50€ - 2.75€ = 2.75€

1.10 € 2.75 € 7.25 € 1.5 cm 1.6 cm 4.9 cm

5. 계산한 후, 살 수 있는 것에 V표 해 보세요.

올리버에게 90유로가 있어요. 올리버는 아래 물건을 살 만큼 충분한 돈을 가지고 있을까요?

	예	아니오
❶ 휴대 전화와 이어폰		V
❷ 보조 배터리와 충전기	V	
❸ 보조 배터리와 충전기 2개	V	
❹ 보조 배터리, 이어폰, 충전기	V	

〈가격표〉

휴대 전화	74.90유로
보조 배터리	38.25유로
이어폰	19.95유로
충전기	25.10유로

더 생각해 보아요!

빈은 14.75유로를 가지고 있고, 베라는 21.45유로를 가지고 있어요. 두 아이가 같은 금액을 가지려면 베라가 빈에게 얼마를 주어야 할까요?

3.35유로

17쪽 5번

❶ 휴대 전화와 이어폰
74.90+19.95=94.85
❷ 보조 배터리와 충전기
38.25+25.10=63.35
❸ 보조 배터리와 충전기 2개
38.25+25.10+25.10=88._
❹ 보조 배터리, 이어폰, 충전기
38.25+19.95+25.10=83._

더 생각해 보아요! | 17쪽

21.45-14.75=6.70이므로 베라가 빈보다 6.70유로를 더 가지고 있어요. 둘이 가진 금액이 같아지려면 6.70의 절반을 베라가 빈에게 줘야 하므로 답은 3.35유로예요.

18-19쪽

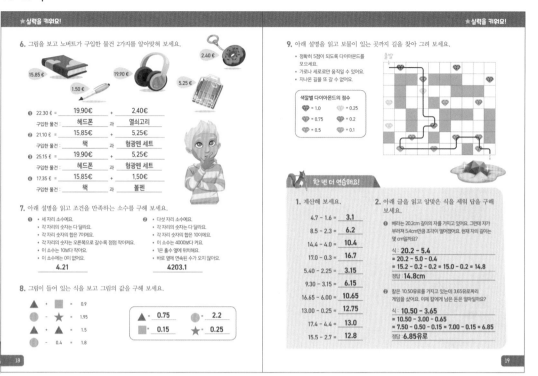

★ 실력을 키워요!

6. 그림을 보고 노버트가 구입한 물건 2가지를 알아맞혀 보세요.

15.85 € / 19.90 € / 2.40 € / 1.50 € / 5.25 €

① 22.30 € = __19.90€__ + __2.40€__
구입한 물건 __헤드폰__ 과 __열쇠고리__

② 21.10 € = __15.85€__ + __5.25€__
구입한 물건 __책__ 과 __형광펜 세트__

③ 25.15 € = __19.90€__ + __5.25€__
구입한 물건 __헤드폰__ 과 __형광펜 세트__

④ 17.35 € = __15.85€__ + __1.50€__
구입한 물건 __책__ 과 __볼펜__

7. 아래 설명을 읽고 조건을 만족하는 소수를 구해 보세요.

① • 세 자리 소수예요.
• 각 자리의 숫자는 다 달라요.
• 각 자리 숫자의 합이 7이에요.
• 각 자리의 숫자는 오른쪽으로 갈수록 점점 작아져요.
• 이 소수는 10보다 작아요.
• 이 소수에는 0이 없어요.
__4.21__

② • 다섯 자리 소수예요.
• 각 자리의 숫자는 다 달라요.
• 각 자리 숫자의 합은 10이에요.
• 이 소수는 4000보다 커요.
• 1은 홀수 옆에 위치해요.
• 바로 옆에 연속된 수가 오지 않아요.
__4203.1__

8. 그림이 들어 있는 식을 보고 그림의 값을 구해 보세요.

▲ + ■ = 0.9
● - ★ = 1.95
▲ + ▲ = 1.5
● - 0.4 = 1.8

▲ - __0.75__   ● - __2.2__
■ - __0.15__   ★ - __0.25__

---

9. 아래 설명을 읽고 보물이 있는 곳까지 길을 찾아 그려 보세요.

• 정확히 5점이 되도록 다이아몬드를 모으세요.
• 가로나 세로로만 움직일 수 있어요.
• 지나온 길을 또 갈 수 없어요.

색깔별 다이아몬드의 점수
◆ = 1.0   ◆ = 0.25
◆ = 0.75   ◆ = 0.2
◆ = 0.5   ◆ = 0.1

한 번 더 연습해요!

1. 계산해 보세요.

4.7 - 1.6 = __3.1__
8.5 - 2.3 = __6.2__
14.4 - 4.0 = __10.4__
17.0 - 0.3 = __16.7__
5.40 - 2.25 = __3.15__
9.30 - 3.15 = __6.15__
16.65 - 6.00 = __10.65__
13.00 - 0.25 = __12.75__
17.4 - 4.4 = __13.0__
15.5 - 2.7 = __12.8__

2. 아래 글을 읽고 알맞은 식을 세워 답을 구해 보세요.

① 베라는 20.2cm 길이의 자를 가지고 있어요. 그런데 자가 부러져 54cm만큼 조각이 떨어졌어요. 현재 자의 길이는 몇 cm일까요?

식 : **20.2 - 5.4**
= 20.2 - 5.0 - 0.4
= 15.2 - 0.2 = 15.0 - 0.2 = 14.8
정답 : **14.8cm**

② 칼은 10.50유로를 가지고 있는데 3.65유로짜리 게임을 샀어요. 이제 칼에게 남은 돈은 얼마일까요?

식 : **10.50 - 3.65**
= 10.50 - 3.00 - 0.65
= 7.50 - 0.50 - 0.15 = 7.00 - 0.15 = 6.85
정답 : **6.85유로**

18쪽 7번

❶ 세 자리 소수이고 10보다 작으므로 □.□□의 형태예요. 0이 없고, 각 자리 숫자의 합이 7이며, 각 자리 숫자가 다 달라야 하므로 일의 자리에 5~9는 올 수 없어요.
각 자리의 숫자가 오른쪽으로 갈수록 점점 작아지므로, 정답은 4.21이에요.

❷ 다섯 자리 소수이고 4000보다 크므로 4□□□.□의 형태예요.
각 자리 숫자의 합은 10이며, 각 자리의 숫자는 다 다르므로 4를 뺀 빈칸에 올 수 있는 수는 1, 2, 3, 0이에요. 바로 옆에 연속된 수가 오지 않고, 1은 홀수 옆에 위치하므로 정답은 4203.1이에요.

20-21쪽

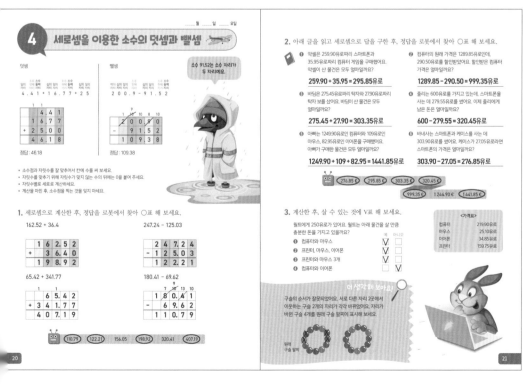

4 세로셈을 이용한 소수의 덧셈과 뺄셈

_____월 _____일 _____요일

소수 91.52는 소수 자리가 두 자리예요.

덧셈

4.41 + 16.77 = 25

	1		
	4	4	1
+	6	7	7
	2	5	0	0
	4	6	1	8

정답 : 46.18

뺄셈

200.9 - 91.52

	9	10	8	10
	2	0	0	9	0
-		9	1	5	2
	1	0	9	3	8

정답 : 109.38

• 소수점과 자릿수를 잘 맞추어 칸에 수를 써 보세요.
• 자릿수를 맞추기 위해 자릿수가 맞지 않는 수 위에는 0을 붙여 주세요.
• 자릿수별로 세로로 계산하세요.
• 계산을 마친 후, 소수점 찍는 것을 잊지 마세요.

1. 세로셈으로 계산한 후, 정답을 로봇에서 찾아 ○표 해 보세요.

162.52 + 36.4

	1	6	2 .	5	2
+		3	6 .	4	0
	1	9	8 .	9	2

65.42 + 341.77

		6	5 .	4	2
+	3	4	1 .	7	7
	4	0	7 .	1	9

247.24 - 125.03

	2	4	7 .	2	4
-	1	2	5 .	0	3
	1	2	2 .	2	1

180.41 - 69.62

	7	10	3	10	
	1	8	0 .	4	1
-		6	9 .	6	2
	1	1	0 .	7	9

110.79   122.21   156.05   198.92   320.41   407.19

---

2. 아래 글을 읽고 세로셈으로 답을 구한 후, 정답을 로봇에서 찾아 ○표 해 보세요.

① 악셀은 259.90유로짜리 스마트폰과 35.95유로짜리 컴퓨터 게임을 구매했어요. 악셀이 산 물건은 모두 얼마일까요?

259.90 + 35.95 = 295.85유로

② 바딤은 275.45유로인 탁자와 27.90유로짜리 탁자 보를 샀어요. 바딤이 산 물건은 모두 얼마일까요?

275.45 + 27.90 = 303.35유로

③ 아빠는 1249.90유로인 컴퓨터와 109유로인 마우스, 82.95유로인 이어폰을 구매했어요. 아빠가 구매한 물건은 모두 얼마일까요?

1249.90 + 109 + 82.95 = 1441.85유로

④ 컴퓨터의 원래 가격은 1289.85유로인데, 290.50유로를 할인받았어요. 할인받은 컴퓨터 가격은 얼마일까요?

1289.85 - 290.50 = 999.35유로

⑤ 줄리는 600유로를 가지고 있는데, 스마트폰을 사는 데 279.55유로를 썼어요. 이제 줄리에게 남은 돈은 얼마일까요?

600 - 279.55 = 320.45유로

⑥ 바네사는 스마트폰과 케이스를 사는 데 303.90유로를 썼어요. 케이스가 27.05유로라면 스마트폰의 가격은 얼마일까요?

303.90 - 27.05 = 276.85유로

276.85   295.85   303.35   320.45   999.35   1 244.90   1 441.85

3. 계산한 후, 살 수 있는 것에 V표 해 보세요.

월트에게 250유로가 있어요. 월트는 아래 물건을 살 만큼 충분한 돈을 가지고 있을까요?

	네	아니요
① 컴퓨터와 마우스	V	
② 프린터, 마우스, 이어폰	V	
③ 프린터와 마우스 3개	V	
④ 컴퓨터와 이어폰		V

〈가격표〉
컴퓨터 219.90유로
마우스 25.10유로
이어폰 34.85유로
프린터 159.75유로

더 생각해 보아요!

구슬의 순서가 잘못되었어요. 서로 다른 자리 2곳에서 이웃하는 구슬 2개의 자리가 각각 바뀌었어요. 자리가 바뀐 구슬 4개를 원래 구슬 팔찌에 표시해 보세요.

원래 구슬 팔찌

보충 가이드 | 20쪽

소수의 덧셈과 뺄셈을 세로셈으로 할 때 칸이 있는 공책을 이용하여 자리의 값에 맞추어 계산하면 더 정확하게 답을 구할 수 있어요. 특히 기준으로 삼는 소수점을 잘 맞추어야 해요. 자연수의 뺄셈처럼 받아내림을 한 경우 10을 가져오는 과정을 모두 나타내 주면 검산할 때도 편리하답니다.

21쪽 3번

❶ 컴퓨터와 마우스
219.90 + 25.10 = 245.00

❷ 프린터, 마우스, 이어폰
159.75 + 25.10 + 34.85 = 219.70

❸ 프린터와 마우스 3개
159.75 + 25.10 × 3 = 235.05

❹ 컴퓨터와 이어폰
219.90 + 34.85 = 254.75

22-23쪽

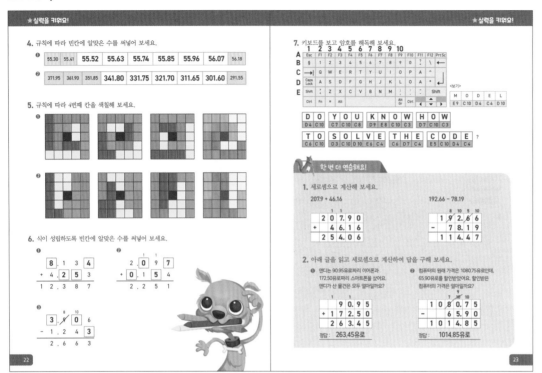

★ 실력을 키워요!

4. 규칙에 따라 빈칸에 알맞은 수를 써넣어 보세요.

❶ | 55.30 | 55.41 | **55.52** | **55.63** | **55.74** | **55.85** | **55.96** | **56.07** | 56.18 |

❷ | 371.95 | 361.90 | 351.85 | **341.80** | **331.75** | **321.70** | **311.65** | **301.60** | 291.55 |

5. 규칙에 따라 4번째 칸을 색칠해 보세요.

6. 식이 성립하도록 빈칸에 알맞은 수를 써넣어 보세요.

❶
```
  8 . 1 3 4
+ 4 . 2 5 3
1 2 . 3 8 7
```
```
  2 . 0 9 7
+ 0 . 1 5 4
  2 . 2 5 1
```

❸
```
  3 . ⁸0̸ 6
- 1 . 2 4 3
  2 . 6 6 3
```

★ 실력을 키워요!

7. 키보드를 보고 암호를 해독해 보세요.

```
D O   Y O U   K N O W   H O W
D4 C10   C7 C10 C8   D9 E8 C10 C9   C6 C10 C9
```
```
T O   S O L V E   T H E   C O D E   ?
C6 C10   D3 C10 D10 E6 C4   C6 D7 C4   E5 C10 D4 C4
```

한 번 더 연습해요!

1. 세로셈으로 계산해 보세요.

207.9 + 46.16
```
  2 0 7 . 9 0
+   4 6 . 1 6
  2 5 4 . 0 6
```

192.66 – 78.19
```
  1 9 2 . 6 6
-   7 8 . 1 9
  1 1 4 . 4 7
```

2. 아래 글을 읽고 세로셈으로 계산하여 답을 구해 보세요.

❶ 앤디는 90.95유로짜리 이어폰과 172.50유로짜리 스마트폰을 샀어요. 앤디가 산 물건은 모두 얼마일까요?
```
   1   1
  9 0 . 9 5
+ 1 7 2 . 5 0
  2 6 3 . 4 5
```
정답: 263.45유로

❷ 컴퓨터의 원래 가격은 1080.75유로인데, 65.90유로를 할인받았어요. 할인받은 컴퓨터의 가격은 얼마일까요?
```
  1 0 8 0 . 7 5
-     6 5 . 9 0
  1 0 1 4 . 8 5
```
정답: 1014.85유로

22쪽 4번

❶ 이전 수에서 오른쪽으로 갈수록 0.11씩 더해지는 규칙

❷ 이전 수에서 오른쪽으로 갈수록 10.05씩 빼지는 규칙

22쪽 5번

❶ 가장 바깥쪽 색깔 네모들은 가장자리를 따라 2칸씩 반시계 방향으로 움직여요. 그리고 안쪽 색깔 네모들도 반시계 방향으로 2칸씩 움직여요.

❷ 왼쪽 끝 열에서 아래로 3칸씩 움직이며 오른쪽으로 1열씩 이동해요. 오른쪽 끝 열 제일 아래 칸에 도달하면 다시 왼쪽 첫 칸으로 이동해요.

23쪽 7번

키보드의 세로열은 A~E, 가로열은 1~10까지 좌표를 만들어 해당 코드의 알파벳을 찾아 써넣으면 아래와 같은 메시지가 완성돼요. Do you know how to solve the code?(당신은 코드를 어떻게 풀어야 할지 방법을 아나요?)

24-25쪽

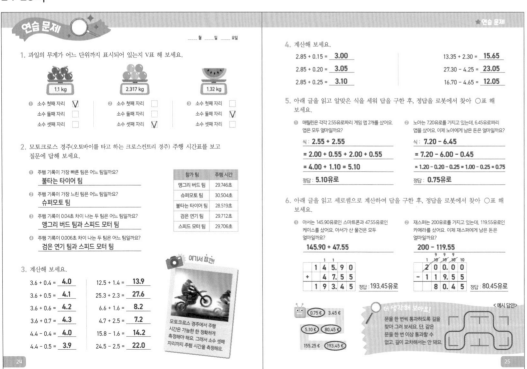

연습 문제

_____월 _____일 _____요일

1. 과일의 무게가 어느 단위까지 표시되어 있는지 V표 해 보세요.

1.1 kg
❶ 소수 첫째 자리 **V**
소수 둘째 자리 ☐
소수 셋째 자리 ☐

2.317 kg
❷ 소수 첫째 자리 ☐
소수 둘째 자리 ☐
소수 셋째 자리 **V**

1.32 kg
❸ 소수 첫째 자리 ☐
소수 둘째 자리 **V**
소수 셋째 자리 ☐

2. 모토크로스 경주(오토바이를 타고 하는 크로스컨트리 경주) 주행 시간표를 보고 질문에 답해 보세요.

참가 팀	주행 시간
앵그리 버드 팀	29.746초
슈퍼모토 팀	30.504초
불타는 타이어 팀	28.519초
검은 연기 팀	29.712초
스피드 모터 팀	29.706초

❶ 주행 기록이 가장 빠른 팀은 어느 팀일까요?
불타는 타이어 팀

❷ 주행 기록이 가장 느린 팀은 어느 팀일까요?
슈퍼모토 팀

❸ 주행 기록이 0.04초 차이 나는 두 팀은 어느 팀일까요?
앵그리 버드 팀과 스피드 모터 팀

❹ 주행 기록이 0.006초 차이 나는 두 팀은 어느 팀일까요?
검은 연기 팀과 스피드 모터 팀

3. 계산해 보세요.

3.6 + 0.4 = **4.0**
3.6 + 0.5 = **4.1**
3.6 + 0.6 = **4.2**
3.6 + 0.7 = **4.3**
4.4 − 0.4 = **4.0**
4.4 − 0.5 = **3.9**

12.5 + 1.4 = **13.9**
25.3 + 2.3 = **27.6**
6.6 + 1.6 = **8.2**
4.7 + 2.5 = **7.2**
15.8 − 1.6 = **14.2**
24.5 − 2.5 = **22.0**

여기서 잠깐!
모토크로스 경주에서 주행 시간은 가능한 한 정확하게 측정해야 해요 그래서 소수 셋째 자리까지 주행 시간을 측정해요.

★ 연습 문제

4. 계산해 보세요.

2.85 + 0.15 = **3.00**
2.85 + 0.20 = **3.05**
2.85 + 0.25 = **3.10**

13.35 + 2.30 = **15.65**
27.30 − 4.25 = **23.05**
16.70 − 4.65 = **12.05**

5. 아래 글을 읽고 알맞은 식을 세워 답을 구한 후, 정답을 로봇에서 찾아 ○표 해 보세요.

❶ 매릴린은 각각 2.55유로인 게임 앱 2개를 샀어요. 앱은 모두 얼마일까요?
식: **2.55 + 2.55**
= 2.00 + 0.55 + 2.00 + 0.55
= 4.00 + 1.10 = 5.10
정답: **5.10유로**

❷ 노아는 7.20유로를 가지고 있는데, 6.45유로짜리 앱을 샀어요. 이제 노아에게 남은 돈은 얼마일까요?
식: **7.20 − 6.45**
= 7.20 − 6.00 − 0.45
= 1.20 − 0.20 − 0.25 = 1.00 − 0.25 = 0.75
정답: **0.75유로**

6. 아래 글을 읽고 세로셈으로 계산하여 답을 구한 후, 정답을 로봇에서 찾아 ○표 해 보세요.

❶ 아서는 145.90유로인 스마트폰과 47.55유로인 케이스를 샀어요. 아서가 산 물건은 모두 얼마일까요?
```
  1 4 5 . 9 0
+   4 7 . 5 5
  1 9 3 . 4 5
```
정답: 193.45유로

❷ 재스퍼는 200유로를 가지고 있는데, 119.55유로인 카메라를 샀어요. 이제 재스퍼에게 남은 돈은 얼마일까요?
```
  2 0 0 . 0 0
- 1 1 9 . 5 5
    8 0 . 4 5
```
정답: 80.45유로

더 생각해 보아요!
문을 한 번씩 통과하도록 길을 찾아 그려 보세요. 단, 같은 문을 한 번 이상 통과할 수 없고, 길이 교차해서는 안 돼요.

〈예시 답안〉

0.75 € 3.45 €
5.10 € 80.45 €
155.25 € 193.45 €

26-27쪽

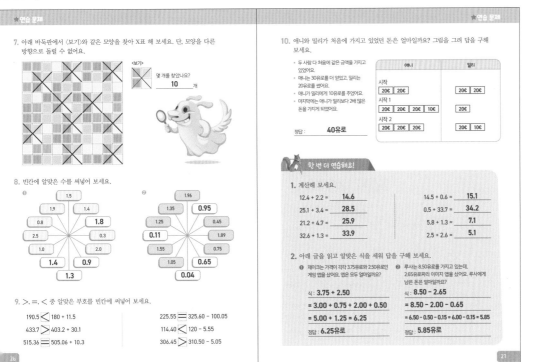

7. 아래 바둑판에서 〈보기〉와 같은 모양을 찾아 X표 해 보세요. 단, 모양을 다른 방향으로 돌릴 수 없어요.

〈보기〉

몇 개를 찾았나요?
__10__ 개

8. 빈칸에 알맞은 수를 써넣어 보세요.

❶
1.5 / 1.9 / 1.4 / 0.8 / **1.8** / 2.5 / 0.3 / 1.0 / 2.0 / 1.4 / 0.9 / 1.3

❷
1.96 / 1.35 / **0.95** / 1.25 / 0.45 / **0.11** / 1.89 / 1.55 / 0.75 / 1.05 / **0.65** / **0.04**

9. >, =, < 중 알맞은 부호를 빈칸에 써넣어 보세요.

190.5 $<$ 180 + 11.5

225.55 $=$ 325.60 - 100.05

433.7 $>$ 403.2 + 30.1

114.40 $<$ 120 - 5.55

515.36 $>$ 505.06 + 10.3

306.45 $>$ 310.50 - 5.05

---

10. 애니와 밀리가 처음에 가지고 있었던 돈은 얼마일까요? 그림을 그려 답을 구해 보세요.

- 두 사람 다 처음에 같은 금액을 가지고 있었어요.
- 애는 30유로를 더 얻었고 밀리는 20유로를 썼어요.
- 애니가 밀리에게 10유로를 주었어요.
- 마지막에는 애니가 밀리보다 2배 많은 돈을 가지게 되었어요.

	애니	밀리
시작	20€ 20€	20€ 20€
시작 1	20€ 20€ 20€ 10€	20€
시작 2	20€ 20€ 20€	20€ 10€

정답: __40유로__

한 번 더 연습해요!

1. 계산해 보세요.

12.4 + 2.2 = __14.6__   14.5 + 0.6 = __15.1__

25.1 + 3.4 = __28.5__   0.5 + 33.7 = __34.2__

21.2 + 4.7 = __25.9__   5.8 + 1.3 = __7.1__

32.6 + 1.3 = __33.9__   2.5 + 2.6 = __5.1__

2. 아래 글을 읽고 알맞은 식을 세워 답을 구해 보세요.

❶ 제이크는 가격이 각각 3.75유로와 2.50유로인 게임 앱을 샀어요. 앱은 모두 얼마일까요?

식: **3.75 + 2.50**

= 3.00 + 0.75 + 2.00 + 0.50

= 5.00 + 1.25 = 6.25

정답: **6.25유로**

❷ 루사는 8.50유로를 가지고 있는데, 2.65유로짜리 이미지 앱을 샀어요. 루사에게 남은 돈은 얼마일까요?

식: **8.50 - 2.65**

= 8.50 - 2.00 - 0.65

= 6.50 - 0.50 - 0.15 = 6.00 - 0.15 = 5.85

정답: **5.85유로**

27쪽 10번

애니	밀리
1. x	1. x
2. $x+30$	2. $x-20$
3. $x+30-10$	3. $x-20+10$

4. $(x+30-10)=2(x-20+10)$
$x+20=2(x-10)$
$x+20=2x-20$
$x=40$

28-29쪽

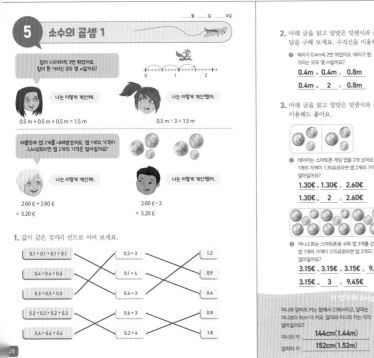

월 일 요일

5 소수의 곱셈 1

침이 0.5미터씩 3번 뛰었어요. 침이 뛴 거리는 모두 몇 m일까요?

0   1   2

나는 이렇게 계산해.

나는 이렇게 계산했어.

0.5 m + 0.5 m + 0.5 m = 1.5 m

0.5 m × 3 = 1.5 m

태블릿에 앱 2개를 내려받았어요. 앱 1개의 가격이 2.60유로라면 앱 2개의 가격은 얼마일까요?

나는 이렇게 계산해.

나는 이렇게 계산했어.

2.60 € + 2.60 €
= 5.20 €

2.60 € × 2
= 5.20 €

1. 값이 같은 것끼리 선으로 이어 보세요.

0.1 + 0.1 + 0.1 + 0.1   0.3 × 3   1.2

0.4 + 0.4 + 0.4   0.1 × 4   0.9

0.3 + 0.3 + 0.3   0.4 × 3   0.4

0.2 + 0.2 + 0.2 + 0.2   0.6 × 3   0.8

0.6 + 0.6 + 0.6   0.2 × 4   1.8

---

2. 아래 글을 읽고 알맞은 덧셈식과 곱셈식을 세워 답을 구해 보세요. 수직선을 이용해도 좋아요.

0   1.0 m   2.0 m

❶ 메리가 0.4m씩 2번 뛰었어요. 메리가 뛴 거리는 모두 몇 m일까요?

__0.4m__ + __0.4m__ = __0.8m__

__0.4m__ × __2__ = __0.8m__

❷ 앤더스는 0.7m씩 3번 뛰었어요. 앤더스가 뛴 거리는 모두 몇 m일까요?

__0.7m__ + __0.7m__ + __0.7m__ = __2.1m__

__0.7m__ × __3__ = __2.1m__

3. 아래 글을 읽고 알맞은 덧셈식과 곱셈식을 세워 답을 구해 보세요. 수직선을 이용해도 좋아요.

❶ 테이아는 스마트폰 게임 앱을 2개 샀어요. 앱 1개의 가격이 1.30유로라면 앱 2개의 가격은 얼마일까요?

__1.30€__ + __1.30€__ = __2.60€__

__1.30€__ × __2__ = __2.60€__

❷ 짠은 태블릿용 게임 앱을 3개 샀어요. 앱 1개의 가격이 1.60유로라면 앱 3개의 가격은 얼마일까요?

__1.60€__ + __1.60€__ + __1.60€__ = __4.80€__

__1.60€__ × __3__ = __4.80€__

❸ 앤더스는 스마트폰용 수학 앱 3개를 샀어요. 앱 1개의 가격이 3.15유로라면 앱 3개의 가격은 얼마일까요?

__3.15€__ + __3.15€__ + __3.15€__ = __9.45€__

__3.15€__ × __3__ = __9.45€__

더 생각해 보아요!

미니와 알피의 키를 합해서 2.96m이고, 알피는 미니보다 8cm 더 커요. 알피와 미니의 키는 각각 얼마일까요?

미니의 키: __144cm(1.44m)__

알피의 키: __152cm(1.52m)__

보충 가이드 | 28쪽

같은 크기의 그룹만큼 세고, 전체 수가 얼마인지 파악하는 것이 곱셈적 사고예요. 자연수처럼 소수도 같은 크기의 그룹이 얼마인지 파악하는 것이 중요합니다.
9×5=45에서 같은 크기인 9씩 5그룹이 있을 때 전체 수가 얼마인지 파악하는 것처럼 0.5+0.5+0.5=1.5에서 같은 크기인 0.5씩 3그룹이 있을 때 전체 수가 얼마인지 파악하면 된답니다.
0.5×3=1.5

더 생각해 보아요! | 29쪽

미니의 키= x
알피의 키= $x+8$cm
$x+x+8$cm=296cm
$x+x$=288cm
x=144cm
미니의 키=144cm(1.44m)
알피의 키=152cm(1.52m)

30-31쪽

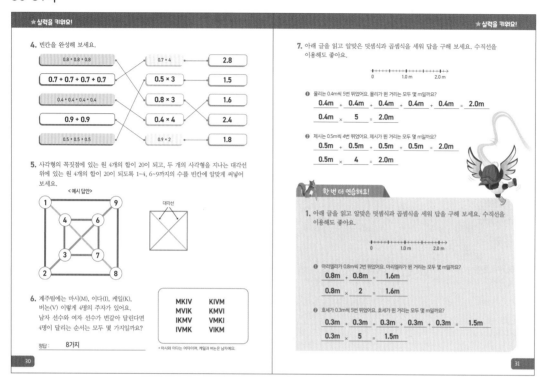

★ 실력을 키워요!

4. 빈칸을 완성해 보세요.

0.8 + 0.8 + 0.8	
0.7 + 0.7 + 0.7 + 0.7	
0.4 + 0.4 + 0.4 + 0.4	
0.9 + 0.9	
0.5 + 0.5 + 0.5	

0.7 × 4	2.8
0.5 × 3	1.5
0.8 × 3	1.6
0.4 × 4	2.4
0.9 × 2	1.8

5. 사각형의 꼭짓점에 있는 원 4개의 합이 20이 되고, 두 개의 사각형을 지나는 대각선 위에 있는 원 4개의 합이 20이 되도록 1~4, 6~9까지의 수를 빈칸에 알맞게 써넣어 보세요.

<예시 답안>

6. 계주팀에는 마시(M), 이다(I), 케일(K), 버논(V) 이렇게 4명의 주자가 있어요. 남자 선수와 여자 선수가 번갈아 달린다면 4명이 달리는 순서는 모두 몇 가지일까요?

정답: 8가지

MKIV	KIVM
MVIK	KMVI
IKMV	VMKI
IVMK	VIKM

* 마시와 이다는 여자이며, 케일과 버논은 남자예요.

7. 아래 글을 읽고 알맞은 덧셈식과 곱셈식을 세워 답을 구해 보세요. 수직선을 이용해도 좋아요.

❶ 몰리는 0.4m씩 5번 뛰었어요. 몰리가 뛴 거리는 모두 몇 m일까요?

0.4m + 0.4m + 0.4m + 0.4m + 0.4m = 2.0m

0.4m × 5 = 2.0m

❷ 제시는 0.5m씩 4번 뛰었어요. 제시가 뛴 거리는 모두 몇 m일까요?

0.5m + 0.5m + 0.5m + 0.5m = 2.0m

0.5m × 4 = 2.0m

한 번 더 연습해요!

1. 아래 글을 읽고 알맞은 덧셈식과 곱셈식을 세워 답을 구해 보세요. 수직선을 이용해도 좋아요.

❶ 마리엘라가 0.8m씩 2번 뛰었어요. 마리엘라가 뛴 거리는 모두 몇 m일까요?

0.8m + 0.8m = 1.6m

0.8m × 2 = 1.6m

❷ 호세가 0.3m씩 5번 뛰었어요. 호세가 뛴 거리는 모두 몇 m일까요?

0.3m + 0.3m + 0.3m + 0.3m + 0.3m = 1.5m

0.3m × 5 = 1.5m

32-33쪽

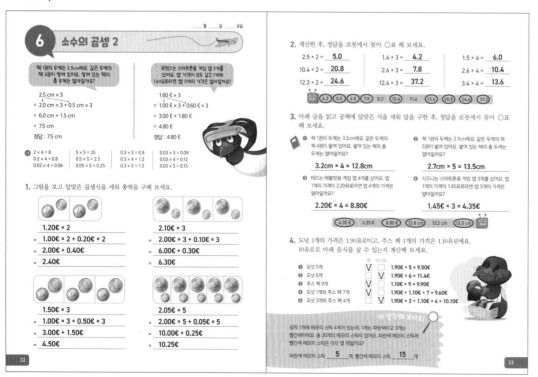

6 소수의 곱셈 2

책 1권의 두께는 2.5cm예요. 같은 두께의 책 3권이 쌓여 있어요. 쌓여 있는 책의 총 두께는 얼마일까요?

2.5 cm × 3
= 2.0 cm × 3 + 0.5 cm × 3
= 6.0 cm + 1.5 cm
= 7.5 cm
정답: 7.5 cm

로렌스는 스마트폰용 게임 앱 3개를 샀어요. 앱 가격이 모두 같고 1개에 1.60유로라면 앱 3개의 가격은 얼마일까요?

1.60 € × 3
= 1.00 € × 3 + 0.60 € × 3
= 3.00 € + 1.80 €
= 4.80 €
정답: 4.80 €

2 × 4 = 8	5 × 5 = 25	0.3 × 3 = 0.9	0.03 × 3 = 0.09
0.2 × 4 = 0.8	0.5 × 5 = 2.5	0.3 × 4 = 1.2	0.03 × 4 = 0.12
0.02 × 4 = 0.08	0.05 × 5 = 0.25	0.3 × 5 = 1.5	0.03 × 5 = 0.15

1. 그림을 보고 알맞은 곱셈식을 세워 총액을 구해 보세요.

1.20€ × 2
= 1.00€ × 2 + 0.20€ × 2
= 2.00€ + 0.40€
= 2.40€

2.10€ × 3
= 2.00€ × 3 + 0.10€ × 3
= 6.00€ + 0.30€
= 6.30€

1.50€ × 3
= 1.00€ × 3 + 0.50€ × 3
= 3.00€ + 1.50€
= 4.50€

2.05€ × 5
= 2.00€ × 5 + 0.05€ × 5
= 10.00€ + 0.25€
= 10.25€

2. 계산한 후, 정답을 로봇에서 찾아 ○표 해 보세요.

2.5 × 2 = 5.0	1.4 × 3 = 4.2	1.5 × 4 = 6.0
10.4 × 2 = 20.8	2.6 × 3 = 7.8	2.6 × 4 = 10.4
12.3 × 2 = 24.6	12.4 × 3 = 37.2	3.4 × 4 = 13.6

4.2 5.0 6.0 7.8 8.2 10.4 11.6 13.6 20.8 24.6 37.2

3. 아래 글을 읽고 공책에 알맞은 식을 세워 답을 구한 후, 정답을 로봇에서 찾아 ○표 해 보세요.

❶ 책 1권의 두께는 3.2cm예요. 같은 두께의 책 4권이 쌓여 있어요. 쌓여 있는 책의 총 두께는 얼마일까요?

3.2cm × 4 = 12.8cm

❷ 책 1권의 두께는 2.7cm예요. 같은 두께의 책 5권이 쌓여 있어요. 쌓여 있는 책의 총 두께는 얼마일까요?

2.7cm × 5 = 13.5cm

❸ 테드는 태블릿용 게임 앱 4개를 샀어요. 앱 1개의 가격이 2.20유로라면 앱 4개의 가격은 얼마일까요?

2.20€ × 4 = 8.80€

❹ 시드니는 스마트폰용 게임 앱 3개를 샀어요. 앱 1개의 가격이 1.45유로라면 앱 3개의 가격은 얼마일까요?

1.45€ × 3 = 4.35€

4.35€ 6.35 € 8.80€ 12.8 cm 13.2 cm 13.5 cm

4. 도넛 1개의 가격은 1.90유로이고, 주스 팩 1개의 가격은 1.10유로예요. 10유로로 아래 음식을 살 수 있는지 한 후 계산해 보세요.

	예	아니요	
❶ 도넛 5개		V	1.90€ × 5 = 9.50€
❷ 도넛 6개		V	1.90€ × 6 = 11.4€
❸ 주스 팩 9개	V		1.10€ × 9 = 9.90€
❹ 도넛 1개와 주스 팩 7개	V		1.90€ × 1 + 1.90€ × 7 = 9.60€
❺ 도넛 3개와 주스 팩 4개		V	1.90€ × 3 + 1.10€ × 4 = 10.10€

더 생각해 보아요!

상자 1개에 메모리 스틱 4개가 있는데, 1개는 파란색이고 3개는 빨간색이에요. 상자 20개에 메모리 스틱이 있어요. 파란색 메모리 스틱과 빨간색 메모리 스틱은 각각 몇 개일까요?

파란색 메모리 스틱 5 개, 빨간색 메모리 스틱 15 개

보충 가이드 | 32쪽

소수의 곱셈은 분배 법칙을 이용할 수 있어요.
2.5×3
=(2+0.5)×3
=(2×3)+(0.5×3)
소수는 소수점을 기준으로 왼쪽으로 이동할 때마다 자리의 값이 10배씩 커지고, 오른쪽으로 이동할 때마다 자리의 값이 $\frac{1}{10}$ 배씩 작아져요.

더 생각해 보아요! | 33쪽

	상자 1	상자 2	상자 3	상자 4
파란색 메모리 스틱	1	2	3	4
빨간색 메모리 스틱	3	6	9	12
합계	4	8	12	16

34-35쪽

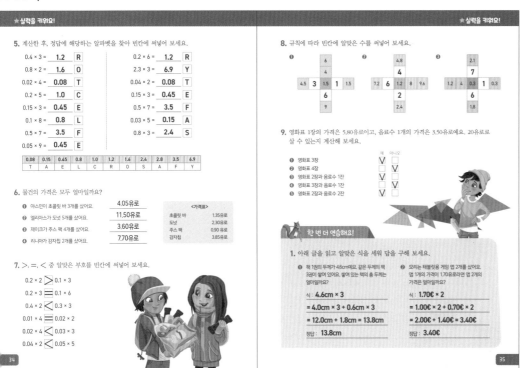

★ 실력을 키워요!

5. 계산한 후, 정답에 해당하는 알파벳을 찾아 빈칸에 써넣어 보세요.

0.4 × 3 = **1.2**	**R**
0.8 × 2 = **1.6**	**O**
0.02 × 4 = **0.08**	**T**
0.2 × 5 = **1.0**	**C**
0.15 × 3 = **0.45**	**E**
0.1 × 8 = **0.8**	**L**
0.5 × 7 = **3.5**	**F**
0.05 × 9 = **0.45**	**E**

0.2 × 6 = **1.2**	**R**
2.3 × 3 = **6.9**	**Y**
0.04 × 2 = **0.08**	**T**
0.15 × 3 = **0.45**	**E**
0.5 × 7 = **3.5**	**F**
0.03 × 5 = **0.15**	**A**
0.8 × 3 = **2.4**	**S**

0.08	0.15	0.45	0.8	1.0	1.2	1.6	2.4	2.8	3.5	6.9
T	A	E	L	C	R	O	S	A	F	Y

6. 물건의 가격은 모두 얼마일까요?

❶ 야스민이 초콜릿 바 3개를 샀어요. **4.05유로**
❷ 엘리아스가 도넛 5개를 샀어요. **11.50유로**
❸ 제이크가 주스 팩 4개를 샀어요. **3.60유로**
❹ 리나아가 감자칩 2개를 샀어요. **7.70유로**

<가격표>
초콜릿 바 1.35유로
도넛 2.30유로
주스 팩 0.90유로
감자칩 3.85유로

7. >, =, < 중 알맞은 부호를 빈칸에 써넣어 보세요.

0.2 × 3 **>** 0.1 × 3
0.2 × 3 **>** 0.1 × 6
0.4 × 2 **<** 0.3 × 3
0.01 × 4 **=** 0.02 × 2
0.02 × 4 **<** 0.03 × 3
0.04 × 2 **<** 0.05 × 5

★ 실력을 키워요!

8. 규칙에 따라 빈칸에 알맞은 수를 써넣어 보세요.

❶
	6		
4.5	3	1.5	1	1.5
	6		
	9		

❷
	4.8		
	4		
7.2	6	1.2	1.8	9.6
	2		
	2.4		

❸
	2.1		
	7		
1.2	6	0.3	1	0.3
	6		
	1.8		

9. 영화표 1장의 가격은 5.80유로이고, 음료수 1개의 가격은 3.50유로예요. 20유로로 살 수 있는지 계산해 보세요.

	예	아니오
❶ 영화표 3장	V	
❷ 영화표 4장		V
❸ 영화표 2장과 음료수 1잔	V	
❹ 영화표 3장과 음료수 1잔		V
❺ 영화표 2장과 음료수 2잔	V	

한 번 더 연습해요!

1. 아래 글을 읽고 알맞은 식을 세워 답을 구해 보세요.

❶ 책 1권의 두께가 4.6cm예요. 같은 두께의 책 3권이 쌓여 있어요. 쌓여 있는 책의 총 두께는 얼마일까요?

식: **4.6cm × 3**
= **4.0cm × 3 + 0.6cm × 3**
= **12.0cm + 1.8cm = 13.8cm**

정답: **13.8cm**

❷ 모리는 태블릿용 게임 앱 2개를 샀어요. 앱 1개의 가격이 1.70유로라면 앱 2개의 가격은 얼마일까요?

식: **1.70€ × 2**
= **1.00€ × 2 + 0.70€ × 2**
= **2.00€ + 1.40€ = 3.40€**

정답: **3.40€**

34쪽 5번

알파벳을 거꾸로 읽어 보세요.
SAFETY REFLECTOR(안전 반사 장치)

34쪽 6번

❶ 1.35€ × 3 = 4.05€
❷ 2.30€ × 5 = 11.50€
❸ 0.90€ × 4 = 3.60€
❹ 3.85€ × 2 = 7.70€

35쪽 8번

중앙에 있는 수와 이웃한 수를 곱하면 제일 끝에 있는 수가 나오는 규칙이에요.

35쪽 9번

❶ 5.80€ × 3 = 17.40€
❷ 5.80€ × 4 = 23.20€
❸ 5.80€ × 2 + 3.50€ = 15.10€
❹ 5.80€ × 3 + 3.50€ = 20.90€
❺ 5.80€ × 2 + 3.50€ × 2 = 18.60€

36-37쪽

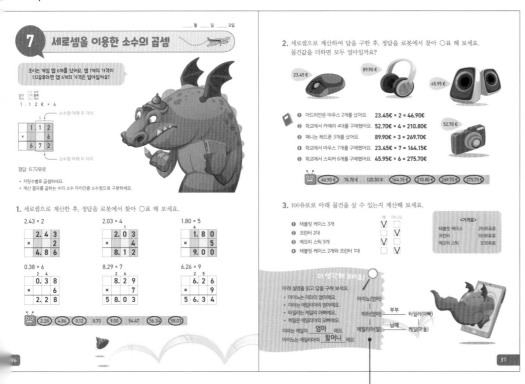

7 세로셈을 이용한 소수의 곱셈

조시는 게임 앱 6개를 샀어요. 앱 1개의 가격이 1.12유로라면 앱 6개의 가격은 얼마일까요?

1 . 1 2 € × 6

	1	1	2
×			6
	6	7	2

정답 : 6.72유로

• 자릿수별로 곱셈하세요.
• 계산 결과를 곱하는 수의 소수 자리만큼 소수점으로 구분하세요.

1. 세로셈으로 계산한 후, 정답을 로봇에서 찾아 ○표 해 보세요.

2.43 × 2
	2	4	3
×			2
	4	8	6

2.03 × 4
	2	0	3
×			4
	8	1	2

1.80 × 5
	1	8	0
×			5
	9	0	0

0.38 × 6
	0	3	8
×			6
	2	2	8

8.29 × 7
	8	2	9
×			7
	5	8	0	3

6.26 × 9
	6	2	6
×			9
	5	6	3	4

2.28 4.86 8.12 8.70 9.00 54.47 56.34 58.03

2. 세로셈으로 계산하여 답을 구한 후, 정답을 로봇에서 찾아 ○표 해 보세요. 물건값을 더하면 모두 얼마일까요?

23.45 €   89.90 €   45.95 €   52.70 €

❶ 아드리안은 마우스 2개를 샀어요. **23.45€ × 2 = 46.90€**
❷ 학교에서 카메라 4대를 구매했어요. **52.70€ × 4 = 210.80€**
❸ 매니는 헤드폰 3개를 샀어요. **89.90€ × 3 = 269.70€**
❹ 학교에서 마우스 7개를 구매했어요. **23.45€ × 7 = 164.15€**
❺ 학교에서 스피커 6개를 구매했어요. **45.95€ × 6 = 275.70€**

46.90 € 76.70 € 210.50 € 164.15 € 210.80 € 269.70 € 275.70 €

3. 100유로로 아래 물건을 살 수 있는지 계산해 보세요.

	예	아니오
❶ 태블릿 케이스 3개	V	
❷ 프린터 2대		V
❸ 메모리 스틱 9개	V	
❹ 태블릿 케이스 2개와 프린터 1대		V

<가격표>
태블릿 케이스 29.95유로
프린터 59.90유로
메모리 스틱 9.50유로

더 생각해 보아요!

아래 설명을 읽고 답을 구해 보세요.
• 아이노는 미라의 엄마예요.
• 미라는 에밀리아의 엄마예요.
• 타일러는 케일의 아빠예요.
• 케일은 에밀리아의 오빠예요.
미라는 케일의 **엄마** 예요.
아이노는 에밀리아의 **할머니** 예요.

아이노(엄마)
미라(엄마) ─ 부부 ─ 타일러(아빠)
에밀리아(딸) ─ 남매 ─ 케일(아들)

그림으로 표현해 보면 인물들의 관계를 쉽게 파악할 수 있어요.

보충 가이드 | 36쪽

소수의 곱셈을 세로셈으로 할 때는 소수의 덧셈이나 뺄셈처럼 자릿값끼리 일치시키지 않아도 돼요. 곱하는 수를 세로셈의 칸에 뒷자리를 맞추어 자리를 잡은 후, 자연수처럼 곱셈을 해요. 결과가 나오면 소수의 자리를 세어 봐요. 예시처럼 소수 두 자리가 나왔으면 소수 두 자리 앞에 소수점을 찍어 답을 최종적으로 정해요.

37쪽 3번

❶ 29.95€ × 3 = 89.85€
❷ 59.90€ × 2 = 119.80€
❸ 9.50€ × 9 = 85.50€
❹ 29.95€ × 2 + 59.90€ = 119.80€

38-39쪽

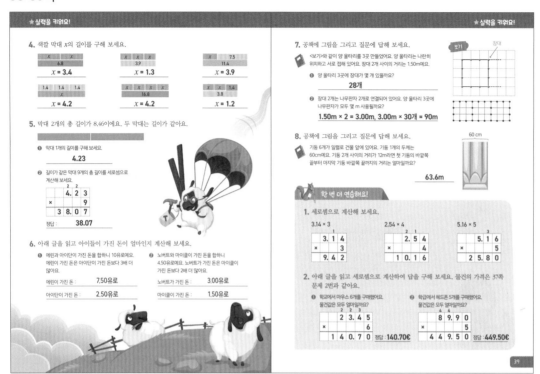

38쪽 6번

❶ 아이단이 가진 돈 -x,
에린이 가진 돈 -x×3
x×4=10유로이므로
x=2.50유로
아이단이 가진 돈 -2.50유로
에린이 가진 돈 -7.50유로

❷ 마이클이 가진 돈 -x,
노버트가 가진 돈 -x×2
x×3=4.50유로이므로
x=1.50유로
마이클이 가진 돈 -1.50유로
노버트가 가진 돈 -3.00유로

39쪽 8번

0.6m×6+12.0m×5
=3.6m+60.0m=63.6m

40-41쪽

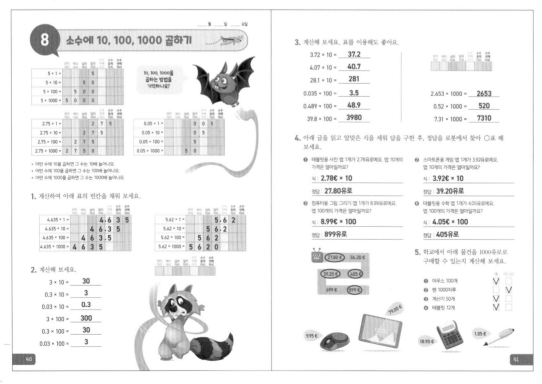

보충 가이드 | 40쪽

소수도 자연수처럼 소수점
을 기준으로 왼쪽으로 이동
할 때마다 자리의 값이 10배
씩 커지고, 오른쪽으로 이동
할 때마다 자리의 값이 $\frac{1}{10}$배
씩 작아져요.

47.63×100=4763
47.63×10=476.3
47.63×1=47.63
47.63×0.1=4.763
47.63×0.01=0.4763
47.63×0.001=0.04763

41쪽 5번

❶ 9.95€×100=995€
❷ 1.05€×1000=1050€
❸ 18.90€×50=945€
❹ 79.00€×12=948€

46

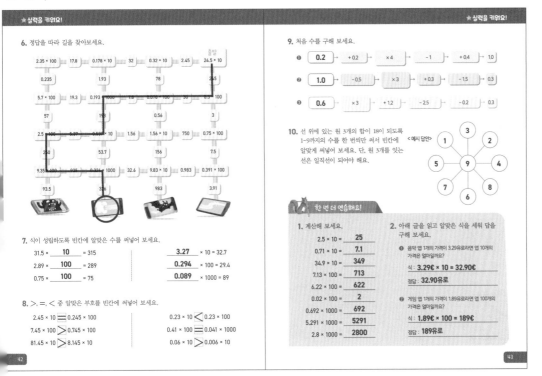

마지막 결괏값을 기준으로 + ↔ −, × ↔ ÷로 계산을 반대로 하며 거슬러 올라가면 처음 수를 구할 수 있어요.

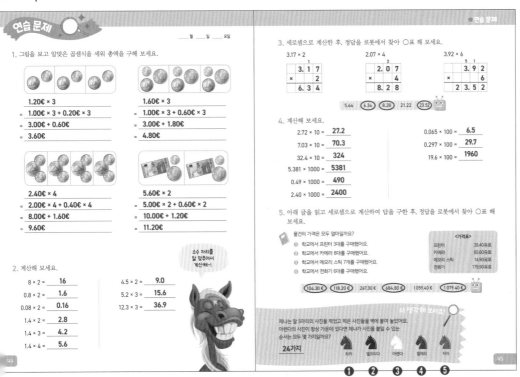

❶ 39.40€×3=118.20€
❷ 85.60€×8=684.80€
❸ 14.90€×7=104.30€
❹ 179.90€×6=1079.40€

더 생각해 보아요! | 45쪽

말에 번호를 붙여 항상 3번이 가운데 오도록 배열해 보세요.

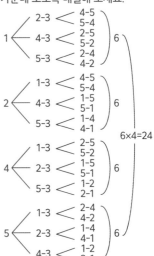

6×4=24

46-47쪽

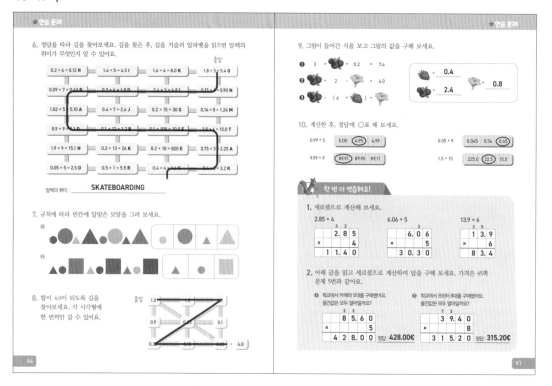

★ 연습 문제

6. 정답을 따라 길을 찾아보세요. 길을 찾은 후, 길을 거슬러 알파벳을 읽으면 알렉의 취미가 무엇인지 알 수 있어요.

				출발
0.2 × 6 = 0.12 R	1.4 × 5 = 6.5 I	1.4 × 6 = 8.0 K	1.8 × 3 = 5.4 G
0.09 × 7 = 0.63 R	0.3 × 6 = 1.8 D	2.4 × 2 = 6.8 I	0.15 × 6 = 0.90 N
1.02 × 5 = 5.10 A	0.4 × 7 = 2.6 J	0.2 × 15 = 30 S	0.14 × 8 = 1.24 M
0.9 × 9 = 8.1 O	0.1 × 12 = 1.2 B	0.1 × 100 = 10 E	2.5 × 6 = 15.0 T
1.9 × 9 = 15.1 N	0.2 × 13 = 26 K	8.2 × 10 = 820 E	0.75 × 3 = 2.25 A
0.05 × 5 = 2.5 O	0.5 × 1 = 5.5 R	0.4 × 4 = 1.6 S	0.4 × 8 = 3.2 K

알렉의 취미 : __SKATEBOARDING__

7. 규칙에 따라 빈칸에 알맞은 모양을 그려 보세요.

8. 합이 4.0이 되도록 길을 찾아보세요. 각 사각형에 한 번씩만 갈 수 있어요.

★ 연습 문제

9. 그림이 들어간 식을 보고 그림의 값을 구해 보세요.

❶ 3 🫐🫐 + 0.2 = 7.4

❷ 🫐🫐 × 2 − 🌸 = 4.0

❸ 🫐🫐 − (4 × 🍓) = 🌸

🍓 = 0.4
🌸 = 0.8
🫐🫐 = 2.4

10. 계산한 후, 정답에 ○표 해 보세요.

0.99 × 5 → 5.00 (4.95) 4.99

9.99 × 9 → (89.91) 89.90 89.11

0.05 × 9 → 0.045 0.54 (0.45)

1.5 × 15 → 225.0 (22.5) 15.5

🐴 한 번 더 연습해요!

1. 세로셈으로 계산해 보세요.

2.85 × 4
```
    2 . 8 5
  ×       4
  1 1 . 4 0
```

6.06 × 5
```
    6 . 0 6
  ×       5
  3 0 . 3 0
```

13.9 × 6
```
    1 3 . 9
  ×       6
  8 3 . 4
```

2. 아래 글을 읽고 세로셈으로 계산하여 답을 구해 보세요. 가격은 45쪽 문제 5번과 같아요.

❶ 학교에서 카메라 5대를 구매했어요. 물건값은 모두 얼마일까요?
```
    8 5 . 6 0
  ×         5
  4 2 8 . 0 0
```
정답 : **428.00€**

❷ 학교에서 프린터 8대를 구매했어요. 물건값은 모두 얼마일까요?
```
    3 9 . 4 0
  ×         8
  3 1 5 . 2 0
```
정답 : **315.20€**

46쪽 7번

❶ 크기는 작은 것-큰 것 순서로 나오고, 모양은 동그라미-동그라미, 세모-세모 순서로 반복되며, 색깔은 빨-파-노의 순서가 반복되는 규칙이에요.

❷ 크기는 작은 것-작은 것-큰 것의 순서로 나오고, 모양은 세모-동그라미-네모 순서로 반복되며, 색깔은 보-빨-파-노의 순서가 반복되는 규칙이에요.

47쪽 9번

❶ 3×🫐🫐+0.2=7.4
3×🫐🫐=7.2, 🫐🫐=2.4

❷ 🫐🫐×2-🌸=4.0
2.4×2-🌸=4.0
4.8-4.0=🌸, 🌸=0.8

❸ 🫐🫐-(4×🍓)=🌸
2.4-(4×🍓)=0.8
2.4-0.8=4×🍓
1.6=4×🍓, 🍓=0.4

48-49쪽

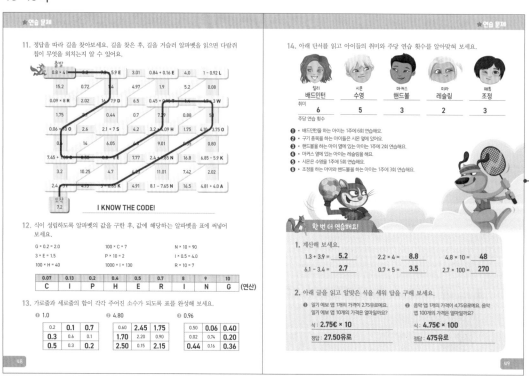

★ 연습 문제

11. 정답을 따라 길을 찾아보세요. 길을 찾은 후, 길을 거슬러 알파벳을 읽으면 다람쥐 침이 무엇을 외치는지 알 수 있어요.

출발				
0.8 × 4 = 3.2 I	3.01	0.84 + 0.16 E	4.0	1 − 0.92 L
15.2	0.72	4.97	1.9	5.2	0.08
0.09 × 8 R	2.02	1.6 7.9 D	6.5	0.45 × 15.6	3 W
1.75	0.4	0.44	0.7	7.29	0.88	5
0.06 × 10 O	2.6	2.1 × 7 S	4.2	3.2 4.09 H	1.75	4.10 3.75 O
0.8	14	6.05	4	9.01	0.85	0.80
7.45 + 1.3 C	0.80	0.6 8 E	7.77	2.4 4.85 N	16.8	6.85 − 5.9 K
3.2	10.25	4.7	6.3	11.01	7.42	2.02
2.4	4.13	0.2 0.85 K	4.91	8.1 − 7.65 N	15.4	4.81 + 4.0 A

도착 7.2

I KNOW THE CODE!

12. 식이 성립하도록 알파벳의 값을 구한 후, 값에 해당하는 알파벳을 표에 써넣어 보세요.

G × 0.2 = 2.0 100 × C = 7 N × 10 = 90
3 × E = 1.5 P × 10 = 2 I × 0.5 = 4.0
100 × H = 40 1000 × I = 130 R × 10 = 7

0.07	0.13	0.2	0.4	0.5	0.7	8	9	10
C	I	P	H	E	R	I	N	G

(연산)

13. 가로줄과 세로줄의 합이 각각 주어진 소수가 되도록 표를 완성해 보세요.

❶ 1.0
0.2	0.1	0.7
0.3	0.6	0.1
0.5	0.3	0.2

❷ 4.80
0.60	2.45	1.75
1.70	2.20	0.90
2.50	0.15	2.15

❸ 0.96
0.50	0.06	0.40
0.02	0.74	0.20
0.44	0.16	0.36

★ 연습 문제

14. 아래 단서를 읽고 아이들의 취미와 주당 연습 횟수를 알아맞혀 보세요.

	릴리	시몬	마커스	미라	매튜
취미	배드민턴	수영	핸드볼	레슬링	조정
주당 연습 횟수	6	5	3	2	3

❶ 배드민턴을 하는 아이는 1주에 6회 연습해요.
❷ 구기 종목을 하는 아이들은 시몬 옆에 있어요.
❸ 핸드볼을 하는 아이 옆에 있는 아이는 1주에 2회 연습해요.
❹ 마커스 옆에 있는 아이는 레슬링을 해요.
❺ 시몬 옆의 수영을 하는 아이는 1주에 5회 연습해요.
❻ 조정을 하는 아이와 핸드볼을 하는 아이는 1주에 3회 연습해요.

🐿 한 번 더 연습해요!

1. 계산해 보세요.

1.3 + 3.9 = **5.2** 2.2 × 4 = **8.8** 4.8 × 10 = **48**
6.1 − 3.4 = **2.7** 0.7 × 5 = **3.5** 2.7 × 100 = **270**

2. 아래 글을 읽고 알맞은 식을 세워 답을 구해 보세요.

❶ 일기 예보 앱 1개의 가격이 2.75유로예요. 일기 예보 앱 10개의 가격은 얼마일까요?
식 : **2.75€ × 10**
정답 : **27.50유로**

❷ 음악 앱 1개의 가격이 4.75유로예요. 음악 앱 100개의 가격은 얼마일까요?
식 : **4.75€ × 100**
정답 : **475유로**

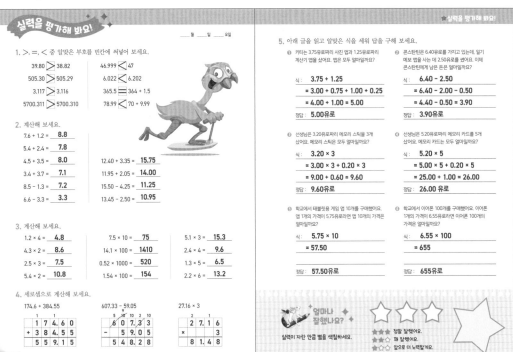

실력을 평가해 봐요!

_____월 _____일 _____요일

1. >. =. < 중 알맞은 부호를 빈칸에 써넣어 보세요.

39.80 > 38.82   46.999 < 47

505.30 > 505.29   6.022 < 6.202

3.117 > 3.116   365.5 = 364 + 1.5

5700.311 > 5700.310   78.99 < 70 + 9.99

2. 계산해 보세요.

7.6 + 1.2 = **8.8**

5.4 + 2.4 = **7.8**

4.5 + 3.5 = **8.0**   12.40 + 3.35 = **15.75**

3.4 + 3.7 = **7.1**   11.95 + 2.05 = **14.00**

8.5 − 1.3 = **7.2**   15.50 − 4.25 = **11.25**

6.6 − 3.3 = **3.3**   13.45 − 2.50 = **10.95**

3. 계산해 보세요.

1.2 × 4 = **4.8**   7.5 × 10 = **75**   5.1 × 3 = **15.3**

4.3 × 2 = **8.6**   14.1 × 100 = **1410**   2.4 × 4 = **9.6**

2.5 × 3 = **7.5**   0.52 × 1000 = **520**   1.3 × 5 = **6.5**

5.4 × 2 = **10.8**   1.54 × 100 = **154**   2.2 × 6 = **13.2**

4. 세로셈으로 계산해 보세요.

174.6 + 384.55

```
    1  1
  1 7 4. 6 0
+ 3 8 4. 5 5
  5 5 9. 1 5
```

607.33 − 59.05

```
  5  10 10 2  10
  6 0 7. 3 3
−   5 9. 0 5
  5 4 8. 2 8
```

27.16 × 3

```
  2  1
  2 7. 1 6
×       3
  8 1. 4 8
```

★실력을 평가해 봐요!

5. 아래 글을 읽고 알맞은 식을 세워 답을 구해 보세요.

① 키티는 3.75유로짜리 사진 앱과 1.25유로짜리 계산기 앱을 샀어요. 앱은 모두 얼마일까요?

식 : **3.75 + 1.25**

= **3.00 + 0.75 + 1.00 + 0.25**

= **4.00 + 1.00 = 5.00**

정답 : **5.00유로**

② 콘스탄틴은 6.40유로를 가지고 있는데, 일기 예보 앱을 사는 데 2.50유로를 썼어요. 이제 콘스탄틴에게 남은 돈은 얼마일까요?

식 : **6.40 − 2.50**

= **6.40 − 2.00 − 0.50**

= **4.40 − 0.50 = 3.90**

정답 : **3.90유로**

③ 선생님은 3.20유로짜리 메모리 스틱을 3개 샀어요. 메모리 스틱은 모두 얼마일까요?

식 : **3.20 × 3**

= **3.00 × 3 + 0.20 × 3**

= **9.00 + 0.60 = 9.60**

정답 : **9.60유로**

④ 선생님은 5.20유로짜리 메모리 카드를 5개 샀어요. 메모리 카드는 모두 얼마일까요?

식 : **5.20 × 5**

= **5.00 × 5 + 0.20 × 5**

= **25.00 + 1.00 = 26.00**

정답 : **26.00 유로**

⑤ 학교에서 태블릿용 게임 앱 10개를 구매했어요. 앱 1개의 가격이 5.75유로라면 앱 10개의 가격은 얼마일까요?

식 : **5.75 × 10**

= **57.50**

정답 : **57.50유로**

⑥ 학교에서 이어폰 100개를 구매했어요. 이어폰 1개의 가격이 6.55유로라면 이어폰 100개의 가격은 얼마일까요?

식 : **6.55 × 100**

= **655**

정답 : **655유로**

얼마나 잘했나요?

실력이 자란 만큼 별을 색칠하세요.

★★★ 정말 잘했어요.
★★☆ 꽤 잘했어요.
★☆☆ 앞으로 더 노력할게요.

50

MEMO

49쪽 14번

❺ 시몬은 수영을 1주에 5회 연습해요.

❷ 구기 종목을 하는 아이들은 시몬 옆에 있어요.

❹ 마커스 옆에 있는 아이는 레슬링을 해요.

이름	릴리	시몬	마커스	미라	매튜
취미	구기 종목	수영	구기 종목	레슬링	
주당 연습 횟수		5회			

❸ 핸드볼을 하는 아이 옆에 있는 아이는 1주에 2회 연습해요.

❻ 조정을 하는 아이와 핸드볼을 하는 아이는 1주에 3회 연습해요.

이름	릴리	시몬	마커스	미라	매튜
취미	구기 종목	수영	핸드볼	레슬링	조정
주당 연습 횟수		5회	3회	2회	3회

❶ 배드민턴을 하는 아이는 1주에 6회 연습해요.

이름	릴리	시몬	마커스	미라	매튜
취미	배드민턴	수영	핸드볼	레슬링	조정
주당 연습 횟수	6회	5회	3회	2회	3회

52-53쪽

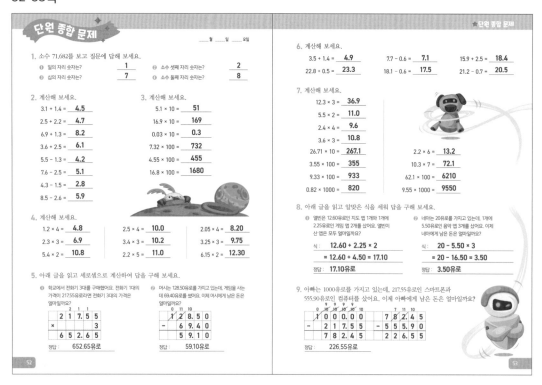

단원 종합 문제

1. 소수 71.682를 보고 질문에 답해 보세요.
   ① 일의 자리 숫자는? **1**   소수 셋째 자리 숫자는? **2**
   ② 십의 자리 숫자는? **7**   소수 둘째 자리 숫자는? **8**

2. 계산해 보세요.
   3.1 + 1.4 = **4.5**
   2.5 + 2.2 = **4.7**
   6.9 + 1.3 = **8.2**
   3.6 + 2.5 = **6.1**
   5.5 − 1.3 = **4.2**
   7.6 − 2.5 = **5.1**
   4.3 − 1.5 = **2.8**
   8.5 − 2.6 = **5.9**

3. 계산해 보세요.
   5.1 × 10 = **51**
   16.9 × 10 = **169**
   0.03 × 10 = **0.3**
   7.32 × 100 = **732**
   4.55 × 100 = **455**
   16.8 × 100 = **1680**

4. 계산해 보세요.
   1.2 × 4 = **4.8**   2.5 × 4 = **10.0**   2.05 × 4 = **8.20**
   2.3 × 3 = **6.9**   3.4 × 3 = **10.2**   3.25 × 3 = **9.75**
   5.4 × 2 = **10.8**   2.2 × 5 = **11.0**   6.15 × 2 = **12.30**

5. 아래 글을 읽고 세로셈으로 계산하여 답을 구해 보세요.
   ① 학교에서 전화기 3대를 구매했어요. 전화기 1대의 가격이 217.55유로라면 전화기 3대의 가격은 얼마일까요?

		2	1	1
	2	1	7	5	5
×					3
	6	5	2	6	5

   정답: **652.65유로**

   ② 머시는 128.50유로를 가지고 있는데 게임을 사는 데 69.40유로를 썼어요. 이제 머시에게 남은 돈은 얼마일까요?

	0	11	10		
1	2	8	5	0
−	6	9	4	0
	5	9	1	0

   정답: **59.10유로**

★ 단원 종합 문제

6. 계산해 보세요.
   3.5 + 1.4 = **4.9**   7.7 − 0.6 = **7.1**   15.9 + 2.5 = **18.4**
   22.8 + 0.5 = **23.3**   18.1 − 0.6 = **17.5**   21.2 − 0.7 = **20.5**

7. 계산해 보세요.
   12.3 × 3 = **36.9**
   5.5 × 2 = **11.0**
   2.4 × 4 = **9.6**
   3.6 × 3 = **10.8**
   26.71 × 10 = **267.1**   2.2 × 6 = **13.2**
   3.55 × 100 = **355**   10.3 × 7 = **72.1**
   9.33 × 100 = **933**   62.1 × 100 = **6210**
   0.82 × 1000 = **820**   9.55 × 1000 = **9550**

8. 아래 글을 읽고 알맞은 식을 세워 답을 구해 보세요.
   ① 엘빈은 12.60유로인 지도 앱 1개와 2.25유로인 게임 앱 2개를 샀어요. 엘빈이 산 앱은 모두 얼마일까요?

   식: **12.60 + 2.25 × 2**
   = **12.60 + 4.50 = 17.10**
   정답: **17.10유로**

   ② 네아는 20유로를 가지고 있는데, 1개에 5.50유로인 음악 앱 3개를 샀어요. 이제 네아에게 남은 돈은 얼마일까요?

   식: **20 − 5.50 × 3**
   = **20 − 16.50 = 3.50**
   정답: **3.50유로**

9. 아빠는 1000유로를 가지고 있는데, 217.55유로인 스마트폰과 555.90유로인 컴퓨터를 샀어요. 이제 아빠에게 남은 돈은 얼마일까요?

	9	9	9	10		
1	0	0	0	0	0		7	8	2	4	5
	2	1	7	5	5	−	5	5	5	9	0
	7	8	2	4	5		2	2	6	5	5

   정답: **226.55유로**

54-55쪽

★ 단원 종합 문제

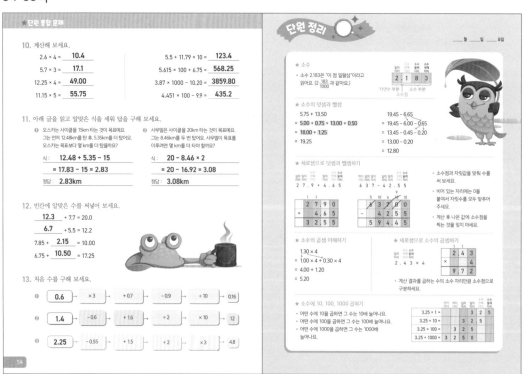

10. 계산해 보세요.
    2.6 × 4 = **10.4**   5.5 + 11.79 × 10 = **123.4**
    5.7 × 3 = **17.1**   5.615 × 100 + 6.75 = **568.25**
    12.25 × 4 = **49.00**   3.87 × 1000 − 10.20 = **3859.80**
    11.15 × 5 = **55.75**   4.451 × 100 − 9.9 = **435.2**

11. 아래 글을 읽고 알맞은 식을 세워 답을 구해 보세요.
    ① 오스카는 사이클을 15km 타는 것이 목표예요. 그는 먼저 12.48km를 탄 후, 5.35km를 더 탔어요. 오스카는 목표보다 몇 km를 더 탔을까요?

    식: **12.48 + 5.35 − 15**
    = **17.83 − 15 = 2.83**
    정답: **2.83km**

    ② 사무엘은 사이클을 20km 타는 것이 목표예요. 그는 8.46km를 두 번 탔어요. 사무엘이 목표를 이루려면 몇 km를 더 타야 할까요?

    식: **20 − 8.46 × 2**
    = **20 − 16.92 = 3.08**
    정답: **3.08km**

12. 빈칸에 알맞은 수를 써넣어 보세요.
    12.3 + 7.7 = 20.0
    6.7 + 5.5 = 12.2
    7.85 + **2.15** = 10.00
    6.75 + **10.50** = 17.25

13. 처음 수를 구해 보세요.
    ① **0.6** → ×3 → +0.7 → −0.9 → ÷10 → 0.16
    ② **1.4** → −0.6 → +1.6 → ÷2 → ×10 → 12
    ③ **2.25** → −0.55 → +1.5 → ÷2 → ×3 → 4.8

단원 정리

★ 소수
  소수 2.183은 "이 점 일팔삼"이라고 읽어요. (2 $\frac{183}{1000}$ 과 같아요.)

일의 자리	소수점	소수 첫째 자리	소수 둘째 자리	소수 셋째 자리
2	.	1	8	3

  자연수 부분 / 소수 부분 / 소수점

★ 소수의 덧셈과 뺄셈
  5.75 + 13.50
  = 5.00 + 0.75 + 13.00 + 0.50
  = 18.00 + 1.25
  = 19.25

  19.45 − 6.65
  = 19.45 − 6.00 − 0.65
  = 13.45 − 0.45 − 0.20
  = 13.00 − 0.20
  = 12.80

★ 세로셈으로 덧셈과 뺄셈하기
  27.9 + 4.65   63.7 − 42.5

	1	1		
	2	7	9	0
+		4	6	5
	3	2	5	5

		5	9	
	6	3	7	0
−		4	2	5
	5	9	4	5

  • 소수점과 자릿값을 맞춰 수를 써 보세요.
  • 비어 있는 자리에는 0을 붙여서 자릿수를 모두 맞추어 주세요.
  • 계산 후 나온 값에 소수점을 찍는 것을 잊지 마세요.

★ 소수의 곱셈 이해하기
  1.30 × 4
  = 1.00 × 4 + 0.30 × 4
  = 4.00 + 1.20
  = 5.20

★ 세로셈으로 소수의 곱셈하기
  2.43 × 4

	2	.	4	3
×				4
	9	.	7	2

  • 계산 결과를 곱하는 수의 소수 자릿수만큼 소수점으로 구분하세요.

★ 소수에 10, 100, 1000 곱하기
  • 어떤 수에 10을 곱하면 그 수는 10배 늘어나요.
  • 어떤 수에 100을 곱하면 그 수는 100배 늘어나요.
  • 어떤 수에 1000을 곱하면 그 수는 1000배 늘어나요.

	일의 자리	소수 첫째 자리	소수 둘째 자리
3.25 × 1 =	3	2	5
3.25 × 10 =	3 2	5	
3.25 × 100 =	3 2 5		
3.25 × 1000 =	3 2 5 0		

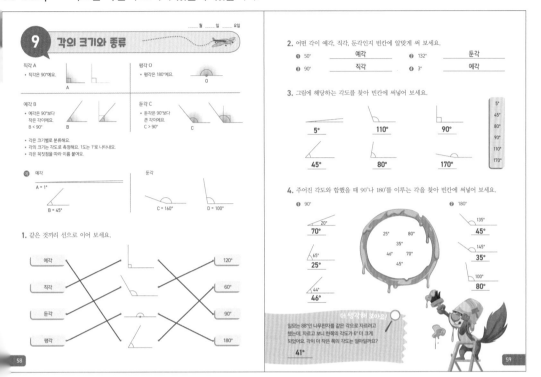

$x + x + 6° = 88°$

$x + x = 82°$

$x = 41°$

9 각의 크기와 종류

직각 A
- 직각은 90°예요.

평각 O
- 평각은 180°예요.

예각 B
- 예각은 90°보다 작은 각이에요.
  B < 90°

둔각 C
- 둔각은 90°보다 큰 각이에요.
  C > 90°

- 각은 크기별로 분류해요.
- 각의 크기는 각도로 측정해요. 1도는 1°로 나타내요.
- 각은 꼭짓점을 따라 이름 붙여요.

예각
A = 1°
B = 45°

둔각
C = 160°
D = 100°

1. 같은 것끼리 선으로 이어 보세요.

예각　직각　둔각　평각

120°　60°　90°　180°

2. 어떤 각이 예각, 직각, 둔각인지 빈칸에 알맞게 써 보세요.
- ① 50°　__예각__
- ② 132°　__둔각__
- ③ 90°　__직각__
- ④ 3°　__예각__

3. 그림에 해당하는 각도를 찾아 빈칸에 써넣어 보세요.

5°　110°　90°
45°　80°　170°

5°　45°　80°　90°　110°　170°

4. 주어진 각도와 합했을 때 90°나 180°를 이루는 각을 찾아 빈칸에 써넣어 보세요.
- ① 90°
  20° → 70°
  65° → 25°
  44° → 46°
  25° 80° 35° 46° 70° 45°
- ② 180°
  135° → 45°
  145° → 35°
  100° → 80°

일모는 88°인 나무판자를 같은 각으로 자르려고 했는데, 자르고 보니 한쪽의 각도가 6° 더 크게 되었어요. 각이 더 작은 쪽의 각도는 얼마일까요?
__41°__

0-61쪽

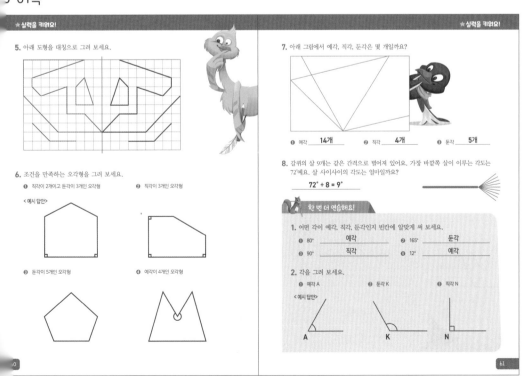

★실력을 키워요!

5. 아래 도형을 대칭으로 그려 보세요.

6. 조건을 만족하는 오각형을 그려 보세요.
- ① 직각이 2개이고 둔각이 3개인 오각형
- ② 직각이 3개인 오각형

<예시 답안>

- ③ 둔각이 5개인 오각형
- ④ 예각이 4개인 오각형

★실력을 키워요!

7. 아래 그림에서 예각, 직각, 둔각은 몇 개일까요?
- ① 예각 __14개__
- ② 직각 __4개__
- ③ 둔각 __5개__

8. 갈퀴의 살 9개는 같은 간격으로 벌어져 있어요. 가장 바깥쪽 살이 이루는 각도는 72°예요. 살 사이사이의 각도는 얼마일까요?
__72° ÷ 8 = 9°__

한 번 더 연습해요!

1. 어떤 각이 예각, 직각, 둔각인지 빈칸에 알맞게 써 보세요.
- ① 80°　__예각__
- ② 165°　__둔각__
- ③ 90°　__직각__
- ④ 12°　__예각__

2. 각을 그려 보세요.
- ① 예각 A
- ② 둔각 K
- ③ 직각 N

<예시 답안>

A　K　N

62-63쪽

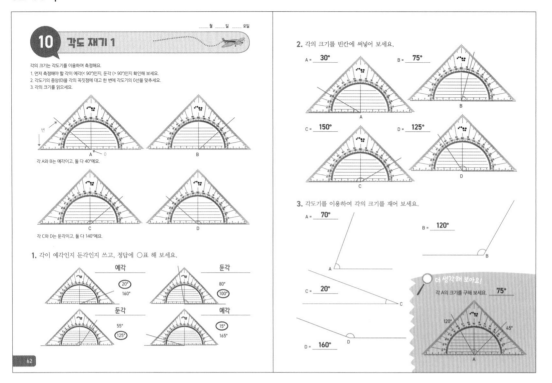

더 생각해 보아요! | 63쪽

$120° - 45° = 75°$

64-65쪽

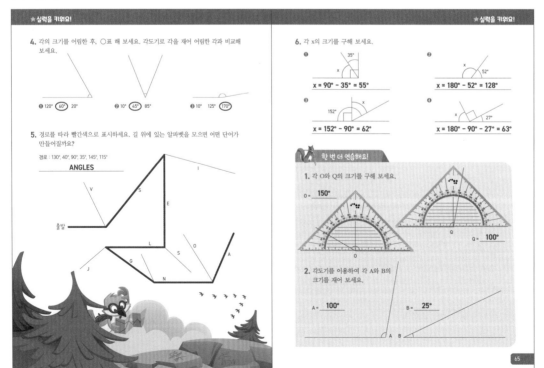

65쪽 6번

직각=90°, 평각=180°라는 실을 이용하여 문제를 해결해.

66-67쪽

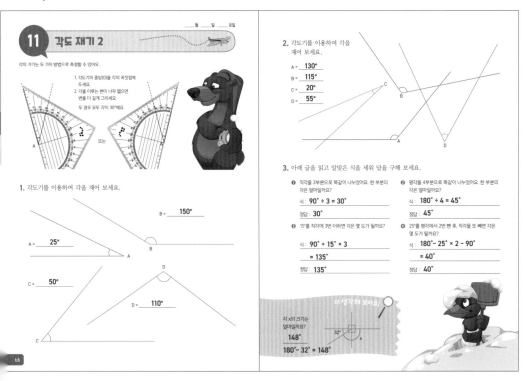

11 각도 재기 2

_____ 월 _____ 일 요일

각의 크기는 두 가지 방법으로 측정할 수 있어요.

1. 각도기의 중앙(0)을 각의 꼭짓점에 두세요.
2. 각을 이루는 변이 너무 짧으면 변을 더 길게 그리세요.

두 경우 모두 각이 30°예요.

또는

1. 각도기를 이용하여 각을 재어 보세요.

B = __150°__

A = __25°__

C = __50°__

D = __110°__

2. 각도기를 이용하여 각을 재어 보세요.

A = __130°__

B = __115°__

C = __20°__

D = __55°__

3. 아래 글을 읽고 알맞은 식을 세워 답을 구해 보세요.

❶ 직각을 3등분으로 똑같이 나누었어요. 한 부분의 각은 얼마일까요?

식: **90° ÷ 3 = 30°**

정답: **30°**

❷ 평각을 4부분으로 똑같이 나누었어요. 한 부분의 각은 얼마일까요?

식: **180° ÷ 4 = 45°**

정답: **45°**

❸ 15°를 직각에 3번 더하면 각은 몇 도가 될까요?

식: **90° + 15° × 3**

= **135°**

정답: **135°**

❹ 25°를 평각에서 2번 뺀 후, 직각을 또 빼면 각은 몇 도가 될까요?

식: **180°− 25° × 2 − 90°**

= **40°**

정답: **40°**

더 생각해 보아요!

각 x의 크기는 얼마일까요?

148°

180°− 32° = 148°

32°

x

보충 가이드 | 66쪽

각도를 잴 때 각의 꼭짓점을 각도기의 중심에 맞추고, 각도기의 밑금을 다른 변에 맞추는 것이 가장 중요해요.

8-69쪽

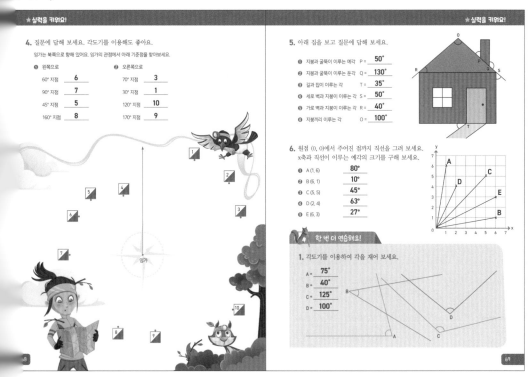

★실력을 키워요!

4. 질문에 답해 보세요. 각도기를 이용해도 좋아요.

임가는 북쪽으로 향해 있어요. 임가의 관점에서 아래 기준점을 찾아보세요.

❶ 왼쪽으로

60° 지점	**6**
90° 지점	**7**
45° 지점	**5**
160° 지점	**8**

❷ 오른쪽으로

70° 지점	**3**
30° 지점	**1**
120° 지점	**10**
170° 지점	**9**

5. 아래 집을 보고 질문에 답해 보세요.

❶ 지붕과 굴뚝이 이루는 예각 P = __50°__

❷ 지붕과 굴뚝이 이루는 둔각 Q = __130°__

❸ 길과 집이 이루는 각 T = __35°__

❹ 세로 벽과 지붕이 이루는 각 S = __50°__

❺ 가로 벽과 지붕이 이루는 각 R = __40°__

❻ 지붕끼리 이루는 각 O = __100°__

6. 원점 (0, 0)에서 주어진 점까지 직선을 그려 보세요. x축과 직선이 이루는 예각의 크기를 구해 보세요.

❶ A (1, 6) __80°__

❷ B (6, 1) __10°__

❸ C (5, 5) __45°__

❹ D (2, 4) __63°__

❺ E (6, 3) __27°__

한 번 더 연습해요!

1. 각도기를 이용하여 각을 재어 보세요.

A = __75°__

B = __40°__

C = __125°__

D = __100°__

68쪽 4번

❶ 여자아이가 북쪽으로 90°로 향한 상태이므로 북쪽이 0°예요. 그래서 왼쪽으로 7번은 90°, 5번은 90°의 반이므로 45°, 6번은 60°, 8번은 160°예요.

❷ 여자아이가 북쪽으로 90°로 향한 상태이므로 북쪽이 0°예요. 그래서 오른쪽으로 1번은 30°, 3번은 70°, 10번은 120°, 9번은 170°예요.

53

70-71쪽

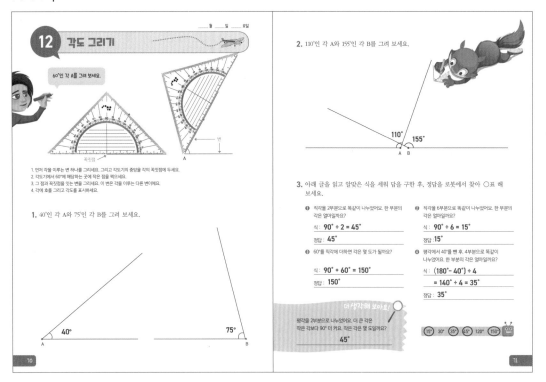

12 각도 그리기

60°인 각 A를 그려 보세요.

꼭짓점
변
꼭짓점

1. 먼저 각을 이루는 변 하나를 그리세요. 그리고 각도기의 중앙을 각의 꼭짓점에 두세요.
2. 각도기에서 60°에 해당하는 곳에 작은 점을 찍으세요.
3. 그 점과 꼭짓점을 잇는 변을 그리세요.
4. 각에 호를 그리고 각도를 표시하세요.

1. 40°인 각 A와 75°인 각 B를 그려 보세요.

40°
A

75°
B

2. 110°인 각 A와 155°인 각 B를 그려 보세요.

110° 155°
A B

3. 아래 글을 읽고 알맞은 식을 세워 답을 구한 후, 정답을 로봇에서 찾아 ○표 해 보세요.

❶ 직각을 2부분으로 똑같이 나누었어요. 한 부분의 각은 얼마일까요?

식: **90° ÷ 2 = 45°**

정답: **45°**

❷ 직각을 6부분으로 똑같이 나누었어요. 한 부분의 각은 얼마일까요?

식: **90° ÷ 6 = 15°**

정답: **15°**

❸ 60°를 직각에 더하면 각은 몇 도가 될까요?

식: **90° + 60° = 150°**

정답: **150°**

❹ 평각에서 40°를 뺀 후, 4부분으로 똑같이 나누었어요. 한 부분의 각은 얼마일까요?

식: **(180° − 40°) ÷ 4**
= 140° ÷ 4 = 35°

정답: **35°**

더 생각해 보아요!

평각을 2부분으로 나누었어요. 더 큰 각은 작은 각보다 90° 더 커요. 작은 각은 몇 도일까요?

45°

15° 30° 35° 45° 120° 150°

더 생각해 보아요! | 71쪽

작은 각을 x, 더 큰 각을 $x+$로 하여 식을 세우면
$x + x + 90° = 180°$
$2x = 90°$
$x = 45°$

72-73쪽

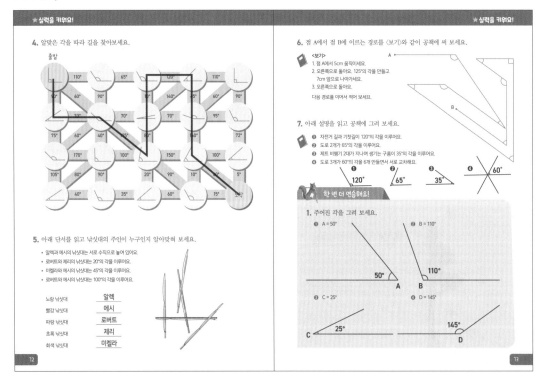

★실력을 키워요!

4. 알맞은 각을 따라 길을 찾아보세요.

출발

5. 아래 단서를 읽고 낚싯대의 주인이 누구인지 알아맞혀 보세요.

• 알렉과 에시의 낚싯대는 서로 수직으로 놓여 있어요.
• 로버트와 제리의 낚싯대는 20°의 각을 이루어요.
• 미켈라와 에시의 낚싯대는 45°의 각을 이루어요.
• 로버트와 에시의 낚싯대는 100°의 각을 이루어요.

노랑 낚싯대   알렉
빨강 낚싯대   에시
파랑 낚싯대   로버트
초록 낚싯대   제리
회색 낚싯대   미켈라

★실력을 키워요!

6. 점 A에서 점 B에 이르는 경로를 〈보기〉와 같이 공책에 써 보세요.

〈보기〉
1. 점 A에서 5cm 움직이세요.
2. 오른쪽으로 돌아, 125°의 각을 만들고 7cm 앞으로 나아가세요.
3. 오른쪽으로 돌아.
다음 경로를 이어서 적어 보세요.

A
B

7. 아래 설명을 읽고 공책에 그려 보세요.

❶ 자전거 길과 기찻길이 120°의 각을 이루어요.
❷ 도로 2개가 65°의 각을 이루어요.
❸ 제트 비행기 2대가 지나며 생기는 구름이 35°의 각을 이루어요.
❹ 도로 3개가 60°의 각을 6개 만들면서 서로 교차해요.

❶ 120°   ❷ 65°   ❸ 35°   ❹ 60°

한 번 더 연습해요!

1. 주어진 각을 그려 보세요.

❶ A = 50°

50°
A

❷ B = 110°

110°
B

❸ C = 25°

25°
C

❹ D = 145°

145°
D

73쪽 6번

❸ 오른쪽으로 돌아요. 2○
각을 만들고 6cm 앞으로
나아가세요.
❹ 왼쪽으로 돌아요. 145°의
을 만들고 3cm 앞으로
가세요.
❺ 왼쪽으로 돌아요. 35°의
을 만들고 10.5cm 앞으로
나아가세요.
❻ 왼쪽으로 돌아요. 55°의
을 만들고 8cm 앞으로
가세요.
❼ 왼쪽으로 돌아요. 90°의
을 만들고 3cm 앞으로
가세요.
❽ 왼쪽으로 돌아요. 35°의
을 만들고 3cm 앞으로
가세요.
❾ 오른쪽으로 돌아요. 1○
의 각을 만들고 5cm 앞으
나아가세요.
❿ 오른쪽으로 돌아요. 5○
각을 만들고 5cm 앞으로
나아가세요.

연습 문제

_____월 _____일 _____요일

1. 각도기를 이용하여 각을 재어 보세요.

A = **130°**
B = **30°**
C = **150°**
D = **55°**

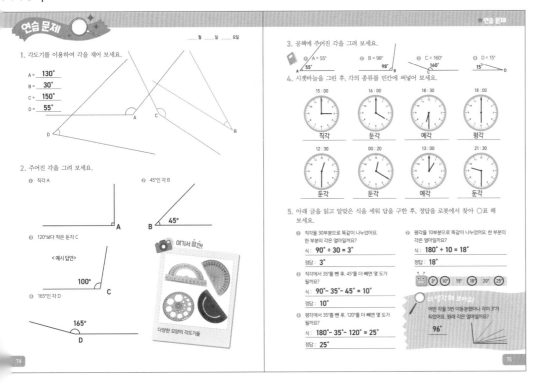

2. 주어진 각을 그려 보세요.

❶ 직각 A

❷ 45°인 각 B

45°

❸ 120°보다 작은 둔각 C

<예시 답안>

100°

❹ 165°인 각 D

165°

★ 연습 문제

3. 공책에 주어진 각을 그려 보세요.

❶ A = 55°   55°
❷ B = 98°   98°
❸ C = 160°   160°
❹ D = 15°   15°

4. 시곗바늘을 그린 후, 각의 종류를 빈칸에 써넣어 보세요.

15 : 00	16 : 00	18 : 30	18 : 00
직각	둔각	예각	평각

12 : 30	00 : 20	13 : 00	21 : 30
둔각	둔각	예각	둔각

5. 아래 글을 읽고 알맞은 식을 세워 답을 구한 후, 정답을 로봇에서 찾아 ○표 해 보세요.

❶ 직각을 30부분으로 똑같이 나누었어요. 한 부분의 각은 얼마일까요?
식 : **90° ÷ 30 = 3°**
정답 : **3°**

❷ 평각을 10부분으로 똑같이 나누었어요. 한 부분의 각은 얼마일까요?
식 : **180° ÷ 10 = 18°**
정답 : **18°**

❸ 직각에서 35°를 뺀 후, 45°를 더 빼면 몇 도가 될까요?
식 : **90° - 35° - 45° = 10°**
정답 : **10°**

❹ 평각에서 35°를 뺀 후, 120°를 더 빼면 몇 도가 될까요?
식 : **180° - 35° - 120° = 25°**
정답 : **25°**

3° 10° 15° 18° 20° 25°

🔍 더 생각해 보아요!
어떤 각을 5번 이동분했더니 각이 3°가 되었어요. 원래 각은 얼마일까요?
96°

더 생각해 보아요! | 75쪽

3° × 2 × 2 × 2 × 2 × 2 = 96°

★ 연습 문제

6. 현재 오후 3시(15시)예요. 시계의 분침이 주어진 각도만큼 움직인다면 몇 시 몇 분이 될까요?

❶ 90°   3시 15분
❷ 180°   3시 30분
❸ 30°   3시 5분
❹ 60°   3시 10분

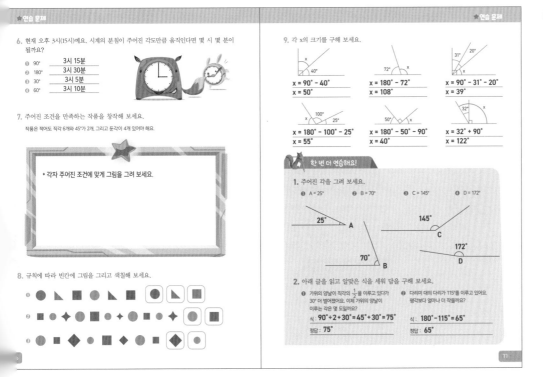

7. 주어진 조건을 만족하는 작품을 창작해 보세요.

작품은 적어도 직각 6개와 45°가 2개, 그리고 둔각이 4개 있어야 해요.

* 각자 주어진 조건에 맞게 그림을 그려 보세요.

8. 규칙에 따라 빈칸에 그림을 그리고 색칠해 보세요.

★ 연습 문제

9. 각 x의 크기를 구해 보세요.

40°
x = 90° - 40°
x = 50°

72°
x = 180° - 72°
x = 108°

31° 20°
x = 90° - 31° - 20°
x = 39°

100° 25°
x = 180° - 100° - 25°
x = 55°

50°
x = 180° - 50° - 90°
x = 40°

32°
x = 32° + 90°
x = 122°

한 번 더 연습해요!

1. 주어진 각을 그려 보세요.

❶ A = 25°   25°   A
❷ B = 70°   70°   B
❸ C = 145°   145°   C
❹ D = 172°   172°   D

2. 아래 글을 읽고 알맞은 식을 세워 답을 구해 보세요.

❶ 가위의 양날이 직각의 ½을 이루고 있다가 30° 더 벌어졌어요. 이제 가위의 양날이 이루는 각은 몇 도일까요?
식 : **90° ÷ 2 + 30° = 45° + 30° = 75°**
정답 : **75°**

❷ 다리미 대의 다리가 115°를 이루고 있어요. 평각보다 얼마나 더 작을까요?
식 : **180° - 115° = 65°**
정답 : **65°**

76쪽 8번

❶ 모양은 원-삼각형-정사각형의 순서로 반복되고, 색깔은 모양별로 보라, 빨강, 파랑이 한 가지씩 들어가는 규칙이에요.

❷ 모양은 정사각형-원-팔각형-원의 순서로 반복되고, 크기는 모양별로 작은 것-큰 것이 반복되며, 색깔은 정사각형은 빨간색, 원은 파란색, 팔각형은 보라색인 규칙이에요.

❸ 모양은 원-정사각형-마름모의 순서로 반복되고, 크기는 모양별로 크고 작은 것이 번갈아 나오며, 색깔은 원은 파란색, 정사각형은 빨간색, 마름모는 보라색인 규칙이에요.

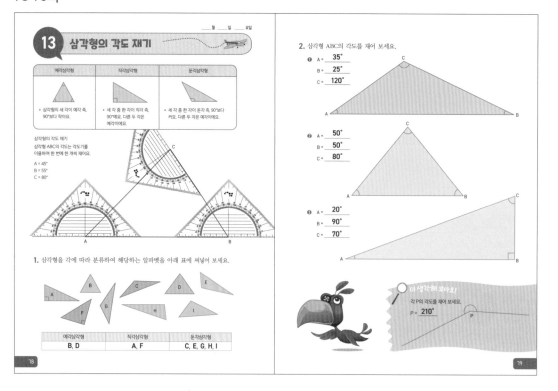

78-79쪽

13 삼각형의 각도 재기

예각삼각형	직각삼각형	둔각삼각형
• 삼각형의 세 각이 예각 즉, 90°보다 작아요.	• 세 각 중 한 각이 직각 즉, 90°예요. 다른 두 각은 예각이에요.	• 세 각 중 한 각이 둔각 즉, 90°보다 커요. 다른 두 각은 예각이에요.

삼각형의 각도 재기
삼각형 ABC의 각도는 각도기를 이용하여 한 번에 한 개씩 재어요.
A = 45°
B = 55°
C = 80°

1. 삼각형을 각에 따라 분류하여 해당하는 알파벳을 아래 표에 써넣어 보세요.

예각삼각형	직각삼각형	둔각삼각형
B, D	A, F	C, E, G, H, I

2. 삼각형 ABC의 각도를 재어 보세요.

① A = 35°
   B = 25°
   C = 120°

② A = 50°
   B = 50°
   C = 80°

③ A = 20°
   B = 90°
   C = 70°

더 생각해 보아요!
각 P의 각도를 재어 보세요.
P = 210°

더 생각해 보아요! | 79쪽

P의 반대편 각도를 잰 후, 360°에서 빼면 P의 각도를 알 수 있어요.

80-81쪽

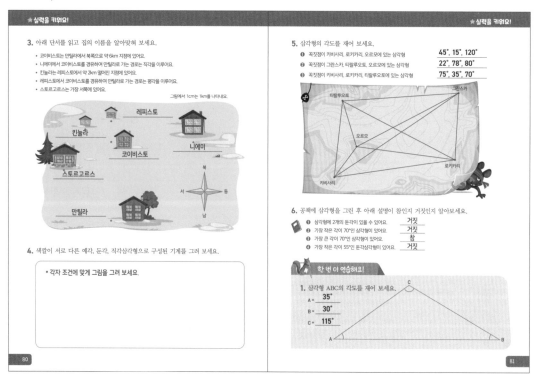

★ 실력을 키워요!

3. 아래 단서를 읽고 집의 이름을 알아맞혀 보세요.

• 코이비스토는 만틸라로부터 북쪽으로 약 6km 지점에 있어요.
• 니에미에서 코이비스토를 경유하여 만틸라로 가는 경로는 직각을 이루어요.
• 킨놀라는 레피스토에서 약 2km 떨어진 지점에 있어요.
• 레피스토에서 코이비스토를 경유하여 만틸라로 가는 경로는 평각을 이루어요.
• 스트로고르스는 가장 서쪽에 있어요.

그림에서 1cm는 1km를 나타내요.

4. 색깔이 서로 다른 예각, 둔각, 직각삼각형으로 구성된 기계를 그려 보세요.

• 각자 조건에 맞게 그림을 그려 보세요.

★ 실력을 키워요!

5. 삼각형의 각도를 재어 보세요.

① 꼭짓점이 키버사리, 로카카리, 오르모에 있는 삼각형   45°, 15°, 120°
② 꼭짓점이 그란스카, 티랄루오토, 오르모에 있는 삼각형   22°, 78°, 80°
③ 꼭짓점이 키버사리, 로카카리, 티랄루오토에 있는 삼각형   75°, 35°, 70°

6. 공책에 삼각형을 그린 후 아래 설명이 참인지 거짓인지 알아보세요.

① 삼각형에 2개의 둔각이 있을 수 있어요.   거짓
② 가장 작은 각이 70°인 삼각형이 있어요.   거짓
③ 가장 큰 각이 70°인 삼각형이 있어요.   참
④ 가장 작은 각이 55°인 둔각삼각형이 있어요.   거짓

한 번 더 연습해요!

1. 삼각형 ABC의 각도를 재어 보세요.
A = 35°
B = 30°
C = 115°

81쪽 6번

❶ 삼각형에 2개의 둔각이 있을 수 있어요.→거짓. 삼각형에는 1개의 둔각만 있어요.

❷ 가장 작은 각이 70°인 삼각형이 있어요.→거짓. 삼각형의 세 각의 합은 180°이므로 한 각이 70°이면 나머지 두 각의 합은 110°이고, 가장 작은 각은 70°보다 더 작을 수밖에 없어요.

❹ 가장 작은 각이 55°인 둔각삼각형이 있어요.→거짓. 가장 작은 각이 55°이면 나머지 두 각의 합은 125°예요. 둔각은 90°보다 큰 각이므로 가장 작은 각은 55°가 아니에요.

56

82-83쪽

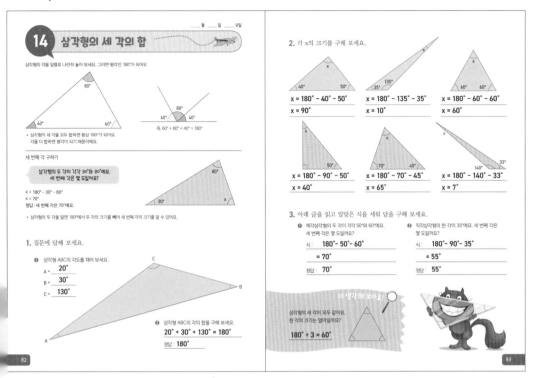

14 삼각형의 세 각의 합

삼각형의 각을 일렬로 나란히 놓아 보세요. 그러면 평각인 180°가 되어요.

80°

40° 60°

80°
60° 40°

• 삼각형의 세 각을 모두 합하면 항상 180°가 되어요.
각을 다 합하면 평각이 되기 때문이에요.

즉, 60° + 80° + 40° = 180°

세 번째 각 구하기

삼각형의 두 각이 각각 30°와 80°예요.
세 번째 각은 몇 도일까요?

x = 180° − 30° − 80°
x = 70°
정답: 세 번째 각은 70°예요.

80°

30° x

• 삼각형의 두 각을 알면 180°에서 두 각의 크기를 빼어 세 번째 각의 크기를 알 수 있어요.

1. 질문에 답해 보세요.

❶ 삼각형 ABC의 각도를 재어 보세요

A = 20°
B = 30°
C = 130°

C

A B

❷ 삼각형 ABC의 각의 합을 구해 보세요.
20° + 30° + 130° = 180°
정답: 180°

2. 각 x의 크기를 구해 보세요.

x

40° 50°

x = 180° − 40° − 50°
x = 90°

135°
35°

x = 180° − 135° − 35°
x = 10°

x

60° 60°

x = 180° − 60° − 60°
x = 60°

x

50°

x = 180° − 90° − 50°
x = 40°

70° 45°

x = 180° − 70° − 45°
x = 65°

x

140° 33°

x = 180° − 140° − 33°
x = 7°

3. 아래 글을 읽고 알맞은 식을 세워 답을 구해 보세요.

❶ 예각삼각형의 두 각이 각각 50°와 60°예요.
세 번째 각은 몇 도일까요?

식 : 180° − 50° − 60°
= 70°
정답: 70°

❷ 직각삼각형의 한 각이 35°예요. 세 번째 각은
몇 도일까요?

식 : 180° − 90° − 35°
= 55°
정답: 55°

더 생각해 보아요!

삼각형의 세 각이 모두 같아요.
한 각의 크기는 얼마일까요?

180° ÷ 3 = 60°

84-85쪽

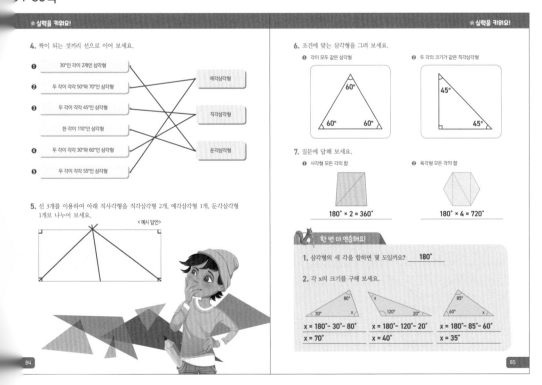

★실력을 키워요!

4. 짝이 되는 것끼리 선으로 이어 보세요.

❶ 30°인 각이 2개인 삼각형

❷ 두 각이 각각 50°와 70°인 삼각형

❸ 두 각이 각각 45°인 삼각형

한 각이 110°인 삼각형

❹ 두 각이 각각 30°와 60°인 삼각형

❺ 두 각이 각각 55°인 삼각형

예각삼각형

직각삼각형

둔각삼각형

5. 선 3개를 이용하여 아래 직사각형을 직각삼각형 2개, 예각삼각형 1개, 둔각삼각형 1개로 나누어 보세요.

<예시 답안>

★실력을 키워요!

6. 조건에 맞는 삼각형을 그려 보세요.

❶ 각이 모두 같은 삼각형

60°
60° 60°

❷ 두 각의 크기가 같은 직각삼각형

45°
45°

7. 질문에 답해 보세요.

❶ 사각형 모든 각의 합

180° × 2 = 360°

❷ 육각형 모든 각의 합

180° × 4 = 720°

한 번 더 연습해요!

1. 삼각형의 세 각을 합하면 몇 도일까요? **180°**

2. 각 x의 크기를 구해 보세요.

80°
30° x

x = 180° − 30° − 80°
x = 70°

120° 20°

x = 180° − 120° − 20°
x = 40°

85°
60° x

x = 180° − 85° − 60°
x = 35°

84쪽 4번

❶ 삼각형의 나머지 한 각은 120°
❷ 삼각형의 나머지 한 각은 60°
❸ 삼각형의 나머지 한 각은 90°
❹ 삼각형의 나머지 한 각은 90°
❺ 삼각형의 나머지 한 각은 70°

86-87쪽

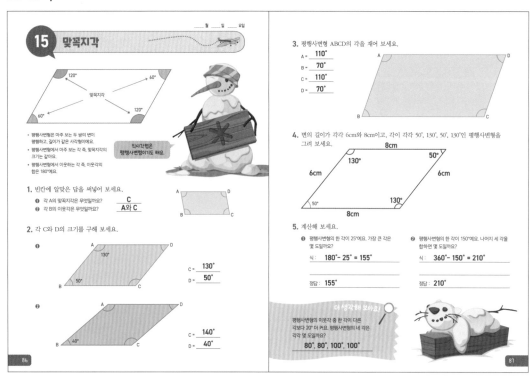

15 맞꼭지각

120° 〉〈 60°

맞꼭지각

60° 〉〈 120°

- 평행사변형은 마주 보는 두 쌍의 변이 평행하고, 길이은 같은 사각형이에요.
- 평행사변형에서 마주 보는 각 측, 맞꼭지각의 크기는 같아요.
- 평행사변형에서 이웃하는 각 측, 이웃각의 합은 180°예요.

직사각형은 평행사변형이기도 해요.

1. 빈칸에 알맞은 답을 써넣어 보세요.

❶ 각 A의 맞꼭지각은 무엇일까요? C

❷ 각 B의 이웃각은 무엇일까요? A와 C

2. 각 C와 D의 크기를 구해 보세요.

❶
130° / 50°

C = 130°
D = 50°

❷
40°

C = 140°
D = 40°

3. 평행사변형 ABCD의 각을 재어 보세요.

A = 110°
B = 70°
C = 110°
D = 70°

4. 변의 길이가 각각 6cm와 8cm이고, 각이 각각 50°, 130°, 50°, 130°인 평행사변형을 그려 보세요.

8cm
130° / 50°
6cm / 6cm
50° / 130°
8cm

5. 계산해 보세요.

❶ 평행사변형의 한 각이 25°예요. 가장 큰 각은 몇 도일까요?

식: 180° - 25° = 155°

정답: 155°

❷ 평행사변형의 한 각이 150°예요. 나머지 세 각을 합하면 몇 도일까요?

식: 360° - 150° = 210°

정답: 210°

더 생각해 보아요!

평행사변형의 이웃각 중 한 각이 다른 각보다 20° 더 커요. 평행사변형의 네 각은 각각 몇 도일까요?

80°, 80°, 100°, 100°

86

87

86쪽 2번

❷ 평행사변형에서 이웃각의 합은 180°이므로
180°-40°=140°

더 생각해 보아요! | 87쪽

$x + x + 20° = 180°$
$x = 80°$
평행사변형에서 이웃각의 합은 180°이므로 나머지 한 각은 100°
그러므로 평행사변형의 네 각은 80°, 80°, 100°, 100°예요.

MEMO

 **보충 가이드 | 86쪽**

네 개의 선분과 네 개의 꼭짓점으로 이루어진 다각형을 사각형이라고 해요. 사각형은 변과 각의 특성에 따라 다양한 종류로 나눌 수 있어요. 삼각형의 내각의 합은 180°이고 사각형에는 삼각형이 2개 들어가므로 사각형의 내각의 합은 360°가 된답니다.

사각형의 종류

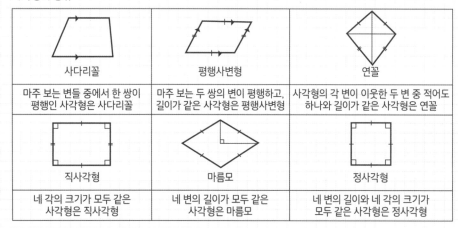

사다리꼴	평행사변형	연꼴
마주 보는 변들 중에서 한 쌍이 평행인 사각형은 사다리꼴	마주 보는 두 쌍의 변이 평행하고, 길이가 같은 사각형은 평행사변형	사각형의 각 변이 이웃한 두 변 중 적어도 하나와 길이가 같은 사각형은 연꼴
직사각형	마름모	정사각형
네 각의 크기가 모두 같은 사각형은 직사각형	네 변의 길이가 모두 같은 사각형은 마름모	네 변의 길이와 네 각의 크기가 모두 같은 사각형은 정사각형

88-89쪽

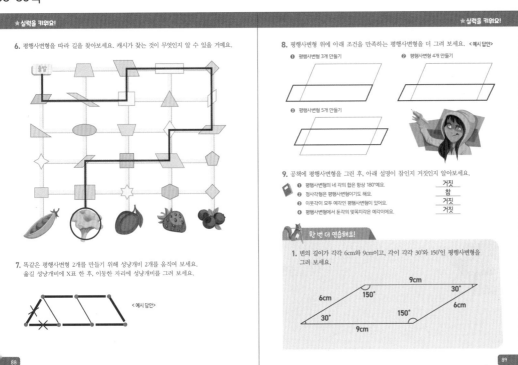

6. 평행사변형을 따라 길을 찾아보세요. 캐시가 찾는 것이 무엇인지 알 수 있을 거예요.

7. 똑같은 평행사변형 2개를 만들기 위해 성냥개비 2개를 움직여 보세요. 옮길 성냥개비에 X표 한 후, 이동한 자리에 성냥개비를 그려 보세요.

< 예시 답안 >

8. 평행사변형 위에 아래 조건을 만족하는 평행사변형을 더 그려 보세요. < 예시 답안 >
  ❶ 평행사변형 3개 만들기   ❷ 평행사변형 4개 만들기
  ❸ 평행사변형 5개 만들기

9. 공책에 평행사변형을 그린 후, 아래 설명이 참인지 거짓인지 알아보세요.
  ❶ 평행사변형의 네 각의 합은 항상 180°예요.   거짓
  ❷ 정사각형은 평행사변형이기도 해요.   참
  ❸ 이웃각이 모두 예각인 평행사변형이 있어요.   거짓
  ❹ 평행사변형에서 둔각의 맞꼭지각은 예각이에요.   거짓

한 번 더 연습해요!

1. 변의 길이가 각각 6cm와 9cm이고, 각이 각각 30°와 150°인 평행사변형을 그려 보세요.

89쪽 9번

❶ 평행사변형의 네 각의 합은 항상 180°예요.→거짓. 평행사변형의 네 각의 합은 360°예요.

❷ 정사각형은 평행사변형이기도 해요.→참. 마주 보는 두 쌍의 변이 평행하고, 길이가 같으므로 정사각형은 평행사변형이기도 해요.

❸ 이웃각이 모두 예각인 평행사변형이 있어요.→거짓. 이웃각의 합은 180°이므로 모두 예각일 수 없어요.

❹ 평행사변형에서 둔각의 맞꼭지각은 예각이에요.→거짓. 맞꼭지각은 각의 크기가 같아요.

90-91쪽

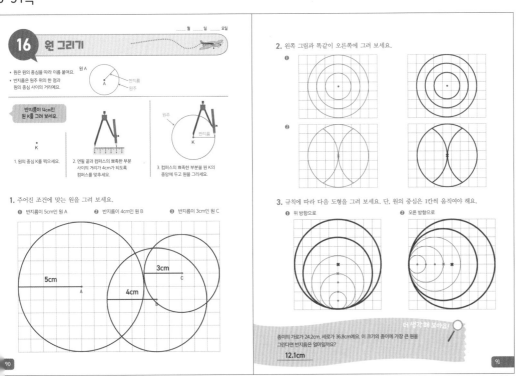

16 원 그리기

- 원은 원의 중심을 따라 이름 붙여요.
- 반지름은 원주 위의 한 점과 원의 중심 사이의 거리예요.

반지름이 4cm인 원 K를 그려 보세요.

1. 원의 중심 K를 찍으세요.
2. 연필 끝과 컴퍼스의 뾰족한 부분 사이의 거리가 4cm가 되도록 컴퍼스를 맞추세요.
3. 컴퍼스의 뾰족한 부분을 원 K의 중앙에 두고 원을 그리세요.

1. 주어진 조건에 맞는 원을 그려 보세요.
  ❶ 반지름이 5cm인 원 A   ❷ 반지름이 4cm인 원 B   ❸ 반지름이 3cm인 원 C

2. 왼쪽 그림과 똑같이 오른쪽에 그려 보세요.

3. 규칙에 따라 다음 도형을 그려 보세요. 단, 원의 중심은 1칸씩 움직여야 해요.
  ❶ 위 방향으로   ❷ 오른 방향으로

더 생각해 보아요!
종이의 가로가 24.2cm, 세로가 36.8cm예요. 이 크기의 종이에 가장 큰 원을 그린다면 반지름은 얼마일까요?
12.1cm

보충 가이드 | 90쪽

컴퍼스를 이용하여 한 끝점을 고정시키고 다른 한 끝점을 한 바퀴 돌려 보면 둥근 도형이 그려지는데 이렇게 만든 도형을 '원'이라고 해요. 즉 원은 한 점에서 일정한 거리에 있는 점들이 만든 도형이죠. 원을 그릴 때 컴퍼스로 고정한 한 끝점을 '원의 중심'이라고 하고, 원의 중심에서 원 위의 한 점까지의 거리를 '원의 반지름'이라고 해요. 한 원에서 원의 반지름은 무수히 많이 그을 수 있고, 길이는 모두 같아요. 그래서 원 모양이 둥글답니다.

원의 각은 직각(90°)이 4개 들어가고 평각(180°)은 2개 들어가므로 360°가 된답니다.

더 생각해 보아요! | 91쪽

더 작은 쪽인 24.2cm에 맞춰 원을 그려야 하므로 원의 반지름을 구하는 식을 써 보면
24.2cm÷2=12.1cm
답은 12.1cm예요.

92-93쪽

★실력을 키워요!

4. 그림을 보고 색깔별로 위치를 설명해 보세요. 큰 원, 작은 원, 직사각형, 삼각형의 명칭을 이용할 수 있어요.

🔵 큰 원과 작은 원의 안에만 있어요.

❶ ⚪ _____
❷ 🔵 _____
❸ 🔵 _____   ❻ 🔵 _____
❹ 🔵 _____   ❼ 🔵 _____
❺ 🔵 _____   ❽ ⚪ _____

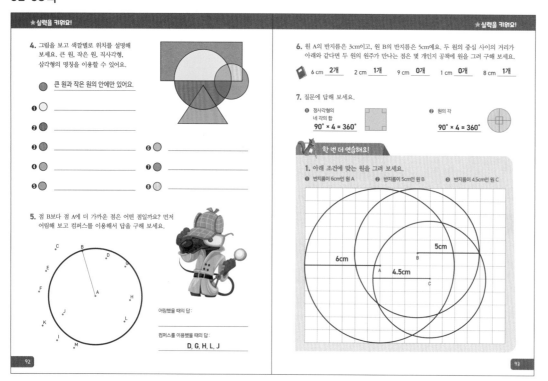

5. 점 B보다 점 A에 더 가까운 점은 어떤 점일까요? 먼저 어림해 보고 컴퍼스를 이용해서 답을 구해 보세요.

어림했을 때의 답:

컴퍼스를 이용했을 때의 답:
D, G, H, L, J

★실력을 키워요!

6. 원 A의 반지름은 3cm이고, 원 B의 반지름은 5cm예요. 두 원의 중심 사이의 거리가 아래와 같다면 두 원의 원주가 만나는 점은 몇 개인지 공책에 원을 그려 구해 보세요.

📓 6 cm **2개**   2 cm **1개**   9 cm **0개**   1 cm **0개**   8 cm **1개**

7. 질문에 답해 보세요.

❶ 정사각형의 네 각의 합
$90° × 4 = 360°$

❷ 원의 각
$90° × 4 = 360°$

🐾 한 번 더 연습해요!

1. 아래 조건에 맞는 원을 그려 보세요.
❶ 반지름이 6cm인 원 A   ❷ 반지름이 5cm인 원 B   ❸ 반지름이 4.5cm인 원 C

6cm   5cm   4.5cm

92쪽 4번

❶ 노랑-직사각형과 큰 원의 안에만 있어요.
❷ 빨강-큰 원의 안에만 있어요.
❸ 파랑-큰 원과 삼각형의 안에만 있어요.
❹ 주황-삼각형 안에만 있어요.
❺ 초록-작은 원 안에만 있어요.
❻ 하늘색-두 원과 직사각형 안에만 있어요.
❼ 회색-직사각형 안에만 있어요.
❽ 분홍-작은 원과 직사각형 안에만 있어요.

MEMO

93쪽 6번

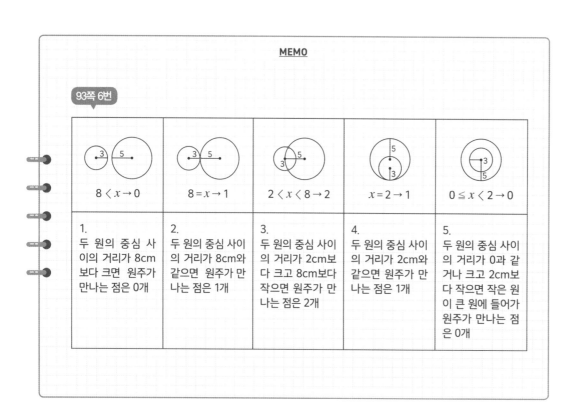

$8 < x → 0$	$8 = x → 1$	$2 < x < 8 → 2$	$x = 2 → 1$	$0 ≦ x < 2 → 0$
1. 두 원의 중심 사이의 거리가 8cm보다 크면 원주가 만나는 점은 0개	2. 두 원의 중심 사이의 거리가 8cm와 같으면 원주가 만나는 점은 1개	3. 두 원의 중심 사이의 거리가 2cm보다 크고 8cm보다 작으면 원주가 만나는 점은 2개	4. 두 원의 중심 사이의 거리가 2cm와 같으면 원주가 만나는 점은 1개	5. 두 원의 중심 사이의 거리가 0과 같거나 크고 2cm보다 작으면 작은 원이 큰 원에 들어가 원주가 만나는 점은 0개

94-95쪽

17 원에 관한 용어

___월 ___일 ___요일

- 원은 원의 중심을 따라 이름을 붙여요.
- 원의 둘레를 원주라고 해요.
- 반지름은 원의 중심과 원주 위의 한 점을 연결하는 선분을 말해요.
- 현은 원주 위의 두 점을 연결한 선분을 말해요.
- 지름은 원의 중심을 관통하는 현을 말해요. 지름은 반지름의 2배예요.

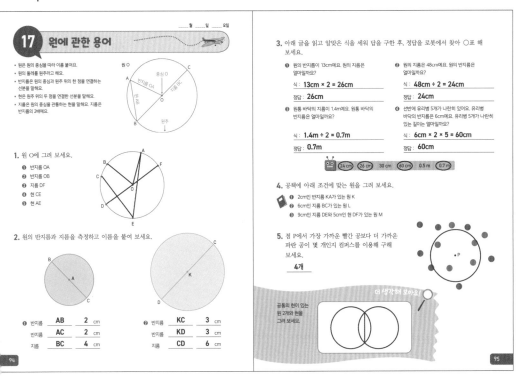

원 O

1. 원 O에 그려 보세요.
- ① 반지름 OA
- ② 반지름 OB
- ③ 지름 DF
- ④ 현 CE
- ⑤ 현 AE

2. 원의 반지름과 지름을 측정하고 이름을 붙여 보세요.

① 반지름	AB	2	cm
반지름	AC	2	cm
지름	BC	4	cm

② 반지름	KC	3	cm
반지름	KD	3	cm
지름	CD	6	cm

3. 아래 글을 읽고 알맞은 식을 세워 답을 구한 후, 정답을 로봇에서 찾아 ○표 해 보세요.

① 원의 반지름이 13cm예요. 원의 지름은 얼마일까요?

식 : **13cm × 2 = 26cm**

정답 : **26cm**

② 원통 바닥의 지름이 1.4m예요. 원통 바닥의 반지름은 얼마일까요?

식 : **1.4m ÷ 2 = 0.7m**

정답 : **0.7m**

③ 원의 지름은 48cm예요. 원의 반지름은 얼마일까요?

식 : **48cm ÷ 2 = 24cm**

정답 : **24cm**

④ 선반에 유리병 5개가 나란히 놓여 있어요. 유리병 바닥의 반지름은 6cm예요. 유리병 5개가 나란히 있는 길이는 얼마일까요?

식 : **6cm × 2 × 5 = 60cm**

정답 : **60cm**

24 cm   26 cm   30 cm   60 cm   0.5 m   0.7 m

4. 공책에 아래 조건에 맞는 원을 그려 보세요.
- ① 2cm인 반지름 KA가 있는 원 K
- ② 6cm인 지름 BC가 있는 원 L
- ③ 9cm인 지름 DE와 5cm인 현 DF가 있는 원 M

5. 점 P에서 가장 가까운 빨간 공보다 더 가까운 파란 공이 몇 개인지 컴퍼스를 이용해 구해 보세요.

4개

더 생각해 보아요!

공통의 현이 있는 원 2개와 현을 그려 보세요.

94 / 95

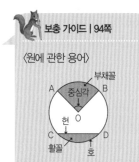

보충 가이드 | 94쪽

〈원에 관한 용어〉

1. 원 : 평면 위의 한 점으로부터 일정한 거리에 있는 모든 점들로 이루어진 도형
2. 호 AB : 원 위의 두 점을 양 끝점으로 하는 원의 일부분
3. 현 : 원 위의 두 점을 이은 선분
4. 부채꼴 AOB : 원의 두 반지름 OA, OB와 호 AB로 이루어진 도형
5. 호 AB에 대한 중심각 : 두 반지름 OA, OB가 이루는 각
6. 활꼴 : 원에서 현과 호로 이루어진 도형

95쪽 4번

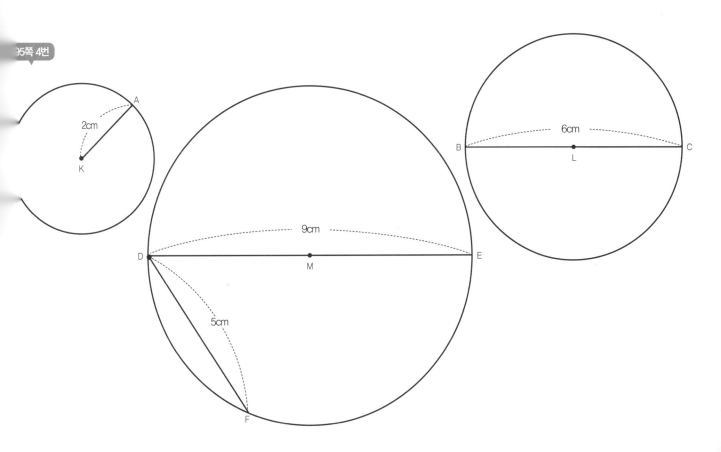

96-97쪽

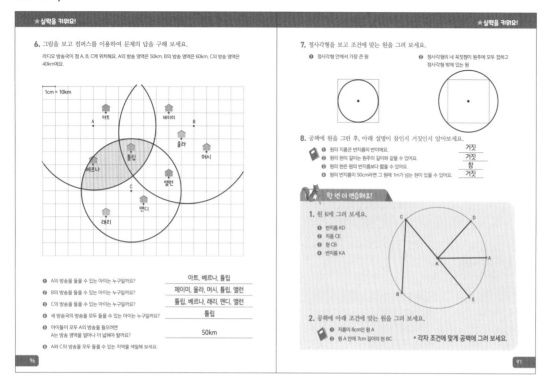

★실력을 키워요!

6. 그림을 보고 컴퍼스를 이용하여 문제의 답을 구해 보세요.

라디오 방송국이 점 A, B, C에 위치해요. A의 방송 영역은 50km, B의 방송 영역은 60km, C의 방송 영역은 40km예요.

1cm = 10km

❶ A의 방송을 들을 수 있는 아이는 누구일까요? — 아트, 베르나, 튤립

❷ B의 방송을 들을 수 있는 아이는 누구일까요? — 제이미, 울라, 머시, 튤립, 앨런

❸ C의 방송을 들을 수 있는 아이는 누구일까요? — 튤립, 베르나, 래리, 맨디, 앨런

❹ 세 방송국의 방송을 모두 들을 수 있는 아이는 누구일까요? — 튤립

❺ 아이들이 모두 A의 방송을 들으려면 A는 방송 영역을 얼마나 더 넓혀야 할까요? — 50km

❻ A와 C의 방송을 모두 들을 수 있는 지역을 색칠해 보세요.

★실력을 키워요!

7. 정사각형을 보고 조건에 맞는 원을 그려 보세요.

❶ 정사각형 안에서 가장 큰 원

❷ 정사각형의 네 꼭짓점이 원주에 모두 접하고 정사각형 밖에 있는 원

8. 공책에 원을 그린 후, 아래 설명이 참인지 거짓인지 알아보세요.

❶	원의 지름은 반지름의 반이에요.	거짓
❷	원의 현의 길이는 원주의 길이와 같을 수 있어요.	거짓
❸	원의 현은 원의 반지름보다 짧을 수 있어요.	참
❹	원의 반지름이 50cm라면 그 원에 1m가 넘는 현이 있을 수 있어요.	거짓

한 번 더 연습해요!

1. 원 K에 그려 보세요.
   ❶ 반지름 KD
   ❷ 지름 CE
   ❸ 현 CB
   ❹ 반지름 KA

2. 공책에 아래 조건에 맞는 원을 그려 보세요.
   ❶ 지름이 8cm인 원 A
   ❷ 원 A 안에 7cm 길이의 현 BC
   ★ 각자 조건에 맞게 공책에 그려 보세요.

96 / 97

97쪽 8번

❶ 원의 지름은 반지름의 반이에요.→거짓. 원의 지름은 반지름의 2배예요.

❷ 원의 현은 원주의 길이와 같을 수 있어요.→거짓. 현의 길이는 지름의 길이보다 작거나 같아요.

❹ 원의 반지름이 50cm라면 그 원에 1m가 넘는 현이 있을 수 있어요.→거짓. 현은 원위의 두 점을 이은 선분이므로 지름은 가장 긴 현이에요.

98-99쪽

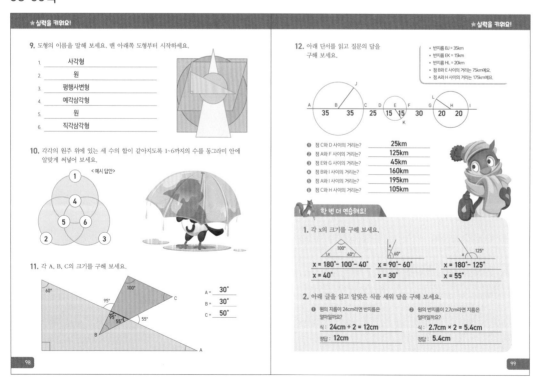

★실력을 키워요!

9. 도형의 이름을 말해 보세요. 맨 아래쪽 도형부터 시작하세요.

1. 사각형
2. 원
3. 평행사변형
4. 예각삼각형
5. 원
6. 직각삼각형

10. 각각의 원주 위에 있는 세 수의 합이 같아지도록 1~6까지의 수를 동그라미 안에 알맞게 써넣어 보세요.

< 예시 답안 >

11. 각 A, B, C의 크기를 구해 보세요.

A = 30°
B = 30°
C = 50°

★실력을 키워요!

12. 아래 단서를 읽고 질문의 답을 구해 보세요.

• 반지름 BJ =35km
• 반지름 EK =15km
• 반지름 HL =20km
• 점 B와 E 사이의 거리는 75km예요.
• 점 A와 H 사이의 거리는 175km예요.

A 35 B 35 C 25 D 15 E 15 F 30 G 20 H 20 I

❶ 점 C와 D 사이의 거리는? — 25km
❷ 점 A와 F 사이의 거리는? — 125km
❸ 점 E와 G 사이의 거리는? — 45km
❹ 점 B와 I 사이의 거리는? — 160km
❺ 점 A와 I 사이의 거리는? — 195km
❻ 점 C와 H 사이의 거리는? — 105km

한 번 더 연습해요!

1. 각 x의 크기를 구해 보세요.

x = 180°- 100°- 40°	x = 90°- 60°	x = 180°- 125°
x = 40°	x = 30°	x = 55°

2. 아래 글을 읽고 알맞은 식을 세워 답을 구해 보세요.

❶ 원의 지름이 24cm라면 반지름은 얼마일까요?
   식 : 24cm ÷ 2 = 12cm
   정답 : 12cm

❷ 원의 반지름이 2.7cm라면 지름은 얼마일까요?
   식 : 2.7cm × 2 = 5.4cm
   정답 : 5.4cm

98 / 99

98쪽 11번

A = 180°-(60°+90°)=30°

B = 180°-(95°+55°)=30°
        엇각

C = 180°-(100°+30°)=50°

100-101쪽

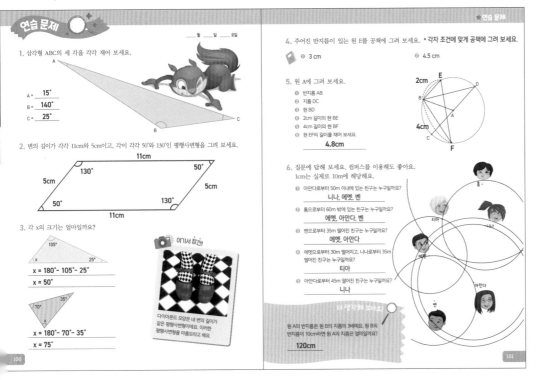

연습 문제

_____ 월 _____ 일 _____ 요일

1. 삼각형 ABC의 세 각을 각각 재어 보세요.

A = **15°**
B = **140°**
C = **25°**

2. 변의 길이가 각각 11cm와 5cm이고, 각이 각각 50°와 130°인 평행사변형을 그려 보세요.

3. 각 x의 크기는 얼마일까요?

x = 180°- 105°- 25°
x = 50°

x = 180°- 70°- 35°
x = 75°

여기서 잠깐!

다이아몬드 모양은 네 변의 길이가 같은 평행사변형이에요. 이러한 평행사변형을 마름모라고 해요.

★연습 문제

4. 주어진 반지름이 있는 원 E를 공책에 그려 보세요. * 각자 조건에 맞게 공책에 그려 보세요.
➊ 3 cm
➋ 4.5 cm

5. 원 A에 그려 보세요.
➊ 반지름 AB
➋ 지름 DC
➌ 현 BD
➍ 2cm 길이의 현 BE
➎ 4cm 길이의 현 BF
➏ 현 EF의 길이를 재어 보세요.
4.8cm

6. 질문에 답해 보세요. 컴퍼스를 이용해도 좋아요.
1cm는 실제로 10m에 해당해요.
➊ 아만다로부터 50m 이내에 있는 친구는 누구일까요?
니나, 에멧, 벤
➋ 톰으로부터 60m 밖에 있는 친구는 누구일까요?
에멧, 아만다, 벤
➌ 벤으로부터 35m 떨어진 친구는 누구일까요?
에멧, 아만다
➍ 에멧으로부터 30m 떨어지고, 니나로부터 35m 떨어진 친구는 누구일까요?
티아
➎ 아만다로부터 45m 떨어진 친구는 누구일까요?
니나

더 생각해 보아요!

원 A의 반지름은 원 B의 지름의 3배예요. 원 B의 반지름이 10cm라면 원 A의 지름은 얼마일까요?
120cm

원 A의 반지름은 원 B의 지름의 3배예요. 원 B의 반지름이 10cm이므로 원 A의 반지름을 구하는 식은
A의 반지름=10cm×2×3=60cm이고, A의 지름은 60cm×2=120cm예요.

102-103쪽

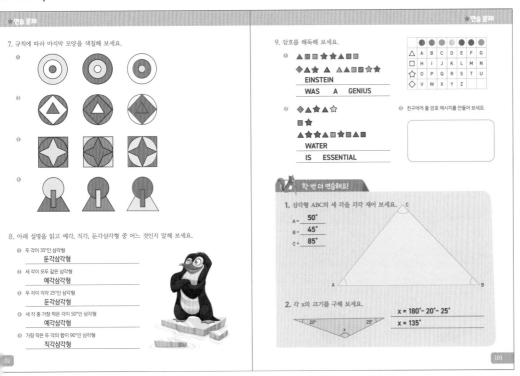

연습 문제

7. 규칙에 따라 마지막 모양을 색칠해 보세요.

8. 아래 설명을 읽고 예각, 직각, 둔각삼각형 중 어느 것인지 말해 보세요.
➊ 두 각이 35°인 삼각형
둔각삼각형
➋ 세 각이 모두 같은 삼각형
예각삼각형
➌ 두 각이 각각 25°인 삼각형
둔각삼각형
➍ 세 각 중 가장 큰 각이 50°인 삼각형
예각삼각형
➎ 가장 작은 두 각의 합이 90°인 삼각형
직각삼각형

★연습 문제

9. 암호를 해독해 보세요.
➊ ▲■□■ ★ ★ ● ▲ ■
◆▲ ● ▲ ▲■● ■ ★
EINSTEIN
WAS A GENIUS

	A	B	C	D	E	F	G
△	H	I	J	K	L	M	N
□	O	P	Q	R	S	T	U
◇	V	W	X	Y	Z		

➋ ◆▲★▲ ☆
■ ★
▲■★★▲■ ●▲■▲
WATER
IS ESSENTIAL

➌ 친구에게 줄 암호 메시지를 만들어 보세요.

한 번 더 연습해요!

1. 삼각형 ABC의 세 각을 각각 재어 보세요.
A = **50°**
B = **45°**
C = **85°**

2. 각 x의 크기를 구해 보세요.
x = 180°- 20°- 25°
x = 135°

➊ 삼각형 세 내각의 합은 180°이므로 남은 각은 180°-(35°+35°)=110°이므로 둔각삼각형
➋ 세 각이 모두 60°이므로 예각삼각형
➌ 남은 각은 180°-(25°+25°)=130°이므로 둔각삼각형
➍ 130°를 나머지 두 각이 나눠 가지되 두 각 모두 50°보다 커야 하므로 먼저 50°씩 나누어 가지면 130°-100°=30°이며 30°가 남아요. 30°를 한 각이 모두 차지해 가장 큰 각이 80°가 되어서 예각삼각형
➎ 가장 작은 두 각의 합이 90°이면 나머지 한 각은 90°이므로 직각삼각형

➊ Einstein was a genius.
(아인슈타인은 천재였다.)
➋ Water is essential.
(물은 없어서는 안 된다.)

104-105쪽

실력을 평가해 봐요!

___월 ___일 ___요일

1. 어떤 각이 예각, 직각, 둔각인지 빈칸에 알맞게 써 보세요.
   ❶ 70° __예각__
   ❷ 90° __직각__
   ❸ 93° __둔각__
   ❹ 17° __예각__

2. 각을 재어 보세요.
   A = __140°__
   B = __35°__

3. 주어진 각을 그려 보세요.
   ❶ 120° __120°__
   ❷ 65° __65°__

4. 삼각형 ABC의 세 각을 각각 재어 보세요.
   A = __25°__
   B = __75°__
   C = __80°__

5. 각 x의 크기를 구해 보세요.
   x = 180° - 35° - 45°
   x = 100°

   x = 180° - 135° - 20°
   x = 25°

6. 변의 길이가 각각 10cm와 4cm이고, 각이 30°, 150°, 30°, 150°인 평행사변형을 그려 보세요.

   10cm / 4cm / 150° / 30° / 30° / 150° / 4cm / 10cm

7. 평행사변형 ABCD의 각 B, C, D의 크기를 구해 보세요.
   B = __110°__
   C = __70°__
   D = __110°__

8. 도형을 그려 보세요.
   ❶ 반지름이 4cm인 원 A
   ❷ 원 A의 반지름 AB
   ❸ 원 A 안에 5cm 길이의 현 BC
   ❹ 원 A의 지름 CD

   4cm / 5cm

얼마나 잘했나요?
실력이 자란 만큼 별을 색칠하세요.
★★★ 정말 잘했어요.
★★☆ 꽤 잘했어요.
★☆☆ 앞으로 더 노력할게요.

104

106-107쪽

단원 종합 문제

___월 ___일 ___요일

1. 각을 재어 보세요.
   A = __40°__
   B = __105°__

2. 주어진 각을 그려 보세요.
   ❶ 30° __30°__
   ❷ 125° __125°__

3. 각 x의 크기를 구해 보세요.
   x = 180° - 40° - 30°
   x = 110°

   x = 90° - 52°
   x = 38°

4. 평행사변형에는 빨간색을, 둔각삼각형에는 파란색을 칠해 보세요.

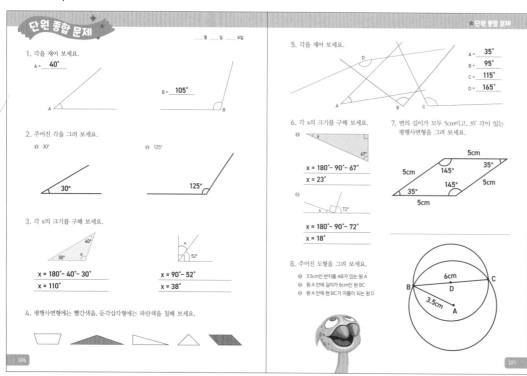

106

5. 각을 재어 보세요.
   A = __35°__
   B = __95°__
   C = __115°__
   D = __165°__

6. 각 x의 크기를 구해 보세요.
   ❶
   x = 180° - 90° - 67°
   x = 23°
   ❷
   x = 180° - 90° - 72°
   x = 18°

7. 변의 길이가 모두 5cm이고, 35° 각이 있는 평행사변형을 그려 보세요.
   5cm / 5cm / 145° / 35° / 35° / 145° / 5cm / 5cm

8. 주어진 도형을 그려 보세요.
   ❶ 3.5cm인 반지름 AB가 있는 원 A
   ❷ 원 A 안에 길이가 6cm인 현 BC
   ❸ 원 A 안에 현 BC가 지름이 되는 원 D

   6cm / 3.5cm

107

108-109쪽

★단원 종합 문제

9. 삼각형 ABC의 세 각을 각각 재어 보세요.

A = **20°**
B = **135°**
C = **25°**

10. 한 변의 길이가 4.8cm이고, 한 각이 37°인 평행사변형을 그려 보세요. 모든 변의 길이의 합, 즉 둘레는 24cm예요.

7.2cm
4.8cm 143° 37°
37° 4.8cm
37° 143°
7.2cm

11. 각 x의 크기를 구해 보세요.

96°
x = (180°- 96°) ÷ 2
x = 42°

62°
x = (180°- 62°) ÷ 2
x = 59°

12. 5cm 길이의 공통 현을 가진 두 원을 그려 보세요.

5cm

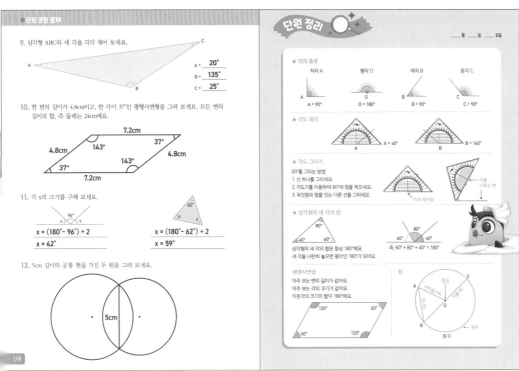

단원 정리

___월 ___일 ___요일

★ 각의 종류

직각 A | 평각 O | 예각 B | 둔각 C
A = 90° | O = 180° | B < 90° | C > 90°

★ 각도 재기

A = 40° | B = 140°

★ 각도 그리기

60°를 그리는 방법
1. 선 하나를 그리세요.
2. 각도기를 이용하여 60°에 점을 찍으세요.
3. 꼭짓점과 점을 잇는 다른 선을 그리세요.

★ 삼각형의 세 각의 합

삼각형의 세 각의 합은 항상 180°예요.
세 각을 나란히 놓으면 평각인 180°가 되어요.
즉, 60° + 80° + 40° = 180°

평행사변형
마주 보는 변의 길이가 같아요.
마주 보는 각의 크기가 같아요.
이웃각의 크기의 합이 180°예요.

120° 60°
60° 120°

원
중심 O
반지름 OA
지름 BC
원 O
원주

12-113쪽

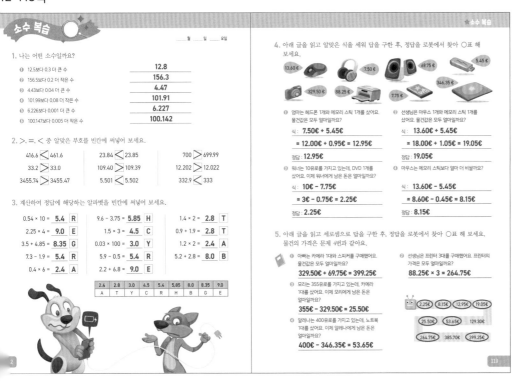

소수 복습

___월 ___일 ___요일

1. 나는 어떤 소수일까요?

❶ 12.5보다 0.3 더 큰 수 — **12.8**
❷ 156.5보다 0.2 더 작은 수 — **156.3**
❸ 4.43보다 0.04 더 큰 수 — **4.47**
❹ 101.99보다 0.08 더 작은 수 — **101.91**
❺ 6.226보다 0.001 더 큰 수 — **6.227**
❻ 100.147보다 0.005 더 작은 수 — **100.142**

2. >, =, < 중 알맞은 부호를 빈칸에 써넣어 보세요.

416.6 < 461.6   23.84 < 23.85   700 > 699.99
33.2 > 33.0   109.40 > 109.39   12.202 > 12.022
3455.74 > 3455.47   5.501 < 5.502   332.9 < 333

3. 계산하여 정답에 해당하는 알파벳을 빈칸에 써넣어 보세요.

0.54 × 10 = **5.4** R   9.6 - 3.75 = **5.85** H   1.4 × 2 = **2.8** T
2.25 × 4 = **9.0** E   1.5 × 3 = **4.5** C   0.9 + 1.9 = **2.8** T
3.5 + 4.85 = **8.35** G   0.03 × 100 = **3.0** Y   1.2 × 2 = **2.4** A
7.3 - 1.9 = **5.4** R   5.9 - 0.5 = **5.4** R   5.2 + 2.8 = **8.0** B
0.4 × 6 = **2.4** A   2.2 + 6.8 = **9.0** E

2.4	2.8	3.0	4.5	5.4	5.85	8.0	8.35	9.0
A	T	Y	C	R	H	B	G	E

4. 아래 글을 읽고 알맞은 식을 세워 답을 구한 후, 정답을 로봇에서 찾아 ○표 해 보세요.

13.60€ 7.50€ 69.75€ 5.45€
329.50€ 88.25€ 7.75€ 346.35€

❶ 엄마는 헤드폰 1개와 메모리 스틱 1개를 샀어요. 물건값은 모두 얼마일까요?
식: 7.50€ + 5.45€
= 12.00€ + 0.95€ = 12.95€
정답: **12.95€**

❷ 선생님은 마우스 1개와 메모리 스틱 1개를 샀어요. 물건값은 모두 얼마일까요?
식: 13.60€ + 5.45€
= 18.00€ + 1.05€ = 19.05€
정답: **19.05€**

❸ 윙키는 10유로를 가지고 있는데 DVD 1개를 샀어요. 이제 윙키에게 남은 돈은 얼마일까요?
식: 10€ - 7.75€
= 3€ - 0.75€ = 2.25€
정답: **2.25€**

❹ 마우스는 메모리 스틱보다 얼마 더 비쌀까요?
식: 13.60€ - 5.45€
= 8.60€ - 0.45€ = 8.15€
정답: **8.15€**

5. 아래 글을 읽고 세로셈으로 답을 구한 후, 정답을 로봇에서 찾아 ○표 해 보세요. 물건의 가격은 문제 4번과 같아요.

❶ 아빠는 카메라 1대와 스피커를 구매했어요. 물건값은 모두 얼마일까요?
329.50€ + 69.75€ = 399.25€

❷ 선생님은 프린터 3대를 구매했어요. 프린터의 가격은 모두 얼마일까요?
88.25€ × 3 = 264.75€

❸ 모리는 355유로를 가지고 있는데, 카메라 1대를 샀어요. 이제 모리에게 남은 돈은 얼마일까요?
355€ - 329.50€ = 25.50€

❹ 알리나는 400유로를 가지고 있는데, 노트북 1대를 샀어요. 이제 알리나에게 남은 돈은 얼마일까요?
400€ - 346.35€ = 53.65€

2.25€ 8.15€ 12.95€ 19.05€
25.50€ 53.65€ 129.30€
264.75€ 385.70€ 399.25€

112쪽 3번

BATTERY CHARGER
(배터리 충전기)

114-115쪽

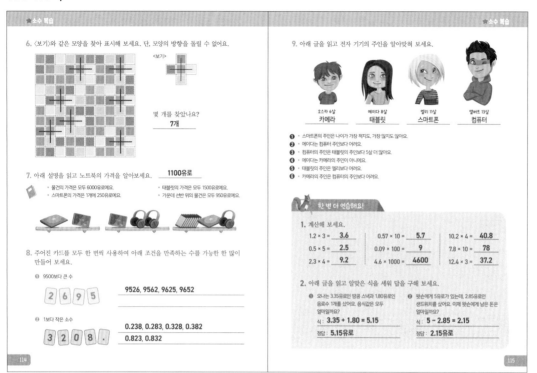

6. 〈보기〉와 같은 모양을 찾아 표시해 보세요. 단, 모양의 방향을 돌릴 수 없어요.

〈보기〉

몇 개를 찾았나요?
7개

7. 아래 설명을 읽고 노트북의 가격을 알아보세요. **1100유로**

- 물건의 가격은 모두 6000유로예요.
- 스마트폰의 가격은 1개에 250유로예요.
- 태블릿의 가격은 모두 1500유로예요.
- 가운데 선반 위의 물건은 모두 950유로예요.

8. 주어진 카드를 모두 한 번씩 사용하여 아래 조건을 만족하는 수를 가능한 한 많이 만들어 보세요.

❶ 9500보다 큰 수

2 6 9 5
9526, 9562, 9625, 9652

❷ 1보다 작은 소수

3 2 0 8 .
0.238, 0.283, 0.328, 0.382
0.823, 0.832

9. 아래 글을 읽고 전자 기기의 주인을 알아맞혀 보세요.

오스카 6살 카메라   에이다 8살 태블릿   엘리 11살 스마트폰   앨버트 13살 컴퓨터

❶ 스마트폰의 주인은 나이가 가장 적지도, 가장 많지도 않아요.
❷ 에이다는 컴퓨터 주인보다 어려요.
❸ 컴퓨터의 주인은 태블릿의 주인보다 5살 더 많아요.
❹ 에이다는 카메라의 주인이 아니에요.
❺ 태블릿의 주인은 엘리보다 어려요.
❻ 카메라의 주인은 컴퓨터의 주인보다 어려요.

한 번 더 연습해요!

1. 계산해 보세요.

1.2 × 3 = **3.6**	0.57 × 10 = **5.7**	10.2 × 4 = **40.8**
0.5 × 5 = **2.5**	0.09 × 100 = **9**	7.8 × 10 = **78**
2.3 × 4 = **9.2**	4.6 × 1000 = **4600**	12.4 × 3 = **37.2**

2. 아래 글을 읽고 알맞은 식을 세워 답을 구해 보세요.

❶ 오나는 3.35유로인 땅콩 스낵과 1.80유로인 음료수 1개를 샀어요. 음식값은 모두 얼마일까요?
식 : **3.35 + 1.80 = 5.15**
정답: **5.15유로**

❷ 왓손에게 5유로가 있는데, 2.85유로인 샌드위치를 샀어요. 이제 왓손에게 남은 돈은 얼마일까요?
식 : **5 − 2.85 = 2.15**
정답: **2.15유로**

114쪽 7번

태블릿 2개의 가격이 총 1500유로이므로 태블릿 1개의 가격은 750유로예요.
가운데 선반의 물건은 총 950유로이므로 헤드폰의 가격은 950-750=200, 헤드폰 1개의 가격은 100유로예요.
스마트폰 1개에 250유로로, 스마트폰 8개의 가격은 250×8=2000유로
노트북의 가격을 구하는 식을 세우면
6000-(1500+300+2000)=2200유로로, 2200÷2=1100유로

MEMO

115쪽 9번

❶ 스마트폰의 주인은 나이가 가장 적지도, 가장 많지도 않아요.
❷ 에이다는 컴퓨터 주인보다 어려요.

오스카 6살	에이다 8살	엘리 11살	앨버트 13살
	스마트폰	스마트폰, 컴퓨터	컴퓨터

❸ 컴퓨터의 주인은 태블릿의 주인보다 5살 더 많아요.
❺ 태블릿의 주인은 엘리보다 어려요.
❹ 에이다는 카메라의 주인이 아니에요.

오스카 6살	에이다 8살	엘리 11살	앨버트 13살
카메라, 태블릿	스마트폰, 태블릿	스마트폰, 컴퓨터	컴퓨터

❻ 카메라의 주인은 컴퓨터의 주인보다 어려요.

오스카 6살	에이다 8살	엘리 11살	앨버트 13살
카메라	태블릿	스마트폰	컴퓨터

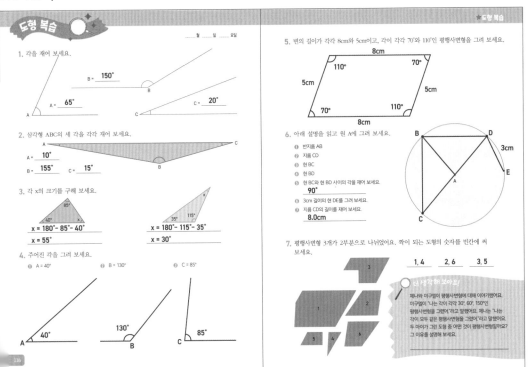

116-117쪽

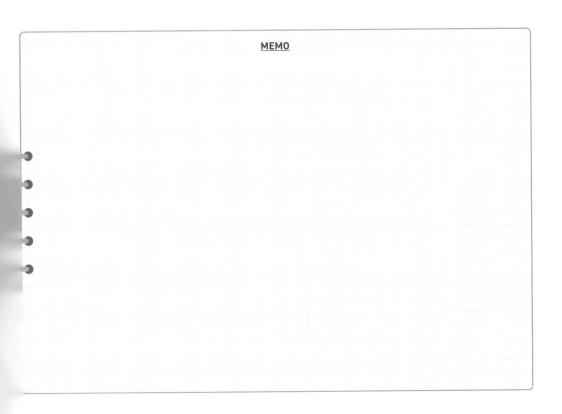

더 생각해 보아요! | 117쪽

미구엘-사각형 내각의 합은 360°이므로 남은 각은 120°가 되어 두 변이 평행한 사각형이 불가능해요.

제나-각이 모두 같으면 360÷4°=90°이므로 정사각형 또는 직사각형이 되므로 평행사변형에 둘 다 포함되어 가능해요.

MEMO

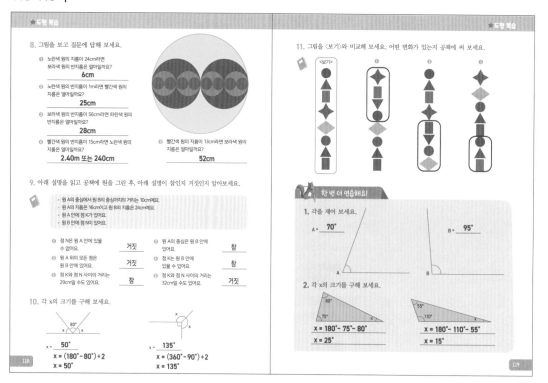

118-119쪽

★ 도형 복습

8. 그림을 보고 질문에 답해 보세요.

① 노란색 원의 지름이 24cm라면
보라색 원의 반지름은 얼마일까요?
6cm

② 노란색 원의 반지름이 1m라면 빨간색 원의
지름은 얼마일까요?
25cm

③ 보라색 원의 반지름이 56cm라면 파란색 원의
반지름은 얼마일까요?
28cm

④ 빨간색 원의 반지름이 15cm라면 노란색 원의
지름은 얼마일까요?
2.40m 또는 240cm

⑤ 빨간색 원의 지름이 13cm라면 보라색 원의
지름은 얼마일까요?
52cm

9. 아래 설명을 읽고 공책에 원을 그린 후, 아래 설명이 참인지 거짓인지 알아보세요.

• 원 A의 중심에서 원 B의 중심까지의 거리는 10cm예요.
• 원 A의 지름은 16cm이고 원 B의 지름은 24cm예요.
• 원 A에 점 K가 있어요.
• 원 B 안에 점 N이 있어요.

① 점 N은 원 A 안에 있을
수 없어요. **거짓**

② 원 A 위의 모든 점은
원 B 안에 있어요. **거짓**

③ 점 K와 점 N 사이의 거리는
29cm일 수도 있어요. **참**

④ 원 A의 중심은 원 B 안에
있어요. **참**

⑤ 점 K는 원 B 안에
있을 수 있어요. **참**

⑥ 점 K와 점 N 사이의 거리는
32cm일 수도 있어요. **거짓**

10. 각 x의 크기를 구해 보세요.

$x =$ **50°**
$x = (180° - 80°) \div 2$
$x = 50°$

$x =$ **135°**
$x = (360° - 90°) \div 2$
$x = 135°$

118

★ 도형 복습

11. 그림을 〈보기〉와 비교해 보세요. 어떤 변화가 있는지 공책에 써 보세요.

〈보기〉 ① ② ③

한 번 더 연습해요!

1. 각을 재어 보세요.
$A =$ **70°**
$B =$ **95°**

2. 각 x의 크기를 구해 보세요.

80°
75°
$x = 180° - 75° - 80°$
$x = 25°$

55°
110°
$x = 180° - 110° - 55°$
$x = 15°$

119

118쪽 8번

① 노란색 원의 지름이 24cm이
므로 노란색 원의 반지름은
보라색 원의 지름과 같아요.
그러므로 24를 4로 나누면
보라색 원의 반지름을 구할
수 있어요. 24cm÷4=6cm

② 1m=100cm,
100cm÷4=25cm

③ 56cm÷2=28cm

④ 빨간색 원의 반지름이 15cm
이므로 지름은 30cm
30cm×8=240cm(2.4m)

⑤ 13cm×4=52cm

119쪽 11번

① 위쪽에 있는 네 개의 모양이
세로로 반전되었어요.

② 아래쪽 네 개의 모양이 세로
로 반전되었어요.

③ 위쪽에 있는 세 개의 모양이
제일 아래쪽으로 이동되었
어요.

MEMO

118쪽 9번

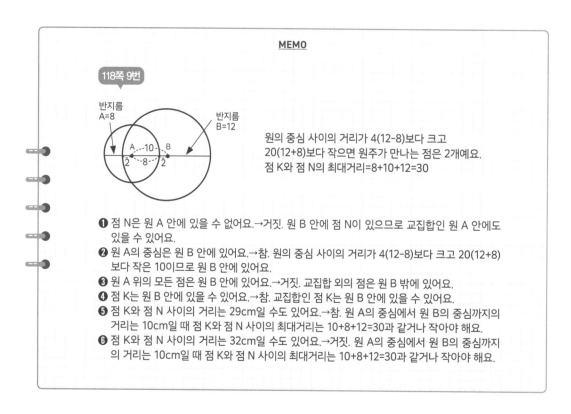

반지름 A=8
반지름 B=12

원의 중심 사이의 거리가 4(12-8)보다 크고
20(12+8)보다 작으면 원주가 만나는 점은 2개예요.
점 K와 점 N의 최대거리=8+10+12=30

① 점 N은 원 A 안에 있을 수 없어요.→거짓. 원 B 안에 점 N이 있으므로 교집합인 원 A 안에도
있을 수 있어요.

② 원 A의 중심은 원 B 안에 있어요.→참. 원의 중심 사이의 거리가 4(12-8)보다 크고 20(12+8)
보다 작은 10이므로 원 B 안에 있어요.

③ 원 A 위의 모든 점은 원 B 안에 있어요.→거짓. 교집합 외의 점은 원 B 밖에 있어요.

④ 점 K는 원 B 안에 있을 수 있어요.→참. 교집합인 점 K는 원 B 안에 있을 수 있어요.

⑤ 점 K와 점 N 사이의 거리는 29cm일 수도 있어요.→참. 원 A의 중심에서 원 B의 중심까지의
거리는 10cm일 때 점 K와 점 N 사이의 최대거리는 10+8+12=30과 같거나 작아야 해요.

⑥ 점 K와 점 N 사이의 거리는 32cm일 수도 있어요.→거짓. 원 A의 중심에서 원 B의 중심까지
의 거리는 10cm일 때 점 K와 점 N 사이의 최대거리는 10+8+12=30과 같거나 작아야 해요.

126쪽

그림 그리기 프로그래밍

태블릿, 게임 기기, 컴퓨터는 주어진 명령에 따라 작동해요. 이러한 단계별 명령을 알고리즘이라고 해요.

1. 명령을 실행해 보세요.

연필을 종이 위의 출발점에 두세요.
왼쪽으로 4칸 가세요.
위로 4칸 가세요.
오른쪽으로 4칸 가세요.
아래로 4칸 가세요.
연필을 떼세요.

어떤 도형이 되었나요?

정사각형

출발점이 바둑판 위에 있어.

2. 친구가 아래 도형을 그릴 수 있도록 단계별로 명령을 써 보세요.
   ❶ 한 변이 6칸인 정사각형
   ❷ 가로가 4칸, 세로가 3칸인 직사각형

3. 한 변이 5칸인 정사각형을 친구가 그릴 수 있도록 단계별 명령을 써 보세요. "시계 방향으로", "시계 반대 방향으로", "90°의 각도로"와 같은 말을 명령어로 이용해 보세요.

4. 알고리즘에 따라 세로가 5칸, 가로가 3칸인 직사각형을 그려 보세요.
   ❶ 한 번에 한 단계씩 명령을 따르면서 공책에 그려 보세요.
   ❷ 알고리즘에서 오류를 발견할 수 있나요? 오류를 찾아 X표 해 보세요.
   ❸ 오류를 어떻게 수정할 수 있나요? 오류를 수정하여 공책에 해결책을 써 보세요.

   위로 3칸 가세요.

연필을 종이 위의 출발점에 두세요.
오른쪽으로 5칸 가세요.
X 아래로 3칸 가세요.
왼쪽으로 5칸 가세요.
또는 X 아래로 3칸 가세요.
연필을 떼세요.

126

마음이음

꿈과 현실, 사회와 나, 생각과 마음을 잇다
https://blog.naver.com/ieum2018